地下储层渗流力学

（第二版·微格版）

郭小哲　主编

石油工业出版社

内 容 提 要

本书在《地下储层渗流力学》第一版的基础上，按照知识点进行分类，以微格模式将内容结构进行编排，并附带练习题，以便加强读者对内容的理解和掌握。全书共分9章，主要介绍传统渗流理论、其他渗流理论，以及渗流力学在其他学科的应用。

本书可作为石油工程专业本科和国际留学生中文课程教材，也可供致力于研究地下储层渗流特征和相关理论的读者参考。

图书在版编目(CIP)数据

地下储层渗流力学：微格版/郭小哲主编．

2版．—北京：石油工业出版社，2025.3.—ISBN 978-7-5183-7427-4

Ⅰ.O357.3

中国国家版本馆CIP数据核字第20255A4K78号

出版发行：石油工业出版社
　　　　　（北京安定门外安华里2区1号楼　100011）
　　　网　　址：www.petropub.com
　　　编辑部：(010)64523829　图书营销中心：(010)64523633
经　　销：全国新华书店
印　　刷：北京中石油彩色印刷有限责任公司

2025年3月第2版　2025年3月第1次印刷
787×1092毫米　开本：1/16　印张：19.75
字数：442千字

定价：50.00元
（如出现印装质量问题，我社图书营销中心负责调换）
版权所有，翻印必究

第二版前言

《地下储层渗流力学》第一版力求理论推导简洁明了、概念解释单独列出、机理和渗流规律通俗易懂,关键参数尽量给出参考数值、经典渗流与复杂渗流兼顾介绍等特点。但在使用和授课过程中仍然难以克服理论性很强的困难。学生对相关理论的理解难以深入,对渗流机理和规律的认识也较为模糊。

基于以上不足,第二版借鉴"微格教学模式"做了两大改进:一是整体内容经调整后分散于59个"微格"(节)中,每个微格专注于某个知识点,集中讲解,力求简明清晰;二是在每个微格中,涵盖了相关概念、知识点和练习题三部分,可对渗流理论的进一步理解有所帮助。

在编写过程中,第二版在第一版的基础上进行了如下修改和完善:

(1)经典渗流理论按照知识点细分成微格,以节的形式展开论述,共分成了50节;

(2)每个微格理论后面增加练习题约10道,形式有单选、多选、填空、判断和计算,全书约600道,并在附录中给出答案;

(3)补充了弹性驱不稳定渗流中无限大地层定产条件下数学模型的求解过程;

(4)在其他渗流理论中删除了各向异性介质渗流、变形介质渗流、非均匀储层渗流、分形渗流、纳米驱油渗流、水溶气渗流等六部分内容;

(5)简化了渗流力学理论在其他学科中应用的介绍;

(6)删除了渗流实验的介绍;

(7)对第一版内容表述不当之处进行了修正。

第二版也保留了第一版中的特色,除了由"名人小知识"形成的科普性外,诸如概念性、实数性、短句性、基础性、多面性、应用性、前沿性、计算性、国际性都延续了下来。

本书重点参考了葛家理、程林松、翟云芳、刘慧卿等的关于渗流力学方面的教材,以及杨胜来编写的《油层物理》、廖新维编写的《现代试井分析》、张琪编写的《采油工程原理与设计》、姜汉桥编写的《油藏工程原理与方法》、岳湘安编写的《提高石油采收率基础》。同时,还参考了许多期刊文献、学位论文等,在此对这些作者表示崇高敬意与衷心的感谢。特别感谢中国石油大学(北京)石油工程学院教材建设专项基金的资助。

由于笔者水平有限,书中难免有不足之处,恳请广大读者批评指正。

2024年9月30日

第一版前言

关于《渗流力学》方面的教材已经有很多,都是名门大家长期教学和科研的精髓总结,也是本书的重要参考。

本书与现有渗流力学的不同之处在于以下几个方面:

(1) 把分散在正文中的重要概念抽取出来列在每部分的开始;

(2) 给出关键参数的具体数据,并代入公式计算,用具体数据分析计算结果的特点;

(3) 使数学模型建立和公式推导思路和逻辑更清晰;

(4) 加入了纳米驱油、煤层气、页岩油气、致密油气、地热、天然气水合物、水溶气等前沿领域渗流数学模型内容;

(5) 加入了渗流力学与其他课程的紧密关联内容;

(6) 加入了渗流实验内容;

(7) 补充了渗流力学关键词的中文、英文、俄文多语对照;

(8) 加入了流体力学、渗流力学中涉及的科学家简介。

由此,概括本书的特点主要体现在10个方面:

(1) 概念性。渗流力学中涉及的储层、流体、岩石、力和能量等基本参数的概念,以及各定律、各方程、各物理现象等的概念,在书中都尽可能详细给出,并单独列于每节的"概念"部分,以便增加读者对基本知识的回顾和了解。

(2) 实数性。对涉及的渗流力学关键参数,尽可能给出具体的实际数值和单位,以便读者有一个感性的认识,如储层深度2000m、渗透率50mD、储层厚度5m、油井产量$30m^3/d$等。

(3) 短句性。对现象、机理、规律、结果等的分析尽可能应用短句,用较浅显的语言表述问题,不展开或少展开,基本上不存在大段的论述,对于涵盖较多内容的情况采用条目列出,易于理解。

(4) 基础性。该书强调基础和基本,重点介绍基本概念、渗流机理、数学模型建立及经典渗流力学中的渗流规律介绍,公式的推导、模型的建立过程、复杂方程的求解等,有的略过直接给出结果,有的过程大大简化,对于复杂的渗流仅给出最为简单的模型,以说明建立过程中考虑的因素,没有做更进一步深化。

(5) 多面性。书中除了本科学习中的渗流基本规律、稳定渗流、多井干扰、不稳定渗流和油水两相渗流最为核心的五个部分内容外,更增加了关于储层、流体、岩石、力学分析等基本概念的认识,同时也增加了复杂介质渗流、物理化学渗流、非常规油气渗流、渗流在其他课程的应用,以及渗流实验的相关内容,拓宽了知识面。

(6) 应用性。尽可能使读者明白建立渗流方程的目的、渗流规律解决的实际具体问题,也尽可能用例题或者计算或者讨论实现抽象理论问题的实用性。

(7) 前沿性。结合非常规储层快速开发的背景,特别针对页岩气、致密油、煤层气、页岩油、地热、天然气水合物、水溶气等各类储层,分别就资源特点、开发现状、渗流机理、渗流模型的建立等进行了简要介绍,以便读者能快速地把握该类储层的基本特征,并为进一步研究奠定基础,此外,还引入了关于分形、纳米采油、体积压裂等相关知识和内容。

(8)计算性。基于"实数性"和"应用性",在传统的经典渗流力学中尽可能多地应用实际数据去计算相关参数,一方面增进学习者对抽象理论的感性理解,另一方面让学习者更加熟悉关键参数的单位换算。

(9)国际性。为了适应国外留学生对渗流力学的学习,本书对单独列出的概念,以及其他重要的学术关键词,进行了中文、英文、俄文的多语对照翻译,按章节附在了书后,以便读者参阅。

(10)科普性。渗流力学学习过程中涉及了许多流体力学、物理学、力学、数学、热学等多个方面的著名科学家,他们在物理量单位、定律、方程、方法等方面具有突出贡献,科学和石油的结合让他们熠熠生辉,基于对这些巨人的崇敬,本书在每节的最后增加了"名人小知识",介绍他们的生平和科学贡献,也使读者从中多些乐趣和激励。

基于以上特点,本书设计了每一节的结构,即介绍、概念、分析、例题(某些内容无此项)、名人小知识,核心的理论分析和模型建立在"分析"内容中。

为了便于读者分类学习,该书分出了基本概念、基础理论、经典渗流、复杂介质渗流、物理化学渗流、非常规油气渗流、理论应用、渗流实验,共 8 个部分,包括绪论共 9 章 39 节,以供读者参阅。

此外,本书还给出了约 360 个概念解释,约 400 个关键词多语对照,39 个著名科学家简介。

在本书编写过程中,笔者课题组内学生高珍妮、郭斌、汪青鑫、李贤、李涛、卢佳伟、浦世雄、牛慧珍、罗威、吴林洪等在整理资料、编辑文字、绘制图表、稿件排版、查错补缺等方面做了大量工作。

本书中的内容重点参考了葛家理、程林松、翟云芳、刘慧卿等的关于渗流力学方面的教材,以及杨胜来编写的《油层物理》、廖新维编写的《现代试井分析》、张琪编写的《采油工程原理与设计》、姜汉桥编写的《油藏工程原理与方法》、岳湘安编写的《提高石油采收率基础》、李春兰编写的《石油工程实验指导书》。同时,还参考了许多期刊文献、学位论文、网络信息等,在此对这些作者表示崇高敬意与深切感谢。

本书适用于致力想了解渗流力学的任何读者,特别适用于本科国内学生、国际留学生等的教学参考,也适用于科研方面的基本理论参考。

在编写过程中,基于"基础性"和"短句性",对渗流机理、现象、模型建立及求解或多或少存在诸多关键缺陷,尤其是在非经典渗流力学方面,许多认识还不足,简单模型的给出不足以说明特定的科学问题、特殊的渗流规律和渗流特点的总结不到位,甚至某些内容存在原理性问题等,敬请读者批评指正。

2018 年 8 月 7 日

目 录

第一章　绪论 ··· 1

第二章　渗流的基础知识 ·· 5
　第一节　储层特征 ·· 5
　第二节　储层流体性质 ··· 10
　第三节　储层岩石性质 ··· 18
　第四节　储层的常用压力 ·· 24
　第五节　渗流的三种基本形式 ·· 28
　第六节　渗流过程中的力学分析 ··· 31
　第七节　油藏的驱动类型 ·· 35

第三章　渗流的数学模型 ··· 39
　第一节　达西定律 ··· 39
　第二节　渗流数学模型的构成 ·· 43
　第三节　渗流连续性方程的建立 ··· 46
　第四节　渗流基本微分方程的建立 ·· 49
　第五节　边界条件的数学描述 ·· 54
　第六节　渗流数学模型求解的主要参数 ·································· 56

第四章　单相液体的稳定渗流 ··· 60
　第一节　稳定渗流的基本微分方程 ·· 60
　第二节　平面单向流渗流特征 ·· 62
　第三节　平面径向流渗流特征 ·· 67
　第四节　井的不完善性 ··· 72
　第五节　稳定试井 ··· 75
　第六节　非线性渗流 ·· 78

第五章　稳定渗流的多井干扰 ··· 82
　第一节　多井干扰现象 ··· 82
　第二节　势函数的定义 ··· 84

第三节　三个标量叠加原理 …………………………………… 87
　　第四节　渗流速度矢量叠加原理 ……………………………… 90
　　第五节　等产量两汇渗流 ……………………………………… 91
　　第六节　等产量一源一汇渗流 ………………………………… 95
　　第七节　汇点镜像反映 ………………………………………… 99
　　第八节　汇源镜像反映 ………………………………………… 100
　　第九节　复杂边界镜像反映 …………………………………… 103
　　第十节　等值渗流阻力法原理 ………………………………… 106
　　第十一节　直线井排渗流阻力法 ……………………………… 110
　　第十二节　环形井排渗流阻力法 ……………………………… 112

第六章　单相液体的弹性驱不稳定渗流 ………………………… 115
　　第一节　弹性驱不稳定渗流的理解 …………………………… 115
　　第二节　压力降传播的阶段 …………………………………… 117
　　第三节　不同边界组合的压力降传播过程 …………………… 119
　　第四节　不稳定渗流的基本微分方程 ………………………… 122
　　第五节　不稳定渗流的两个关键参数 ………………………… 125
　　第六节　无限大边界定产条件下的解 ………………………… 127
　　第七节　不稳定渗流多井干扰 ………………………………… 130
　　第八节　井变产量问题 ………………………………………… 134
　　第九节　关井问题 ……………………………………………… 136
　　第十节　有界地层渗流特征 …………………………………… 138
　　第十一节　常规不稳定试井 …………………………………… 141

第七章　油水两相渗流 …………………………………………… 146
　　第一节　活塞式水驱油渗流过程 ……………………………… 146
　　第二节　非活塞式水驱油渗流过程 …………………………… 148
　　第三节　水驱油的连续性方程 ………………………………… 151
　　第四节　水驱油的含水率方程 ………………………………… 153
　　第五节　等饱和度面移动的基本微分方程 …………………… 157
　　第六节　见水前两个关键饱和度确定方法 …………………… 159
　　第七节　见水后两个关键饱和度确定方法 …………………… 162
　　第八节　水驱油理论的应用 …………………………………… 164

第八章　其他渗流理论 …………………………………………… 168
　　第一节　天然气渗流 …………………………………………… 168
　　第二节　油气两相渗流 ………………………………………… 175

第三节 裂缝—孔隙型双重介质渗流 ································· 181
  第四节 水平井渗流 ································· 188
  第五节 非牛顿液体渗流 ································· 199
  第六节 非等温渗流 ································· 204
  第七节 传质扩散渗流 ································· 210
  第八节 多相多组分渗流 ································· 216
  第九节 非常规储层渗流 ································· 221

第九章 渗流力学的应用 ································· 257

参考文献 ································· 266

附录 ································· 267
  附录一 弹性驱不稳定渗流无限大地层定产条件下的数学模型求解过程 ································· 267
  附录二 幂积分函数表 ································· 272
  附录三 符号说明 ································· 272
  附录四 常用参数单位及相互关系 ································· 275
  附录五 关键词中英俄文对照 ································· 275
  附录六 练习题参考答案 ································· 284

第一章 绪 论

渗流力学是流体力学的一个分支,主要研究流体在多孔介质中的运动规律。特别是地下储层的渗流力学重点研究以油、气、水为主要对象的流体在岩石孔隙中的流动规律。

储层内孔隙中的流体在各种力综合作用下流动,流动阻力大、流动速度慢,为了区别于管道空间的快速流动,特别定义流体在多孔介质中的流动为渗流。

渗流力学中的储层环境、力学分析、数学模型、稳定渗流、多井干扰、弹性驱不稳定渗流、油水两相渗流等内容是该课程的核心和经典理论,随着油气藏的开采发展,复杂的渗流或非常规储层渗流快速发展起来,整体的渗流理论成为许多重要课程和学科的基础。

一、相关概念

多孔介质:以固相为连续相,并含有大小不一、形状各异、互相连通的孔隙、裂缝、溶洞,或两两组合或三者都有的介质,岩石是典型的多孔介质。

渗流:流体在多孔介质中的流动,也称渗滤,此处特指地下水、石油和天然气在地下储层中的流动。

渗流力学:研究地下流体力学关系和渗流规律的学科。

二、知识点

1. 渗流的范畴

渗流现象普遍存在于自然界中,主要有:

(1)工程渗流。如冶金中钢淬火时淬冷介质在钢体表面的渗流、化工中蒸馏塔中流体在催化剂床层内的渗流等。

(2)生物渗流。如人体内毛细管中的血液流动、植物枝干茎内的毛细管中的水分流动等。

(3)地下渗流。如水利工程中水在大坝体的渗流、采矿中的油气水渗流等。

渗流应用在多个领域,如冶金、化工、水利、生物、建筑等,更多的是应用在地下岩石储层的多孔介质中,因此,有时也称为"地下渗流""地下水力学""地下水动力学""油气渗流力学""油藏渗流力学""多孔介质流体力学"等,本书的介绍对象为地下储层中的油气水流动规律及物理化学现象,故命名为"地下储层渗流力学"。

2. 渗流的分类

渗流力学涉及流体相态、液体性质及储层介质等差异,渗流也有许多类型。

按流体相态:单相液体稳定渗流、微可压缩单相液体不稳定渗流(也叫弹性驱渗流)、天然气渗流、油水两相渗流、油气两相渗流(也叫溶解气驱渗流)、气水两相渗流、油气水三相渗流、多相多组分渗流等。

按液体性质:牛顿液体渗流、非牛顿液体渗流、传质扩散渗流、非等温渗流等。

按储层介质:刚性储层渗流、弹性储层渗流、单一介质渗流、双重介质渗流、三重介质渗流、变形介质渗流、分形介质渗流、非均匀介质渗流、各向异性介质渗流等。

3. 渗流力学特点

与普通管流相比,渗流具有共同点和明显的差异。

共同点是流体的流动需要压力差,流量取决于流动过程中压差和能量的损耗。

相对于普通管流其不同点在于:

(1)渗流通道是纳米至微米级孔隙,孔隙分布极不均匀,孔喉连通复杂多变,流体质点运动轨迹弯弯曲曲,时快时慢;

(2)渗流速度为微米/秒数量级,一般属于层流;

(3)表面分子力作用显著,毛细管作用突出,流动阻力较大,流动速度一般较慢,惯性力往往可忽略不计;

(4)地下岩石储层中受力复杂,弹性力、重力、惯性力、黏滞力等综合其中,往往使渗流较难达到稳定;

(5)多孔介质类型及复杂流体耦合,加剧了流动的复杂程度;

(6)渗流环境多处于高温高压状态,岩石、流体、能量等都呈现高压物性;

(7)渗流主体一般为多相流体,相态变化、物理化学变化等更突出了渗流的复杂性。

4. 渗流力学的发展历程

(1)1856年,法国工程师达西公布了渗流力学基本定律——达西定律,奠定了理论基础;

(2)20世纪20年代,开始形成石油天然气基本渗流理论;

(3)1923年,列宾亲建立了气体在多孔介质中的渗流理论;

(4)20世纪30年代,开始研究液体弹性和岩石压缩性影响各种布井方式下油井产量计算方法;

(5)1935年,齐斯发表了非稳定渗流的研究成果;

(6)1937年,麦斯凯特建立了均质液体、油气渗流的各种水动力学问题;

(7)1942年,贝克莱—列维尔特提出了非活塞式水驱油理论;

(8)1948年,谢尔加乔夫建立了弹性渗流理论;

(9)1956年,溶解气驱及气顶驱渗流理论形成;

(10)20世纪60年代,以中国为代表的陆相非均质砂岩渗流理论开始形成;

(11)20世纪70—80年代,热采、CO_2驱、天然气驱、化学驱等提高采收率渗流基本理论相继形成;

(12)20世纪90年代,以中国为代表的化学驱渗流理论快速发展;

(13)21世纪初,复杂结构井、低渗透等渗流理论形成;

(14) 21世纪10年代,以页岩气、致密油等为代表的非常规储层渗流理论快速发展;

(15) 21世纪20年代,以新能源为代表的碳中和需求相关渗流理论开始得到关注和发展,诸如:CO_2利用与封存渗流、地热渗流、地下储能渗流等。

5. 渗流力学的发展趋势

从渗流问题出发,渗流力学的历程或未来发展趋势是由简到难的过程:

(1) 一维到多维(包括分数维);

(2) 单相到多相;

(3) 供给边界到断层边界;

(4) 圆形边界到直线边界;

(5) 单一边界到复杂边界;

(6) 线性到非线性;

(7) 稳定到不稳定;

(8) 刚性到弹性;

(9) 单井到多井;

(10) 液相到气相;

(11) 单一介质到多重介质;

(12) 各向同性到各向异性;

(13) 均质到非均质;

(14) 等温到非等温;

(15) 牛顿液体到非牛顿液体;

(16) 直井到水平井;

(17) 单一黏性流动到物理化学渗流;

(18) 解析解到数值解;

(19) 常规储层到非常规储层;

(20) 油气渗流到碳中和特别需求渗流。

纵观以上由简单到复杂的过渡,体现了渗流力学的发展越来越能忠实于储层渗流的特点,越来越紧跟时代的发展,其求解方法也将会更多地借助于计算机模型等。

仍借用葛家理教授在2001年出版的《现代油藏渗流力学原理》中对渗流力学的发展趋势的描述:

(1) 用智能科学研究油藏渗流力学中的非数量问题;

(2) 用信息科学辨识理论研究地下渗流黑箱中的非透明问题;

(3) 用知识可视化理论形象思维科学研究油藏渗流中的非逻辑思维问题;

(4) 用分形科学及混沌理论研究渗流力学中的非有序问题;

(5) 从单纯介质渗流向变异介质渗流深化;

(6) 从单组分流体向非牛顿、多组分流体、物理化学流体、非等温流体等的深化。

三、练习题

1、多选题：以下属于渗流的范畴是（　　）。
　A、岩石中水的流动　　　　　　　　B、流体在地下储层中的流动
　C、水在注入井筒中的流动　　　　　D、河堤渗水

2、判断题：渗流力学是研究流体在多孔介质中流动的科学。

3、渗流力学的基本定律是_____。

4、多选题：多孔介质中的流动通道的特点有（　　）。
　A、通道很细，是纳米至微米级　　　B、流体质点运动轨迹弯弯曲曲
　C、孔隙分布极不均匀　　　　　　　D、孔喉连通复杂多变

5、多选题：以下属于地下储层中渗流的突出特点的有（　　）。
　A、高温高压　　　　　　　　　　　B、渗流速度很慢
　C、受力复杂　　　　　　　　　　　D、流固耦合

6、多选题：以下属于渗流现象的是（　　）。
　A、下雨屋顶漏水　　　　　　　　　B、大树从树根吸水
　C、实验室岩石的渗透率测试　　　　D、地下水在溶洞中的流动

7、判断题：当水龙头关得很紧时还有漏水，这也属于渗流范围。

8、试举例写出两个非常规储层渗流的代表：_____和_____。

9、试举例写出两个碳中和时代需求的渗流代表：_____和_____。

10、多选题：以下属于渗流力学分类的依据的有（　　）。
　A、流体相态　　　　　　　　　　　B、储层介质
　C、液体性质　　　　　　　　　　　D、压力系统

第二章 渗流的基础知识

本章主要介绍地下渗流的储层、流体、岩石等对象的特征和涉及的物性参数,为渗流力学的机理认识和结果分析提供简洁的概念理解和具体数值参考,同时分析渗流过程中的力学现象、流动形式及各种压力等的特征,为渗流力学数学模型的建立及渗流规律的提炼奠定基础。

第一节 储层特征

从地下采出的油、气、水等流体都来自地层,它是由不同地质时代形成的岩石组成,有的几乎没有孔隙,无法存储流体,一般为泥岩或者页岩;有的孔隙较发育,具有流体存储的空间,由此形成了储层(也叫多孔介质),砂岩、碳酸盐岩是典型储层,其他岩性也能形成储层。

储层位于地下一定深度的地层中,油气通过钻井形成的井眼被采到地面,如图2-1-1所示。

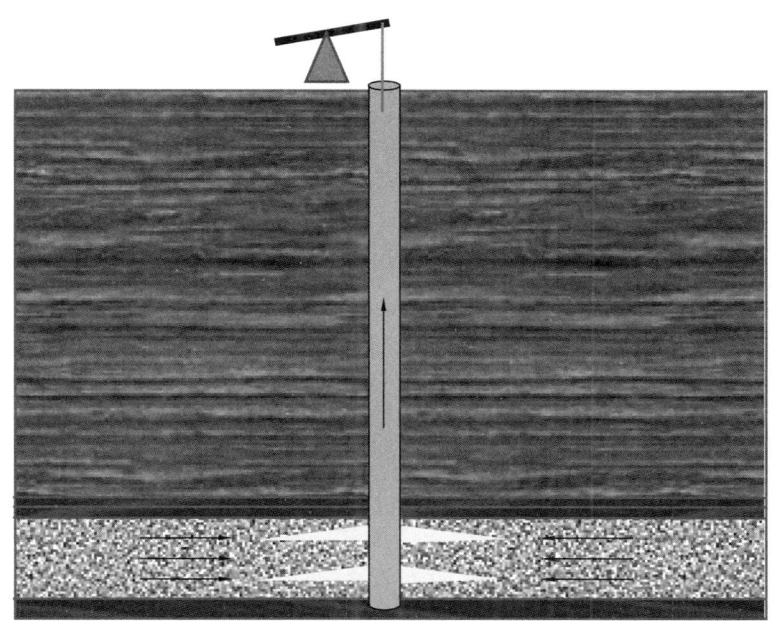

图 2-1-1 油气开采示意图

具有一定规模的储层才能形成工业开发的油气藏,它的深度可由几百米到几千米,有一种分类为:小于1500m为浅层,1500~2800m为中浅层,2800~4000m为深层,大于4000m为超深层。

流体的储集空间是岩石孔隙,其孔径小的只有几纳米(nm),大的可达几毫米(mm),一般为微米(μm)数量级。描述孔隙发育程度的参数主要是孔隙度,页岩储层孔隙度一般小于5%,致密储层多小于10%,常规储层在20%以上,高孔隙度、高渗透储层甚至可达到30%以上。

开采油气时,需要通过井筒连通储层,孔隙中的流体沿着孔隙通道流入井筒,继而流到地面。因此,孔隙的作用有两个方面:储集空间和流动通道。描述流动能力的参数主要是渗透率,其值范围很大,页岩储层中渗透率为0.001μD(微达西)至0.01mD(毫达西),致密储层低于0.1mD,低渗透储层低于10mD,高渗透特高渗透储层在500mD以上,甚至达到几十达西。

一、相关概念

储层:由储集岩构成的岩层,是油气的储集场所和运移通道。

均质储层:储层内各点孔渗物性不随空间位置而改变。

圈闭:能阻止油气继续运移,并使油气聚集起来的地质构造,一般由储层、盖层和遮挡物三部分组成,另一种说法是由生油层、储层和盖层组成。

油气藏:单一圈闭中具有同一压力系统的油、气占据的部分,如图2-1-2所示。

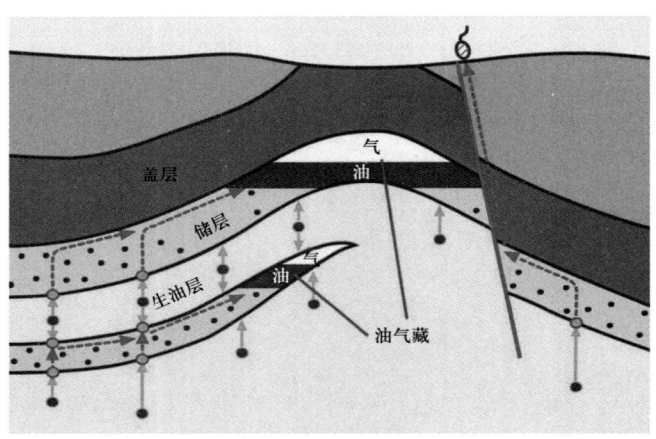

图2-1-2 油气藏示意图

孔隙度:岩石中孔隙体积V_p与岩石总体积V_f的比值,符号为ϕ。

渗透率:岩石允许流体通过的能力,一般指岩石的绝对渗透率,符号为K,常用单位为mD,国际单位为m^2。

有效厚度:指储层中具有工业产油能力的那部分厚度,单位是m。有效厚度的薄厚有时依赖储层的物性判断,有的认为小于1m的为薄油层,大于5m的为厚油层,也有许多储层有效厚度能达到30m,甚至60m。

地质储量:储层孔隙中所含流体的地面体积。油的地质储量计算公式为:

$$N_{ooip} = \phi A h S_{oi}/B_o \tag{2-1-1}$$

式中 N_{ooip}——地质储量,m^3;

ϕ——岩石孔隙度;

A——油藏面积,m^2;

h——油藏厚度,m;

S_{oi}——原始含油饱和度;

B_o——油的体积系数。

储量丰度:地质储量与油藏面积的比值,单位为 $10^4 m^3/km^2$ 或 t/km^2。高丰度一般大于 $300 \times 10^4 t/km^2$,低丰度一般小于 $100 \times 10^4 t/km^2$。

采收率:对一个特定油藏,原油采出量与储层中原始地质储量之比。符号为 E_R,其值为驱油效率 E_D 乘以波及效率 E_V。一般用来评价某项开采技术的采出贡献,也可指没有经济效益不再生产时的采出程度。

采出程度:是油田在某时间的累计采油量与地质储量的比值,是实现采收率的过程。

单纯介质:只存在一种孔隙结构的介质,如粒间孔隙、裂缝,单一孔隙介质应用最多。

双重介质:存在两种孔隙结构的介质,如裂缝—孔隙介质、裂缝—溶洞介质。

三重介质:存在三种孔隙结构的介质,即溶洞—裂缝—孔隙介质。

封闭边界:指没有能量补充或没有流体穿过的边界,一般为断层、尖灭或不整合面。

供给边界:指有能量补充并有流体流入的边界,一般有底水、边水或者人工注水等。

比表面:岩石孔隙的总表面积与岩石体积的比值,$1m^3$ 粉砂岩中,孔隙总表面积达 $20000m^2$,比表面为 $20000m^2/m^3$,比表面大是多孔介质的特性,也说明流体在其中流动时的阻力很大。

二、知识点

1. 储层的内部孔隙结构

储层由多孔介质构成,内在的孔隙类型主要有三种:粒间孔隙、裂缝、溶洞。它们的单一、两两、全部分类组合,形成了储层的七种结构。

1)粒间孔隙结构(单纯孔隙介质)

粒间孔隙结构多存在于砂岩油气储层中,如图 2-1-3(a)所示,岩石碎屑颗粒(带斜线部分)之间是胶结物(黑底白点)和粒间孔隙(白色部分),其中粒间孔隙是储层的最主要的储集空间和流动通道,也是渗流力学中最主要的研究对象,若对储层不作孔隙类型的特别说明,一般就是指此类结构。我国的陆相沉积常规储层多为粒间孔隙结构。

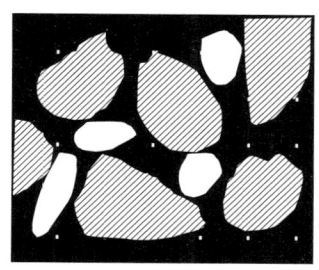
(a) 粒间孔隙
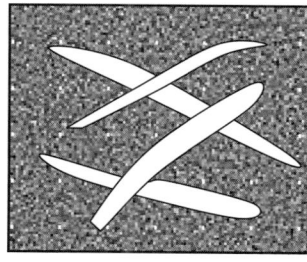
(b) 裂缝

(c) 溶洞

图 2-1-3 单纯孔隙结构示意图

2) 纯裂缝结构(单纯裂缝介质)

纯裂缝结构一般存在于致密的碳酸盐岩储层中,如图 2-1-3(b)所示,裂缝(白色部分)分布于储层中,多按一定方向延展,或者形成几组不同裂缝的相互交织网络,裂缝是储存油气的最主要空间和流动通道。中东、美洲的海相沉积储层多为此种类型。

3) 纯溶洞结构(单纯溶洞介质)

纯溶洞结构多存在于碳酸盐岩储层,如图 2-1-3(c)所示,由于溶解作用而产生溶洞,其尺寸要比粒间孔大很多,流体在其中的流动规律也有较大差异,基于达西定律的渗流力学不把溶洞作为研究对象。

4) 裂缝—孔隙结构(裂缝—孔隙双重介质)

裂缝—孔隙结构是双重介质中最常见也是最重要的类型,双重介质一般指的是带有裂缝和粒间孔隙双重结构的储层,它以粒间孔隙为主要储存空间,裂缝为主要渗流通道,常见于致密砂岩储层,部分页岩储层也发育该双重介质。裂缝来源于两个方面:天然裂缝和人工裂缝,非常规油气中的致密油、页岩气等均需要大型水力压裂形成裂缝网络,因此,渗流模型中多采用裂缝—孔隙模型。

5) 裂缝—溶洞结构(裂缝—溶洞双重介质)

它多发育于碳酸盐岩储层,溶洞和裂缝都较发育,大小不等、形状不规则、分布杂乱的洞穴是主要储集空间,裂缝把这些溶洞连通起来作为主要的渗流通道,溶洞中流体的流动不属于渗流力学范畴。

6) 溶洞—孔隙结构(溶洞—孔隙双重介质)

粒间孔也有部分是由于溶解作用产生的溶孔,也称为次生孔,若溶孔继续扩大成为溶洞,则溶洞和孔隙共同存在,形成溶洞—孔隙结构,流体在孔隙介质和溶洞介质的流动规律不相同,与裂缝—孔隙介质有根本上的不同。

7) 溶洞—裂缝—孔隙结构(三重介质)

这种结构常存在于碳酸盐岩储层中,一般应用较少。

2. 储层的外部几何形状

油气储层是具有一定厚度的岩层沿特定构造展布而成的圈闭,若不考虑垂向上的流动(由于储层的厚度和隆起的幅度相对于其平面尺寸来说常常很小),一般把储层投影到平面上,由此研究流体在平面上的运动规律。以背斜构造为例,投影后得到如图 2-1-4 所示的平面图。

封闭边界:若外边界封闭,即储层压力降低时边界外没有能量补充,该边界为封闭边界,如图 2-1-4(a)所示。

供给边界:若外边界连接较大水体,储层压力降低时边界外总有能量供给,该边界为供给边界,如图 2-1-4(b)所示。

这两种外边界是渗流力学中经常用到的边界类型。

由于实际储层在平面上的投影得到的几何形状很不规则,为研究方便起见,常简化成两种规则几何形状:条带形和圆形。投影后的长轴与短轴比小于 3,则简化为圆形储层,它是平

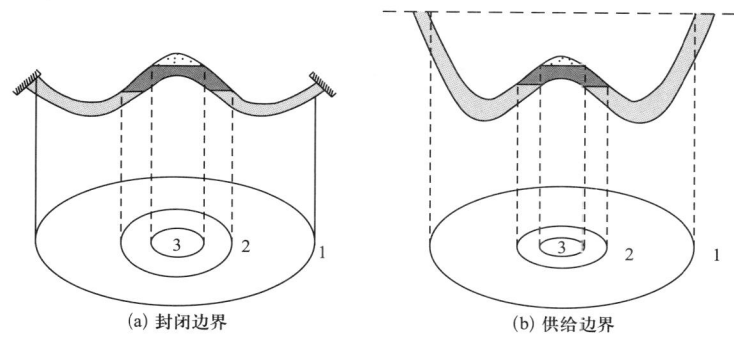

图 2-1-4　储层投影示意图
1—储层外边界；2—油水外边界；3—油气边界

面径向流的地质模型,如图 2-1-5(a)所示;投影后的长轴与短轴比大于3,则简化为条带形储层,它是平面单向流的地质模型,如图 2-1-5(b)所示。这两种简化类型在渗流力学中也是最常用的研究对象。

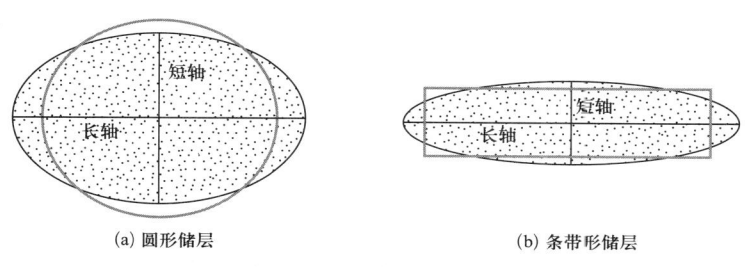

图 2-1-5　储层几何形状

3. 储层的基本特点

油气赋存在岩石孔隙中,并可以在其中流动,因此,孔隙既是储集空间又是流动通道,它们具有自身的特点。

1) 储容性

储层具有储存和容纳流体的能力。孔隙度是表征储容性的最主要物理量。另一个物理量是岩石的压缩系数。

2) 渗透性

渗透性表征多孔介质允许流体通过的能力,最常用的物理量是渗透率。

3) 比表面大

由于多孔介质中存在大量的孔隙空间,所以存在大量的内表面积,而且比表面大是多孔介质的重要特性,说明流体在其中流动与岩石的接触面很大,造成了很大的渗流阻力。

4) 孔隙结构复杂

流动通道由孔隙和喉道组成,孔隙和喉道都具有大小不一、形状各异、弯弯曲曲连通等特性,决定了流体在其中流动所受阻力大、渗流速度很慢的特点。

三、练习题

1、储层的孔隙承担着流体的两大功能,它们是_____和_____。
2、储层的三种基本孔隙类型主要有_____、_____和_____。
3、储层的两类外部边界主要类型有_____和_____。
4、多选题:以下是储层的基本特点的是(　　)。
　A、储容性　　　　　B、渗透性　　　　　C、孔隙结构复杂　　D、比表面大
5、判断题:一般情况下,储层的渗透率越低,比表面越大,渗流阻力越大。
6、单选题:带裂缝的低渗透砂岩储层如果定义为双重介质孔隙,则名称为(　　)。
　A、裂缝—溶洞结构　　　　　　　　　B、裂缝—孔隙结构
　C、孔隙—溶洞结构　　　　　　　　　D、孔隙—裂缝结构
7、多选题:以下是渗透率的单位的是(　　)。
　A、Pa　　　　　　B、m^2　　　　　　C、mD　　　　　　D、μm^2
8、岩石的比表面是_____和_____的比值。
9、流动通道由孔隙和喉道组成,其中对流动能力或者渗流阻力影响至关重要的是_____。
10、用于表征储层的储容性的参数是_____,用于表征储层内流体流动能力的参数是_____。

第二节　储层流体性质

储层内的流体分为液体和气体两类,其中液体主要指油和水,气体除了天然气主要成分之外,有的含有较多的氮气、二氧化碳、硫化氢等无机气体,在渗流力学中除非特别说明气体成分外,一般是指烃类的天然气。

地下储层处于高温、高压状态,储存于其中的流体其物性与地面有很大差别:液态水不溶解气或者溶解很少,其物性与地面较为相似;液态油能溶解大量天然气,受压力变化影响,其黏度、密度、体积系数等变化较大;气态天然气具有很强的压缩性,压力敏感性很强,再加上油中的天然气溶解态与游离态的不断交换,使天然气的物性变化更为复杂。

描述流体性质的物性参数主要有:黏度、密度、体积系数、压缩系数、溶解气油比等。

一、相关概念

黏度:流体流动时由内部摩擦而引起的阻力大小,符号为μ,常用单位为mPa·s,国际单位为Pa·s。

牛顿液体:符合牛顿内摩擦定律的液体,其黏度为流体中任一点上单位面积的剪应力与速度梯度的比值,也即切应力与剪切速率成线性正比关系,公式为:

$$\tau = \mu \dot{\gamma} \tag{2-2-1}$$

式中　τ——切应力,Pa;

μ——黏度,Pa·s;

$\dot{\gamma}$——剪切速率,s^{-1}。

密度:在一定温度和压力下,单位体积流体的质量,符号为 ρ,常用单位为 g/cm^3 或 kg/m^3,国际单位为 kg/m^3。

原油相对密度:特定温度、压力下的原油密度与 1atm(1 个大气压)、4℃纯水的密度($\rho_w = 1$g/cm^3)之比,符号为 γ_o。

API 度:欧美国家原油相对密度的另一种表达方式,其公式为:

$$\text{API} = \frac{141.5}{\gamma_o} - 131.5 \quad (2-2-2)$$

式中　API——原油 API 度;

γ_o——原油相对密度。

水的 API 度是 10,原油的 API 度随着 γ_o 的增大而减小,与气在油中的溶解度成正比。

天然气的相对密度:在常温常压(20℃,1atm)或者标准状况(0℃,1atm)或者相同温度和压力下,天然气的密度与干空气的密度之比,符号为 γ_g。

原油体积系数:原油在地下的体积与其在地面脱气后的体积之比,符号为 B_o。

水体积系数:等量的地层水在地下的体积与其在地面条件下的体积之比,符号为 B_w。

天然气体积系数:一定量的天然气在地层条件下的体积与其在地面标准状况下所占体积之比,符号为 B_g。

液体弹性压缩系数:地下液体体积随着压力变化的变化率,即单位压差下,单位体积的液体体积变化量,压力降低,液体体积膨胀,密度变小,弹性能量释放,公式为:

$$C_L = -\frac{1}{V_L}\frac{dV_L}{dp} \quad (2-2-3)$$

式中　C_L——液体弹性压缩系数,常用单位为 MPa^{-1},国际单位为 Pa^{-1};

V_L——液体的体积,m^3。

天然气的压缩因子:相同温度和压力下,等量真实气体所占体积与理想气体所占体积的比值,符号为 Z。

天然气等温压缩系数:也称天然气压缩率,指在等温条件下,天然气随压力变化的体积变化率,与液体弹性压缩系数定义相同,结合状态方程得到表达式为:

$$C_g = -\frac{1}{V_g}\left(\frac{dV_g}{dp}\right)_T = \frac{1}{p} - \frac{1}{Z}\frac{\partial Z}{\partial p} \quad (2-2-4)$$

式中　C_g——天然气等温压缩系数,常用单位为 MPa^{-1},国际单位为 Pa^{-1};

V_g——气体的体积,m^3;

T——温度,K;

Z——天然气的压缩因子。

溶解气油比:单位体积或单位质量地面原油在地层条件下所溶解的天然气在标准状况

下的体积,符号为 R_s,单位为 m^3/m^3。

原油凝固点:指原油冷却过程中由流动状态到失去流动性的临界温度点,它与原油中的含蜡量、沥青胶质含量及轻质油含量等有关,单位为℃,在 $-56\sim50$℃之间,高于40℃为高凝油。

饱和压力:也叫泡点压力,温度一定时,压力降低过程中开始从液相中分离出第一批气泡时的压力。对未饱和油来讲,压力高于饱和压力时,流动为单相液态流动,当压力降低到饱和压力时,溶解在油中的天然气开始分离出而形成游离态气,相态转变为气液两相,符号为 p_b,常用单位为 MPa,国际单位为 Pa。

未饱和油藏:在原始地层压力和温度条件下,原油尚未饱和天然气的油藏,也即原始地层压力高于饱和压力,当压力下降到饱和压力之前,油藏始终是液态相。

地层水总矿化度:等于单位体积水中矿物盐类正、负离子含量之总和,常用单位为 mg/L。

地层水硬度:指地层水中钙、镁等二价阳离子的浓度,常用单位为 mg/L。

相:具有各性质相同的物质构成的、与其他部分有明显性质差异的某一均质称为一相,如液相、气相、油相、水相、固相等。

组分:构成相中的各种成分称为组分,如油相中的油组分和气组分。

二、知识点

1. 流体化学组成

在常温常压下,C_1—C_4 为气态,是天然气的主要成分;C_5—C_{16} 为液态,是原油的主要成分;C_{17} 以上为固态,是石蜡的主要成分。

地层条件下,天然气中的烃类以甲烷为主,摩尔分数可达70%~98%,乙烷含量约10%,其他含量较少,非烃类气体组成变化较大,硫化氢含量一般不超过5%,其他如 CO_2 含量高达70%,或者氮气含量高达60%。

地层条件下,轻质油 C_1 含量可达60%以上,C_5 以上低于20%;黑油(指油组分不挥发,常规油藏、稠油油藏等多称为黑油)C_1 含量低于50%,C_5 以上大于40%。

地层条件下,水常含有相当多的金属盐类,尤其以钾盐、钠盐最多,故也称为盐水,常见的阳离子为 Na^+、K^+、Ca^{2+}、Mg^{2+},阴离子为 Cl^-、SO_4^{2-}、HCO_3^-、NO_3^- 等。矿化度从几百到几十万毫克每升。在物理化学渗流(如注入化学剂)时容易发生化学反应产生沉淀而影响开发效果。

2. 地层原油物性

1) 地层原油密度

地下原油溶解了大量天然气,其密度低于地面脱气原油密度。

地层压力小于饱和压力时,随压力增加,溶解气油比增大,原油密度减小。

地层压力大于饱和压力时,随压力增加,溶解气油比不变,油体积被压缩,密度增大。

地层温度越高,溶解气油比越大,原油密度越小。

生产时,压力下降到饱和压力后,压力越低,溶解气脱出越多,原油密度增大。

地层油密度随压力的变化如图2-2-1所示。

2) 溶解气油比

地层压力高于饱和压力(p_b)时,溶解气油比不再变化。

地层压力低于饱和压力时,随着压力增大,溶解气油比增加。

不同油藏溶解气油比差别较大,一般稠油油藏<常规油藏<低渗透油藏,其值可由几十至上百,甚至有的达到几百。

地层原油溶解气油比随压力的变化如图2-2-2所示。

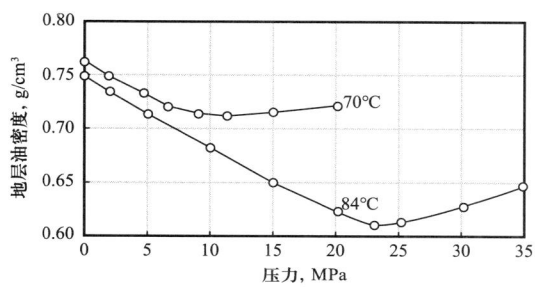 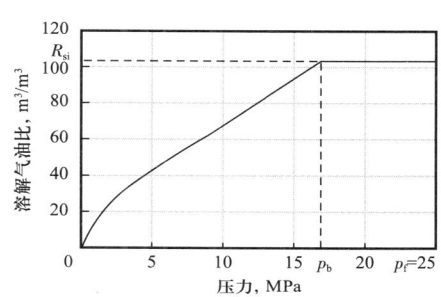

图2-2-1 地层油密度随压力的变化　　　图2-2-2 地层原油溶解气油比随压力的变化

R_{si}—原始状态下的溶解气油比

3) 体积系数

地层压力大于饱和压力(p_b)时,随着压力增加,地层原油压缩,体积系数减小。

地层压力小于饱和压力时,随着压力增加,溶解气量增加,原油体积增大,体积系数增大,如图2-2-3所示。

一般体积系数随溶解气油比增大而增大,由于地下溶解气和热膨胀的影响远远超过受压缩所引起的体积变化,所以,地层原油体积系数一般在1~1.5之间。

4) 弹性压缩系数

地下原油的弹性压缩系数大小取决于原油溶解气油比、温度、压力。

溶解气油比越大,弹性压缩系数越大;温度越高,弹性压缩系数越大;压力增加,弹性压缩系数变小。

地面脱气原油的弹性压缩系数为$(4\sim7)\times10^{-4}\mathrm{MPa}^{-1}$,地层原油的弹性压缩系数为$(10\sim140)\times10^{-4}\mathrm{MPa}^{-1}$。

5) 黏度

原油黏度对温度变化敏感,特别是对稠油而言,黏温曲线是用来计算热采中温度影响黏度的关键资料,如图2-2-4所示。

由于不同压力时,溶解气油比不同,因此,不同压力下的原油的黏度也有较大不同,如图2-2-5所示。

压力高于饱和压力时,压力增加引起原油弹性压缩,密度增大,内摩擦阻力增大,原油黏度增大。

压力低于饱和压力时,随着压力降低,溶解气不断分离出来,原油黏度急剧增加。

稠油的地层原油黏度大于50mPa·s,相对密度大于0.92。

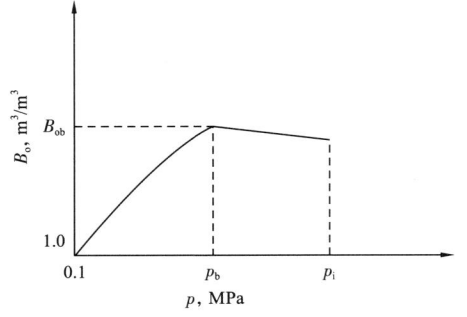

图2-2-3 地层原油体积系数随压力的变化

B_{ob}—泡点压力下地层原油体积系数;p_i—原始地层压力

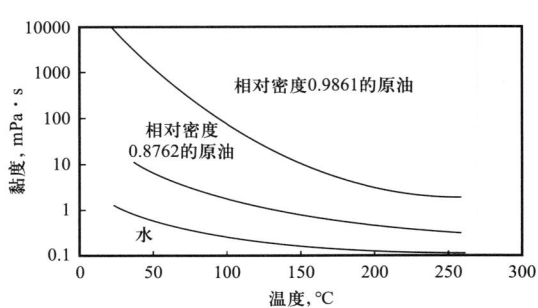

图2-2-4 地层原油黏度随温度的变化(黏温曲线)

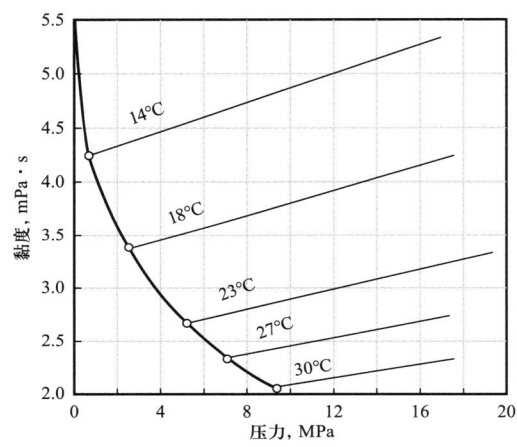

图2-2-5 地层原油黏度随压力的变化

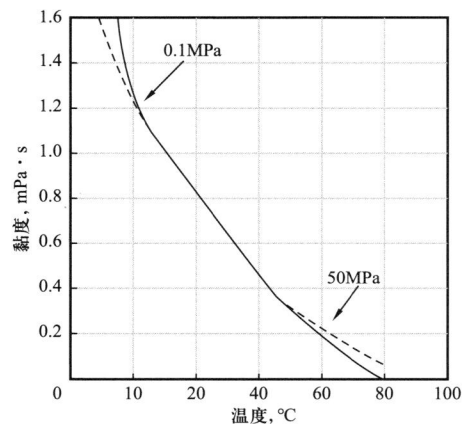

图2-2-6 地层水黏度随温度、压力的变化

3. 地层水物性

天然气在地层水中的溶解度较低,在10MPa压力下,一般不超过$2m^3/m^3$,即使压力较高时,也不超过$5m^3/m^3$,温度对溶解度影响不大。

地层水的弹性压缩系数一般低于地层原油的,为$(3.4\sim5.0)\times10^{-4}MPa^{-1}$。

地层水的体积系数不大,一般在1.01~1.06之间。

温度对地层水的黏度影响较大,压力基本没有影响。2000m深的储层,温度约为50℃,地层水的黏度约为0.3mPa·s,如图2-2-6所示。

4. 天然气物性

1)密度

天然气的密度可由气体的状态方程得到：

$$\rho_g = \frac{pM}{ZRT} \quad (2-2-5)$$

式中 ρ_g ——天然气的密度，kg/m^3；

M ——天然气的分子量，由天然气的组分计算，$kg/kmol$；

R ——通用气体常数，其值为 $0.008314MPa \cdot m^3/(kmol \cdot K)$；

T ——温度，K；

p ——压力，MPa。

标准状况下空气密度 $\rho_{asc} = 1.293kg/m^3$，常温常压下空气密度 $\rho_a = 1.205kg/m^3$，地层条件下，天然气密度可达到 $200 \sim 300kg/m^3$。

干空气的分子量约为29，则天然气相对密度为：

$$\gamma_g = \frac{M}{29} \quad (2-2-6)$$

式中 γ_g ——天然气的相对密度。

γ_g 一般在 0.55~0.8 之间。

2)压缩因子

地层条件下，天然气的压缩因子在压力为 10MPa 左右处于最低，随着压力的增加，压缩因子逐渐增大，超过 35MPa 左右压缩因子可能会大于1。

天然气压缩因子随着温度的升高而增大，而且变化幅度变窄。

相对密度为 0.8，地层温度为 65℃，压力为 12MPa 时，天然气的压缩因子约为 0.783。

相对密度为 0.65，地层温度为 50℃，压力为 20MPa 时，天然气的压缩因子约为 0.81。

相对密度为 0.65，地层温度为 60℃，压力为 30MPa 时，天然气的压缩因子约为 0.92。

天然气在常温常压下，压缩因子约为1。

3)体积系数

天然气的体积系数可用公式表示：

$$B_g = \frac{273+T}{293} \frac{p_{sc}Z}{p} \quad (2-2-7)$$

式中 T ——温度，℃；

p_{sc} ——标准状况下压力，一般为 0.1MPa。

假设天然气压缩因子 $Z = 0.8$ 和温度 $T = 65℃$ 都不变，则不同压力下天然气体积系数随着压力的增大而减小，如图 2-2-7 所示。

当压力小于 10MPa 时，体积系数变动幅度很大；当压力大于 10MPa 时，体积系数变化较小。

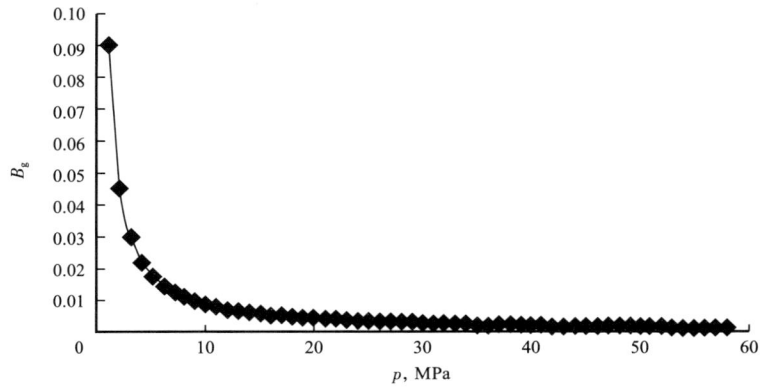

图 2-2-7　天然气压力与体积系数关系（温度为65℃）

4）等温压缩系数

与液体相比，气体的压缩性大很多，因此，其压缩系数（压缩率）也大很多，如某天然气等温压缩系数为 $1123\times10^{-4}\mathrm{MPa}^{-1}$，约是地层水弹性压缩系数的300倍。

5）黏度

天然气的黏度要比油或水的黏度低得多，常温常压条件下，天然气的黏度在 $0.005\sim0.015\mathrm{mPa\cdot s}$ 之间，地层条件下天然气黏度可用半经验公式法计算：

$$\begin{aligned}\mu_\mathrm{g} &= 10^{-4}K\exp(X\rho_\mathrm{g}^Y)\\ K &= \frac{2.6832\times10^{-2}(470+M)T^{1.5}}{116.1111+10.5556M+T}\\ X &= 0.01009\left(350+\frac{54777.7}{T}+M\right)\\ Y &= 2.447-0.2224X\end{aligned} \quad(2-2-8)$$

式中　ρ_g——天然气的密度，$\mathrm{g/cm^3}$。

设 $p=20\mathrm{MPa}$，$\gamma_\mathrm{g}=0.65$，$T=323\mathrm{K}$，则求得的天然气黏度为 $0.022\mathrm{mPa\cdot s}$。

由此计算得到的天然气黏度值在 $10^{-2}\mathrm{mPa\cdot s}$ 数量级，约是地层水黏度的1%。

5. 相态特征

典型的多组分烃类体系相图如图 2-2-8 所示。

包络线：相图中的实线，即 $aEC_\mathrm{T}BCGC_\mathrm{p}Ib$ 线；$aEC_\mathrm{T}BC$ 线是露点线，$CGC_\mathrm{p}Ib$ 线是泡点线；包络线内为两相区，泡点线外为液相区，露点线外为气相区；C 为临界点，C_T 为临界凝析温度，C_p 为临界凝析压力；$CGC_\mathrm{p}HC$ 区域为等压反凝析区，$CBC_\mathrm{T}DC$ 区域为等温反凝析区（油藏一般等温）；J 点为未饱和油藏，I 点为饱和油藏，L 点为带气顶的油藏，F 点为纯气藏，A 点为凝析气藏；E 为第一露点，D 为第二露点；A 点原始状态为纯气相，温度不变，压力下降，由 B 到 D 液相增多，由 D 到 E 液相气化，E 点之外为纯气相。

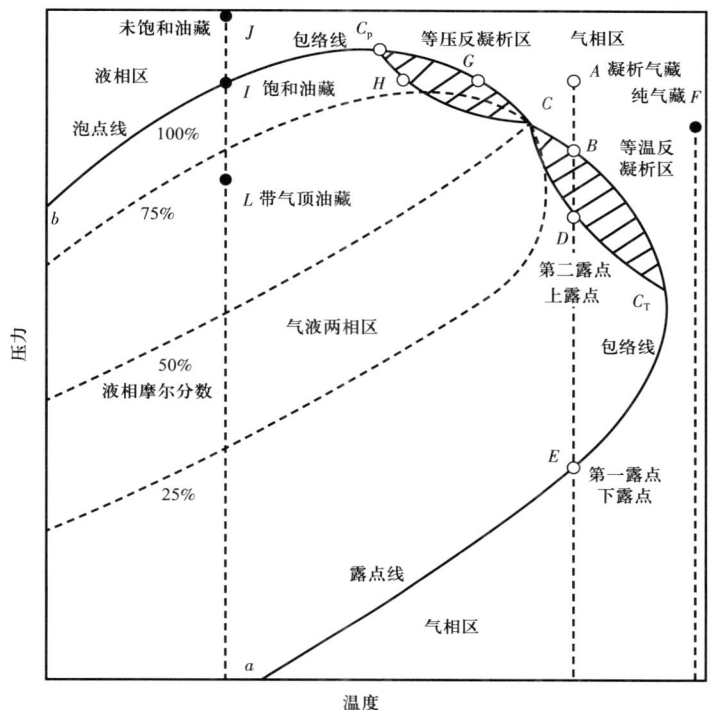

图 2-2-8 多组分烃类体系相图

三、练习题

1、储层中流体的特殊环境是_____和_____。

2、多选题:以下哪些是描述储层流体性质的参数(　　)。
A、黏度　　　　B、密度　　　　C、孔隙度　　　　D、弹性压缩系数

3、原油的体积系数是_____和_____的体积之比。

4、多选题:以下参数哪些更可能是描述的原油的性质(　　)。
A、黏度 500mPa·s　　　　　　　B、体积系数 1.14
C、弹性压缩系数 1000MPa^{-1}　　D、压缩因子 0.82

5、判断题:油井生产时,随着地层压力的下降,如果溶解气大量脱出,则原油的黏度会增大,从而增大油的渗流阻力。

6、多选题:以下可以理解为描述水的性质的是(　　)。
A、地下黏度 0.6mPa·s　　　　　B、储层条件下体积系数为 1
C、基本不溶解油和天然气　　　　D、弹性压缩系数较大,能储存很强的弹性能量

7、单选题:以下是弹性压缩系数的单位的是(　　)。
A、Pa　　　　B、MPa^{-1}　　　　C、mD　　　　D、μm^2

8、判断题:天然气具有较强的压缩性,储层条件下,其密度可接近原油密度的 30%~40%。

9、多选题:通过相态图可以进行以下哪些判断(　　　)。
A、油藏的主要天然能量　　　　　　B、生产过程中的可能相态变化
C、油藏类型　　　　　　　　　　　D、流体性质
10、单选题:地层压力降低,溶解气从原油中脱出,以下哪个原油参数是变大的(　　　)。
A、溶解气油比　　B、密度　　　　C、弹性压缩系数　　D、体积
11、判断题:原油体积系数一般小于1。

第三节　储层岩石性质

地下油气储层主要为沉积岩地层,包括碎屑岩和碳酸盐岩两类储层,基本上各占油气总储量的一半。碎屑岩储层,包括各种类型的砂岩、砾岩、砂砾岩和泥岩,以颗粒间的孔隙为主要储油空间和渗流通道;碳酸盐岩以白云岩和石灰岩为主,主要发育裂缝或溶洞。

本节主要以碎屑岩储层的砂岩为例说明岩石的特征。

按砂岩粒径和比表面对其进行分类为:

一般砂岩,粒径 0.25~1mm,比表面小于 950m²/m³;

细砂岩,粒径 0.1~0.25mm,比表面为 950~2300m²/m³;

泥质砂岩,粒径 0.01~0.1mm,比表面大于 2300m²/m³。

描述岩石性质的物理量还有许多,与渗流力学关系密切的主要有:孔隙度、渗透率、饱和度、毛细管力、弹性压缩系数、相渗曲线等。

一、相关概念

粒度:岩石颗粒的大小,用其直径表示,符号为 d,单位为 mm 或 μm。

粒度中值:粒度组成累积分布曲线上质量分数为 50% 处所对应的粒度,符号为 M_d,单位为 mm 或 μm。

分选系数:粒度组成累积分布曲线上质量分数为 25% 与质量分数为 75% 处所对应的粒度比值,其值越接近于 1 分选越好,符号为 S_0。

孔隙半径中值:孔隙半径累积分布曲线上体积为 50% 所对应的孔隙半径,符号为 R_{50},单位为 μm。多介于 0.1~100μm。

迂曲度:渗流通道的实际长度与穿过渗流介质的视长度的比值,即渗流流体质点穿越介质单位距离时,质点在孔道中运动轨迹的真实长度,符号为 τ,多为 1~1.4。

岩石弹性压缩系数:地层压力每降低单位压力时,单位体积岩石中孔隙体积的缩小量。公式为:

$$C_f = \frac{1}{V_f}\frac{dV_p}{dp} \qquad (2-3-1)$$

式中　C_f——岩石弹性压缩系数,常用单位为 MPa⁻¹,国际单位为 Pa⁻¹;
　　　V_f——岩石的体积,m³;

V_p——孔隙的体积,m^3。

流体饱和度:在储层多孔介质的孔隙中,某流体体积占孔隙总体积的比,符号为 S_l(S_o,S_w,S_g)。

原始含水饱和度:油藏投入开发前,储层岩石孔隙空间中原始含水体积和孔隙总体积的比,符号为 S_wi。

束缚水饱和度:储层岩石孔隙中含有的不能流动的水,也即储层孔隙中不可能含100%的油,符号为 S_wc。储层的渗透率越低,束缚水饱和度越高。

残余油饱和度:经过某一采油方法或驱替作用后,仍然不能采出而残留于孔隙中的原油占孔隙体积的比,符号为 S_or。

残余油:经过某一采油方法或驱替作用后,仍然不能采出而残留于孔隙中的原油称为残余油。

剩余油:主要是指一个油藏经过某一采油方法开采后,仍不能采出的地下原油。一般包括驱替剂波及不到的死油区内的原油及驱替剂(注水)波及了但仍驱不出来的残余油两部分。剩余油的多少取决于地质条件、原油性质、驱油剂种类、开发井网,以及开采工艺技术,采用一些开发调整措施或增产措施后仍有一部分可以被采出。

润湿现象:当不混相的两相流体(如油、水)与岩石固相接触时,其中的一相流体沿着岩石表面铺开,该现象为润湿现象。若油相铺开则为油湿,若水相铺开则为水湿,若铺开差异不明显则为中性润湿。

毛细管力:毛细管中两相接触面上产生的曲面附加压力,符号为 p_c,单位为 MPa。

相渗透率:多相流体共存和流动时,岩石对某一相流体的通过能力大小,也叫有效渗透率,符号为 K_o、K_w、K_g,常用单位为 mD,国际单位为 m^2。

相对渗透率:多相流体共存时,每一相流体的相渗透率与绝对渗透率的比值,符号分别为 K_ro、K_rw、K_rg。

等渗点:两相相对渗透率曲线中的两条曲线的交点。

驱油效率:驱替出油的体积占储层原始含油体积的比值,其值为:

$$E_\mathrm{D} = \frac{1 - S_\mathrm{wi} - S_\mathrm{or}}{1 - S_\mathrm{wi}} \quad (2-3-2)$$

式中 E_D——驱油效率;

S_wi——原始含水饱和度;

S_or——残余油饱和度。

二、知识点

1. 孔隙度

砂岩的分选系数越接近于1,孔隙度越大,孔隙度与粒度关系不大,如图2-3-1所示。砂岩孔隙度又与泥质含量关系密切,见表2-3-1。

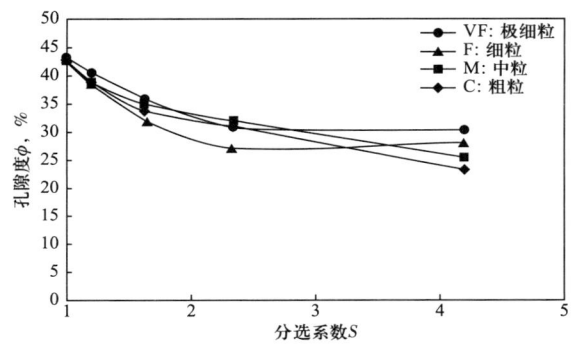

图 2-3-1　颗粒分选系数与孔隙度的关系

表 2-3-1　砂岩孔隙度与泥质含量的关系

泥质含量,%	<2	2~5	5~10	10~15	15~20
孔隙度,%	28~34	29~31	25~30	<25	<20

2. 渗透率

渗透率和孔隙度一般具有较高的正相关关系,但也受其他因素影响,特别是受喉道半径的影响:

粒度细、孔隙半径小,岩石比表面大,渗透率低,如图 2-3-2 所示;

分选系数越大,渗透率越低;

压实作用越大,有效覆压越大,渗透率越低。

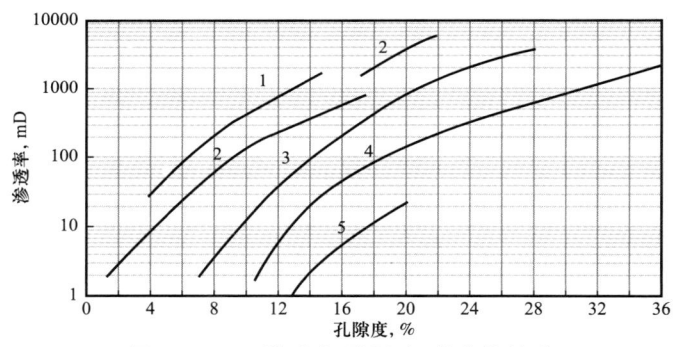

图 2-3-2　渗透率、孔隙度、粒度的关系

1—粗和极粗颗粒;2—粗和中等颗粒;3—细粒;4—泥质颗粒;5—黏土颗粒

渗透率的定量计算公式有多个,其中基于毛细管束模型的公式为:

$$K = \frac{\phi r^2}{8\tau^2} \quad (2-3-3)$$

式中　K——渗透率,D;

　　　ϕ——孔隙度;

　　　r——岩石的孔隙半径,μm;

τ——迂曲度。

若 $r=1\mu m$，$\phi=0.25$，$\tau=1.2$，则 $K=0.0217D=21.7mD$。

3. 弹性压缩系数

孔隙压力降低，岩石骨架体积膨胀，孔隙体积缩小，形成一种驱油动力，其值一般为 $10^{-4}MPa^{-1}$ 数量级。

4. 饱和度

砂岩储层中，渗透率越低，束缚水饱和度越高，残余油饱和度越高，可流动油越少。

5. 毛细管力

岩石孔隙可简化为毛细管，毛细管中两相接触面由于润湿作用会产生毛细管力，油水体系的毛细管力计算公式：

$$p_c = \frac{2\sigma_{wo}\cos\theta_{wo}}{r} \qquad (2-3-4)$$

式中 p_c——毛细管力，Pa；

σ_{wo}——油水界面张力，mN/m；

θ_{wo}——接触角（以水方向为正方向），(°)。

r——毛细管半径，mm。

若 $r=0.001mm$，$\sigma_{wo}=24mN/m$（常压下水气界面张力为 72mN/m），$\theta_{wo}=60°$，则 $p_c=24132.8Pa=0.024132MPa$；若 $r=0.01\mu m=10nm$，则 $p_c=2.4132MPa$。

可见当孔隙半径较大时，毛细管力很小，但当孔隙半径很小（如低渗透层、致密层、页岩等），毛细管力则会很大。

油水两相毛细管力是含水饱和度的函数，实验方法常用压汞法或半渗透隔板法，实验结果需要进行地下毛细管力的换算。图 2-3-3 是实验室和油藏条件下的毛细管力曲线。

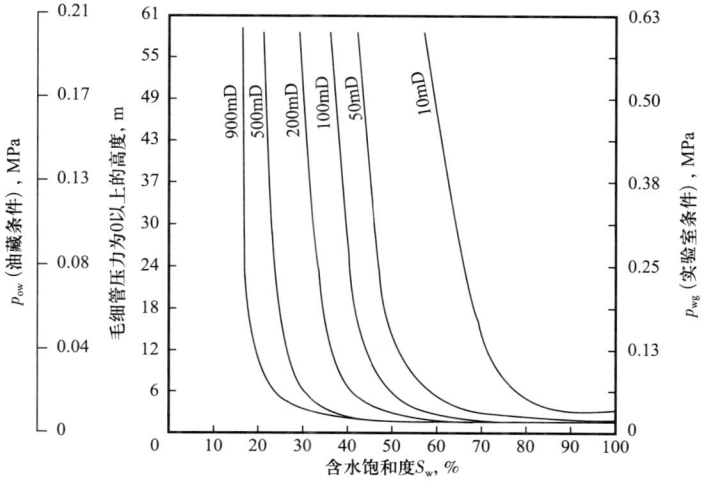

图 2-3-3 实验室与油藏条件毛细管力曲线的换算

应用毛细管力曲线除了在多相渗流中建立相与相压力之间的联系外,还可以用于计算油水过渡带的含水饱和度。

6. 相对渗透率

实际油气藏中一般存在两相以上流体(油—水、油—气、气—水),相流体的物性差异使得各相流体间的流动也存在较大不同,比如油的黏度大于水的黏度,水的流动阻力会小,流动速度存在差异。因此,相渗透率或者相对渗透率之间的关系需要明确,这就需要相对渗透率曲线(简称相渗曲线),如图2-3-4所示。

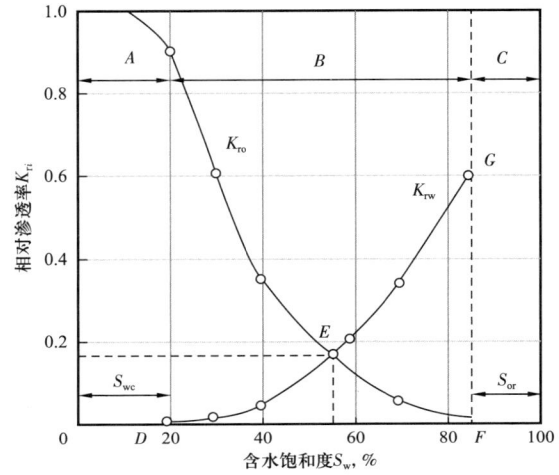

图 2-3-4 典型油水相对渗透率曲线

两条曲线: K_{ro} 曲线和 K_{rw} 曲线。

三个区域: A—单相油流区、B—油水同流区、C—单相水流区。

四个特征点: D 点—束缚水饱和度 S_{wc}、F 点—残余油饱和度 S_{or}、E 点—等渗点、G 点—残余油饱和度下水的相对渗透率。

曲率:每条相渗曲线的弯曲程度,是影响共渗点的重要参数,曲率越大共渗点越低。

相对渗透率反映岩石的孔隙特征,不同的岩石表现为不同的相渗特征。图2-3-5为不同岩石相渗曲线。

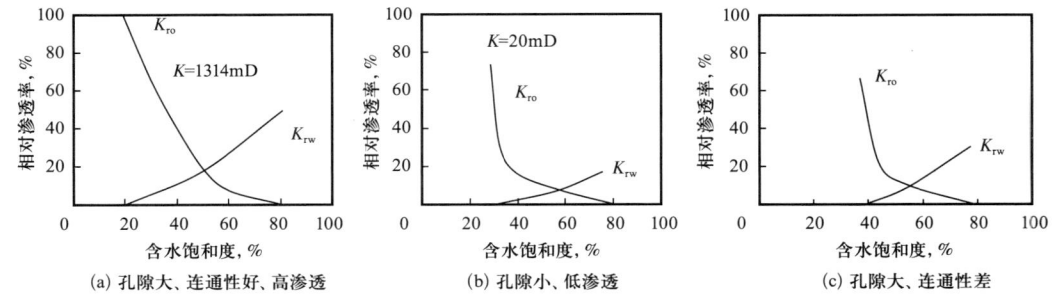

图 2-3-5 不同砂岩油水相渗曲线

高渗透、大孔隙砂岩的两相共渗区范围大,束缚水饱和度低,如图 2-3-5(a)所示;

孔隙小、连通性差的砂岩 K_{ro} 和 K_{rw} 的终点都较小,如图 2-3-5(b)所示;

孔隙大、连通性差的砂岩束缚水饱和度高,两相流覆盖饱和度的范围窄,如图 2-3-5(c)所示;

两相渗流时 K_{ro} 和 K_{rw} 之和小于 1,等渗点处 $K_{ro}+K_{rw}$ 一般最小,低渗透时等渗点处的相对渗透率一般较低。

相对渗透率曲线通常应用特征点进行描述,见表 2-3-2。

表 2-3-2 某油藏相渗曲线特征参数表

参数	数值
S_{wl},最小含水饱和度	0
S_{wu},最大含水饱和度	1
S_{wcr},束缚水饱和度	0.25
S_{owcr},残余油饱和度	0.3
$K_{ro}(S_{wl})$,最大油相相对渗透率	1
$K_{ro}(S_{wcr})$,束缚水饱和度对应的油相相对渗透率	1
$K_{rw}(S_{owcr})$,残余油饱和度对应的水相相对渗透率	0.2
$K_{rw}(S_{wu})$,最大水相相对渗透率	0.2
n_o,油相相对渗透率曲线的曲率	2
n_w,水相相对渗透率曲线的曲率	2

由表 2-3-2 得到的相渗曲线如图 2-3-6 所示。

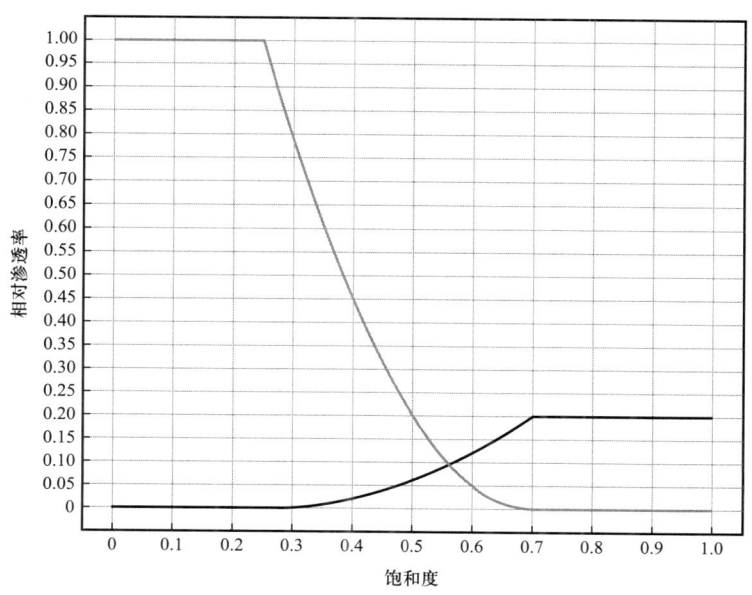

图 2-3-6 某油藏油水相渗曲线

三、练习题

1、单选题:以下油藏物性参数之间具有较好的一致性的是( )。
   A、渗透率1mD,孔隙度 0.25   B、渗透率 500mD,油的黏度 1mPa·s
   C、孔隙半径 10nm,油的黏度 500mPa·s   D、毛细管力 2MPa,束缚水饱和度 0.4

2、多选题:以下两个参数中大致成正相关关系的是( )。
   A、黏度和密度   B、渗透率和孔隙度
   C、孔隙半径和毛细管力   D、原油体积系数和溶解气油比

3、油水相对渗透率曲线中的四个特征点是 _____、_____、_____ 和 _____。

4、单选题:以下参数哪个更可能是描述岩石的性质( )。
   A、密度 800kg/m³   B、体积系数 1.14
   C、弹性压缩系数 $2 \times 10^{-4} MPa^{-1}$ D、压缩因子 0.82

5、判断题:储层岩石的孔隙度越大,渗透率也越大。

6、判断题:岩石的弹性压缩系数越大,说明岩石的储能性质越好。

7、多选题:岩石的比表面越大,以下参数中越小的有( )。
   A、孔隙度   B、渗透率   C、毛细管力   D、渗流阻力

8、岩石的弹性压缩是指当储层压力降低时,_____ 膨胀,_____ 变小。

9、液体的弹性压缩是指当储层压力降低时,_____ 膨胀,_____ 变小。

10、多选题:以下方法中能够降低残余油饱和度的是( )。
    A、加大生产压差   B、加入表面活性剂   C、增加水的黏度   D、热力采油

11、判断题:岩石的弹性压缩系数一般小于液体的弹性压缩系数。

12、判断题:与岩石和液体相比,气体的弹性能量一般很大。

第四节 储层的常用压力

储层中除了岩石和流体物质之外,高温高压下的能量也是描述储层的重要方面。压力则反映了物体由于受到各种力的作用而被压缩,从而具有伸张趋势而带来的能量,其本质是力的作用产生的能量,是油气流动的动力来源,是油气开采至关重要的参数。

温度是储层热能的直接体现,非等温渗流时特别需要对温度场进行描述。

一、相关概念

压力:物理学中与力一致,力学和工学中,与压强一致,即单位面积上受到的力,即 N/m²,常用单位为 MPa,国际单位为 Pa。

地层压力:作用于地层所含流体的压力,也称为流体压力、孔隙压力、油层压力,常用单位为 MPa,国际单位为 Pa。

静水压力:与油藏深度等高的水柱静止不动时由于重力作用产生的压力,常压油藏的原

始地层压力与静水压力较为接近。

压力系数:指实测的地层压力与按同一深度计算的静水压力的比值。

地层压力梯度:是指地层压力随深度的增加率,常用单位为 MPa/100m,当压力系数为 1 时,地层压力梯度可记为 1MPa/100m。

原始地层压力:油藏在开采以前测得的地层压力,符号为 p_i。

目前地层压力:油藏开发过程中,不同时期的平均地层压力,符号为 p_R。

供给压力:油藏中存在外源供给区时,在供给边界上的压力,符号为 p_e。

井底压力:在正常生产状态下,生产井测得的油层中部压力,也称流压,符号为 p_w。

折算压力:把地层内各点的压力折算到同一水平面上的压力,实质上代表了该点流体的总机械能,符号为 p_r。

油压:井口油管内的压力,符号为 p_{wh},单位为 MPa。

套压:井口油管和套管环形空间内的压力,符号为 p_t,单位为 MPa。

地温梯度:地表上层(20~130m)以下,地层温度随深度的增加率,常用单位为℃/100m。

二、知识点

1. 压力和温度

压力和温度是影响每个油气藏时常变化的两种主要因素,而每种因素又都是可以利用的潜在能量。随着它们的变化,储层的孔隙也随之变化,最重要的是孔隙中的流体体积发生变化,因此,诸多的流体和岩石的物性都是这两个参数的函数。储层开采中的能量的再平衡或者再分布也可看作压力和温度的再分布,流体所受的力从本质上也是压力和温度的反映。

1) 压力

储层各点的压力分布及随着时间的变化规律,这是渗流力学研究的最重要内容,也是油气开发所关心的问题。

描述地层压力大小的物理量往往是压力系数,一般地质条件下,地层压力和静水压力相当,即压力系数近似等于1,但也有特殊地质条件,根据压力系数大小,可把储层分为三类:压力系数大于 1.2 为异常高压储层;压力系数小于 0.7 为异常低压储层;介于二者之间的为常压储层。

2) 温度

除了涉及具有热能量明显变化的油气藏开发外(如热力采油),一般都认为储层为等温状态。

描述地层温度大小的物理量往往是温度梯度,地壳上不同地区地温梯度不同,一般为 (0.9~5.2)℃/100m。地温梯度与形成油气藏有紧密的关系,一般地温梯度在(2.5~4.0)℃/100m 之间具有较大的可能性形成油气藏。

2. 常用的五个压力

1) 原始地层压力

油气藏一旦投入开发,储层的原始状态即被打破,所以很难通过实测获得原始地层压力。除了第一批探井可测原始地层压力外,一般通过间接法获得。由第一批探井可得到原始地层压力和深度的关系曲线(称为压力梯度曲线,如图2-4-1所示),由该曲线可估算地层不同位置的原始地层压力。

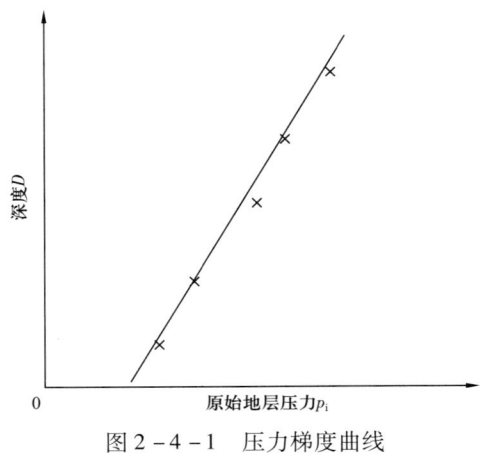

图 2-4-1 压力梯度曲线

3000m 深常压地层,其原始地层压力约为 30MPa。

2)目前地层压力

目前地层压力是用来衡量储层不同开发时期地层能量大小的指标,是不同开发时期的平均地层压力,一定区域内的目前地层压力可通过测试长期关停井的井底压力获得,更多的是通过试井获得。当油藏弹性开发,也就是依靠天然能量开发,地层平均压力会随着开采逐渐下降,地层能量逐渐消耗,直到衰竭,如图 2-4-2 所示。

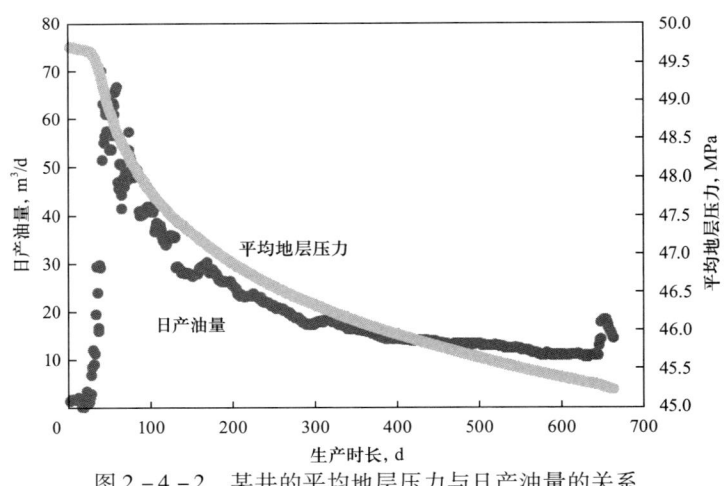

图 2-4-2 某井的平均地层压力与日产油量的关系

3)供给压力

有无供给压力可判断边界是开放的还是封闭的,供给压力大小由水动力中的压力水头大小决定。

如果供给源很大,有源源不断的能量补充到地层,供给压力可能较为稳定,可以认为油藏具有恒定的供给压力。而实际情况中多井生产形成的单个井有限控油区域的边界上的压力往往是随着生产变化的。

4）井底压力

当关井较长时间、井底压力达到稳定时，其值接近目前地层压力。

当井开始生产时，井底压力与地层压力形成压力差，即

$$\Delta p = p_R - p_w \qquad (2-4-1)$$

式中　Δp——压力差，MPa；

　　　p_R——地层压力，MPa；

　　　p_w——井底压力，MPa。

再由各种力的作用推动流体流动。

井底压力可通过下入压力计直接测得，也可以通过流量与压差的关系进行估算，还可以通过井口油压和套压进行井筒多相流压力损失计算。

5）折算压力

为了研究方便，往往把起伏不大的实际地层映射到一个平面上，其能量也需要折算。

如图 2-4-3 所示，把 B 点所在平面设为基准面，对 A 点进行投影，则 A 点的折算压力：

$$p_{rA} = p_A + \rho g h \qquad (2-4-2)$$

式中　p_{rA}——A 点折算压力，Pa；

　　　p_A——A 点实际压力，Pa；

　　　ρ——密度，kg/m³；

　　　g——重力加速度，取 9.8N/kg；

　　　h——高度，m。

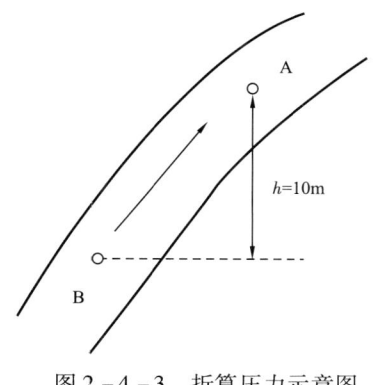

图 2-4-3　折算压力示意图

如图 2-4-3 所示，已知一油藏中的两点，$h = 10\text{m}$，$p_A = 9.35\text{MPa}$，$p_B = 9.5\text{MPa}$，原油相对密度 $\gamma_o = 0.85$，问油的运移方向如何？解答如下。

以 B 点所处的面为标准面，计算两点的折算压力为：

$$p_{rB} = p_B = 9.5\text{MPa}$$

$$p_{rA} = p_A + \gamma_o \rho_w g h = 9.35 + 0.85 \times 1 \times 10^3 \times 9.8 \times 10 \times 10^{-6} = 9.433\text{MPa}$$

因 $p_{rB} > p_{rA}$，B 点有流向 A 点的趋势，能不能流动还要根据力的分析来确定。

三、练习题

1、单选题：能够表示地层某位置的流体所具有的总机械能的是（　　　）。

A、原始地层压力　　　B、折算压力　　　C、井底压力　　　D、目前地层压力

2、单选题：某常压地层的原始地层压力为 28MPa，估算储层的深度最接近的是（　　　）。

A、500m　　　　B、1000m　　　　C、3000m　　　　D、5000m

3、用于描述外边界上的压力常用_____压力,用于描述内边界上的压力常用_____压力。

4、多选题:以下哪些压力是指的同一处的压力(　　)。
　A、井底压力　　　　B、目前地层压力　　　C、流压　　　　　　D、油压

5、多选题:以下哪些压力是指的平均地层压力(　　)。
　A、井底压力　　　　B、目前地层压力　　　C、折算压力　　　　D、原始地层压力

6、判断题:油藏 A 点处的折算压力大于 B 点处的折算压力,流体会由 A 点向 B 点流动。

7、单选题:地面平均温度 10℃ 区域内 3000m 的常温地层,其地层温度最接近的值是(　　)。
　A、20℃　　　　　　B、50℃　　　　　　　C、100℃　　　　　　D、150℃

8、用来表征地层能量的两个关键参数是_____和_____。

9、多选题:油藏内主要的物质有(　　)。
　A、岩石　　　　　　B、液体　　　　　　　C、气体　　　　　　D、纯净水

10、多选题:以下可以作为供给压力来源的是(　　)。
　A、边水　　　　　　B、底水　　　　　　　C、注入井　　　　　D、目前地层压力

第五节　渗流的三种基本形式

根据流体在储层中流经的途径和向井汇聚的特点,把渗流的形式主要分为三种类型:平面单向流、平面径向流和球形径向流。

一、相关概念

平面单向流:指流体以与平面成一定角度的方向流经一个平板或平面,流体仅沿着一个方向流动,没有分支或交叉,压力的消耗在流动方向上基本是均匀的。类似于实验室中流体在岩心中渗流,行列井网中井排之间的渗流或者是排液坑道中的流动。

平面径向流:指流体在平面内沿着径向流动的二维流动形式。在平面内的每一点,流体的流动都指向某一固定的中心点,流线呈放射状,越靠近井底流速越大。类似于井底附近流体呈辐射状流入或者流出的渗流。

球形径向流:指流体沿球面径向流动的三维流动形式。类似于井在储层中仅打开一小段,周围流体都流向这一点的渗流。

二、知识点

1. 平面单向流

如图 2-5-1 所示,平面单向流中,流体沿着一个方向(x 方向)流动,供给端有供给压力 p_e,采出端(泄流端)有生产压力(井底压力)p_w,储层厚度 h,储层宽度 B,流体经过的距离为 L,流量为 Q。

若流动通道为均质储层,并且不考虑剖面中由于重力引起的垂向流动,则截面

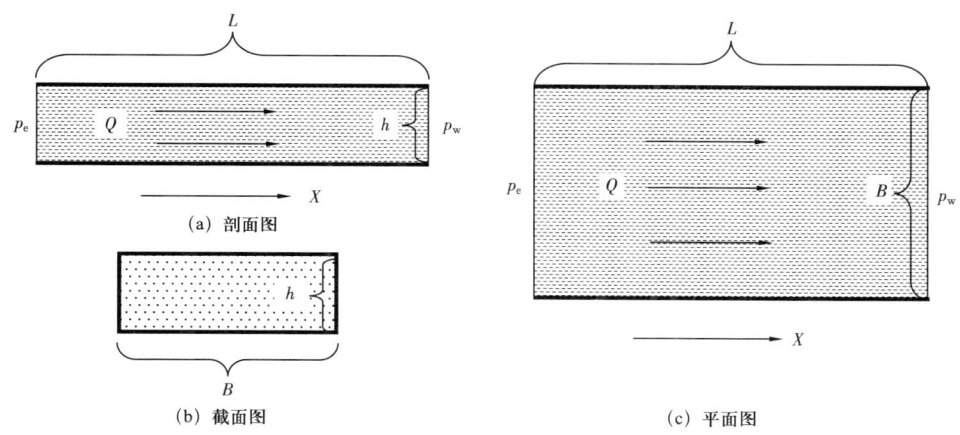

图2-5-1 平面单向流渗流示意图

图2-5-1(b)中各点的渗流参数相同,此时的研究对象可以集中在平面图中研究沿 x 方向的渗流规律,因此,用单向流的平面图代表此类渗流形式,命名为"平面单向流"。

平面单向流是渗流力学中较为简单的渗流形式,也是一维流动的典型代表。

平面单向流的压力、压力梯度、流线、等势线等分布都较为均匀,特别是以消耗较低的渗流能量为其突出特点。如图2-5-2所示,直井压裂后,把平面径向流转变为两个近似的平面单向流:储层向裂缝的平面单向流,以及流体在裂缝中流向井底的平面单向流。压裂措施利用平面单向流的优势降低了流体流入井中的能量损耗。

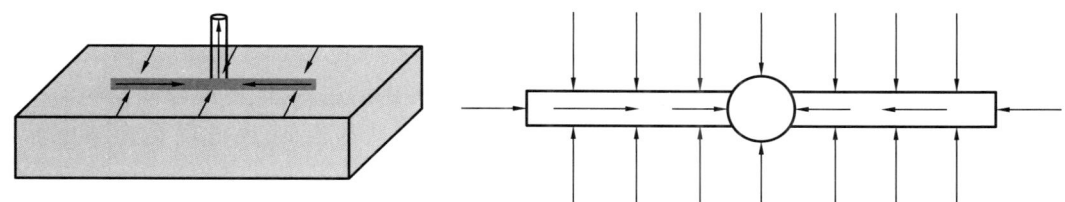

图2-5-2 油井压裂后渗流形式的变化

如图2-5-3所示,在水平井渗流中,受储层顶面和底面的限制,当渗流区域在一定范围时,水平段部分也能呈现平面单向流形式,即储层流体沿着一个方向流向水平井内。

2. 平面径向流

如图2-5-4所示,立体图中,储层为柱形,均质,厚度 h,半径 R_e,具有供给边界,供给压力 p_e,储层中心一口井(完全穿过储层),井筒半径 R_w,井底压力

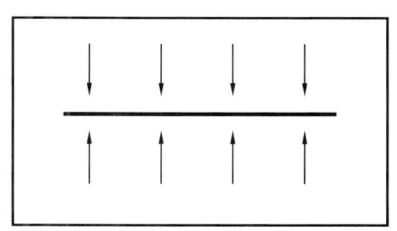

图2-5-3 水平井平面单向流示意图

p_w,在任意平面图中流体沿径向流入(流出)井,流量 Q,纵向上任意平面的渗流特征基本相似,因此,可应用平面图代表此种渗流形式,命名为"平面径向流"。

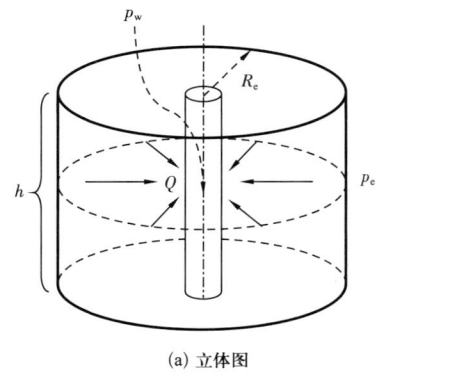
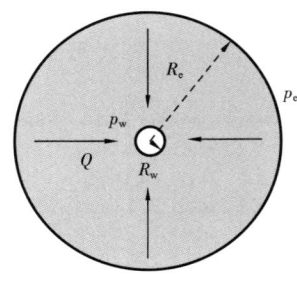

(a) 立体图   (b) 平面图

图 2-5-4 平面径向流渗流示意图

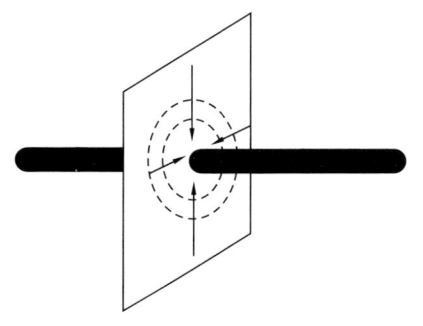

图 2-5-5 水平井平面径向流示意图

平面径向流是实际油田开发中最常见的渗流形式，围绕直井或水平井（图 2-5-5）周围的渗流基本可以看作平面径向流，以井为中心的任意半径 r 的柱面上各点的渗流参数相等。

平面径向流在直角坐标系中可看作二维渗流，一般为了简单起见，常把直角坐标系转换为平面极坐标系 (r,θ)，由此简化为一维径向渗流。

3. 球形径向流

如图 2-5-6 所示，在一较厚储层中有一口井，该井不同于平面径向流完全穿过储层，而是仅打开储层顶部，该条件下的井底附近的渗流形如一个半球面为供给边界，流体沿球面径向流入井点（可把井看作一个点），单个球面上的任意点渗流规律基本相似，由此简化为球坐标系 (r,θ,φ) 中的"球形径向流"。

该渗流形式油田中不常见，渗流力学中不作为重点内容讲述。

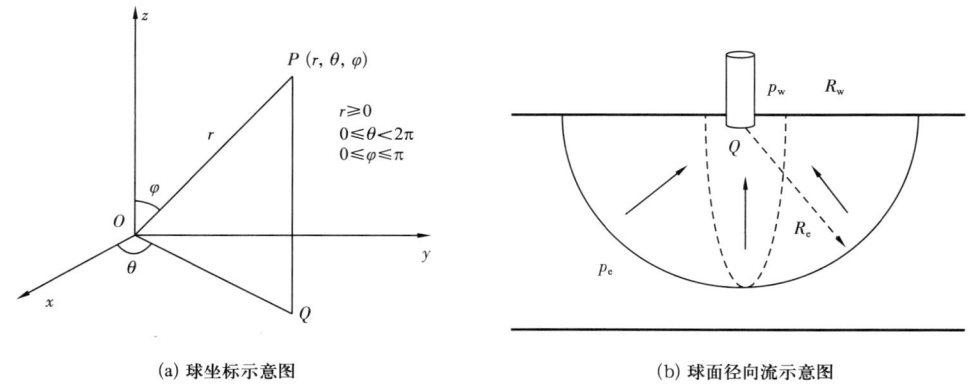

(a) 球坐标示意图   (b) 球面径向流示意图

图 2-5-6 球形径向流渗流示意图

三、练习题

1、单选题:实验室测渗透率岩心实验中,渗流形式是( )。
   A、平面径向流   B、一维径向流   C、平面单向流   D、球形径向流
2、多选题:油田中常见的未压裂直井生产中,渗流形式常常被描述为( )。
   A、平面径向流   B、一维径向流   C、平面单向流   D、球形径向流
3、两井排间的渗流形式可以近似为_____渗流形式,近井储层中流体流向井底可以近似为_____渗流形式。
4、多选题:以下哪些很可能包括平面单向渗流形式( )。
   A、储层裂缝中的渗流   B、储层流体流向裂缝
   C、实验室中模拟一注一采的实验   D、一定条件下储层流体向水平井的流动
5、多选题:以下哪些很可能包括平面径向渗流形式( )。
   A、直井生产   B、水平井生产   C、多口井生产   D、一维驱替实验
6、判断题:一维流动就是平面单向流,二维流动就是平面径向流。
7、多选题:水平井渗流中可能包括的渗流形式主要有( )。
   A、平面单向流   B、平面径向流   C、球形径向流   D、平面球形流
8、平面径向流在极坐标系中又称为_____渗流,它是由二维转换为一维。
9、判断题:倾斜地层中单一方向上的渗流,由于不在同一个水平面上,不能被看作平面单向流。
10、多选题:地下储层中的渗流形式有( )。
    A、平面单向流   B、平面径向流   C、球形径向流   D、平面球形流

第六节　渗流过程中的力学分析

储层中的流体本身具有流动能力,但在地层条件下流动,还需要动力驱动以克服渗流阻力,研究阻力和动力就需要进行力学分析。

流体流动时受到的力主要有:水动力、重力、黏滞力、弹性力、毛细管力、惯性力。

一、相关概念

力:力是物体对物体的作用,力不能脱离物体而单独存在,在动力学中它等于物体的质量与加速度的乘积。国际单位为牛顿(N),其意义是使1kg质量的物体加速度达到1m/s^{2}时所用的力。

水动力:地下储层中,流体由供给区运移到泄流区,受到的由此产生的水头压力作用而流动的力,可以理解为供给区对流体的推动力,这是流体流动的主要动力,一般用压差或者压力梯度表征其大小。

黏滞力:由于流体的各流层的流速不同,相邻流层间有相对运动,便在接触面上产生一种相互作用的剪切力,这个力叫作流体的内摩擦力,也称为黏滞力。

弹性：具有弹性作用，弹性油藏或者弹性流体，即认为当压力降低时会有弹性力释放。

刚性：没有弹性，相对于弹性用语，刚性储层或者刚性流体（不可压缩流体），即认为没有弹性作用的储层或者流体。

弹性力：弹性物体因外力产生形变后，当外力变化其变形恢复产生的力。

毛细管力：毛细管中能使与其管壁润湿或非润湿的液体自然上升或下降的作用力。此力指向液体凹面所朝向的方向，其大小与该液体的表面张力成正比，与毛细管半径成反比。在地层岩石孔隙中常表现为两相不混溶液体（如油和水）弯曲界面两侧的压力差。

惯性力：由于物体质量带来的一种惯性而表现出的力，其大小取决于质量和加速度。

二、知识点

1. 水动力

如图 2-6-1 所示，储层有外接水头，在水头压力作用下，原油流向 A 井和 B 井，由此产生水动力，它是流体流动的主要动力来源，若供给区的水力压头一定时，降低井的泄油压力，增大压差，也即增大水动力，则驱动油的能量增强。

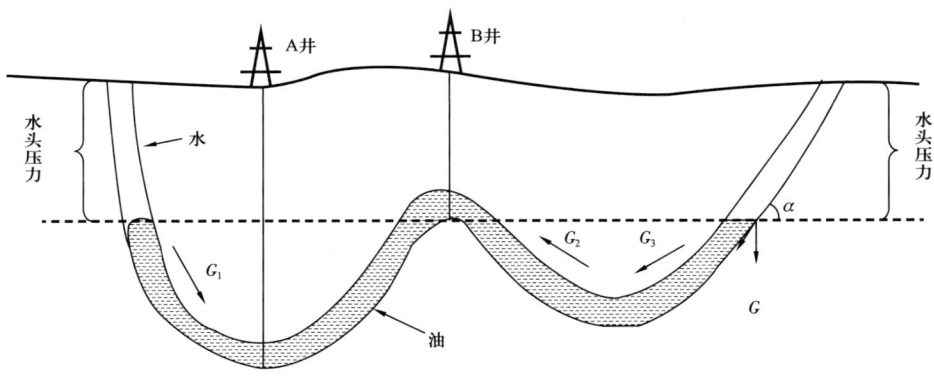

图 2-6-1　流体水动力和重力作用示意图

水动力来自天然供给源和人工补充能量源。当储层衰竭开采到一定程度时，则需要注水或注气来补充地层能量。

2. 重力

如图 2-6-1 所示，流入 A 井的流体受到重力分量 G_1 作用，流入 B 井的流体受到重力分量 G_2 和 G_3 作用，重力在流体流动中可表现为动力或阻力，G_1 和 G_3 表现为动力，G_2 表现为阻力。重力作用沿着流体流动方向的分量梯度为 $\rho g \sin\alpha$。

3. 黏滞力

流体只要流动就会有内摩擦力，它总是阻碍流体的流动，故黏滞力是阻力，其大小与流体的黏度有关，黏度越大，流动阻力越大，消耗的能量就越多，开采就越困难。比如稠油油藏普遍要比常规油藏开采难度大和开发成本高。

4. 惯性力

当流体流动时,如果速度大小或速度方向发生改变,则表现出惯性力的作用。储层中的孔隙大小不一,极不规则,孔隙与孔隙之间的连通又通过更小的孔喉,流体在其中的流动速度几乎时刻都在改变着,惯性力也同时存在着。

惯性力的大小与速度的二次方(v^2)成正比。当流体流动速度很小,惯性力相对于其他作用力很小时可以忽略不计,如在中低渗透的常规油藏和稠油油藏;但当流体流动速度较大时,v^2 会按指数增大惯性力,与其他作用力相比不能再被忽视,如储层中天然气的流动。

惯性力在流体流动中都表现为阻力,损耗能量。

5. 弹性力

地下油气藏都处于高压下,一般高出地面大气压的几百倍,流体和岩石都蕴藏了很大的弹性能量,其弹性力表现在三个方面:

(1)液体弹性力。油或者水具有压缩性,其大小用弹性压缩系数表示。当地层压力降低时,液体体积膨胀,产生弹性力,推动液体向井底流动。除了油层中的液体储存弹性力外,边水和底水也具有很强的弹性力。

(2)气体弹性力。气体具有比液体更大的压缩性,当地层压力降低时,气体体积膨胀得更多,能量释放得更强。气体弹性力来源于具有气顶的自由气或者从油中分离出的溶解气,其中溶解气若在油中其弹性力仅表现为油的弹性作用,只有当从油中分离出来而成为自由气时才具有比液体大很多的气体弹性力。

(3)岩石弹性力。压力降低,岩石骨架体积膨胀,导致孔隙体积缩小,对流体产生推动作用。

弹性力的释放必须依赖压力的降低。油气藏开发初期往往会依赖天然能量,储层压力会被损耗,此时弹性能量发挥重要作用,当中后期通过人工补充能量或者储层能量分布达到再平衡时,油井生产达到稳定状态,储层中的压力变化较小,此时可近似认为无弹性能量作用,油藏可近似地看作是刚性储层。

弹性力在驱油过程中一般总表现为动力。

6. 毛细管力

油气层可以看作是由无数微小的毛细管连接组成的,两相流体流动时,相界面会产生弯曲,从而产生毛细管力,如图 2-6-2 所示。

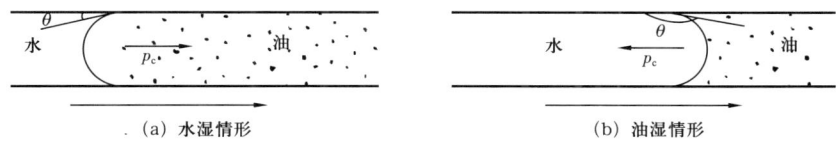

图 2-6-2 毛细管力作用示意图

考虑油水两相的相压力差异,有:

$$p_c = p_o - p_w \qquad (2-6-1)$$

式中　p_c——毛细管力,Pa；
　　　p_o——油相压力,Pa；
　　　p_w——水相压力,Pa。

若润湿性为水湿则 p_c 为正,水驱油时毛细管力为动力；若润湿性为油湿则 p_c 为负,水驱油时毛细管力为阻力。

即便毛细管有动力和阻力之分,但当流体流动时,相对于其他的力较小,一般不会把它作为驱动的主要动力,只有当毛细管力起关键作用时,才认为其具有特殊的渗流方式,比如致密油或页岩气的渗吸。

三、练习题

1、多选题:表征油藏能量的参数主要有(　　　)。
　A、渗透率　　　　B、压力　　　　C、孔隙度　　　　D、温度

2、多选题:流体在多孔介质中流动时受到的力主要有(　　　)。
　A、弹性力　　　　B、重力　　　　C、黏滞力　　　　D、毛细管力

3、多选题:油藏中流体具有的能量主要有(　　　)。
　A、电能　　　　B、弹性能　　　　C、重力能　　　　D、热能

4、单选题:以下的力中,只有当流体流动时才发挥作用的是(　　　)。
　A、重力　　　　B、弹性力　　　　C、黏滞力　　　　D、毛细管力

5、单选题:以下的力中,只有当渗流速度较大时才较为明显的是(　　　)
　A、重力　　　　B、惯性力　　　　C、黏滞力　　　　D、弹性力

6、判断题:流体在多孔介质中流动,黏滞力总表现为阻力。

7、判断题:流体在多孔介质中流动时,可以不考虑黏滞力。

8、弹性力是由于压力变化引起岩石或流体的_____而产生的力。

9、多选题:以下能引起弹性力作用的有(　　　)。
　A、岩石　　　　B、液体　　　　C、气体　　　　D、底水

10、多选题:以下哪些力在油藏中一般表现为阻力(　　　)。
　A、弹性力　　　　B、重力　　　　C、黏滞力　　　　D、惯性力

11、多选题:以下哪些力在油藏中可能是阻力也可能是动力(　　　)。
　A、毛细管力　　　　B、重力　　　　C、黏滞力　　　　D、惯性力

12、岩石弹性力的释放过程中,当压力变小,_____体积膨胀,导致_____体积缩小,从而形成对流体的弹性力。

13、流体弹性力的释放过程中,当压力变小,_____变大,形成对周围流体的作用力,也会引起流体的_____变小。

14、多选题:流体在多孔介质中水平流动时,研究渗流规律可以忽略的力有(　　　)。
　A、毛细管力　　　　B、重力　　　　C、黏滞力　　　　D、惯性力

15、单选题:流体在纳米孔中渗流时,以下哪个作用力需要重点考虑(　　　)。
　A、毛细管力　　　　B、重力　　　　C、黏滞力　　　　D、惯性力

16、单选题:当流体在孔隙中的渗流速度较低时,可以不用考虑的力是( )。
A、毛细管力　　　B、重力　　　C、黏滞力　　　D、惯性力

17、单选题:倾斜的储层中,油自下向上流动,重力的作用是( )。
A、动力　　　　　　　　　　　B、阻力
C、既不是动力也不是阻力　　　D、既是动力也是阻力

18、单选题:在水驱油过程中,岩石的润湿性为亲油,则毛细管力是( )。
A、动力　　　　　　　　　　　B、阻力
C、既不是动力也不是阻力　　　D、既是动力也是阻力

19、单选题:页岩油储层中,注入水容易被小孔隙吸入而替换出原油,这一过程称为渗吸,渗吸的动力来源于以下哪个力( )。
A、重力　　　B、毛细管力　　　C、水压　　　D、惯性力

20、水动力是流体在储层中渗流的外部推力,主要来源是_____和_____。

第七节　油藏的驱动类型

储层中除了流体和岩石外,还具有能量。能量若未达到平衡,则流体会沿着能量变弱方向运动,使能量趋于平衡,因此,流体流动实质上是能量再平衡的过程。

渗流过程中能量的变化是各种力的综合作用结果。在油气藏开采过程中,流体会受到某种主要驱动能量的作用,这种主要的驱动能量决定了油藏的驱动方式。由力的分析可知,主要的驱动能量有:水压能(人工注水或天然水压)、岩石弹性能、液体弹性能、溶解气能、气顶能、重力能。

在自然条件下,流体在多孔介质中运动时,常常是各种能量同时起作用,但在不同时期或者不同储层条件下,对流体起主要推动作用或者动力作用的必有一种较为突出的力,由此,根据这种力的作用进行驱动方式的分类。

不考虑人工能量的补充,仅依赖储层中原有的天然能量驱动,可分为五种驱动方式:水压驱、弹性驱、溶解气驱、气压驱、重力驱,其中弹性区、溶解气驱、气压驱均来自弹性能量。

许多非常规储层由于人工补充能量的困难,往往采用弹性开采方式。常规油藏在初期生产较短时间段也会采用弹性开采。

一、相关概念

驱动能量:指的是油藏开采利用的能够使流体流入井中的各种能量,是采油的动力。
弹性能:由弹性力的作用储存或释放的能量,来自岩石、水、油、自由气和溶解气。
水压驱:主要依靠与外界连通的边水、底水的水动力产生的压能驱使流体流动。
弹性驱:主要依靠岩石和液体的弹性力作为主要动力的驱动方式。
溶解气驱:主要依靠从原油中分离出的溶解气的弹性力作为主要动力的驱动方式。
气压驱:主要依靠气顶中自由气的弹性力作为主要动力的驱动方式。

重力驱：主要依靠流体本身重力作为主要动力的驱动方式。

衰竭式开采：也称为弹性开采，是一种利用油气田的天然能量进行开采的方式。在这种开采方式中，储层没有压力补给系统，随着开采的进行，天然能量逐渐释放，储层的压力逐渐降低，最终导致产量下降，直至油气田枯竭。

二、知识点

1. 水压驱

水压驱依赖的是水动力形成的压差来驱动流体流动，若在开发过程中水动力的水头压力维持不变，并且油藏内岩石及流体的弹性力都很小可忽略不计（可认为达到近似平衡时），此时的水压驱可称为刚性水压驱。

有的教材中称为重力水压驱，体现的是水头压力是具有高程差的流体重力作用产生的力。

许多油气藏没有很强的稳定供给源，甚至是封闭的，需要通过注水井创造人工供给源才能实现水压驱。

水压驱可能会伴随油气藏整个开采期，其采收率可达到40%~60%。

2. 弹性驱

流体从高压流向低压，伴随弹性能释放，但弹性力是主要动力时才能以其来源进行驱动方式的分类，此处的弹性驱特指只有液体和岩石弹性力为主要动力的驱动方式，其主要的油藏条件为未饱和油藏，而且生产过程中地层压力高于饱和压力。

一般油藏弹性驱时间较短，弹性驱采收率也较低（2%~5%）。

3. 溶解气驱

弹性驱过程中，当地层压力低于饱和压力时，溶解气从油中分离出来，形成自由气，其具有的弹性能量要比液体和岩石的大很多，此时，主要动力改变为溶解气的弹性力。

原油在一定压力差下的溶解气分离是有限的，溶解气驱被认为是消耗式开采，而且，自由气的黏度又远小于液体，其流动势必会先于油流出，过多的溶解气脱出也会大大增加油的黏度，不利于油的采出。因此，许多油藏不利用或者有效利用溶解气驱，一般会通过补充地层能量的方式终止或者避免溶解气驱。

具有较高的溶解气油比的油藏，溶解气驱采收率可达到10%~20%。

4. 气压驱

气压驱也叫气顶驱，气压驱特指具有气顶的油藏或油气藏，开采此类储层时，一般会避开气顶，率先开采气顶下的原油，利用气顶的自由气的弹性力保持地层能量。有时也会人为构造气顶补充地层能量。

气压驱的能量大小决定于气顶的大小，具有较强气顶能量的气压驱采收率可达到20%~30%。

5. 重力驱

重力驱中重力发挥了重要的驱油作用,当油藏具有明显倾角、流体黏度较低、渗透率较高时,重力驱具有较高的采收率,有时重力驱也作为辅助手段进行驱油,如稠油油藏水平井蒸汽重力辅助驱(SAGD)。

依靠天然能量的衰竭式开采一般实现的采收率较低。图2-7-1是五种驱替方式的采出效果对比。

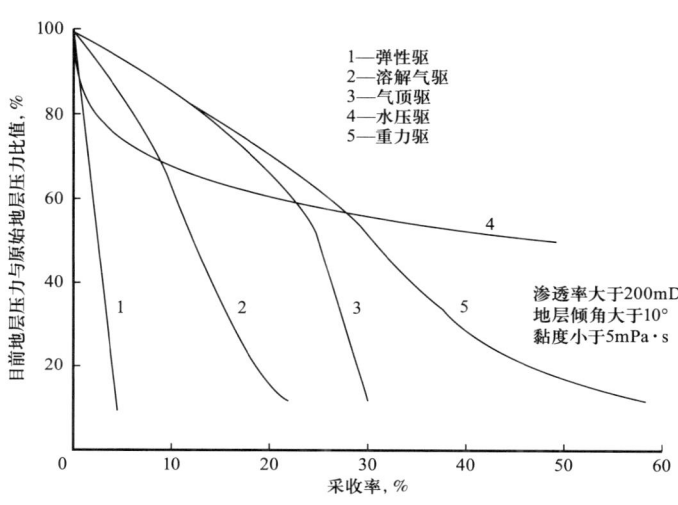

图2-7-1 依靠天然能量驱动的开采效果对比图

三、练习题

1、多选题:以下驱动能量主要来自弹性能的是(　　)。
A、水压驱动　　　　B、弹性驱　　　　C、溶解气驱　　　　D、气顶驱

2、单选题:以下哪个是溶解气驱的条件(　　)。
A、压力降低
B、压力增加
C、压力高于饱和压力
D、压力低于饱和压力

3、多选题:弹性驱的能量主要来自(　　)。
A、气顶的弹性能　　B、液体的弹性能　　C、岩石的弹性能　　D、溶解气的弹性能

4、多选题:关于岩石的弹性能量释放说法正确的是(　　)。
A、压力降低岩石骨架体积膨胀　　B、压力降低岩石骨架体积缩小
C、压力降低岩石孔隙体积膨胀　　D、压力降低岩石孔隙体积缩小

5、判断题:只有当压力降低才能释放弹性能量。

6、仅依靠天然能量的开采方式叫作_____方式,也叫_____方式。

7、单选题:溶解气驱的弹性能量来自(　　)。
A、气顶
B、油
C、原油中溶解的溶解气
D、从原油中析出的溶解气

8、多选题:仅利用天然能量的水压驱动的能量可能来自(　　)。
A、边水　　　　　　B、底水　　　　　　C、注入水　　　　　　D、天然水头

9、判断题:弹性驱转变为溶解气驱时,液体和岩石的弹性能量不再发挥作用。

10、单选题:弹性开采过程中,储层的压力一般是(　　)。
A、不变　　　　　　B、降低　　　　　　C、增加　　　　　　D、不确定

11、判断题:弹性开采方式就是依赖弹性驱油方式进行采油的方式。

12、多选题:溶解气驱过程中以下有可能发生的是(　　)。
A、油的黏度增加　　B、游离气大量存在　　C、形成气顶　　　　D、油的体积膨胀

13、多选题:弹性驱过程中,以下有可能发生的是(　　)。
A、孔隙体积缩小　　B、油的密度增大　　　C、油的体积增大　　D、原油溶解气增大

14、判断题:衰竭式开采的最后,油藏的弹性能量已经完全释放完毕。

15、储层的压力不再随着时间变化,基本达到稳定渗流,如果储层仅依靠天然能量开采,此时的驱动方式为_____方式。

第三章　渗流的数学模型

本章主要介绍渗流的基本定律——达西定律,及其引出的渗流速度、渗流阻力等概念。接着给出渗流数学模型的构成及建立过程,包括渗流数学模型的构成、连续性方程的推导、基本微分方程的建立、边界条件的描述等,为具体渗流形式的分析提供数学建模思路和方法,它们是渗流力学的理论基础。

第一节　达西定律

流体在多孔介质中渗流受到多种力的作用,其实质是消耗能量而产出流体,能量与流量之间的关系成为渗流力学最为关注的问题。达西定律就是描述这种关系的最基本定律,它及由它延伸的规律成为渗流力学的主线。

一、相关概念

达西定律:流体在多孔介质中流动时,流量 Q 和压差 Δp 呈线性关系,更确切地说是渗流速度和压力梯度呈线性关系,也称为线性渗流定律。

线性关系:两个变量间可用一次函数关系表示,即 $y=ax+b$,也称直线关系。

非线性关系:两个变量间不能用一次函数关系表示。

线性渗流:符合达西定律的渗流,也称达西渗流。

渗流面积:流体流经多孔介质的横截面积,包括截面上的骨架面积和孔隙面积,符号为 A,单位 m^2。平面单向流的渗流面积为 Bh,平面径向流的渗流面积为 $2\pi rh$。

重度:单位体积流体的重量,也称重率,符号为 γ,公式为 $\gamma=\rho g$,单位为 N/m^3。

采油指数:单位压差下的日采油量,符号为 J,常用单位 $m^3/(d \cdot MPa)$。

渗流速度:通过单位渗流面积或者岩石横截面积的流量,是假想渗流速度。

真实渗流速度:通过单位孔隙面积的流量。

二、知识点

1. 达西定律的提出

达西定律是在 1856 年由法国工程师达西(Darcy)通过实验提出的,其实验装置示意图如图 3-1-1 所示。

装置中用同一粒径的砂子填充成砂柱,入口端注入水,侧面有两个测压管。

若出口管 c 处有一稳定流量,则:

在断面 1-1 处总水头:

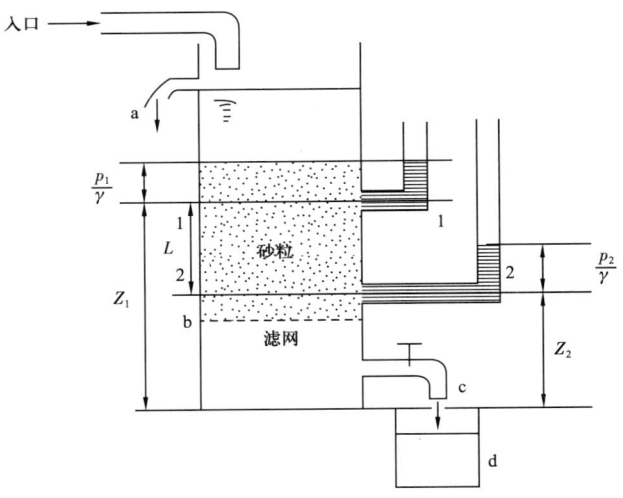

图 3-1-1 达西渗流实验装置示意图

$$H_1 = Z_1 + \frac{p_1}{\gamma} \quad (3-1-1)$$

在断面 2-2 处总水头：

$$H_2 = Z_2 + \frac{p_2}{\gamma} \quad (3-1-2)$$

两断面间的水头差（两断面间的距离是 L）：

$$\Delta H = \left(Z_1 + \frac{p_1}{\gamma}\right) - \left(Z_2 + \frac{p_2}{\gamma}\right) \quad (3-1-3)$$

流动压差为：

$$\Delta p = \gamma \Delta H \quad (3-1-4)$$

通过调节出口管 c 阀门的不同开启程度，可测得不同流量和压差的关系，如图 3-1-2 所示。

开始是线性关系，当流量较大时，出现非线性关系。

对于线性关系段，达西研究了渗流的影响因素，若实验砂体水平放置，渗流形式为平面单向流，得到了达西公式：

$$Q = \frac{K}{\mu} A \frac{\Delta p}{L} \quad (3-1-5)$$

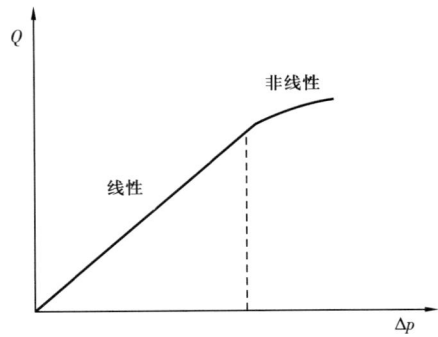

图 3-1-2 流量与压差的关系

式中 Q——渗流流量，cm^3/s；
K——渗透率，D；

A——渗流横截面积,cm^3;

Δp——两渗流截面间压力差,10^{-1}MPa;

μ——液体黏度,$mPa \cdot s$;

L——渗流截面间距离,cm。

式(3-1-5)中的渗透率 K 是达西在分析影响因素时引入的系数,用于描述岩石的孔渗特征,定义为"渗透率",为了纪念这一重要贡献,把渗透率 K 的单位命名为"达西",符号为 D,也是 μm^2。

对于油气储层而言,渗透率单位 D 较大,通常用 mD。

达西公式中各参数的单位有多种形式,最主要的是实验单位、工程单位和国际单位,见表3-1-1。

表3-1-1 达西公式各参数单位

参数	实验单位	工程单位	国际单位
K	D	mD	m^2
μ	$mPa \cdot s$	$mPa \cdot s$	$Pa \cdot s$
A	cm^2	m^2	m^2
Δp	atm	MPa	Pa
L	cm	m	m
Q	cm^3/s	cm^3/s	m^3/s

2. 渗流阻力

定义渗流阻力:

$$R = \frac{\mu L}{KA} \quad (3-1-6)$$

则达西公式为动力和阻力之比,即

$$Q = \frac{渗流动力}{渗流阻力} = \frac{\Delta p}{R} \quad (3-1-7)$$

式(3-1-7)中给出了渗流力学中最主要的分析三要素:渗流阻力、压差、流量,现场中也是通过分析渗流阻力和流量来研究产量的变化规律。

3. 采出指数

定义采出指数:

$$J = \frac{Q}{\Delta p} = \frac{KA}{\mu L} \quad (3-1-8)$$

若 Q 为油的产量,则 J 为采油指数;若 Q 为液体的产量,则 J 为采液指数,用采出指数表示达西定律为:

$$Q = J\Delta p \quad (3-1-9)$$

4. 渗流速度

通常渗流力学中所说的渗流速度一般指假想渗流速度,即单位岩石横截面积流体通过的速度。

按定义,则有:

$$v = \frac{Q}{A} = \frac{K}{\mu}\frac{\Delta p}{L} \tag{3-1-10}$$

定义沿着流体流动方向为 x 正方向,把 $\frac{\Delta p}{L}$ 写成压差在 x 方向的变化率,即压力梯度,用微分形式表示为:

$$\mathrm{grad}p = -\frac{\mathrm{d}p}{\mathrm{d}x} \tag{3-1-11}$$

则:

$$v = -\frac{K}{\mu}\frac{\mathrm{d}p}{\mathrm{d}x} \tag{3-1-12}$$

这是达西定律的微分形式,也是以后渗流数学模型建立的"运动方程"。

孔隙中流体质点的渗流速度是真实渗流速度,和假想渗流速度的关系是:

$$v_\phi = \frac{v}{\phi} \tag{3-1-13}$$

三、练习题

1、单选题:达西定律描述的是流体流动时,压差和流量的什么关系(　　)。
A、双曲　　　　　　B、指数　　　　　　C、直线　　　　　　D、曲线

2、多选题:达西定律中与流量成正比关系的参数为(　　)。
A、渗透率　　　　　B、液体黏度　　　　C、渗流面积　　　　D、压力梯度

3、单选题:达西定律中,与流量成反比关系的参数有(　　)。
A、液体黏度　　　　B、渗透率　　　　　C、压差　　　　　　D、渗流面积

4、单选题:假想渗流速度与真实渗流速度相比,哪个更大些(　　)。
A、假想渗流速度　　B、真实渗流速度　　C、无法确定　　　　D、一样大

5、单选题:达西通过实验确定了达西定律,为了纪念他的贡献,以下哪个参数的单位是由它的名字命名的(　　)。
A、孔隙度　　　　　B、压力　　　　　　C、渗透率　　　　　D、黏度

6、判断题:线性渗流中的流量总表现为动力与阻力之比。

7、判断题:流体在多孔介质中流动时,流量与压差都呈现直线关系。

8、判断题:渗流速度指的是流体在孔隙中流动的速度。

9、多选题:以下两个变量中成反比关系的是(　　)。

A、流量和渗流阻力　　　　　　　　　B、渗流阻力和压差
C、压差和流量　　　　　　　　　　　D、采油指数和渗流阻力

10、单选题：以下两个变量中成正比关系的是(　　)。
A、渗流速度和渗流面积　　　　　　　B、渗流阻力和渗透率
C、采油指数和黏度　　　　　　　　　D、流量和压力梯度

11、平面单向流的渗流面积是_____，平面径向流的渗流面积是_____。

12、渗流力学分析的最主要三要素是_____，_____和_____。

13、单选题：渗透率的国际单位为(　　)。
A、D　　　　B、m^2　　　　C、$10^{-3}\mu m^2$　　　　D、mD

14、多选题：以下与 100mD 相等的有(　　)。
A、0.1D　　　B、$1\times 10^{-13} m^2$　　　C、$100\times 10^{-3}\mu m^2$　　　D、$1\times 10^5 \mu D$

15、计算题：达西实验中，若岩心水平放置，岩心直径 25mm，长度 40cm，渗透率为 250mD，液体黏度 5mPa·s，两端压差 3atm，求流量 $Q(cm^3/min)$ 和渗流速度 $v(\mu m/s)$。

第二节　渗流数学模型的构成

在油气渗流过程中，最为关心的是能量的大小、压力的分布、产量的多少，如何去计算这些物理量的变化特征和规律，渗流的数学模型就是其中至关重要的理论研究手段，也是其他课程的理论基础，如采油工程、油藏工程、油藏数值模拟、现代试井等。

完整的渗流数学模型一般包括两个部分：渗流基本微分方程和定解条件，详细构成图如图 3-2-1 所示。

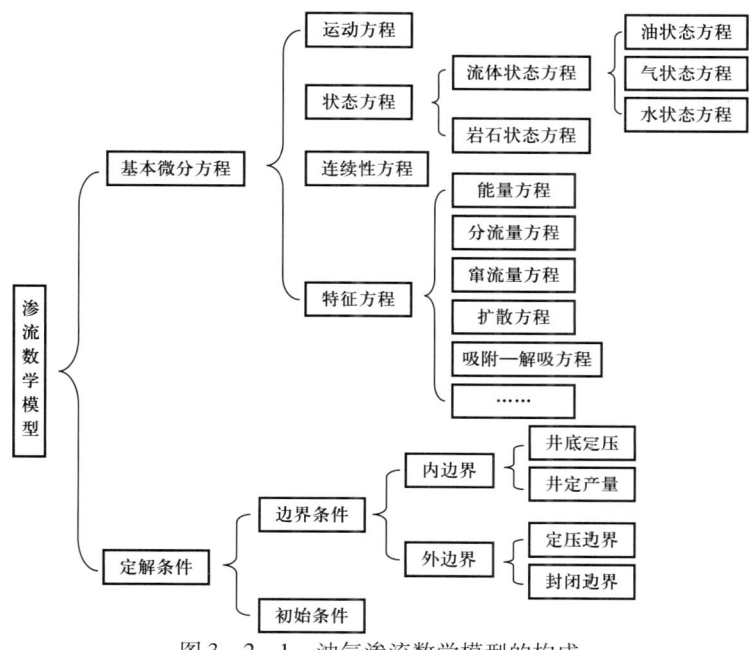

图 3-2-1　油气渗流数学模型的构成

基本微分方程,也称为控制方程、综合方程,它是由运动方程、状态方程、连续性方程、特征方程经过处理综合在一起得到的,一般处理过程是将运动方程、状态方程和特征方程代入连续性方程中去。

连续性方程,也称为质量守恒方程,是储层内各点物理量相关联的数学表达,物理量一般为压力、饱和度。

特征方程是在单相、等温、牛顿流体、单纯孔隙介质、线性渗流、不考虑吸附和扩散等条件下以外的辅助方程。

定解条件主要为边界条件和初始条件,边界条件主要为外边界条件和内边界条件。

一、相关概念

渗流数学模型:用数学的语言综合表达油气渗流过程中全部力学现象和运动规律的方程或方程组。渗流数学模型中最常用的数学基础是微分方程和偏微分方程。

微分方程:含有未知函数的导数的方程,如 $\dfrac{\mathrm{d}^2 p}{\mathrm{d} x^2} = 0$,也叫常微分方程。

偏微分方程:含有未知函数的偏导数的方程,如 $\dfrac{\partial^2 p}{\partial x^2} + \dfrac{\partial^2 p}{\partial y^2} = \dfrac{1}{\eta} \dfrac{\partial p}{\partial t}$。

二、知识点

1. 单相渗流数学模型

以下是一个特定储层中单相渗流过程的完整数学模型。

$$\begin{cases} \dfrac{\partial^2 p}{\partial x^2} + \dfrac{\partial^2 p}{\partial y^2} = \dfrac{1}{\eta} \dfrac{\partial p}{\partial t} \quad \text{或} \quad \dfrac{\partial^2 p}{\partial r^2} + \dfrac{1}{r} \dfrac{\partial p}{\partial r} = \dfrac{1}{\eta} \dfrac{\partial p}{\partial t} & \text{基本微分方程} \\ p(r,t) \big|_{t=0} = p_\mathrm{i} & \text{初始条件} \\ p(r,t) \big|_{r=\infty} = p_\mathrm{i} & \text{外边界条件} \\ r \dfrac{\partial p}{\partial r} \bigg|_{r \to R_\mathrm{w}} = \dfrac{Q\mu}{2\pi K h}, r = \sqrt{x^2 + y^2} & \text{内边界条件} \end{cases} \quad (3-2-1)$$

该数学模型所描述的渗流现象有:
(1)微可压缩单相液体在弹性驱作用下的不稳定渗流;
(2)渗流形式是平面径向流;
(3)储层任意位置的原始地层压力为 p_i;
(4)储层为无限大的外边界,外边界上的压力始终是 p_i;
(5)在储层内有一口井,井底半径为 R_w,该井是以定产量 Q 进行生产;
(6)储层为水平地层,没有考虑重力的作用;
(7)流体为牛顿流体;
(8)流体在孔隙中流动的传导系数为 η;
(9)基本微分方程描述了压力在储层中随时间的分布关系。

2. 油水两相渗流数学模型

基本微分方程：

$$\frac{\partial}{\partial x}\left(\frac{\rho_o K_{ro}}{\mu_o}K_x\frac{\partial p_o}{\partial x}\right) + \frac{\partial}{\partial y}\left(\frac{\rho_o K_{ro}}{\mu_o}K_y\frac{\partial p_o}{\partial y}\right) + q_o = \frac{\partial(\phi\rho_o S_o)}{\partial t} \quad (3-2-2)$$

$$\frac{\partial}{\partial x}\left(\frac{\rho_w K_{rw}}{\mu_w}K_x\frac{\partial p_w}{\partial x}\right) + \frac{\partial}{\partial y}\left(\frac{\rho_w K_{rw}}{\mu_w}K_y\frac{\partial p_w}{\partial y}\right) + q_w = \frac{\partial(\phi\rho_w S_w)}{\partial t} \quad (3-2-3)$$

初始条件：

$$p_o\big|_{t=0} = p_{oi} = p_c + p_{wi} \quad (3-2-4)$$

$$S_w\big|_{t=0} = S_{wi} = 1 - S_{oi} \quad (3-2-5)$$

边界条件：

$$\frac{\partial p}{\partial n}\bigg|_{\Gamma} = 0 \quad (3-2-6)$$

$$p\big|_{r=R_w} = p_{wf} \quad (3-2-7)$$

辅助条件：

$$S_o + S_w = 1 \quad (3-2-8)$$

$$p_c(S_w) = p_o - p_w \quad (3-2-9)$$

该数学模型所描述的渗流现象有：
（1）油水两相在二维平面上渗流；
（2）油相、水相原始地层压力 p_{oi}、p_{wi}；
（3）油水两相的毛细管力为 p_c；
（4）油相、水相原始饱和度 S_{oi}、S_{wi}；
（5）储层外边界是封闭的；
（6）井底压力是已知的；
（7）储层中只含有油相和水相；
（8）毛细管力是含水饱和度的函数，是油相压力和水相压力之差；
（9）储层渗透率为各向异性，x 方向和 y 方向的渗透率有差别；
（10）渗流中涉及流体黏度、流体密度、相对渗透率、孔隙度等物性参数；
（11）储层中有注入井或采出井；
（12）渗流基本微分方程描述了压力和饱和度在储层位置中随时间的分布关系。

不同的渗流过程在数学模型中会有特定的描述，渗流过程越复杂，渗流数学模型的建立也越困难。

三、练习题

1、单选题：应用数学语言描述渗流过程的模型是(　　　)。
A、渗流实验模型　　　B、渗流物理模型　　　C、渗流数学模型　　　D、渗流地质模型

2、多选题:渗流数学模型的基本构成主要有(　　　)。
　　A、渗流基本微分方程　　　　　　B、边界条件
　　C、生产历史　　　　　　　　　　D、初始条件
3、渗流数学模型的最基本构成是_____和_____。
4、多选题:通过渗流数学模型能够认识的渗流过程有(　　　)。
　　A、渗流形式　　　B、驱动类型　　　C、边界条件　　　D、流体相态
5、多选题:以下哪些是渗流数学模型中关键物理量(　　　)。
　　A、位置　　　　　B、压力　　　　　C、饱和度　　　　D、时间
6、多选题:以下哪些物理量包括在渗流数学模型中(　　　)。
　　A、孔隙半径　　　B、渗透率　　　　C、地层厚度　　　D、黏度
7、判断题:渗流数学模型是压力在储层中分布的数学表达。
8、判断题:完成渗流基本微分方程的建立就完成了渗流数学模型的建立。
9、判断题:渗流数学模型的建立核心的工作是渗流基本微分方程的建立。
10、多选题:以下属于渗流数学模型构成内容的是(　　　)。
　　A、初始条件　　　B、窜流方程　　　C、温度方程　　　D、浓度方程

第三节　渗流连续性方程的建立

流体流动要受物理守恒定律的支配,基本的守恒定律包括:质量守恒定律、动量守恒定律、能量守恒定律、组分守恒定律。

连续性方程是质量守恒定律在流体力学中的一种典型的表达形式,是流体力学中的基本方程之一。它表明,单位时间内流入和流出控制体积的质量流量之差等于控制体积内质量的变化率。连续性方程描述了流体在空间内单位时间内质量守恒的基本法则。

连续性方程的本质是质量守恒定律,即物质既不能凭空产生,也不能凭空消失,只能从一种形式转化为另一种形式,或者从一个物体转移到另一个物体。在流体力学中,连续性方程描述了流体在流动过程中质量守恒的情况。

渗流中的连续性方程的建立是数学模型中的最基本的工作构成。

一、相关概念

连续性方程:描述流体在多孔介质中流动时,流体守恒量传输行为的偏微分方程,它确保了系统中物质的总量在任一时刻保持不变。

质量守恒定律:在地层中任取一个微小单位体,包含在单元体封闭表面之内的流体质量变化等于同一时间间隔内流体流入与流出质量差。

质量渗流速度:流体在多孔介质中的渗流速度与其密度的乘积。

微元六面体:是指用于分析流体流动特性的一个基本单元,它是一个六面体形状的微小体积元素。

二、知识点

以单相液体为例,借用微元六面体建立渗流连续性方程。

如图 3-3-1 所示,在地层中取微元六面体单元。

单元体中心点 M 处的质量渗流速度为:

$$\rho v \quad (3-3-1)$$

其在各方向上的分量为:

$$\rho v_x \mathrel{、} \rho v_y \mathrel{、} \rho v_z \quad (3-3-2)$$

在各方向上的质量渗流速度变化率为:

$$\frac{\partial(\rho v_x)}{\partial x} \mathrel{、} \frac{\partial(\rho v_y)}{\partial y} \mathrel{、} \frac{\partial(\rho v_z)}{\partial z} \quad (3-3-3)$$

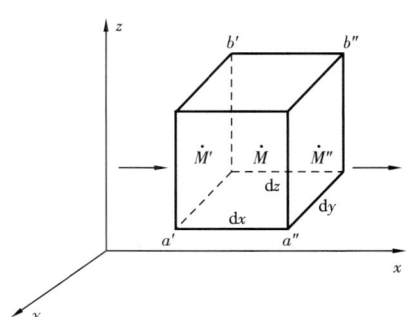

图 3-3-1 微元六面体示意

则在 $a'b'$ 面中心点 M' 处的质量渗流速度在 x 方向上的分量为:

$$\rho v_x - \frac{\partial(\rho v_x)}{\partial x}\frac{\mathrm{d}x}{2} \quad (3-3-4)$$

在 $a''b''$ 面中心点 M'' 处的质量渗流速度在 x 方向上的分量应为:

$$\rho v_x + \frac{\partial(\rho v_x)}{\partial x}\frac{\mathrm{d}x}{2} \quad (3-3-5)$$

则在 $\mathrm{d}t$ 时间内 x 方向流入单元体质量为:

$$\left[\rho v_x - \frac{\partial(\rho v_x)}{\partial x}\frac{\mathrm{d}x}{2}\right]\mathrm{d}y\mathrm{d}z\mathrm{d}t \quad (3-3-6)$$

在 $\mathrm{d}t$ 时间内 x 方向流出单元体质量为:

$$\left[\rho v_x + \frac{\partial(\rho v_x)}{\partial z}\frac{\mathrm{d}x}{2}\right]\mathrm{d}y\mathrm{d}z\mathrm{d}t \quad (3-3-7)$$

则 $\mathrm{d}t$ 时间内 x 方向流入流出单元体质量差为:

$$-\frac{\partial(\rho v_x)}{\partial x}\mathrm{d}x\mathrm{d}y\mathrm{d}z\mathrm{d}t \quad (3-3-8)$$

同理,$\mathrm{d}t$ 时间内 y 方向、z 方向流入流出单元体质量差分别为:

$$-\frac{\partial(\rho v_y)}{\partial y}\mathrm{d}x\mathrm{d}y\mathrm{d}z\mathrm{d}t \mathrel{、} -\frac{\partial(\rho v_z)}{\partial z}\mathrm{d}x\mathrm{d}y\mathrm{d}z\mathrm{d}t \quad (3-3-9)$$

则整个单元体在 $\mathrm{d}t$ 时间内流入流出质量差为:

$$-\left[\frac{\partial(\rho v_x)}{\partial x} + \frac{\partial(\rho v_y)}{\partial y} + \frac{\partial(\rho v_z)}{\partial z}\right]\mathrm{d}x\mathrm{d}y\mathrm{d}z\mathrm{d}t \quad (3-3-10)$$

经过单元体的流入流出质量差之所以有差异,是因为单元体内的岩石和流体的弹性能量的作用,释放或者储存了部分质量的结果,由此引起的质量变化求解过程如下。

单元体的孔隙体积:

$$\phi \mathrm{d}x\mathrm{d}y\mathrm{d}z \tag{3-3-11}$$

单元体内的流体质量:

$$\rho \phi \mathrm{d}x\mathrm{d}y\mathrm{d}z \tag{3-3-12}$$

单位时间内流体质量变化率:

$$\frac{\partial(\rho\phi)}{\partial t}\mathrm{d}x\mathrm{d}y\mathrm{d}z \tag{3-3-13}$$

$\mathrm{d}t$ 时间内流体质量总的变化量:

$$\frac{\partial(\rho\phi)}{\partial t}\mathrm{d}x\mathrm{d}y\mathrm{d}z\mathrm{d}t \tag{3-3-14}$$

根据质量守恒定律,则有:

$$-\left[\frac{\partial(\rho v_x)}{\partial x}+\frac{\partial(\rho v_y)}{\partial y}+\frac{\partial(\rho v_z)}{\partial z}\right]\mathrm{d}x\mathrm{d}y\mathrm{d}z\mathrm{d}t = \frac{\partial(\rho\phi)}{\partial t}\mathrm{d}x\mathrm{d}y\mathrm{d}z\mathrm{d}t \tag{3-3-15}$$

整理得:

$$-\left[\frac{\partial(\rho v_x)}{\partial x}+\frac{\partial(\rho v_y)}{\partial y}+\frac{\partial(\rho v_z)}{\partial z}\right] = \frac{\partial(\rho\phi)}{\partial t} \tag{3-3-16}$$

该公式为单相流体的连续性方程,也叫质量守恒方程。

还可以表示成:

$$-\operatorname{div}(\rho \boldsymbol{v}) = \frac{\partial(\rho\phi)}{\partial t} \tag{3-3-17}$$

或者

$$-\nabla \cdot (\rho \boldsymbol{v}) = \frac{\partial(\rho\phi)}{\partial t} \tag{3-3-18}$$

式中 $\operatorname{div}(\ )$——散度符号;

∇——哈密顿算符。

由于渗流速度是带方向矢量,因此哈密顿算符是"·"(点乘),若括号内参数为标量,如重力或压力在各方向的分量,则记为"∇D"或"∇p",也可以理解为梯度。

如果是油水两相渗流,则连续性方程由油相方程和水相方程构成:

$$-\left[\frac{\partial(\rho_o v_{ox})}{\partial x}+\frac{\partial(\rho_o v_{oy})}{\partial y}+\frac{\partial(\rho_o v_{oz})}{\partial z}\right] = \frac{\partial(\phi\rho_o S_o)}{\partial t} \tag{3-3-19}$$

$$-\left[\frac{\partial(\rho_w v_{wx})}{\partial x}+\frac{\partial(\rho_w v_{wy})}{\partial y}+\frac{\partial(\rho_w v_{wz})}{\partial z}\right]=\frac{\partial(\phi\rho_w S_w)}{\partial t} \qquad (3-3-20)$$

同理,不同流体相和渗流空间所建立的连续性方程也是不同的。

三、练习题

1、单选题:油气渗流时描述流体运动的连续性方程建立时遵循的定律是( )。
A、体积守恒定律　　B、能量守恒定律　　C、质量守恒定律　　D、密度守恒定律
2、多选题:渗流的连续性方程描述的是( )。
A、质量守恒原则　　　　　　　　B、微元六面体内的流体质量守恒
C、流入流出微元六面体的质量守恒　　D、体积守恒原则
3、渗流连续性方程的质量守恒是指_____和_____相等。
4、渗流连续性方程的右端项物理意义是_____。
5、质量渗流速度是_____和_____的乘积。
6、单选题:一维空间的油气水储层中,建立连续性方程时至少需要几个方程( )。
A、1　　　　　　B、2　　　　　　C、3　　　　　　D、4
7、判断题:流体流动的连续性方程建立的原理是体积守恒原理。
8、渗流连续性方程的左端项物理意义是_____。
9、判断题:不考虑流体和孔隙的弹性作用时,连续性方程也可以表述为体积守恒。
10、多选题:连续性方程中涉及了哪些运动参数( )。
A、渗流速度　　　B、压力　　　　C、饱和度　　　　D、密度

第四节　渗流基本微分方程的建立

渗流的基本微分方程是描述流体在多孔介质中流动的基本数学模型,它综合了流体力学、物理学和化学问题的总和,并描述这些现象的内在联系。这个方程体现了渗流过程中需要研究的各种因素,包括流体的运动、流体和岩石状态的改变、质量守恒定律的应用,以及可能发生的物理化学现象,如能量传递、弥散、双重孔隙介质中的窜流、非常规储层中的吸附—解吸和渗吸等。

渗流的基本微分方程主要涉及几个关键方面,包括运动方程、状态方程、连续性方程,以及可能涉及的特征方程。这些方程共同描述了流体在多孔介质中的运动规律。

通过这些方程或这些方程的综合方程,可以全面描述流体在多孔介质中的运动规律,包括压力、流速、饱和度、温度等参数的分布及变化。

一、相关概念

渗流基本微分方程:是描述流体在多孔介质中运动规律的综合性方程,也称为控制方程。一般是把运动方程、状态方程、特征方程等综合到连续性方程中去,通过数学处理得到基本微分方程。

控制方程：能够比较准确、完整描述某一物理现象或规律的数学方程。

运动方程：渗流过程是流体运动的过程，因此必须受到运动方程的支配。这个方程描述了流体在多孔介质中的运动状态。一般用达西定律（或由其扩展的）的微分形式来定义运动方程。

状态方程：描述流体密度、岩石孔隙度等随着压力和温度等变化规律的方程。

特征方程：在渗流过程中，有时会伴随发生一些物理化学现象，如能量传递、弥散、双重孔隙介质中的窜流等。用于描述这种特殊现象的方程称为特征方程。

二、知识点

1. 运动方程

渗流力学中的运动方程一般由达西公式的微分形式表示，或者由其扩展的微分形式表示。运动方程三个方向的微分形式为：

$$v_x = -\frac{K}{\mu}\frac{\partial p}{\partial x}, v_y = -\frac{K}{\mu}\frac{\partial p}{\partial y}, v_z = -\frac{K}{\mu}\frac{\partial p}{\partial z} \qquad (3-4-1)$$

也可记作：

$$\boldsymbol{v} = -\frac{K}{\mu}\mathrm{grad}p \quad 或 \quad \boldsymbol{v} = -\frac{K}{\mu}\nabla p \qquad (3-4-2)$$

式中 grad( )——梯度。

如果考虑重力、毛细管力、非线性、非牛顿液体等其他特殊力学现象时，运动方程需要具有不同的表达形式。

2. 状态方程

1）液体状态方程

液体的弹性压缩系数定义为：

$$C_\mathrm{L} = -\frac{1}{V_\mathrm{L}}\frac{\mathrm{d}V_\mathrm{L}}{\mathrm{d}p} \qquad (3-4-3)$$

根据质量守恒原理，在弹性压缩或膨胀时液体质量 M 是不变的，即：

$$M = \rho V_\mathrm{L} \qquad (3-4-4)$$

微分式(3-4-4)得：

$$\mathrm{d}V_\mathrm{L} = -\frac{M}{\rho^2}\mathrm{d}\rho \qquad (3-4-5)$$

代入弹性压缩系数公式，得：

$$C_\mathrm{L} = \frac{1}{\rho}\frac{\mathrm{d}\rho}{\mathrm{d}p} \qquad (3-4-6)$$

应用分离变量积分法,得到:

$$\int_{p_0}^{p} C_L \mathrm{d}p = \int_{\rho_0}^{\rho} \frac{1}{\rho} \mathrm{d}\rho \qquad (3-4-7)$$

$$C_L(p - p_0) = \ln \frac{\rho}{\rho_0} \qquad (3-4-8)$$

$$\rho = \rho_0 e^{C_L(p - p_0)} \qquad (3-4-9)$$

将式(3-4-9)按麦克劳林级数展开,只取前两项(已够精度),得到液体状态方程为:

$$\rho = \rho_0 [1 + C_L(p - p_0)] \qquad (3-4-10)$$

式中 ρ_0——初始密度,kg/m^3;

p——当前压力,MPa;

p_0——初始压力,MPa。

由液体状态方程可知,相对于初始压力 p_0,压力越大液体密度越大,反之液体密度越小。

2)岩石状态方程

岩石弹性压缩系数定义为:

$$C_f = \frac{1}{V_f} \frac{\mathrm{d}V_p}{\mathrm{d}p} \qquad (3-4-11)$$

由于孔隙度 $\phi = \frac{V_p}{V_f}$,所以可写出:

$$\mathrm{d}\phi = \frac{\mathrm{d}V_p}{V_f} \qquad (3-4-12)$$

代入岩石弹性压缩系数公式,得:

$$C_f = \frac{\mathrm{d}\phi}{\mathrm{d}p} \qquad (3-4-13)$$

$$\mathrm{d}\phi = C_f \mathrm{d}p \qquad (3-4-14)$$

应用分离变量积分法,则有:

$$\int_{\phi_0}^{\phi} \mathrm{d}\phi = \int_{p_0}^{p} C_f \mathrm{d}p \qquad (3-4-15)$$

$$\phi = \phi_0 + C_f(p - p_0) \qquad (3-4-16)$$

式中 ϕ_0——初始孔隙度。

该孔隙度公式即为岩石状态方程。

由式(3-4-16)可知,相对于初始状态的 p_0,压力降低,孔隙度变小,反之孔隙度增大。

3)气体状态方程

理想气体的状态方程为:

$$pV = nRT \tag{3-4-17}$$

得：

$$\rho_g = \frac{pM}{RT} \tag{3-4-18}$$

式中　M——气体的分子量，kg/mol。

实际气体与理想气体之间存在偏差，则真实气体状态方程为：

$$pV = nZRT \tag{3-4-19}$$

得：

$$\rho_g = \frac{pM}{ZRT} \tag{3-4-20}$$

或

$$\rho_g = \frac{T_{sc} Z_{sc} \rho_{gsc}}{p_{sc}} \frac{p}{ZT} \tag{3-4-21}$$

式中　角标 sc——标准状况条件。

设气层温度不变，可得气体的等温压缩系数为：

$$C_g(p) = \frac{1}{p} - \frac{1}{Z}\frac{dZ}{dp} \tag{3-4-22}$$

对于理想气体，等温压缩系数为：

$$C_g(p) = \frac{1}{p} \tag{3-4-23}$$

由于气体的弹性能很大，岩石的弹性可忽略。

3. 基本微分方程

已知连续性方程为：

$$-\left[\frac{\partial(\rho v_x)}{\partial x} + \frac{\partial(\rho v_y)}{\partial y} + \frac{\partial(\rho v_z)}{\partial z}\right] = \frac{\partial(\rho \phi)}{\partial t} \tag{3-4-24}$$

把运动方程代入连续性方程得：

$$\frac{\partial}{\partial x}\left(\rho \frac{K}{\mu}\frac{\partial p}{\partial x}\right) + \frac{\partial}{\partial y}\left(\rho \frac{K}{\mu}\frac{\partial p}{\partial y}\right) + \frac{\partial}{\partial z}\left(\rho \frac{K}{\mu}\frac{\partial p}{\partial z}\right) = \frac{\partial(\rho \phi)}{\partial t} \tag{3-4-25}$$

式(3-4-25)是基本微分方程的一种重要的表达形式，常被应用在油藏数值模拟模型的建立中。

对基本微分方程进一步综合和处理。

把液体状态方程的密度公式和岩石状态方程的孔隙度公式代入式(3-4-25)，再经过处理即可得更为综合的基本微分方程。

不同的渗流条件,综合的基本微分方程的形式也有很大差异。渗流力学中单相液体的渗流基本微分方程主要有两种:

其一是刚性稳定渗流:

刚性储层的稳定渗流中 $\rho = \rho_0$,$\phi = \phi_0$,则基本微分方程为:

$$\frac{\partial^2 p}{\partial x^2} + \frac{\partial^2 p}{\partial y^2} + \frac{\partial^2 p}{\partial z^2} = 0 \qquad (3-4-26)$$

也可记为:

$$\nabla^2(p) = 0 \qquad (3-4-27)$$

式中 ∇^2 ——拉普拉斯算符,有时也用 Δ 表示。

该方程称为拉普拉斯方程,也称为调和方程、位势方程、椭圆方程,是稳定渗流的最基本的方程形式。

二维渗流时直角坐标系和极坐标系的基本微分方程形式为:

$$\frac{\partial^2 p}{\partial x^2} + \frac{\partial^2 p}{\partial y^2} = 0 \quad 或 \quad \frac{d^2 p}{dr^2} + \frac{1}{r}\frac{dp}{dr} = 0 \qquad (3-4-28)$$

其二是弹性不稳定渗流:

弹性储层的不稳定渗流中,经过处理后可得到基本微分方程为:

$$\frac{\partial^2 p}{\partial x^2} + \frac{\partial^2 p}{\partial y^2} + \frac{\partial^2 p}{\partial z^2} = \frac{\mu C_t}{K}\frac{\partial p}{\partial t} \qquad (3-4-29)$$

也可记为:

$$\nabla^2(p) = \frac{\mu C_t}{K}\frac{\partial p}{\partial t} \qquad (3-4-30)$$

式中 C_t ——岩石综合弹性压缩系数,MPa^{-1}。

该方程称为傅里叶方程,也称为扩散方程、热传导方程、抛物线方程,是弹性不稳定渗流的最基本方程形式。

有时为了方便研究渗流规律,常把基本微分方程表示成柱坐标 (r,θ,z) 形式,即:

$$\frac{1}{r}\frac{\partial}{\partial r}\left(r\frac{\rho K}{\mu}\frac{\partial p}{\partial r}\right) + \frac{\partial}{\partial z}\left(\frac{\rho K}{\mu}\frac{\partial p}{\partial z}\right) + \frac{1}{r^2}\frac{\partial}{\partial \theta}\left(\frac{\rho K}{\mu}\frac{\partial p}{\partial \theta}\right) = \frac{\partial(\phi\rho)}{\partial t} \qquad (3-4-31)$$

当二维平面径向渗流时,直角坐标系 (x,y) 和极坐标系 (r,θ) 的基本微分方程形式为:

$$\frac{\partial^2 p}{\partial x^2} + \frac{\partial^2 p}{\partial y^2} = \frac{\mu C_t}{K}\frac{\partial p}{\partial t} \quad 或 \quad \frac{\partial^2 p}{\partial r^2} + \frac{1}{r}\frac{\partial p}{\partial r} = \frac{\mu C_t}{K}\frac{\partial p}{\partial t} \qquad (3-4-32)$$

4. 基本微分方程的多样性

连续性方程的推导中,若有多相流体或非单纯孔隙介质时,则会衍生出油水两相渗流、气水两相渗流、油气两相渗流、油气水三相渗流、双重介质渗流等。

运动方程的表达式中,若考虑非达西、重力和毛细管力、各向异性、变形介质、非牛顿流体等,则会衍生出更多的渗流模型。

状态方程的表达式中,若分别是气体、弹性、刚性等,渗流模式也会不同。

若再加入其他的特征方程,则渗流模型就更显示出其多样性。

针对不同的渗流实际问题,可以建立具有针对性的渗流模型,在后面的各章中将逐一接触它们的建立过程及特征,在这里暂不给出。

三、练习题

1、判断题:渗流的基本微分方程是连续性方程的进一步代入和处理。

2、判断题:达西定律是渗流运动方程的基本规律。

3、状态方程描述的是物性参数随着_____的变化规律的系列方程,其描述的对象主要有_____和_____,所指的物性参数主要有_____和_____。

4、判断题:渗流的基本微分方程需要把运动方程、状态方程代入到连续性方程中去并经过数学处理,从而得到综合方程。

5、基本微分方程也叫_____方程,它是_____方程进一步处理后的方程。

6、多选题:以下是渗流基本微分方程构成的有(　　)。
A、边界条件　　　　B、初始条件　　　　C、运动方程　　　　D、连续性方程

7、多选题:渗流基本微分方程建立时,一般需要的方程主要有(　　)。
A、拉普拉斯方程　　B、运动方程　　　　C、状态方程　　　　D、连续性方程

8、多选题:以下哪些使渗流基本微分方程的建立具有复杂性(　　)。
A、非达西渗流　　　B、非等温渗流　　　C、双重介质渗流　　D、多相多组分渗流

9、判断题:基本微分方程是各方程的综合形式,有利于更便捷地求解运动参数。

10、多选题:基本微分方程的形式中,需要求解的直接变量包括(　　)。
A、密度　　　　　　B、压力　　　　　　C、饱和度　　　　　D、渗流速度

第五节　边界条件的数学描述

一个完整的渗流数学模型,除了描述流体在多孔介质中渗流过程的基本微分方程之外,还需要必要的定解条件,边界条件是其中重要的组成部分。这些条件涉及流体在油藏边界处的运动和交换,具体包括压力、流量等物理量的变化规律。

储层内流体的流动始终在某一区域内,边界是其重要组成。按边界所处的位置分为两类,即外边界和内边界。边界不仅仅指代油藏外部的边界,还包括井的生产条件,即内边界。

一、相关概念

边界条件:指在运动边界上方程组的解应该满足的条件。

内边界条件:指在油藏内部,特别是在油藏与井接触的部分,流体流动所遵循的特定条件。

外边界条件:所研究渗流区域的最外部边界上流体运动所遵循的条件。

第一类边界：压力或势已知的边界，如定压外边界、井定井底流压生产等。

第二类边界：流量或渗流速度已知的边界，比如：封闭外边界（流量为0）、井定产量生产等。

二、知识点

外边界一般分为供给边界和封闭边界。供给边界处存在流体的交换，也存在能量的补充和释放，供给边界条件有许多被描述为具有稳定的供给压力。

内边界特别是指平面单向流的采出端，平面径向流的井壁上。主要分为两类：定压生产和定流量生产。定压生产是井底压力（采出端压力）保持不变的生产状态，定流量生产是井（采出端）的流量不变的生产状态。井的流量又分为采出（+）和注入（-）。

实际油田中，油井可能既存在第一类边界也存在第二类边界，这样的边界称为复杂边界条件。

以图3-5-1所示油藏为例，建立其数学模型，特别指出边界条件的数学描述。

该油藏描述为：正方形储层中心有一口井以弹性驱方式生产，其到各边界的距离都是a，已知储层内流体为单一牛顿液体，一侧外边界为供给边界（单粗线边界），供给边界上压力为p_e，另一侧外边界为封闭边界（双实线边界），原始地层压力为p_i，渗透率K，液体黏度μ，孔隙度ϕ，岩石综合弹性压缩系数C_t，储层厚度h，井底半径R_w，井以定产量Q生产，以井中心为直角坐标系（也称笛卡儿坐标系）原点，建立该问题的渗流数学模型为：

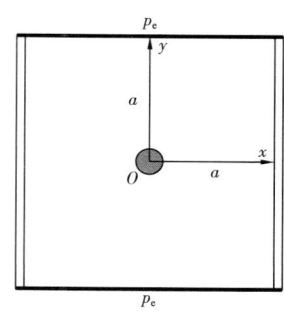

图3-5-1 实际问题的平面图

$$\begin{cases} \dfrac{\partial^2 p}{\partial x^2} + \dfrac{\partial^2 p}{\partial y^2} = \dfrac{\mu C_t}{K} \dfrac{\partial p}{\partial t} & \text{基本微分方程} \\[2mm] p \big|_{y = \pm a} = p_e & \text{供给外边界} \\[2mm] \dfrac{\partial p}{\partial x} \bigg|_{x = \pm a} = 0 & \text{封闭外边界} \\[2mm] r \dfrac{\partial p}{\partial r} \bigg|_{r = \sqrt{x^2 + y^2} = R_w} = \dfrac{Q\mu}{2\pi K h} & \text{定产量内边界} \\[2mm] p \big|_{t=0} = p_i & \text{初始条件} \end{cases} \quad (3-5-1)$$

数学模型中表达边界条件的信息如下：

(1) 定压边界给定了边界处的压力；

(2) 封闭边界描述了边界处的压力梯度为0，即边界内和边界外的压差是0，没有流体通过边界，表明为封闭边界；

(3) 井是内边界，边界条件的数学描述是达西定律的变形，表明该井以定产量Q进行生产；

(4) 如果井是以定井底压力生产，则直接给定井底的压力，即给定 p_w；

(5) 如果油藏内还有其他的井，也按照定压和定流量边界的形式进行数学描述。

三、练习题

1、综合题：圆形供给边界中心一口生产井，定产量 Q 生产，已知参数 R_e、R_w、K、h、μ、p_e，写出单相液体稳定渗流时的渗流数学模型。

2、综合题：圆形封闭边界中心一口注入井，注入井定产量 Q 注入，已知参数 R_e、R_w、K、h、μ、p_i，写出单相液体不稳定渗流时的渗流数学模型。

3、综合题：圆形有界边界中心一口生产井，边界压力随着时间的变化为 $p_e(t)$，井的产量随着时间的变化为 $Q(t)$，已知参数 R_e、R_w、K、h、μ、p_i，写出单相液体不稳定渗流时的渗流数学模型。

4、多选题：以下属于油藏外边界的是（　　）。
A、井底定压　　　　B、定井流量　　　　C、封闭边界　　　　D、定压供给边界

5、多选题：以下属于油藏内边界的是（　　）。
A、井底定压　　　　B、定井流量　　　　C、封闭边界　　　　D、定压供给边界

6、判断题：井定产量生产是定义的外边界条件。

7、多选题：在边界处数学描述为 $\left.\dfrac{\partial p}{\partial x}\right|_{x=\pm a}=0$，对应的边界是（　　）。
A、第一类边界　　B、第二类边界　　C、封闭边界　　D、定压供给边界

8、多选题：油藏中有两口井，这两口井都是定井底压力生产，对应的边界为（　　）。
A、第一类边界　　B、第二类边界　　C、内边界　　　D、外边界

9、单选题：以下说的是第一类边界条件的是（　　）。
A、井定流量生产　　B、油藏为 U 形　　C、封闭油藏　　D、注水井以定压注水

10、判断题：完整的渗流数学模型至少包括控制方程、边界条件和初始条件。

第六节　渗流数学模型求解的主要参数

对一个特定油藏，建立其数学模型的意义就是通过用数学的方法去计算油藏中流体运移的规律，以便形成对油藏高效经济的开发策略。那么，渗流数学模型求解的主要参数有哪些呢？这是进一步深入理解数学模型重要性及实践价值的关键点。

一、相关概念

解析解：指的是对方程能够得出在一定条件下以数学表达式直接表达出来的解，渗流力学中多采用解析解方法实现求解的目的，偏微分方程的解析解又分为通解和特解。除了解析解方法以外，还有半解析解（试井）和数值解（油藏数值模拟）。

通解：解中含有任意常数，且任意常数的个数与微分方程的阶数相同。例如，不考虑定解条件，而带有任意常数的解。

特解:解中不含有任意常数,一般是给出一组定解条件,先求出通解,再求出满足该定解条件的特解。

基本解:偏微分方程的解一般有无穷多个,但是解决具体的物理问题的时候,必须从中选取所需要的解,再结合定解条件得出特解,这个特解叫作偏微分方程的"基本解"。如无限大地层定产条件弹性不稳定渗流基本解。

采出程度:指累计采出量与动用地质储量的比值,是反映油井采出效果的重要指标。

二、知识点

1. 分离变量积分法

本书中,求微分方程通解经常用到的方法为:分离变量积分法。

对于一阶微分方程,如果能写成:

$$g(y)\mathrm{d}y = f(x)\mathrm{d}x \tag{3-6-1}$$

方程(3-6-1)称为可分离变量的微分方程。两端积分:

$$\int g(y)\mathrm{d}y = \int f(x)\mathrm{d}x \tag{3-6-2}$$

或者

$$\int_{y_0}^{y} g(y)\mathrm{d}y = \int_{x_0}^{x} f(x)\mathrm{d}x \tag{3-6-3}$$

由此可得该方程的通解。

2. 求解的油藏问题

单相液体渗流时的微分方程中压力是唯一的未知量,可以直接推导出压力的分布公式。例如,单相液体稳定渗流状态下,由建立的数学模型可以直接求出油井附近地层中的压力分布公式:

$$p(r) = p_w + \frac{p_e - p_w}{\ln\frac{R_e}{R_w}}\ln\frac{r}{R_w} \tag{3-6-4}$$

更为复杂些的渗流过程,比如,油水两相渗流的基本微分方程:

$$\frac{\partial}{\partial x}\left(\frac{\rho_o K_{ro}}{\mu_o}K_x\frac{\partial p_o}{\partial x}\right) + \frac{\partial}{\partial y}\left(\frac{\rho_o K_{ro}}{\mu_o}K_y\frac{\partial p_o}{\partial y}\right) + q_o = \frac{\partial(\phi\rho_o S_o)}{\partial t} \tag{3-6-5}$$

$$\frac{\partial}{\partial x}\left(\frac{\rho_w K_{rw}}{\mu_w}K_x\frac{\partial p_w}{\partial x}\right) + \frac{\partial}{\partial y}\left(\frac{\rho_w K_{rw}}{\mu_w}K_y\frac{\partial p_w}{\partial y}\right) + q_w = \frac{\partial(\phi\rho_w S_w)}{\partial t} \tag{3-6-6}$$

基本微分方程中,如果把密度、渗透率、黏度、孔隙度、毛细管力都看作是已知的物性参数(实际上这些参数是压力和饱和度的函数),方程求解的未知参数就是压力和饱和度。由此,分析数学模型求解油藏问题有但不限于以下方面:

（1）储层中各点压力的计算，以及得到的压力分布规律；
（2）储层中各点饱和度的计算，以及得到的饱和度分布规律；
（3）不同时间储层中各点压力的计算，以及压力随时间的变化规律；
（4）不同时间储层中各点饱和度的计算，以及饱和度随时间的变化规律；
（5）储层中压力梯度的分布规律；
（6）某一渗流面积上的渗流速度或孔隙中的真实渗流速度；
（7）某一渗流面积上的流量或含水；
（8）由压力和饱和度计算得到的储层中物性参数；
（9）储层内的油气水量的变化规律及采出程度。

3. 求解井的问题

从地下储层中能够高效经济地获取油气是开发的最终目的，建立渗流数学模型的目的也是能够应用数学手段实现对油井动态分析和预测。

通过渗流数学模型可以求解井的参数中最重要的两个参数：流量和井底压力。

井的流量，也称井的产量，是油田生产最为关注的指标。表 3-6-1 所示为不同深度的最低油气流标准。

表 3-6-1 工业油气流标准

深度，m	最低油流标准，t/d	最低气流标准，$10^4 m^3/d$
<500	0.3	0.05
500~1000	0.5	0.10
1000~2000	1.0	0.30
2000~3000	3.0	0.50
3000~4000	5.0	1.00
>4000	10.0	2.00

一般流量都有对应的渗流面积，井流量的渗流面积是井筒的内表面积，其公式为：

$$A_Q = 2\pi R_w h \tag{3-6-7}$$

单相液体稳定渗流时，油井的产量计算公式为：

$$Q = \frac{2\pi K h}{\mu} \frac{(p_e - p_w)}{\ln \frac{R_e}{R_w}} \tag{3-6-8}$$

井底压力与油藏的压力之差是油井生产的动力，即生产压差，是分析油井动态的另一个重要参数。根据达西定律，井底压力降低可以增加压差，进而可以达到增产的目的。井底压力是能量的具体表现，也是计算产量的必要参数。

单相液体稳定渗流时，油井的井底压力公式也可以从数学模型中得到，其表达式为：

$$p_w = p_e - \frac{Q\mu}{2\pi K h} \ln \frac{R_e}{R_w} \tag{3-6-9}$$

除了井的产量和压力外,还可以得到如下参数:
(1)井壁处的流速;
(2)产出流体中的含水率;
(3)井底压力随着时间的变化规律;
(4)井的产量与井底压力的关系;
(5)井的不完善性。

三、练习题

1、判断题:渗流数学模型可以用来描述储层的压力分布。

2、渗流数学模型求解的关键参数是_____和_____。

3、多选题:渗流数学模型求解的油藏问题有( )。
A、压力分布规律　　B、压力变化规律　　C、渗流速度　　D、有效厚度

4、多选题:渗流数学模型求解的井的问题有( )。
A、油井产量　　　　B、井底压力　　　　C、井壁流速　　D、生产压差

5、多选题:以下是渗流基本微分方程中的系数参数的有( )。
A、油井产量　　　　B、渗透率　　　　　C、黏度　　　　D、孔隙度

6、多选题:渗流基本微分方程中的系数参数与求解变量具有很大相关性的是( )。
A、密度　　　　　　B、相渗透率　　　　C、厚度　　　　D、孔隙度

7、多选题:如果不考虑弹性力作用,则渗流方程中系数可以看作常数的是( )。
A、密度　　　　　　B、黏度　　　　　　C、相渗透率　　D、孔隙度

8、渗流的数学模型求解的油井关键参数是_____和_____。

9、判断题:油井的产量与井底半径成正比关系,井眼半径越大,则渗流面积越大,井的产量越高。

10、多选题:以下哪些能够增加油井的产量( )。
A、更大的井眼半径　B、更低的井底压力　C、更小的渗流阻力　D、更强的储层能量

第四章　单相液体的稳定渗流

在经典渗流力学中,考虑的因素相对理想,如均质、单一孔隙介质、牛顿流体、等温、各向同性、直井等。本章内容是在这些理想条件下提出进一步简化的模型,特点是单相液体,单井、与时间无关的稳定渗流,是渗流理论的最基础应用的体现。虽然模型简单,但对渗流的理解及对井的分析具有重要意义,同时,渗流规律的现场应用也很普遍。

本章应用前述的渗流数学模型建立的过程,分别对平面单向流和平面径向流给出了详细的求解和分析,总结了不同渗流形式下的特征,引出了井的不完善性、稳定试井和非线性渗流。从"地层模型问题、数学模型建立、求解、分析渗流规律、现场应用"分析过程,建立起"分析问题、解决问题、剖析规律、实际应用"的渗流力学研究思路。

第一节　稳定渗流的基本微分方程

稳定渗流中,储层中各点的压力、渗流速度等运动参数不随时间变化而变化,即达到了一个稳定的流动状态,这是一种特殊的渗流形式。

一般储层中都是油水共存,而且高压状态下弹性作用不容忽视,单相液体稳定渗流较为理想,实际油层中基本不存在,但在某种流动状态时可近似看作稳定渗流,主要应用在两个方面:一方面是实验室内的岩心实验、水电渗流实验等;另一方面是实际油田产出纯油流,或注水井达到基本稳定状态时,诸如地层压力、流量等基本不变。

形如岩心实验、井排间液流通道,单相液体稳定流动时,可用平面单向流描述。

形如储层中直井完全穿过,单相液体稳定流动时,可用平面径向流描述。

本章是经典渗流力学中最基础、最简单的内容,其模型的建立过程、渗流规律分析及应用等,是渗流理论分析的基本思路和框架。

在数学模型建立过程中,稳定渗流的基本假设条件定义为:均质、各向同性、等厚、等温、单相、牛顿液体、达西渗流。

一、相关概念

稳定渗流:多孔介质中流体运动要素不随时间变化的渗流,稳定渗流可以看作稳定状态。

运动要素:描述流体在多孔介质中运动的各项参数,主要包括压力、流量、渗流速度、压力梯度、势、渗流场等。

二、知识点

1. 状态方程

稳定渗流中运动的各要素不再变化,保持一个不变的状态,尤其是地层中各点压力不再变化,与压力相关的岩石和流体的物性参数以常数形式存在,即状态方程为:

$$\rho = \rho' \\ \phi = \phi' \tag{4-1-1}$$

2. 运动方程

根据假设条件,稳定渗流中遵循达西定律,则运动方程描述为:

$$v_x = -\frac{K}{\mu}\frac{\partial p}{\partial x}, v_y = -\frac{K}{\mu}\frac{\partial p}{\partial y}, v_z = -\frac{K}{\mu}\frac{\partial p}{\partial z} \tag{4-1-2}$$

3. 连续性方程

渗流数学模型中已经通过微元六面体得到了连续性方程,即:

$$-\left[\frac{\partial(\rho v_x)}{\partial x} + \frac{\partial(\rho v_y)}{\partial y} + \frac{\partial(\rho v_z)}{\partial z}\right] = \frac{\partial(\rho \phi)}{\partial t} \tag{4-1-3}$$

4. 基本微分方程

假设渗透率是均质的,储层中各点的流体黏度为常数且相等,把运动方程代入到连续性方程中可以得到:

$$\frac{\partial}{\partial x}\left(\rho \frac{K}{\mu}\frac{\partial p}{\partial x}\right) + \frac{\partial}{\partial y}\left(\rho \frac{K}{\mu}\frac{\partial p}{\partial y}\right) + \frac{\partial}{\partial z}\left(\rho \frac{K}{\mu}\frac{\partial p}{\partial z}\right) = \frac{\partial(\rho \phi)}{\partial t} \tag{4-1-4}$$

由状态方程可知,方程(4-1-4)中的密度和孔隙度两个参数与时间无关,且假设液体的密度在各点也是相等的,则整理得到单相液体稳定渗流的基本微分方程为:

$$\frac{\partial^2 p}{\partial x^2} + \frac{\partial^2 p}{\partial y^2} + \frac{\partial^2 p}{\partial z^2} = 0 \tag{4-1-5}$$

该方程称为拉普拉斯(Laplace)方程,是椭圆型偏微分方程,又叫调和方程、位势方程,是稳定渗流的最基本的方程形式。

根据不同渗流形式的稳定渗流基本微分方程可以变形为以下形式:

一维,平面单向流:

$$\frac{\mathrm{d}^2 p}{\mathrm{d}x^2} = 0 \tag{4-1-6}$$

二维,平面径向流,直角坐标系:

$$\frac{\partial^2 p}{\partial x^2} + \frac{\partial^2 p}{\partial y^2} = 0 \qquad (4-1-7)$$

平面径向流的直角坐标转换为极坐标,数学形式变形为一维平面径向流:

$$\frac{d^2 p}{dr^2} + \frac{1}{r}\frac{dp}{dr} = 0 \qquad (4-1-8)$$

三维,球形径向流,直角坐标系:

$$\frac{\partial^2 p}{\partial x^2} + \frac{\partial^2 p}{\partial y^2} + \frac{\partial^2 p}{\partial z^2} = 0 \qquad (4-1-9)$$

球形径向流的直角坐标转换为柱坐标,数学形式变形为一维球形径向流:

$$\frac{d^2 p}{dr^2} + \frac{2}{r}\frac{dp}{dr} = 0 \qquad (4-1-10)$$

三、练习题

1、多选题:以下哪些是运动要素(　　　)。
　A、压力　　　　　　B、流量　　　　　　C、渗流速度　　　　D、压力梯度
2、单选题:以下驱动中最可能出现稳定渗流的是(　　　)。
　A、水压驱　　　　　B、弹性驱　　　　　C、气顶驱　　　　　D、溶解气驱
3、多选题:以下驱动中可能出现单相渗流的是(　　　)。
　A、水压驱　　　　　B、弹性驱　　　　　C、气顶驱　　　　　D、溶解气驱
4、判断题:稳定渗流中的岩石弹性压缩系数是0。
5、判断题:稳定渗流中,多孔介质中流入流体体积与流出流体体积相等。
6、多选题:在稳定渗流中,以下参数不再变化的是(　　　)。
　A、孔隙体积　　　　　　　　　　　　　B、流量
　C、累计采出量　　　　　　　　　　　　D、压力梯度
7、稳定渗流的状态方程中,_____和_____假设为常数。
8、多选题:在稳定渗流中,被假设为常数且处处相等的参数有(　　　)。
　A、渗透率　　　　　B、孔隙度　　　　　C、黏度　　　　　　D、液体密度
9、判断题:平面径向流是描述二维空间内流体的流动,数学表达也是二维的。
10、稳定渗流的基本微分方程称为_____方程,属于_____型偏微分方程。

第二节　平面单向流渗流特征

稳定渗流的平面单向渗流是最简单的渗流形式,达西实验是典型的平面单向渗流。

本节在渗流数学模型的基础上,通过对特定渗流形式的数学模型建立、数学模型求解、从解得的结果中认识渗流特征,由此说明渗流问题分析的基本过程。

一、相关概念

压力梯度:地层压力沿某一方向的变化率,如沿 x 方向为 $\dfrac{\mathrm{d}p}{\mathrm{d}x}$。

平面单向流渗流阻力:流体在多孔介质中渗流时产出单位体积流量消耗的能量,平面单向流渗流阻力为 $\dfrac{\mu L}{KBh}$。

渗流场图:由等压线和流线描绘的水动力场图。

等压线:在渗流场图中,把压力相等的点连成的线。

流线:任一时刻流体的速度在空间上是连续分布的,每一点上都与速度矢量相切的曲线称为流线,流线带有方向,并且垂直于等压线。

二、知识点

1. 地层模型

在平面单向流中,供给端有供给压力 p_e,采出端有生产压力 p_w,储层厚度 h,宽度 B,渗透率 K,单相液体黏度 μ,渗流距离 L,如图 4-2-1 所示。求压力分布、压力梯度、渗流速度 v、流量 Q 等。

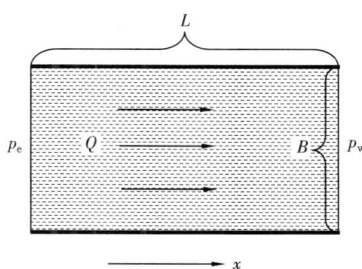

图 4-2-1 平面单向流地层模型

2. 数学模型

$$\begin{cases} \dfrac{\mathrm{d}^2 p}{\mathrm{d}x^2} = 0 & \text{基本微分方程} \\ p\big|_{x=0} = p_e & \text{外边界} \\ p\big|_{x=L} = p_w & \text{内边界} \end{cases} \quad (4-2-1)$$

由于是稳定渗流,初始条件可忽略。

3. 压力分布

基本微分方程的通解为:

$$p(x) = A + Bx \quad (4-2-2)$$

代入内、外边界条件得到压力分布公式:

$$p(x) = p_e - \frac{p_e - p_w}{L}x \quad \text{或} \quad p(x) = p_w + \frac{p_e - p_w}{L}(L - x) \quad (4-2-3)$$

图 4-2-2 为地层压力沿 x 方向分布图,是一直线。说明平面单向流地层压力沿渗流方向均匀变化,能量损耗也是均匀的。

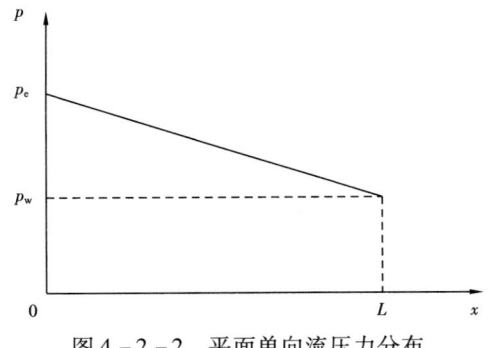

图 4-2-2 平面单向流压力分布

4. 压力梯度

对压力公式进行求导：

$$\frac{\mathrm{d}p}{\mathrm{d}x} = -\frac{p_\mathrm{e} - p_\mathrm{w}}{L} = C_1 \tag{4-2-4}$$

可知压力梯度是常数，进一步反映压力变化是均匀的。

5. 渗流速度

$$v_x = -\frac{K}{\mu}\frac{\mathrm{d}p}{\mathrm{d}x} = \frac{K}{\mu}\frac{p_\mathrm{e} - p_\mathrm{w}}{L} = C_2 \tag{4-2-5}$$

渗流速度也是常数，即平面单向流中的渗流速度处处相等。

6. 流量

$$Q = Av_x = Bhv_x = \frac{KBh}{\mu}\frac{(p_\mathrm{e} - p_\mathrm{w})}{L} \tag{4-2-6}$$

由此，用数学模型的方式导出了达西公式，即：

$$Q = \frac{K}{\mu}Bh\frac{(p_\mathrm{e} - p_\mathrm{w})}{L} \tag{4-2-7}$$

7. 渗流阻力

$$R = \frac{\Delta p}{Q} = \frac{\mu L}{KBh} \tag{4-2-8}$$

Bh 是渗流面积，其值越大渗流阻力越小。

8. 渗流场图

液体在地层中流动，存在一个渗流场，绘制渗流场图的要点为：
（1）任意相邻等压线的压差相等；

(2)任意相邻流线之间的流量相等;
(3)流线始终垂直于等压线并带有流动方向。
图4-2-3为平面单向流渗流场图。

从渗流场图可知,等压线均匀分布,能量损耗均匀;流线均匀平行分布,渗流速度处处相等。

9. 渗透率突变

如图4-2-4所示,平面单向流沿 x 方向上 L_1 处渗透率发生突变,由 K_1 变到 K_2,求流量 Q 和压力分布。

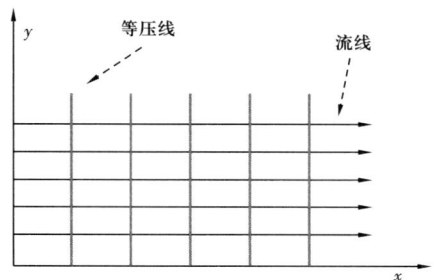

图4-2-3 平面单向流渗流场图

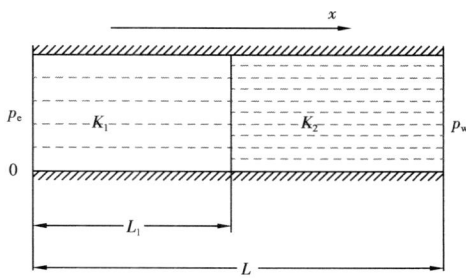

图4-2-4 平面单向流渗透率突变示意图

两不同渗透率储层串联,可看作渗流阻力串联,总压差不变,则可以求出流量 Q。

K_1 区域渗流阻力:

$$R_1 = \frac{\mu L_1}{K_1 B h} \quad (4-2-9)$$

K_2 区域渗流阻力:

$$R_2 = \frac{\mu(L-L_1)}{K_2 B h} \quad (4-2-10)$$

总的渗流阻力:

$$R = R_1 + R_2 = \frac{\mu L_1}{K_1 B h} + \frac{\mu(L-L_1)}{K_2 B h} \quad (4-2-11)$$

可得到流量:

$$Q = \frac{p_e - p_w}{R} \quad (4-2-12)$$

设渗透率突变处的压力为 p_d,K_1 区域和 K_2 区域的流量相等,所以有:

$$\frac{p_e - p_d}{R_1} = \frac{p_d - p_w}{R_2} = Q \quad (4-2-13)$$

则由压力分布公式可得到压力分布：

K_1 区域：

$$p(x) = p_e - \frac{p_e - p_d}{L_1}x = p_e - \frac{QR_1}{L_1}x \qquad (4-2-14)$$

渗透率突变处：

$$p_d = p_e - QR_1 \qquad (4-2-15)$$

K_2 区域：

$$p(x) = p_d - \frac{p_d - p_w}{L - L_1}(x - L_1) = p_e - QR_1 - \frac{QR_2}{L - L_1}(x - L_1) \qquad (4-2-16)$$

存在两个渗透率区域的压力分布如图 4-2-5 所示，根据两段直线斜率可以判断渗透率的关系，斜率越大压力梯度越大，能量损耗越快，渗流阻力越大，其他参数不变的情况下，渗透率越小渗流阻力越大。

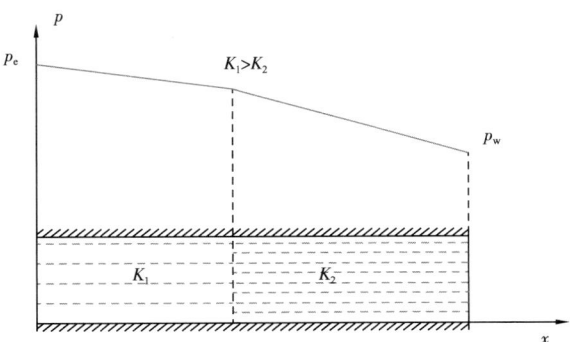

图 4-2-5　平面单向流渗透率突变压力分布图

三、练习题

1、多选题：单相液体平面单向稳定渗流时，以下参数不随着时间变化的是（　　）。
A、压力梯度　　　　B、流量　　　　　　C、渗流阻力　　　　D、孔隙度

2、多选题：稳定渗流平面单向流模型中，以下参数在模型中分布是常数的是（　　）。
A、压力　　　　　　B、流量　　　　　　C、渗流速度　　　　D、压力梯度

3、单选题：假如平面单向流模型中的渗流面积发生改变，则以下参数在模型中的分布仍是常数的是（　　）。
A、压力　　　　　　B、流量　　　　　　C、渗流速度　　　　D、压力梯度

4、多选题：渗流阻力与以下参数成反比关系的是（　　）。
A、渗流面积　　　　B、黏度　　　　　　C、压差　　　　　　D、流量

5、判断题：稳定渗流中，压差越大，流量变大，渗流阻力变小。

6、多选题：压力梯度反映的渗流现象有（　　）。
A、流动方向　　　　B、流量大小　　　　C、能量损耗　　　　D、物性变化

7、稳定渗流的平面单向流模型分析过程,求得的关键物理参数有_____、_____、_____、_____和_____。

8、多选题:渗流场图中的要素有( )。
A、等压线　　　　　B、流线　　　　　C、流动方向　　　　　D、渗流阻力

9、多选题:平面单向流中,渗透率突变形成的区域之间的不同参数有( )。
A、流量　　　　　B、渗流阻力　　　　　C、渗流速度　　　　　D、压力梯度

10、渗流场图中,相邻两条等压线之间的_____相等,相邻两条流线之间的_____相等。

11、在平面单向渗流中,如图 4-2-6 所示,沿流动方向上有两个渗流区域,$L_1 \neq L_2$,$K_1 < K_2$,画出地层压力沿 x 方向的变化趋势及渗流场图。

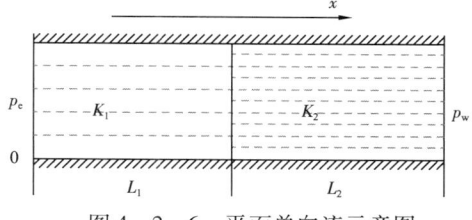

图 4-2-6　平面单向流示意图

第三节　平面径向流渗流特征

油井近井区域的渗流形式可以描述为平面径向流,平面径向流渗流特征是油田中最为常用的动态分析的基础。

依照平面单向流分析的流程,对平面径向流中的数学模型、压力分布、压力梯度、渗流速度、流量、渗流阻力、渗流场图、渗透率突变等分别进行推导和阐述。

一、相关概念

平面径向流渗流阻力:流体在多孔介质中渗流时产出单位体积流量消耗的能量,平面径向流渗流阻力为 $\dfrac{\mu}{2\pi Kh}\ln\dfrac{R_e}{R_w}$。

压降漏斗:流体向油井流动时,随着渗流面积的缩小,在油井井底附近形成一个压力急剧降低的区域,该区域内的压力分布形似漏斗,故称压降漏斗。区域性流动所形成的压降区亦会形成范围更大的类似的压降漏斗(图 4-3-1)。

二、知识点

1. 地层模型

如图 4-3-2 所示,平面径向流储层,渗透率 K,单相液体黏度 μ,厚度 h,具有供给边界,供给半径 R_e,供给压力 p_e,储层中心一口井完全穿过储层,井筒半径 R_w,井底压力 p_w。求压力分布、压力梯度、渗流速度 v、流量 Q 等。

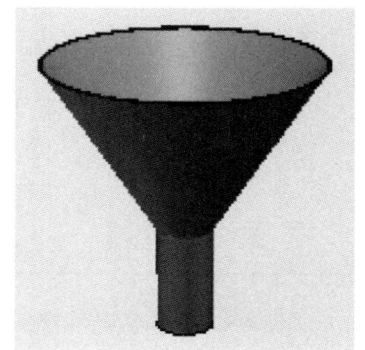

图 4-3-1　漏斗示意图

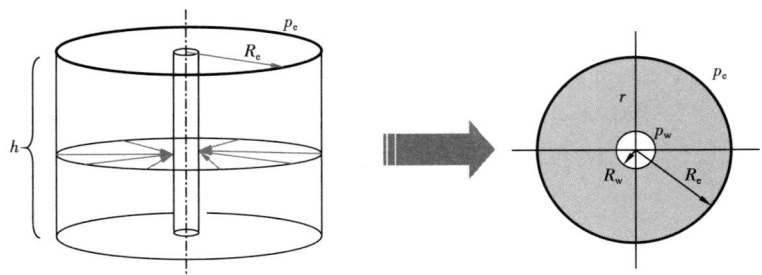

图4-3-2 平面径向流地层模型

2. 数学模型

基本微分方程用一维形式的极坐标格式,建立数学模型为:

$$\begin{cases} \dfrac{d^2 p}{dr^2} + \dfrac{1}{r}\dfrac{dp}{dr} = 0 & \text{基本微分方程} \\ p\big|_{r=R_e} = p_e & \text{外边界} \\ p\big|_{r=R_w} = p_w & \text{内边界} \end{cases} \quad (4-3-1)$$

由于是稳定渗流,初始条件可忽略。

3. 压力分布

求解基本微分方程的通解:

$$p(r) = A + B\ln x \quad (4-3-2)$$

代入内、外边界条件得到压力分布公式:

$$p(r) = p_e - \frac{p_e - p_w}{\ln\dfrac{R_e}{R_w}}\ln\frac{R_e}{r} \quad \text{或} \quad p(r) = p_w + \frac{p_e - p_w}{\ln\dfrac{R_e}{R_w}}\ln\frac{r}{R_w} \quad (4-3-3)$$

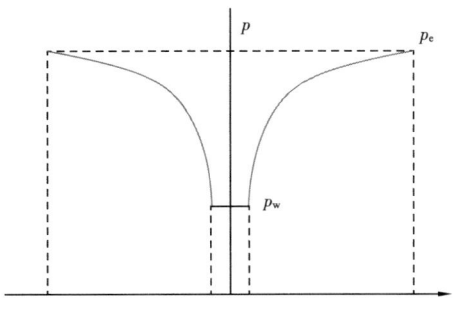

图4-3-3 平面径向流压力分布

图4-3-3为平面径向流中压力沿径向的变化图,近井的压降(相对于供给压力p_e的压力差)要大于远井的,并且近井压降下降速度较快,远井的较慢,若压力分布用该对数曲线绕井轴旋转构成的曲面来表示,曲面形状很像漏斗,此即为经常说的"压降漏斗"。

压降漏斗说明平面径向渗流时,越靠近井底能量损失越快,即能量损失集中在近井区域。这是油井近井附近压力分布的典型特征。

4. 压力梯度

对压力公式进行求导：

$$\frac{dp}{dr} = \frac{p_e - p_w}{\ln \frac{R_e}{R_w}} \frac{1}{r} \qquad (4-3-4)$$

可知压力梯度是变量，越靠近井底，r 越小，压力梯度越大，压力变化越剧烈。

5. 渗流速度

$$v = \frac{K}{\mu}\frac{dp}{dr} = \frac{K}{\mu}\frac{p_e - p_w}{\ln \frac{R_e}{R_w}} \frac{1}{r} \qquad (4-3-5)$$

渗流速度也是变量，越靠近井底，r 越小，渗流速度越大。

6. 流量

$$Q = Av = 2\pi r h v = \frac{2\pi K h}{\mu}\frac{(p_e - p_w)}{\ln \frac{R_e}{R_w}} \qquad (4-3-6)$$

式(4-3-6)为平面径向流的流量公式，也叫裘比公式，即：

$$Q = \frac{2\pi K h}{\mu}\frac{(p_e - p_w)}{\ln \frac{R_e}{R_w}} \qquad (4-3-7)$$

7. 渗流阻力

$$R = \frac{\Delta p}{Q} = \frac{\mu}{2\pi K h}\ln \frac{R_e}{R_w} \qquad (4-3-8)$$

8. 渗流场图

图4-3-4为平面径向流渗流场图。从图4-3-4中可知，等压线越靠近井底，间距越小，说明压力变化越大，能量损耗越大；流线呈均匀辐射状指向井底，越靠近井底渗流面积越小，渗流速度越大。

9. 渗透率突变

如图4-3-5所示，平面径向流沿 r 方向 R_d 处渗透率发生突变，由 K_1 变到 K_2，求流量 Q 和压力分布。

同平面单向流一样，两不同渗透率储层串联，可看作渗流阻力串联，总压差不变，则可以求出流量 Q。

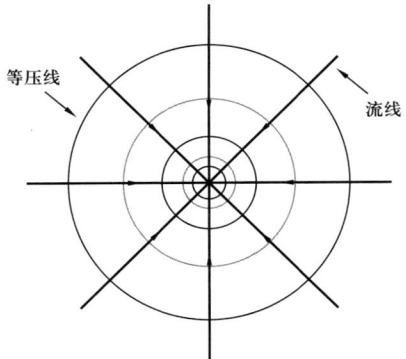 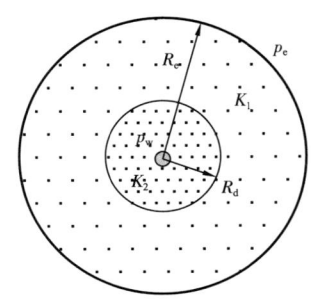

图 4-3-4 平面径向流渗流场图　　图 4-3-5 平面径向流渗透率突变示意图

K_1 区域渗流阻力：

$$R_1 = \frac{\mu}{2\pi K_1 h}\ln\frac{R_e}{R_d} \qquad (4-3-9)$$

K_2 区域渗流阻力：

$$R_2 = \frac{\mu}{2\pi K_2 h}\ln\frac{R_d}{R_w} \qquad (4-3-10)$$

总的渗流阻力：

$$R = R_1 + R_2 = \frac{\mu}{2\pi K_1 h}\ln\frac{R_e}{R_d} + \frac{\mu}{2\pi K_2 h}\ln\frac{R_d}{R_w} \qquad (4-3-11)$$

可得到流量：

$$Q = \frac{p_e - p_w}{R} \qquad (4-3-12)$$

设渗透率突变处的压力为 p_d，K_1 区域和 K_2 区域的流量相等，所以有：

$$\frac{p_e - p_d}{R_1} = \frac{p_d - p_w}{R_2} = Q \qquad (4-3-13)$$

则由压力分布公式可得到压力分布：

K_1 区域：

$$p(r) = p_e - \frac{p_e - p_d}{\ln\frac{R_e}{R_d}}\ln\frac{R_e}{r} = p_e - \frac{QR_1}{\ln\frac{R_e}{R_d}}\ln\frac{R_e}{r} \qquad (4-3-14)$$

渗透率突变处：

$$p_d = p_e - QR_1 \qquad (4-3-15)$$

K_2 区域：

$$p(r) = p_\mathrm{d} - \frac{p_\mathrm{d} - p_\mathrm{w}}{\ln\frac{R_\mathrm{d}}{R_\mathrm{w}}}\ln\frac{R_\mathrm{d}}{r} = p_\mathrm{e} - QR_1 - \frac{QR_2}{\ln\frac{R_\mathrm{d}}{R_\mathrm{w}}}\ln\frac{R_\mathrm{d}}{r} \qquad (4-3-16)$$

10. 平均地层压力

平均地层压力采用面积加权平均法，如图 4-3-6 所示，取微小环形单元，则平均地层压力为：

$$\bar{p} = \frac{\int_s p\mathrm{d}A}{A} = p_\mathrm{e} - \frac{p_\mathrm{e} - p_\mathrm{w}}{2\ln\frac{R_\mathrm{e}}{R_\mathrm{w}}} \approx p_\mathrm{e} \qquad (4-3-17)$$

在矿场实际工作中常用平均地层压力代替供给压力。

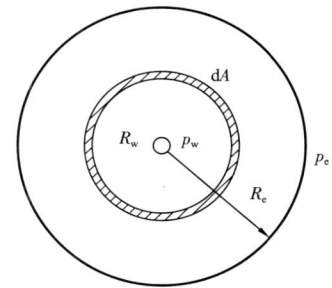

图 4-3-6 环形单位示意图

11. 注入井渗流问题

在地层模型中，储层和流体属性都不变，假设井是注入井，已知注入井的产量为 Q_in，分析压力。

特别注意：注入井的产量在建立数学模型时用"-"（负号）表示。

所以，建立该问题的数学模型为：

$$\begin{cases} \dfrac{\mathrm{d}^2 p}{\mathrm{d}r^2} + \dfrac{1}{r}\dfrac{\mathrm{d}p}{\mathrm{d}r} = 0 & \text{基本微分方程} \\ p\big|_{r=R_\mathrm{e}} = p_\mathrm{e} & \text{外边界} \\ r\dfrac{\mathrm{d}p}{\mathrm{d}r}\big|_{r=R_\mathrm{w}} = \dfrac{-Q_\mathrm{in}\mu}{2\pi Kh} & \text{内边界} \end{cases} \qquad (4-3-18)$$

基本微分方程的通解依然是 $p = A + B\ln r$，代入边界条件得到：

$$p(r) = p_\mathrm{e} + \frac{Q_\mathrm{in}\mu}{2\pi Kh}\ln\frac{R_\mathrm{e}}{r} \qquad (4-3-19)$$

$$p_\mathrm{win} = p_\mathrm{e} + \frac{Q_\mathrm{in}\mu}{2\pi Kh}\ln\frac{R_\mathrm{e}}{R_\mathrm{w}} \qquad (4-3-20)$$

压力分布如图 4-3-7 所示，为"倒扣"的压降漏斗。

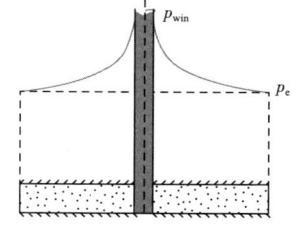

图 4-3-7 倒扣的压降漏斗

三、练习题

1、单选题：平面径向流中，以下参数中越靠近井底越大的是（　　）。
A、渗流面积　　　　B、渗流速度　　　　C、压力　　　　D、流量
2、判断题：单向液体稳定渗流时，通过不同渗流面积的流量都是相等的。
3、判断题：平面径向渗流中，越靠近井底渗流速度越快。

4、判断题：平面径向流中，渗透率越大，渗流阻力也越大。

5、多选题：平面径向渗流的压降漏斗特征反映的是（　　）。
  A、越靠近井底压力下降越快　　　　　　B、越靠近井底能量损耗越快
  C、越靠近井底流量越大　　　　　　　　D、越靠近井底等压线越密集

6、平面径向流中，油井近井区域的压力分布形状与日常应用的某一工具有关，常把这一分布称为_____，水井的称为_____。

7、多选题：平面径向流中，以下参数在模型中不同渗流面上分布不相等的有（　　）。
  A、渗流面积　　　B、流量　　　C、渗流速度　　　D、压力梯度

8、多选题：越靠近井底渗流速度越快的原因是（　　）。
  A、渗流面积变小　　B、流量不变　　C、流量变大　　D、渗流阻力变小

9、单选题：平面径向渗流具有不同径向上的渗透率区域（也叫复合油藏模型），稳定渗流时两个区域中的哪个参数相等（　　）。
  A、渗流阻力　　　B、流量　　　C、渗流速度　　　D、压力梯度

10、多选题：根据平面径向流压降漏斗分布特征，改善油井渗流的方式有（　　）。
  A、压裂　　　B、酸化　　　C、水平井　　　D、堵水

11、多选题：以下属于水井具有的渗流特征的有（　　）。
  A、越靠近井底压力越低　　　　　　B、越靠近井底压力越高
  C、越靠近井底压力梯度越大　　　　D、越靠近井底压力梯度越小

12、单选题：平面径向渗流区域内的平均地层压力与以下哪个近似（　　）。
  A、井底压力　　B、原始地层压力　　C、供给压力　　D、套压

13、多选题：以下关于平面径向流的渗流场图说法不对的是（　　）。
  A、等压线均匀分布　　　　　　　　B、流线越靠近井底越密集
  C、等压线在远井区域均匀分布　　　D、等压线在近井区域均匀分布

14、单相液体稳定渗流的平面径向流中，已知 $R_e = 300\text{m}, p_e = 20\text{MPa}, K = 50\text{mD}, h = 5\text{m}, \mu = 5\text{mPa·s}, \phi = 0.2$，中心一口采出井，$R_w = 0.1\text{m}, p_w = 15\text{MPa}$，求流量 $Q(\text{m}^3/\text{d})$ 和井壁处流入速度 $v_{wh}(\mu\text{m/s})$。

15、单相液体稳定渗流的平面径向流中，已知 $R_e = 300\text{m}, p_e = 20\text{MPa}, K = 50\text{mD}, h = 5\text{m}, \mu = 5\text{mPa·s}$，中心一口采出井，$R_w = 0.1\text{m}, p_w = 15\text{MPa}$，求距离井中心分别为 0.1～1m，1～10m，10～100m，100～300m 四个区域的压力损耗占总压差的比例，分析能量损失特征。

16、裘比公式模型建立时给定了井底压力，若平面径向流中给定已知条件为流量 Q，其他条件都不变，求井底压力及地层压力分布。

第四节　井的不完善性

在理论模型中，流体自储层流入井底过程中，井壁的渗流面积是与储层完全连通的，流线没有改变方向，其渗流仅仅是理想状态，实际油井中，井壁和储层很难实现理想接触，这样带来了井底附近的渗流场图的变化，也就产生了与理想井有差距的不完善性。

一、相关概念

井的不完善性:由于井底结构和井底附近区域储层性质发生变化,从而产生的与理想井不同的现象,称为"井的不完善性",这样的井称为"不完善井",实际油田中的井绝大多数是不完善井。

表皮系数:也叫表皮因子,用来描述近井地层由于储层物性或者流体流线发生突变而引起的附加渗流阻力大小,符号为 S,其值大于 5 认为井伤害严重。

井折算半径:用于代替不完善井的假想完善井半径,符号为 R_{we}。

二、知识点

1. 球形径向流

与平面径向流相比较,球形径向流仅打开了油井的一小部分,储层中的流体流入井内的渗流形式沿着球面向井底流动,故称为球形径向流,相对于平面径向流的理想井而言,球形径向流是特殊的不完善井,如图 4-4-1 所示。

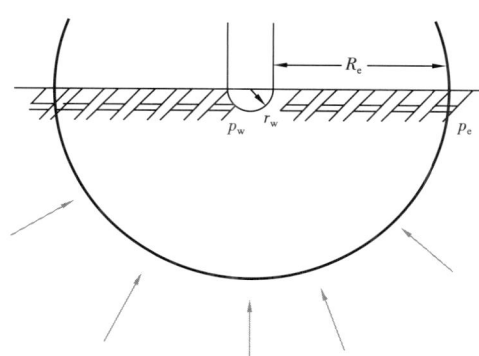

图 4-4-1　球形径向流渗流示意图

球形径向流实际应用中较少,不做详细介绍,仅给出相关公式。

基本微分方程通解:

$$p(r) = A + \frac{B}{r} \tag{4-4-1}$$

压力分布公式:

$$p(r) = p_e - \frac{p_e - p_w}{\dfrac{1}{R_w} - \dfrac{1}{R_e}}\left(\frac{1}{r} - \frac{1}{R_e}\right) \tag{4-4-2}$$

流量公式:

$$Q = \frac{4\pi K}{\mu} \frac{p_e - p_w}{\dfrac{1}{R_w} - \dfrac{1}{R_e}} \tag{4-4-3}$$

2. 不完善性分类

平面径向流中的井,指的是理想井,即流体从储层流入井底未发生因流线突变而增加附加的渗流阻力,但现场中绝大多数井因受钻完井液的侵入、射孔、套管、钻不穿等影响,在近井表皮会产生流线突变而增大渗流阻力,井也就相对于理想井而不完善。不完善井按井底结构划分为三种类型,如图4-4-2所示。

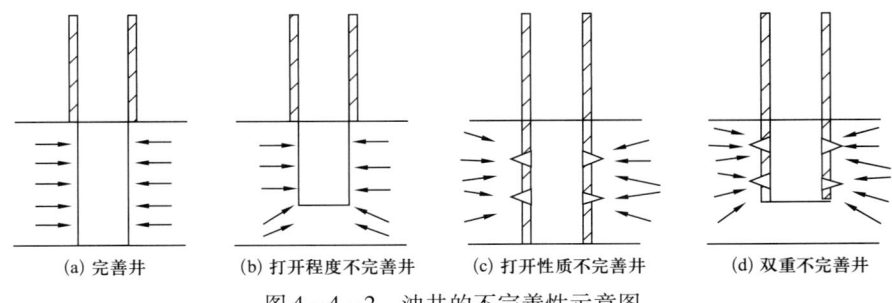

(a) 完善井　　(b) 打开程度不完善井　　(c) 打开性质不完善井　　(d) 双重不完善井

图4-4-2　油井的不完善性示意图

打开程度不完善井:未钻穿储层,上部流线为平面径向流,底部发生流线弯曲[图4-4-2(b)]。

打开性质不完善井:套管射孔完井,流体通过孔眼时发生流线突变[图4-4-2(c)]。

双重不完善井:打开程度和打开性质综合而成的不完善[图4-4-2(d)]。

除了以上三种不完善外,有时为了减小近井区域的渗流阻力而对井进行压裂或酸化措施,改善渗流通道,增加渗流能力,不但消除了不完善性带来的附加阻力,还大大降低了相对于完善井的渗流阻力,此时的井可称为超完善井,若仍用附加阻力表示,则附加阻力为负值。

3. 不完善性的判断

用来表示井的完善程度的物理量一般有两个,即表皮系数S和井的折算半径R_{we}。其值的大小与井的完善性关系为:

$R_{we} < R_w$,不完善;$R_{we} = R_w$,完善;$R_{we} > R_w$,超完善。

$S > 0$,不完善;$S = 0$,完善;$S < 0$,超完善。

两个物理量之间的关系为:

$$R_{we} = R_w e^{-S} \tag{4-4-4}$$

式中　R_{we}——不完善井的折算半径,m;

R_w——完善井的半径,m;

S——表皮系数。

用于平面径向流产量公式时为:

$$Q = \frac{2\pi Kh}{\mu} \frac{(p_e - p_w)}{\ln \dfrac{R_e}{R_{we}}} \tag{4-4-5}$$

或者

$$Q = \frac{2\pi Kh}{\mu} \frac{(p_e - p_w)}{\ln\frac{R_e}{R_w} + S} \qquad (4-4-6)$$

式(4-4-5)和式(4-4-6)是油井生产分析中常常用到的。

三、练习题

1、多选题：以下哪些井可能是不完善井（　　　）。
A、近井有伤害　　　　B、酸化压裂井　　　　C、射孔完井　　　　D、油层没有全部钻穿

2、多选题：用于表征井的不完善性的指标主要有（　　　）。
A、折算压力　　　　B、折算井底半径　　　　C、供给压力　　　　D、表皮系数

3、判断题：在井的不完善性评价中，折算井底半径越大说明井越不完善。

4、单选题：生产层下入套管并采用射孔完井方式，这样的井最可能属于的类型是（　　　）。
A、打开程度不完善　　　　　　　　B、打开性质不完善
C、双重不完善　　　　　　　　　　D、超完善

5、判断题：采用压裂储层改造措施的井一定是超完善井。

6、表皮系数是用来反映油井不完善性的重要指标，当油井超完善时，其值的特征为_____，表皮系数也反映了渗流时的油井_____。

7、多选题：井底结构的双重不完善性最可能包括（　　　）。
A、射孔完井　　　　B、钻开部分储层　　　　C、裸眼完井　　　　D、完全钻开储层

8、多选题：关于井的不完善性说法正确的是（　　　）。
A、多数井具有不完善性
B、折算井底半径大于实际半径时为超完善井
C、酸化或者压裂是为了把油井改造为超完善井
D、完善井的井眼附近渗流速度不变

9、判断题：完善井和理想井的油井生产动态是一致的，但渗流特征不完全一致。

10、多选题：以下属于井的不完善性可能的原因的是（　　　）。
A、完井方式　　　　B、修井作业　　　　C、出砂或结蜡　　　　D、团块聚集堵塞

第五节　稳定试井

利用稳定渗流理论得到的相关公式及反映的渗流特征，进行实际井的生产动态分析，最常用的就是稳定试井。其原理就是利用平面径向流产量公式中流量和压差之间的线性关系，研究油井的渗流能力、推算地层参数、判断措施效果等。

一、相关概念

试井：为了确定井的生产能力和研究储层参数，从而对井进行的专门测试工作。

稳定试井：通过人为地改变井的工作制度，待生产稳定后，测量出各不同制度下流量与

生产压差之间的关系,利用稳定渗流理论,弄清井的生产特征、推算储层物性、确定合理工作制度等。

井指示曲线:以流量为横坐标,井底压力或者生产压差为纵坐标,绘制的渗流规律曲线。

地层系数:地层岩石渗透率和有效厚度的乘积,即 Kh。

流动系数:地层系数和流体黏度的比值,即 $\dfrac{Kh}{\mu}$。

流度:地层岩石渗透率和流体黏度的比值,即 $\dfrac{K}{\mu}$。

二、知识点

1. 稳定试井的原理

对于符合达西渗流规律的井而言,其产量公式为:

$$Q = \frac{2\pi Kh}{\mu} \frac{(p_e - p_w)}{\ln \dfrac{R_e}{R_w}} \quad (4-5-1)$$

令

$$J = \frac{2\pi Kh}{\mu \ln \dfrac{R_e}{R_w}} \quad (4-5-2)$$

$$\Delta p = p_e - p_w \quad (4-5-3)$$

则有:

$$Q = J\Delta p \quad (4-5-4)$$

式中 J——采出指数,$m^3/(s \cdot Pa)$。

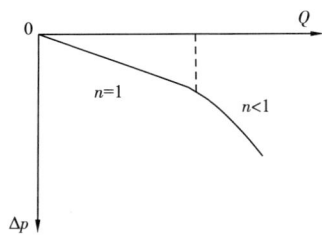

图 4-5-1 稳定试井的指示曲线

将产量 Q 和生产压差 Δp 绘制于直角坐标系中,得到该井的指示曲线。实际井测试时并非都是直线关系,如图 4-5-1 所示。

达西渗流处在直线段中,产量和生产压差成直线关系。

非达西渗流处在生产后期,生产压差增大,产量增大的幅度减小。用非达西渗流的指数形式表示:

$$Q = J(\Delta p)^n \quad (4-5-5)$$

当 $n=1$ 时为达西渗流,非达西流时 $n<1$,n 定义为渗流指数。

稳定试井是应用 $n=1$ 的直线段,此时该直线的斜率为 J。若通过改变井的产量 Q,测井底压力 p_w,进而可求得生产压差,则可得到若干测试点的连线图,找到直线段,可进行储层参数推算、井的生产能力分析等工作。

2. 稳定试井的应用

1）确定井合理工作制度

所谓合理工作制度是指井以尽可能大的产量生产,同时能量消耗要小。从指示曲线看出,合理的工作制度应选择在靠近直线段向曲线段变化的转折点处。

2）确定油井生产能力

J 是单位生产压差下的产量,可用作井与井之间的比较,即 J 越大该井生产能力越强,反之则弱。

3）判断增产措施的效果

把增产措施前后的指示曲线进行比较,J 变大说明措施效果好,反之则差。

4）推算地层参数

在指示曲线中可得到 J,在稳定试井原理中:

$$J = \frac{2\pi Kh}{\mu \ln \dfrac{R_e}{R_w}} \qquad (4-5-6)$$

若 R_e 和 R_w 已经确定,则可求流动系数 $\dfrac{Kh}{\mu}$;

若流动系数中流体地下黏度 μ 确定,则可求地层系数 Kh;

若流动系数中储层有效厚度 h 确定,则可求流度 $\dfrac{K}{\mu}$;

若流动系数中 μ 和 h 都确定,则可求地层平均渗透率 K;

若流动系数和 R_e 都确定,则可求井的折算半径,判断完善性。

三、练习题

1、稳定试井是测试_____和_____关系,由此来分析油井的生产状况。

2、单选题:现场油井进行的稳定试井采用的公式为(　　)或它的变形。

A、达西公式　　　　B、裘比公式　　　　C、霍纳公式　　　　D、拉普拉斯公式

3、多选题:稳定试井中需要改变工作制度,改变工作制度的方式主要有(　　)。

A、调整油嘴大小　　B、改变冲程　　　　C、改变冲次　　　　D、关井再开井

4、单选题:稳定试井时测试油井流量和压差之间的(　　)关系。

A、正相关　　　　　B、负相关　　　　　C、直线　　　　　　D、曲线

5、判断题:稳定试井时改变井的工作制度后需要等一段时间,待生产稳定后进行计量。

6、多选题:稳定试井的作用主要有(　　)。

A、分析井的生产能力　　　　　　　　B、推算地层参数

C、探边测试　　　　　　　　　　　　D、判断措施效果

7、多选题:当油井经过措施后能够说明措施效果好的情况有(　　)。

A、采油指数增大　　　　　　　　　　B、产油量增加

C、同等产油量时生产压差降低　　　　　　D、同等产油量时井底流压增加

8、多选题：稳定试井能够推算的地层参数有（　　）。

A、渗透率　　　　　B、流动系数　　　　　C、流度　　　　　D、表皮系数

9、判断题：稳定试井可以判断油井的不完善性。

10、某井用198mm钻头钻开油层，油层部位深度从2646.5m到2660.5m，油井射孔完井后试油，试油结果见表4-5-1。认为仍能提高产能，对储层近井进行酸化，酸化后进行试油，其结果见表4-5-2。已知供油半径$R_e=300$m，井底半径$R_w=0.1$m，原始地层压力$p_i=29.0$MPa，油体积系数$B_o=1.12$，油相对密度$\gamma_o=0.85$。地层为单相液体稳定渗流，并假设酸化后储层也均质。要求：(1)同一直角坐标上画出两次稳定试井指示曲线；(2)求酸化前后地层流动系数；(3)分析增产措施是否有效。

表4-5-1　措施前稳定试井结果

油嘴,mm	日产量			井口压力		井底压力
	油,t/d	气,m³/d	气油比,m³/t	油压,MPa	套压,MPa	流压,MPa
6	97.2	24.3	250	10.3	11.7	26.6
5	80.0	20.0	253	11.2	12.2	27.2
3	40.0	4.9	127	12.3	13.2	28.0

表4-5-2　措施后稳定试井结果

油嘴,mm	日产量			井口压力		井底压力
	油,t/d	气,m³/d	气油比,m³/t	油压,MPa	套压,MPa	流压,MPa
3	55.1	6.1	110	12.6	13.4	28.2
4	90.0	13.2	144	12.2	13.1	27.7
5	115.7	19.7	170	11.9	12.8	27.5
6	150.2	36.8	245	11.2	12.4	26.8
7	162.1	58.7	362	10.4	12.1	26.55

第六节　非线性渗流

稳定渗流时，流量和压差之间不是一个线性关系，此时称为非线性渗流。达西渗流是线性渗流的基础，也是非线性渗流发展的基础，因此，非线性渗流也叫非达西渗流。

非线性渗流在生产实践中是常见的，一般分为高速非线性渗流和低速非线性渗流。

一、相关概念

非线性渗流：不符合达西定律的渗流，也称非达西渗流，即稳定渗流时，流量和压差不再呈现直线关系。

雷诺数：流体流动时惯性力和黏滞力的比，符号为Re。典型雷诺数：飞行的空气流

5000000,飞翔海鸥的空气流100000,圆形管道内的水流2320,大脑中的血液流100,储层中的油水渗流小于0.2。

层流:流体在管内低速流动时呈现为层流,其质点沿着与管轴平行的方向做平滑直线运动。流体的流速在管中心处最大,其近壁处最小。管内流体的平均流速与最大流速之比等于0.5。层流的雷诺数一般小于2000,大于4000为紊流(或者湍流),介于中间的为过渡流。

不流动层:当具有黏性且能润湿壁面的流体,经过壁面时由于黏滞力的作用,壁面附近的流体流速下降,直接贴附于壁面的流体静止不动,这样的一个薄层称为流动边界层,也称为不流动层。

二、知识点

1. 雷诺数

流体力学中的重要参数雷诺数(Re)是判断液流状态的物理量。多孔介质中的公式为:

$$Re = \frac{v_\phi \sqrt{K\rho}}{17.5\mu\phi^{\frac{3}{2}}} \quad (4-6-1)$$

式中 v_ϕ——真实渗流速度,cm/s;

K——渗透率,D;

ρ——密度,g/cm³;

μ——黏度,mPa·s;

ϕ——孔隙度。

符合达西定律的流动在层流段,其雷诺数一般小于0.3。

2. 高速非线性渗流

若渗流速度较大,其雷诺数超过临界值,则表现为高速非线性渗流。

如图4-6-1所示,线性渗流段之后,渗流速度增大带来的惯性力增加,使得流动规律不再符合达西定律,而进入非达西渗流阶段。

此时,渗流规律表达式可分为指数式和二项式。

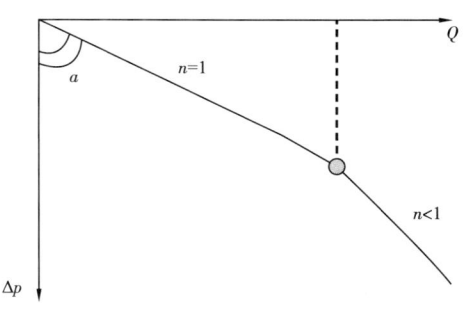

图4-6-1 压差和流量关系示意图

指数式:

$$Q = C(\Delta p)^n \quad (4-6-2)$$

二项式:

$$\Delta p = aQ + bQ^2 \quad (4-6-3)$$

3. 低速非线性渗流

如图 4-6-2 所示，流体与岩石的接触面上有不流动层，孔隙半径为 r_s，达西渗流时，不流动层厚度保持不变（h_s）。当渗流速度很小时，不流动层变厚（增加了 h），渗流通道变小（流动孔隙的半径由 r_0 变为 r），相当于孔隙变小，渗透率变小，渗流阻力增大，从而形成非线性渗流。

形成的低速非线性渗流曲线如图 4-6-3 所示。很明显低速时，流量和压差是非线性关系，当渗流速度达到一定值后形成线性关系。

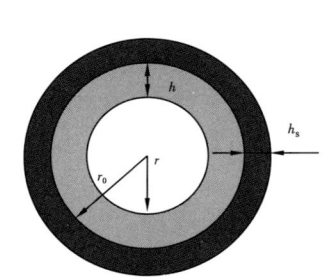

图 4-6-2 低速非线性渗流示意图

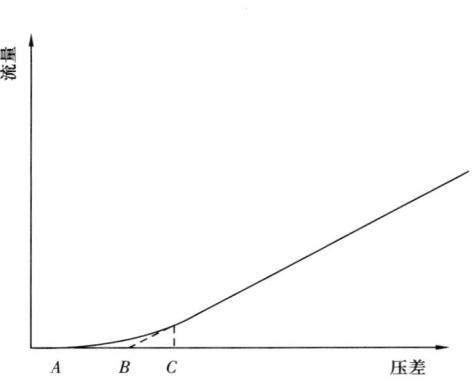

图 4-6-3 低速非线性渗流关系图

低速非线性渗流曲线图中有 3 个特殊点：

A 点对应最小启动压力梯度，压力梯度高于此点流体才开始流动；

B 点为拟启动压力梯度，为直线段的延长线与横坐标的交点；

C 点为临界压力梯度，压力梯度高于此点流体的流动符合达西定律。

三、练习题

1、多选题：高速非线性渗流的两种表达形式是（　　）。

A、达西式　　　　B、指数式　　　　C、二项式　　　　D、裘比式

2、判断题：低速非线性渗流时，流体流动的惯性力不能忽略。

3、单选题：以下雷诺数中，属于达西渗流范畴的是（　　）。

A、10000　　　　B、100　　　　C、1　　　　D、0.1

4、多选题：低速非线性渗流中，渗流速度越小，其值越小的是（　　）。

A、不流动层厚度　　　　　　　　B、可流动孔隙半径

C、渗透率　　　　　　　　　　　D、渗流阻力

5、高速非线性渗流指数式表达式中的两个常数项分别称为_____和_____。

6、多选题：对于高速非线性渗流以下描述正确的是（　　）。

A、惯性力不能忽略　　　　　　　B、额外损失了驱油能量

C、压差增大流量增长变缓　　　　D、压差增大流量增长变快

7、判断题：测得的产量和压差没有呈现线性关系，则确定该渗流为非线性渗流。

8、多选题：能够表现为低速非线性渗流的可能油藏有( )。
A、致密油藏　　　　B、稠油油藏　　　　C、裂缝性油藏　　　　D、页岩油藏

9、说明图4-6-4中各曲线的渗流特征，假设曲线都是生产稳定时测得。

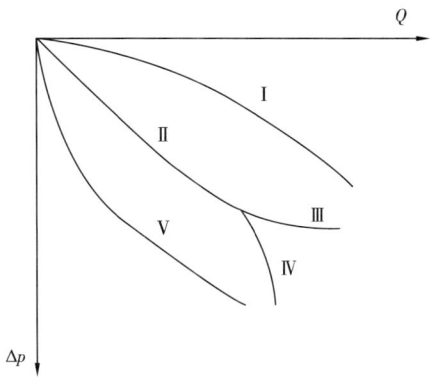

图4-6-4　不同渗流特征曲线示意图

10、达西实验中，若岩心水平放置，岩心直径25mm，长度40cm，渗透率为250mD，液体黏度5mPa·s，两端压差3atm，液体相对密度0.9，孔隙度0.2，求雷诺数。

第五章 稳定渗流的多井干扰

平面径向流是圆形地层中心一口井,但许多油田实际中会有多口井在同一储层进行产出或者注入,储层是连通的,井与井之间势必会彼此干扰,如何干扰?干扰的渗流规律怎么样?这正是本章研究的内容。

井间干扰的实质是能量的再平衡,而能量再平衡的规律遵循叠加原理。本章重点介绍单相液体稳定渗流的四种叠加原理:压降叠加、压力函数叠加、势函数叠加和渗流速度叠加。

在多井干扰理论分析中,首先分析最简单的两口井渗流,然后再过渡到多口井,最后分析带有井排的情况,由简到难,逐渐深入,所应用方法分别为势函数叠加原理、镜像反映法、渗流阻力法。

第一节 多井干扰现象

地层中存在多口井同时生产时,井与井之间就会产生相互影响,地层中的流体在能量平衡过程中有选择地流入各自的井内,并在单井周围形成一个泄油区域。在周围井工作制度改变时,泄油半径会扩大或者缩小,井的生产也会因此而变动。

一、相关概念

多井干扰:在同一地层多井同时工作时,任一口井工作制度的改变都会对其他井造成影响,这种现象称为多井干扰。

泄油半径:依靠天然或人工能量使油井周围一定范围内的原油流入井内,这个范围的近似半径为泄油半径,这个含油面积称为油井的泄油面积或控油面积。

单井控制储量:单井控制流体流动范围内(控油面积)的地质储量。

二、知识点

为了得到更高效的油气生产效益,大多数油藏中都是采用经济合理条件下的多井同时生产,虽然各井的控制储量大致不变,但生产过程中周围井的工作制度的改变都会因为井间干扰受到不同程度的影响。

如图 5-1-1 所示,油藏中呈现的是多层立体开发水平井井网结构。同层内邻近井相比远井和非同层井的影响程度明显要强得多。因此,井距、分层开采、开采策略等相关油藏工程设计都需要把井间干扰的不利因素降至最小,以便油井能够充分发挥出生产能力,并能把控油区域内的油尽可能采出来。

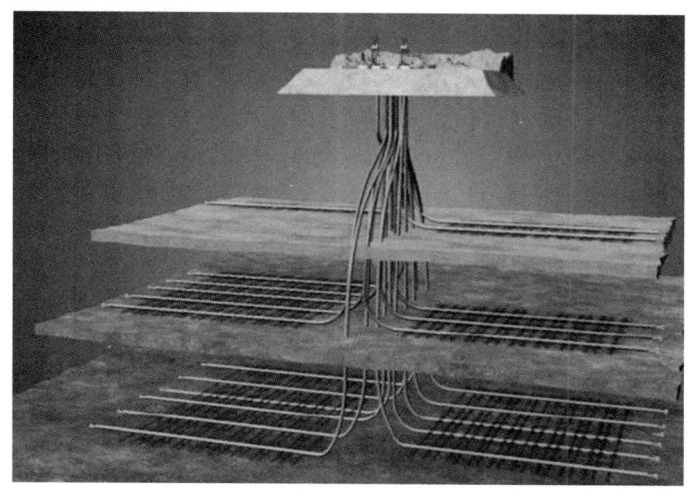

图 5-1-1　多层立体水平井井网示意图

井间干扰强调的是同层多井同时工作时,井与井之间才会形成干扰,具体干扰的现象主要有:

(1)多井同时生产时,井的产量和井底压力之间的关系不同于单井生产;
(2)多井同时生产时,地层压力、渗流速度等运动参数不同于单井生产;
(3)井受到干扰时,产量、井底压力等生产参数会发生改变;
(4)衰竭式开采各井控制区域内能量消耗较快,周围井能量下降对井的影响较大;
(5)注水开发时水流通道是注采井连通的桥梁,注采井网、注水规模、产量大小等都对水驱有关键性影响;
(6)周围井的停产、作业、措施、调产等会干扰井的生产;
(7)新井的钻采会对控油面积进行重新分配,井与井之间需要再次建立平衡关系。

三、练习题

1、多选题:以下哪些情况几乎不存在井与井之间的干扰(　　)。
A、断层两侧的井　　　　　　　　B、不同开发层系的井
C、相距较远的井　　　　　　　　D、没有同时工作的井

2、判断题:多井同时工作时,一口井降低产量就会影响其他井的生产。

3、多选题:衰竭开采中,多井同层同时工作,一口井关井,周围井可能(　　)。
A、井底压力增加　　　　　　　　B、井底压力降低
C、产量增加　　　　　　　　　　D、产量降低

4、多选题:多井干扰的现象表现为(　　)。
A、地层能量的平衡　　　　　　　B、流体动力关系的平衡
C、单井控制面积的分配　　　　　D、流体流动通道的分配

5、判断题:两口井存在干扰时,稳定渗流状态下,一口井关井,另一口井产量增加。

6、判断题:多井干扰时,当一口井关井时,周围井的产量同时就会发生改变。

7、多选题:多井干扰中,一口井关井时,地层中的参数发生改变的是(　　)。
A、压力　　　　　　B、渗流速度　　　　C、流量　　　　　　D、原始地层压力

8、多选题:多井干扰中,任意井工作制度的改变都会对其他井有影响,此处的工作制度是指(　　)。
A、井底流压　　　　B、流量　　　　　　C、冲程冲次　　　　D、举升方式

9、多选题:井间干扰不利于油藏的高效生产,以下哪些是此处的不利因素(　　)。
A、降低单井生产能力　　　　　　　　B、使边底水快速推进
C、油藏能量快速下降　　　　　　　　D、油藏中的油快速采出

10、判断题:井间干扰会影响井的产量,因此在生产中尽量避免井间干扰。

第二节　势函数的定义

重力场中有重力势,是指物体在重力场中由于位置不同所具有的能量差异;电场中有电势,是电荷在静电场的不同位置所具有的能量差异;渗流场中也有渗流势,即是指流体在渗流场中不同位置所具有的能量差异。这些能量差异形成了物体下落、电子运动、流体流动的动力。

一、相关概念

势函数:又叫速度势函数,简称势,公式为:

$$\Phi = \frac{K}{\mu}p + C \quad (5-2-1)$$

式中　Φ——势函数,m^2/s;

K——渗透率,m^2;

μ——黏度,$Pa \cdot s$;

p——压力,Pa;

C——由边界条件确定的积分常数。

二、知识点

1. 势的定义

首先认识一下"场"。场是一种特殊物质,看不见摸不着,但它确实存在。如人们熟悉的重力场、电场、磁场、电磁场等,流体力学中也有渗流场。

"场"内表现出能量的转变潜力及在能量作用下物质的运动。渗流场中压力即为能量,压力差驱动流体流动即为能量作用下的运动。

"场"中一般用"势"来表示能量转化为另一能量的潜力,比如重力势用来表示把位能转化为机械能的大小。

渗流场中的"势",可以理解为压能转化为动能的大小。

定义势梯度为渗流速度,表达式为:

$$v = -\frac{\mathrm{d}\Phi}{\mathrm{d}x} \quad (5-2-2)$$

又由达西定律:

$$v = -\frac{K}{\mu}\frac{\mathrm{d}p}{\mathrm{d}x} \quad (5-2-3)$$

得到势的表达式:

$$\Phi = \frac{K}{\mu}p + C \quad (5-2-4)$$

式(5-2-4)为势函数的压力表达式。

由势函数的定义,势函数也符合拉普拉斯方程,即:

$$\frac{\partial^2 \Phi}{\partial x^2} + \frac{\partial^2 \Phi}{\partial y^2} + \frac{\partial^2 \Phi}{\partial z^2} = 0$$

同样,渗流场中也存在等势线,即势相等的各点连成的线,其分布特点与等压线相近。

2. 平面中一点的势

平面径向流中,径向半径为 r 的渗流面积上的流量为:

$$Q = 2\pi rh \frac{K}{\mu}\frac{\mathrm{d}p}{\mathrm{d}r} \quad (5-2-5)$$

由势的定义,有:

$$\frac{Q}{2\pi rh} = \frac{\mathrm{d}\Phi}{\mathrm{d}r} \quad (5-2-6)$$

应用分离变量积分法,得到平面上一点的势为:

$$\Phi = \frac{Q}{2\pi h}\ln r + C \quad (5-2-7)$$

或

$$\Phi = \frac{q}{2\pi}\ln r + C \quad (5-2-8)$$

式中 q——单位储层厚度上的流量,势函数求解问题时经常用它,$m^3/(m\cdot s)$;

  C——常数,由边界条件确定。

式(5-2-8)为势函数的流量表达式。

势一般应用于静态场中,对于随着时间变化的动态场,势变化更复杂,因此,稳定渗流中采用势函数具有明显的优势,在不稳定渗流中一般不采用。

3. 应用势函数求平面径向流公式

供给边界上的势为：

$$\Phi(r)|_{r=R_e} = \Phi_e = \frac{q}{2\pi}\ln R_e + C \tag{5-2-9}$$

井底的势为：

$$\Phi(r)|_{r=R_w} = \Phi_w = \frac{q}{2\pi}\ln R_w + C \tag{5-2-10}$$

两势相减，得到：

$$\Phi_e - \Phi_w = \frac{q}{2\pi}\ln\frac{R_e}{R_w} \tag{5-2-11}$$

再代入势函数的压力表达式，得到：

$$\frac{K}{\mu}(p_e - p_w) = \frac{q}{2\pi}\ln\frac{R_e}{R_w} \tag{5-2-12}$$

整理式(5-2-11)，得到平面径向流的压力表达式：

$$q = \frac{2\pi(\Phi_e - \Phi_w)}{\ln\frac{R_e}{R_w}} \tag{5-2-13}$$

即：

$$Q = \frac{2\pi Kh(p_e - p_w)}{\mu\ln\frac{R_e}{R_w}} \tag{5-2-14}$$

三、练习题

1、多选题：关于渗流中的"势"说法正确的是（　　　）。
A、渗流速度的方向与势的变化方向相反　　B、流体是由高位势流向低位势
C、势具有能量的意义　　　　　　　　　　D、渗流势降低把部分能量转化为流体的流动

2、多选题：平面径向流中等势线的分布特点有（　　　）。
A、是一组同心圆　　　　　　　　　　　　B、越靠近井底等势线越密集
C、越靠近井底等势线越稀疏　　　　　　　D、等势线均匀分布

3、判断题：单相液体稳定渗流中的势函数符合拉普拉斯方程。

4、势函数在几何方向上的梯度定义的物理量是_____，因此势也称为_____。

5、势函数的压力表达式为_____，势函数的流量表达式为_____。

6、判断题：势函数的压力表达式隐含了渗流符合达西定律。

7、判断题：势的定义中假设了渗流为线性渗流。

8、应用势的理论求井的流量时，两个已知"势"分别是_____和_____。

第三节　三个标量叠加原理

多井干扰中,能量的再平衡表现为各井单独工作时的渗流要素的叠加,稳定渗流中特别有三个标量的叠加,即:压降叠加、压力函数叠加、势函数叠加。

一、相关概念

压降叠加原理:在同一地层多井同时工作时,地层内任意点的压降,等于各井单独工作时,在这点上产生压降的代数和。

压力叠加原理:也叫压力函数叠加原理,在同一地层多井同时工作时,地层内任意点的压力函数,等于各井单独工作时,在这点上产生压力函数的代数和。

势叠加原理:在同一地层多井同时工作时,地层内任意点的势(或势函数),等于各井单独工作时,在这点上产生势(或势函数)的代数和。

二、知识点

1. 压降叠加原理

如图 5-3-1 所示,(a)和(b)两图中虚线 1 和虚线 2 分别是Ⅰ井和Ⅱ井单独工作时地层压力分布曲线,实线 3 是两井同时工作时叠加后的压力分布曲线。

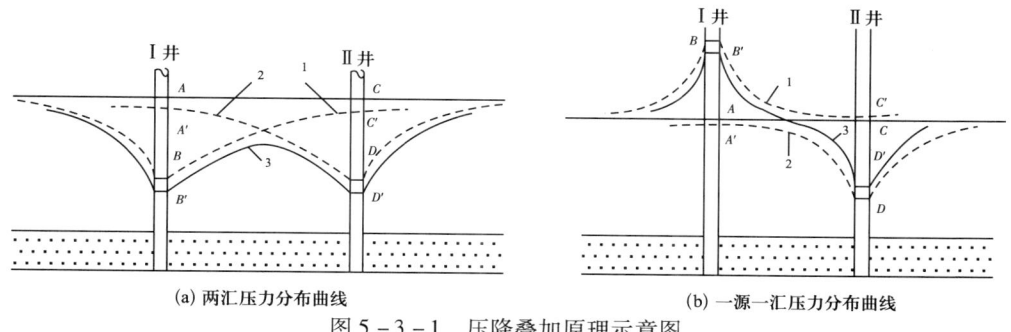

(a) 两汇压力分布曲线　　　　(b) 一源一汇压力分布曲线

图 5-3-1　压降叠加原理示意图

设储层原始地层压力为 p_i(与供给压力 p_e 相等),则Ⅰ井和Ⅱ井单独工作时地层各点的压降分别为:

$$\Delta p_1 = p_i - p_1 \quad \text{和} \quad \Delta p_2 = p_i - p_2 \quad (5-3-1)$$

根据压降叠加原理,两井同时工作时产生的压降 $\Delta p = \Delta p_1 + \Delta p_2$(压降值的叠加),则有:

$$p = p_i - \Delta p \quad (5-3-2)$$

得到实线 3 中的压力。

对于单井井底压力,应用压降叠加原理,如图 5-3-1(a)中两汇所示,Ⅰ井和Ⅱ井井底压降分别为：

$$\Delta p_{1w} = AA' + AB = AB' \quad 和 \quad \Delta p_{2w} = CC' + CD = CD' \quad (5-3-3)$$

如图 5-3-1(b)中一源一汇所示，Ⅰ井是注入井，其压降为负值，则Ⅰ井和Ⅱ井井底压降分别为：

$$\Delta p_{1w} = AA' - AB = AB' \quad 和 \quad \Delta p_{2w} = CD - CC' = CD' \quad (5-3-4)$$

其中Ⅰ井的井底压降为负值，其压力大于原始地层压力，只有这样才能注入液体。

井单独工作时产生压降可应用平面径向流压力分布公式得到，设 $p_i = p_e$，则地层任意点 M 的压降为：

$$\Delta p_M = p_i - p_M = p_i - \left(p_e - \frac{p_e - p_w}{\ln \frac{R_e}{R_w}} \ln \frac{R_e}{r} \right) = \frac{p_e - p_w}{\ln \frac{R_e}{R_w}} \ln \frac{R_e}{r} \quad (5-3-5)$$

或

$$\Delta p_M = p_i - p_M = p_i - \left(p_e - \frac{Q\mu}{2\pi Kh} \ln \frac{R_e}{r} \right) = \frac{Q\mu}{2\pi Kh} \ln \frac{R_e}{r} \quad (5-3-6)$$

压降叠加原理的多井表达式为：

$$\Delta p_M = \sum_{i=1}^{n} \Delta p_{Mi} \quad (5-3-7)$$

式中　Δp_M——任意点 M 处的压降，Pa；

n——总井数；

Δp_{Mi}——第 i 口井单独工作时在 M 点产生的压降，采出井为"+"，注入井为"-"，Pa。

对于等产量两汇，压力分布以井间位置为轴，左右完全对称，两井间的压降要大于两井区域外的压降。

对于等产量一源一汇，两井间的中间位置处压力等于原始地层压力，两井间的压力梯度大于两井区域外的。

2. 压力叠加原理

单相液体稳定渗流时，无限大地层井定产量生产的数学模型为：

$$\begin{cases} \dfrac{d^2 p}{dr^2} + \dfrac{1}{r} \dfrac{dp}{dr} = 0 \\ r \dfrac{dp}{dr} \bigg|_{r=R_w} = \dfrac{Q\mu}{2\pi Kh} \\ p \bigg|_{r=\infty} = p_e \end{cases} \quad (5-3-8)$$

得到压力函数为：

$$p = \frac{Q\mu}{2\pi Kh}\ln r + C \qquad (5-3-9)$$

式中　r——点到井中心的距离,即极半径,m。

若同一地层多口井同时工作时,根据压力叠加原理,则有：

$$p_M = \sum_{i=1}^{n} p_{Mi} \qquad (5-3-10)$$

式中　p_M——无限大地层中任意点 M 处的压力函数,Pa；

　　　p_{Mi}——第 i 口井单独工作时无限大地层中 M 点处的压力函数,Pa。

如图 5-3-1 中两口井情况,Ⅰ井和Ⅱ井单独工作时,基本微分方程为：

$$\frac{\partial^2 p_1}{\partial x^2} + \frac{\partial^2 p_1}{\partial y^2} = 0 \quad 和 \quad \frac{\partial^2 p_2}{\partial x^2} + \frac{\partial^2 p_2}{\partial y^2} = 0 \qquad (5-3-11)$$

两井同时工作,由于拉普拉斯方程的可叠加原则,则有：

$$\frac{\partial^2(p_1+p_2)}{\partial x^2} + \frac{\partial^2(p_1+p_2)}{\partial y^2} = 0 \qquad (5-3-12)$$

此叠加实质是压力函数的叠加,而非压力值的叠加。

3. 势叠加原理

若已知各井的产量,根据势的叠加原理,用公式表示为：

$$\Phi_M = \sum_{i=1}^{n} \pm \frac{q_i}{2\pi}\ln r_i + C \qquad (5-3-13)$$

式中　Φ_M——任意点 M 处的势,m²/s；

　　　q_i——第 i 口井单位厚度上的产量,采出井为"+",注入井为"-",m³/(m·s)；

　　　r_i——第 i 口井到 M 点的距离,m；

　　　C——与边界有关的常数,其值为各井边界常数之和。

势的叠加原理也是势函数的叠加。

三、练习题

1、判断题：多井干扰中的压力叠加原理是指压力函数的叠加,而非压力值的叠加。

2、多选题：以下叠加原理是代数和叠加的有（　　）。

A、压降叠加原理　　　　　　　　　　B、压力函数叠加原理
C、势叠加原理　　　　　　　　　　　D、渗流速度叠加原理

3、判断题：稳定渗流中势叠加原理注入井 Q 取负号,产出井 Q 取正号。

4、多井干扰中,用来描述能量损耗是各井单独工作时能量损耗的代数和的叠加原理主要有：_____、_____和_____。

5、多选题：以下可以用压降叠加原理分析能量变化的多井干扰现象有（   ）。
　　A、稳定渗流　　　　　　　　　　　　B、弹性驱不稳定渗流
　　C、断层附近的井　　　　　　　　　　D、多个井排的渗流
6、单选题：以下压降叠加原理中，代数和可以直接用值而不用函数的是（   ）。
　　A、压力叠加原理　　　　　　　　　　B、压降叠加原理
　　C、势叠加原理　　　　　　　　　　　D、渗流速度叠加原理

第四节　渗流速度矢量叠加原理

用于描述能量总损耗的三个标量叠加原理采取的是代数和叠加，而渗流速度本身既有大小又有方向，是一个矢量，因此，多井干扰中渗流速度采用的是矢量叠加。

一、相关概念

渗流速度叠加原理：在同一地层多井同时工作时，地层内任意点渗流速度，等于各井单独工作时，在这点上的渗流速度的矢量和。

二、知识点

多井同时工作时，某点处的流体只能流向其中一口井，其流动过程受周围井的控制和约束，渗流速度也表现为多井单独工作时的叠加，只是此处是矢量的叠加。

如图5-4-1所示，流体M周围多口井都在生产，各井单独生产时流体M的渗流速度都是指向井的，其大小决定于井的生产参数，方向是指向该井（产出井）或背离该井（注入井）。

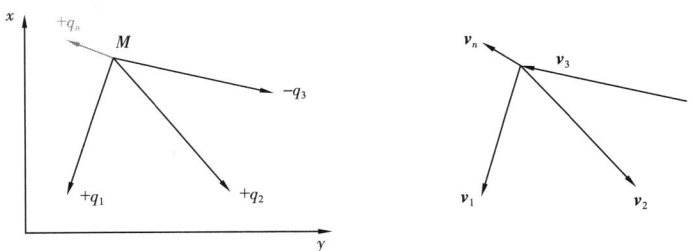

图5-4-1　渗流速度的叠加原理示意图

在M点存在多个具有方向的渗流速度，多井同时工作时的渗流速度就是这些分量的矢量叠加，它们遵守平行四边形法则，即：

$$v = v_1 + v_2 + v_3 + \cdots + v_n = \sum_{i=1}^{n} v_i$$

平面径向流的单井附近区域的渗流速度大小为：

$$|v| = \frac{q}{2\pi r}$$

三、练习题

1、多选题:稳定渗流多井干扰的叠加原理主要有(　　)。
A、压力值的叠加　　　　　　　　B、势函数的叠加
C、渗流速度的叠加　　　　　　　D、压降的叠加

2、单选题:以下叠加原理中是矢量叠加的是(　　)。
A、势函数叠加　　　　　　　　　B、压力函数叠加
C、压力降叠加　　　　　　　　　D、渗流速度叠加

3、多井干扰中,确定地层某处流动方向的原理是_____叠加原理,它遵循_____法则。

4、两口等产量产出井的中间点处的渗流速度等于_____。

5、多选题:关于一注一采两口井之间的渗流速度以下说法正确的是(　　)。
A、方向指向采出井
B、越靠近注入井渗流速度越快
C、越靠近采出井渗流速度越快
D、两井中间点处的渗流速度最慢

6、多选题:地层中存在一注一采两口井,两井连线中间的垂直线上的各渗流速度说法正确的是(　　)。
A、中间点的渗流速度最快
B、各点的渗流速度相等
C、越远离中间点渗流速度越慢
D、渗流速度方向都指向采出井

7、判断题:地层中只有多口采出井时,井区内一定会存在渗流速度接近0的区域。

8、判断题:地层中注入井和采出井之间不会存在渗流速度等于0的位置。

9、实际油田生产时,井区内会存在几乎不流动的分散区域(该区的油称为剩余油),这是由于_____造成的,其产生的原理是_____。

10、多选题:多井干扰中,关于渗流速度说法正确的是(　　)。
A、满足渗流速度叠加原理
B、越靠近井底渗流速度越快
C、流体总有向流量大的井流动的趋势
D、流体总沿着势变小的方向流动

第五节　等产量两汇渗流

多数油田的开采都采用多井的方式,既有采出井,也有注入井,井间或井区内的渗流场是单井单独工作时的叠加结果,等产量两汇是最小的多井干扰单元。

一、相关概念

点汇:流线呈辐射状汇集并消失在该井点,一般指采出井,用正号表示。

平衡点:两口或者多口井同时生产时,由于渗流速度的叠加,渗流速度为 0 的点。

死油区:两口或者多口井同时生产时,平衡点附近油的渗流速度近似为 0 的区域。

分流线:没有流线穿过的分界线,等产量两汇中间线即为分流线,分流线一般可看作断层。

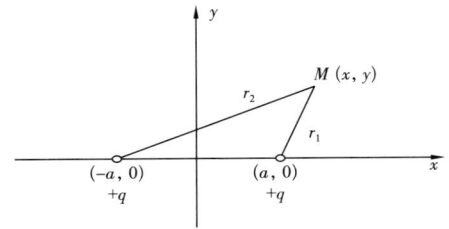

图 5-5-1 等产量两汇示意图

二、知识点

如图 5-5-1 所示,两口井相距 $2a$,井半径都为 R_w,有一较大的共有圆形供给边界,供给半径 R_e,供给压力 p_e,两井以同一产量 q 同时进行生产,渗透率 K、储层厚度 h、液体黏度 μ、井底压力 p_w 都为已知。应用势的叠加原理求产量和压力分布。

根据势叠加原理,任意点 M 的势为:

$$\Phi_M = \frac{q}{2\pi}\ln r_1 + \frac{q}{2\pi}\ln r_2 + C = \frac{q}{2\pi}\ln(r_1 r_2) + C \tag{5-5-1}$$

取特殊点(一般为供给端和采出端):

供给端取供给边界上任意点,此处 $r_1 = r_2 = R_e$,有:

$$\Phi_e = \frac{q}{2\pi}\ln(R_e R_e) + C \tag{5-5-2}$$

采出端取 r_1 对应井的井壁上的点,此处 $r_1 = R_w$,$r_2 = 2a - R_w \approx 2a$($a$ 相对于 R_w 大很多),有:

$$\Phi_{w1} = \frac{q}{2\pi}\ln(R_w \cdot 2a) + C \tag{5-5-3}$$

供给端减去采出端,消去边界常数 C,得到:

$$\Phi_e - \Phi_{w1} = \frac{q}{2\pi}\ln\frac{R_e^2}{R_w \cdot 2a} \tag{5-5-4}$$

等产量的两口井,井底压力都为 p_w,由势的定义得到:

$$\Phi_e - \Phi_{w1} = \frac{K}{\mu}(p_e - p_w) \tag{5-5-5}$$

则有:

$$\frac{q}{2\pi}\ln\frac{R_e^2}{R_w \cdot 2a} = \frac{K}{\mu}(p_e - p_w) \tag{5-5-6}$$

得到产量公式为：

$$q = \frac{2\pi K}{\mu} \frac{p_e - p_w}{\ln \dfrac{R_e^2}{R_w \cdot 2a}} \tag{5-5-7}$$

求压力分布时，用特殊点的势减去任意点 M 的势，消去边界常数 C。

如特殊点用 r_1 对应井壁上的势，则有：

$$\Phi_{w1} - \Phi_M = \frac{q}{2\pi} \ln \frac{R_w \cdot 2a}{r_1 r_2} \tag{5-5-8}$$

再由势的定义，得到：

$$\Phi_{w1} - \Phi_M = \frac{K}{\mu}(p_w - p_M) \tag{5-5-9}$$

则有：

$$\frac{q}{2\pi} \ln \frac{R_w \cdot 2a}{r_1 r_2} = \frac{K}{\mu}(p_w - p_M) \tag{5-5-10}$$

得到任意点 M 的压力分布公式：

$$p_M = p_w - \frac{q\mu}{2\pi K} \ln \frac{R_w \cdot 2a}{r_1 r_2} \tag{5-5-11}$$

或

$$p_M = p_w + \frac{q\mu}{2\pi K} \ln \frac{r_1 r_2}{R_w \cdot 2a} \tag{5-5-12}$$

若求压力分布选取供给边界为特殊点，则压力分布公式为：

$$p_M = p_e - \frac{q\mu}{2\pi K} \ln \frac{R_e^2}{r_1 r_2} \tag{5-5-13}$$

或

$$p_M = p_e + \frac{q\mu}{2\pi K} \ln \frac{r_1 r_2}{R_e^2} \tag{5-5-14}$$

根据任意点 M 势的表达式，等压线和等势线用方程表达为：

$$r_1 r_2 = C_1 \tag{5-5-15}$$

绘制渗流场图，如图 5-5-2 所示。带箭头的为流线，流线垂直于等压线或者等势线，渗流场图呈"哑铃形"。

由图 5-5-2 渗流场图可见，流线是对称地流向两口井，y 轴作为分流线将液流分开。

依据渗流速度叠加原理，地层任意 M 点的渗流速度是两口井单独工作时渗流速度的矢量叠加，如图 5-5-3 所示。

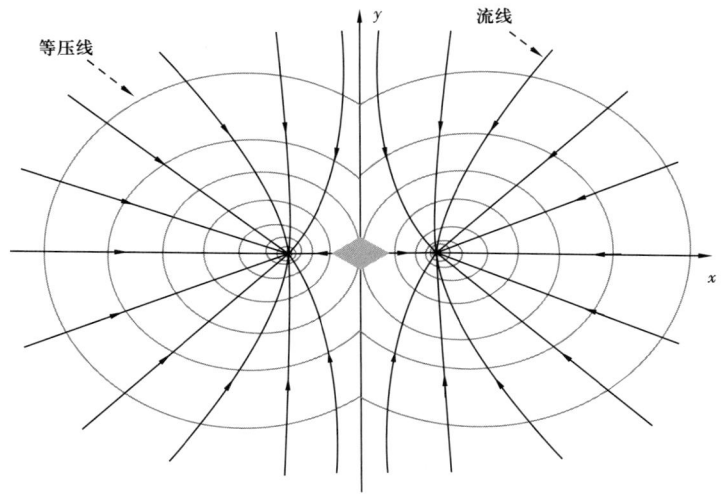

图 5-5-2 等产量两汇渗流场图

由渗流速度的定义,得到:

$$v_1 = \frac{q}{2\pi r_1}, v_2 = \frac{q}{2\pi r_2} \quad (5-5-16)$$

当 M 点在 x 轴时,v_1 和 v_2 方向相反,若在中点时,则 v_1 和 v_2 相等且方向相反,渗流速度是 0,并且此点附近区域的渗流速度也很小,由此定义渗流速度是 0 的点为"平衡点",平衡点附近区域称为"死油区"。多口井共同生产时可能存在平衡点,与平衡点相伴的死油区就成为油田进一步开采的对象。

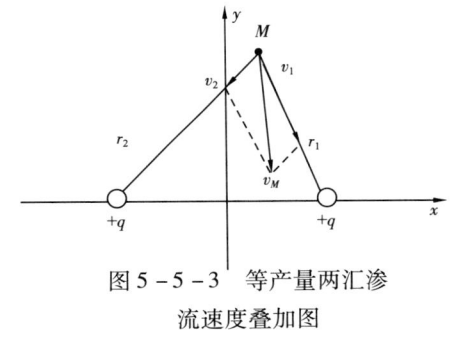

图 5-5-3 等产量两汇渗流速度叠加图

三、练习题

1、多选题:动用两口等产量生产井中间死油区中的剩余油的方式主要有(　　)。

A、一口井转注　　　　　　　　B、一口井停产

C、在中间打加密井　　　　　　D、两口井同时增加产量

2、判断题:由于渗流速度的叠加使得多井生产时会形成死油区。

3、等产量两汇中的原点称为_____,原点附近区域称为_____,y 轴称为_____。

4、多选题:等产量两汇中,关于 y 轴上的渗流说法正确的是(　　)。

A、越靠近原点渗流速度越小

B、渗流速度方向垂直于 y 轴

C、流体流向原点

D、越靠近原点压力越大

5、判断题:只有在等产量的两汇中才能形成死油区。

6、多选题:地层中仅存在两汇时,关于死油区说法正确的是( )。

A、死油区会靠向产量大的井

B、死油区会靠向产量小的井

C、两井都加大产量时,死油区面积会缩小

D、两井都减小产量时,死油区面积不变

7、单选题:等产量两汇生产时,分流线可以被认为是( )。

A、供给边界　　　　　　　　　　B、等压线

C、断层边界　　　　　　　　　　D、等势线

8、等产量的两汇的等势线方程为_____,形成的渗流场图的形状呈现为_____。

9、等产量的两汇应用势的叠加原理求解时,选用的两个已知势为_____的势和_____的势。

10、从等产量的两汇产量公式中看,两井之间的距离越小,则产量_____,说明_____影响加剧。

11、画出等产量两汇两口井连接线上各点的压力分布示意图。

12、画出等产量两汇两口井连接线上各点的渗流速度分布示意图。

第六节　等产量一源一汇渗流

实际油田中很少存在同一单相液体的注入井和采出井,而常见的是注水井和采油井。但本节的渗流机理对理解一注一采的渗流特征具有重要参考意义,特别是为后续的镜像反映提供理论支持。

一、相关概念

点源:产生流线并呈辐射状分散出去的井点,一般指注入井,用负号表示。

主流线:一源一汇两井的连接直线上渗流速度最大,称为主流线。

舌进现象:一源一汇主流线两侧渗流速度越来越小,注入流体在两井之间的推进面呈中间向前、两端靠后的舌状,故名舌进。

二、知识点

如图 5-6-1 所示,两口井相距 $2a$,井半径都为 R_w,A 井以产量 q 产出,B 井以相同产量 q 注入,两井同时生产,渗透率 K、储层厚度 h、液体黏度 μ、A 井井底压力 p_w,B 井井底压力 p_{win} 都为已知。应用势的叠加原理求产量和压力分布。

根据势叠加原理,任意点 M 的势为:

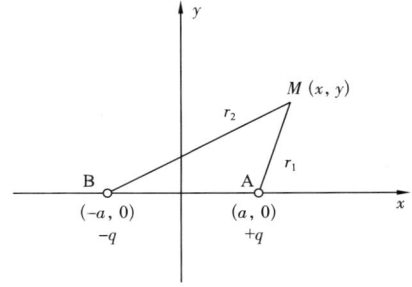

图 5-6-1　等产量一源一汇示意图

$$\Phi_M = \frac{q}{2\pi}\ln r_1 + \frac{-q}{2\pi}\ln r_2 + C = \frac{q}{2\pi}\ln\frac{r_1}{r_2} + C \qquad (5-6-1)$$

取特殊点(一般为点源和点汇):
点源取 B 井壁上点,此处 $r_1 = 2a - R_w \approx 2a, r_2 = R_w$,有:

$$\Phi_B = \frac{q}{2\pi}\ln\frac{2a}{R_w} + C \qquad (5-6-2)$$

点汇取 A 井壁上点,此处 $r_1 = R_w, r_2 = 2a - R_w \approx 2a$,有:

$$\Phi_A = \frac{q}{2\pi}\ln\frac{R_w}{2a} + C \qquad (5-6-3)$$

点源势减去点汇势,消去边界常数 C,得到:

$$\Phi_B - \Phi_A = \frac{q}{\pi}\ln\frac{2a}{R_w} \qquad (5-6-4)$$

由势的定义:

$$\Phi_B - \Phi_A = \frac{K}{\mu}(p_{win} - p_w) \qquad (5-6-5)$$

则有:

$$\frac{q}{\pi}\ln\frac{2a}{R_w} = \frac{K}{\mu}(p_{win} - p_w) \qquad (5-6-6)$$

得到产量公式为:

$$q = \frac{\pi K}{\mu}\frac{p_{win} - p_w}{\ln\frac{2a}{R_w}} \qquad (5-6-7)$$

求压力分布时,用特殊点的势减去任意点 M 的势,消去边界常数 C。
如特殊点用 B 井壁上的势,则有:

$$\Phi_B - \Phi_M = \frac{q}{2\pi}\ln\frac{r_2 \cdot 2a}{r_1 R_w} \qquad (5-6-8)$$

再由势的定义,得到:

$$\Phi_B - \Phi_M = \frac{K}{\mu}(p_{win} - p_M) \qquad (5-6-9)$$

则有:

$$\frac{q}{2\pi}\ln\frac{r_2 \cdot 2a}{r_1 R_w} = \frac{K}{\mu}(p_{win} - p_M) \qquad (5-6-10)$$

得到任意点 M 的压力分布公式：

$$p_M = p_{\text{win}} - \frac{q\mu}{2\pi K}\ln\frac{r_2 \cdot 2a}{r_1 R_w} \quad (5-6-11)$$

若求压力分布选取 A 井壁为特殊点，则压力分布公式为：

$$p_M = p_w + \frac{q\mu}{2\pi K}\ln\frac{r_1 \cdot 2a}{r_2 R_w} \quad (5-6-12)$$

根据任意点 M 势的表达式，等压线和等势线用方程表达为：

$$\frac{r_1}{r_2} = C_2 \quad (5-6-13)$$

绘制渗流场图，则如图 5-6-2 所示。带箭头的为流线，流线垂直于等压线或者等势线，渗流场图呈"纺锤形"。

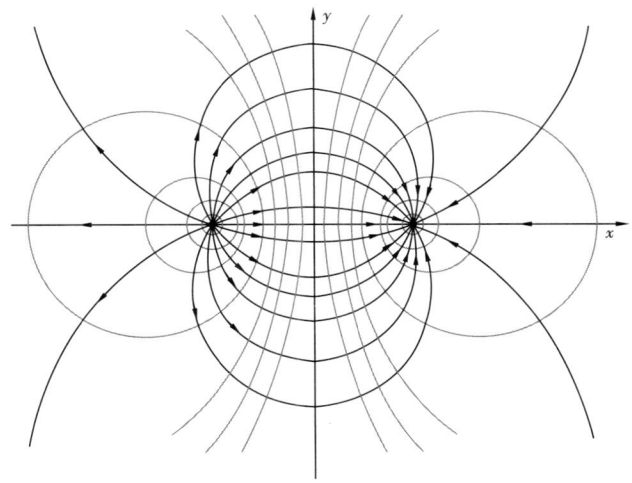

图 5-6-2　等产量一源一汇渗流场示意图

依据渗流速度叠加原理，地层任意 M 点的渗流速度是两口井单独工作时渗流速度的矢量叠加，如图 5-6-3 所示。

由渗流速度的定义得到：

$$v_1 = \frac{q}{2\pi r_1}, v_2 = \frac{q}{2\pi r_2} \quad (5-6-14)$$

当 M 点在 y 轴时，v_1 和 v_2 相等，叠加后渗流速度 v_M 方向垂直于 y 轴指向 x 轴正方向，并且 $\Phi_{y\text{轴}} = C$，则 y 轴是一条等势线或等压线。

当 M 点在 x 轴垂线上时，越靠近 x 轴，r_1 和 r_2 越小，且 v_1 和 v_2 方向的夹角越小，则 v_M 越大，由此形成如图 5-6-4 中的"舌进现象"，也可以描述成两井间点源流体向点汇流体推进面的形状。

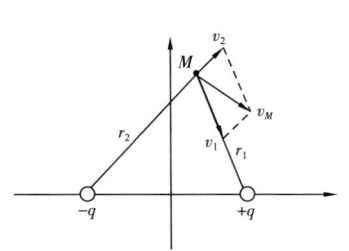
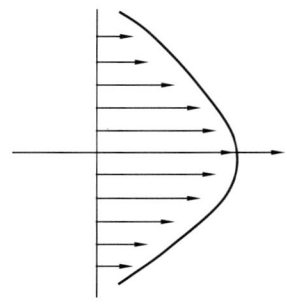

图 5-6-3　一源一汇渗流速度叠加图　　　　图 5-6-4　舌进现象示意图

当 M 点在 x 轴时，v_M 在垂直于 x 轴方向上为最大，x 轴上流体流动最快，因此，把 x 轴称为"主流线"。在油田实际生产中，注水井和采油井之间的直线区域内水淹程度一般较高，油井见水时间与两井距离有关，直线区域内易形成无效注水通道，往往对水驱开采不利。

三、练习题

1、多选题：等产量一源一汇中以下说法正确的是（　　　）。
A、y 轴是分流线　　　　　　　　　　B、x 轴是主流线
C、两井中间有死油区　　　　　　　　D、两井中间有舌进现象

2、判断题：等产量一源一汇的两井之间直线连接线上渗流速度最快。

3、多选题：等产量一源一汇中，关于 y 轴上的各点说法正确的是（　　　）。
A、越靠近 x 轴渗流速度越大　　　　B、渗流速度方向垂直于 y 轴
C、在原点处的渗流速度最大　　　　　D、压力都相等

4、多选题：一注一采两井，为了避免主流线上的流体较早到达采出井的措施有（　　　）。
A、交错布井　　　　　　　　　　　　B、优化两井距离
C、随注入井注入堵剂　　　　　　　　D、压裂

5、判断题：一源一汇渗流中，由于渗流速度的叠加会形成舌进现象。

6、等产量的一源一汇的等势线方程为_____，形成的渗流场图的形状呈现为_____。

7、等产量的一源一汇应用势的叠加原理求解时，选用的两个已知势为_____的势和_____的势。

8、等产量一源一汇中的 x 轴为_____，y 轴为_____。

9、多选题：由等产量的一源一汇渗流可知，提高采出井的流量的方式有（　　　）。
A、降低采出井井底压力　　　　　　　B、增加注入井井底压力
C、增加两口井之间的距离　　　　　　D、压裂

10、多选题：等产量一源一汇生产时，y 轴可以被认为是（　　　）。
A、供给边界　　　B、等压线　　　C、断层边界　　　D、等势线

11、画出等产量一源一汇两口井连接线上各点的压力分布示意图。

12、画出等产量一源一汇两口井连接线上各点的渗流速度分布示意图。

第七节　汇点镜像反映

实际地层中,井的附近可能存在封闭边界(断层),在供给源能量输送下形成的稳定渗流与不考虑断层时差异很大。井附近形成的渗流场与等产量两汇中的一口井附近渗流场(相当于半个渗流场)相近,根据这一原理,把断层附近一口井的问题转变为等产量两汇生产的问题,方法是把断层看作一面镜子,井通过镜子映像一口和自己一样的井,这就是汇点镜像反映,也称为汇点反映。

一、相关概念

镜像反映:遇有断层或者供给边界时,可把边界看作镜子,实际井通过镜子映像虚拟井,由此构成假想多井生产,用该方法解决带有边界渗流问题。

断层:断层是岩层或岩体顺破裂面发生明显位移的构造,一般对储层具有遮挡作用。

汇点反映:断层边界附近井,通过边界映像同号井,应用实际井和映像井构成多井问题代替边界问题。

二、知识点

如图 5-7-1 所示,距直线断层(流体不能穿过该边界)a 处有一口井,以 $+q$ 生产,并有一较大的圆形供给边界,该问题渗流场图与等产量两汇中 y 轴一侧的渗流场图完全一致,结合两汇问题中 y 轴是分流线,等同于断层,因此,把直线断层边界附近一口井问题可以转化为等产量的两汇问题,即通过断层映像一口同号的等产量虚拟井,以便构成以断层为分流线的两口生产井问题。此方法为汇点反映。

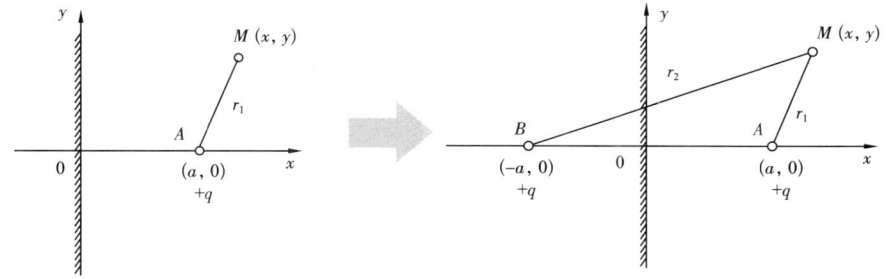

图 5-7-1　汇点反映示意图

由等产量两汇问题中的分析,该井的产量公式为:

$$q = \frac{2\pi K}{\mu} \frac{p_e - p_w}{\ln \dfrac{R_e^2}{R_w \cdot 2a}} \qquad (5-7-1)$$

井附近的压力公式为:

$$p_M = p_w + \frac{q\mu}{2\pi K}\ln\frac{r_1 r_2}{R_w \cdot 2a} \qquad (5-7-2)$$

三、练习题

1、单选题:处理直线断层边界的镜像反映方法叫作(　　)。
A、渗流阻力法　　　　　　　　　B、水电相似原理法
C、汇点反映法　　　　　　　　　D、汇源反映法

2、判断题:针对直线断层边界,可以应用汇源反映进行镜像。

3、多选题:以下关于汇点反映说法正确的是(　　)。
A、断层边界一口井　　　　　　　B、映像一口异号井
C、断层是供给源　　　　　　　　D、本井和虚拟井具有共同的供给源

4、判断题:汇点反映把断层附近一口井问题转换成两口井生产问题,形成的渗流场保持不变。

5、多选题:关于断层附近一口井的生产影响因素以下说法正确的是(　　)。
A、井越靠近断层,产量越高
B、井越靠近断层,产量越低
C、正对井靠近断层区域的流体很难被采出
D、越靠近井渗流速度越大

6、多选题:关于断层附近一口井的压力梯度说法正确的是(　　)。
A、正对井断层附近区域的压力梯度接近0
B、断层上 x 方向的压力梯度为0
C、自井到断层的垂直连接线上压力梯度逐渐变为0
D、供给边界上的压力梯度为0

第八节　汇源镜像反映

平面径向稳定渗流中,保证稳定渗流状态的关键是有一个稳定的供给源。之前所学都是针对圆形供给边界,这也是单井生产时径向流的最理想的供给边界。或者假想的供给边界。而实际地层中,供给边界可以是直线或者曲线,此时,井附近形成的渗流场与等产量一源一汇中的源或者汇附近渗流场(相当于半个渗流场)相近。根据这一原理,把直线供给源附近一口井的问题转变为等产量一源一汇生产的问题。方法是把直线供给源看作一面镜子,井通过镜子映像一口和自己异号的井(本井是采出井映像一口注入井;本井是注入井映像一口采出井),这就是汇源镜像反映,也称为汇源反映。

一、相关概念

汇源反映:直线或近似直线供给边界附近井,通过边界映像异号井(采出井映像注入井,注入井映像采出井),应用实际井和映像井构成多井问题代替边界问题。

二、知识点

如图 5-8-1 所示,直线供给边界(y 轴)附近一口井,其产量为 $+q$,井距离边界为 a,所产生的渗流场图与等产量一源一汇问题中 y 轴汇点一侧的渗流场图完全一致,而且在等产量一源一汇问题中 y 轴本身也是一条等势线(或等压线),因此,把直线供给边界附近一口井问题转化为等产量一源一汇问题,即以直线供给边界为中心线映像一口异号的等产量虚拟井,以便构成一源一汇两井同时生产问题。此即为汇源反映。

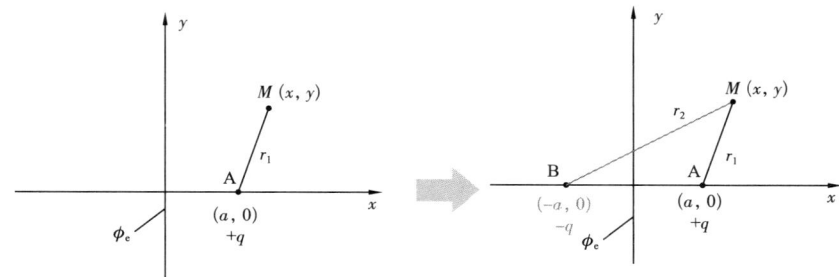

图 5-8-1 汇源反映示意图

由等产量一源一汇问题的分析,求取汇源反映中井的产量公式时,选取供给端特殊点时,可选直线供给源上的点,即:

$$\Phi_e = C \tag{5-8-1}$$

选取采出端特殊点时,选实际井,则:

$$\Phi_w = \frac{q}{2\pi}\ln\frac{R_w}{2a} + C \tag{5-8-2}$$

供给端减去采出端,消去边界常数 C,得到:

$$\Phi_e - \Phi_w = \frac{q}{2\pi}\ln\frac{2a}{R_w} \tag{5-8-3}$$

再由势的定义,有:

$$\Phi_e - \Phi_w = \frac{K}{\mu}(p_e - p_w) \tag{5-8-4}$$

则有:

$$\frac{q}{2\pi}\ln\frac{2a}{R_w} = \frac{K}{\mu}(p_e - p_w) \tag{5-8-5}$$

得到汇源反映的流量公式:

$$q = \frac{2\pi K}{\mu}\frac{p_e - p_w}{\ln\frac{2a}{R_w}} \tag{5-8-6}$$

取实际井的井壁上点为特殊点,求压力分布公式为:

$$p_M = p_w + \frac{q\mu}{2\pi K}\ln\frac{r_1 \cdot 2a}{r_2 R_w} \quad (5-8-7)$$

直线供给边界与圆形供给边界流量公式进行比较,有:

直线供给边界 $q = \frac{2\pi K}{\mu}\frac{p_e - p_w}{\ln\frac{2a}{R_w}}$,圆形供给边界 $q = \frac{2\pi K}{\mu}\frac{p_e - p_w}{\ln\frac{R_e}{R_w}}$。

设 $a = R_e$,并取 $R_e = 300\text{m}, R_w = 0.1\text{m}$,则:

$$\ln\frac{2a}{R_w} = \ln 2 + \ln\frac{R_e}{R_w} = 0.693 + 8.006 \approx 8.006$$

$$(5-8-8)$$

则有:

$$\ln\frac{2a}{R_w} \approx \ln\frac{R_e}{R_w} \quad (5-8-9)$$

当 R_e/R_w 较大时(一般如此),直线供给边界和圆形供给边界的产量很接近,因此,如图 5-8-2 所示,可以把不规则供给边界等价为直线供给边界和圆形供给边界中的任何一个,差别不大。

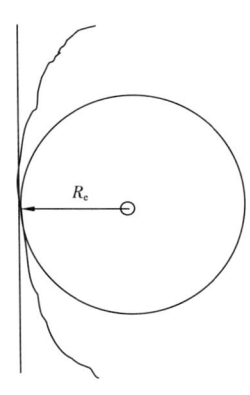

图 5-8-2 供给边界示意图

三、练习题

1、多选题:以下可以作井的供给源的是( )。

A、圆形边界　　　　B、直线边界　　　　C、曲线边界　　　　D、注入井

2、判断题:只有直线供给源则可以应用汇源反映进行镜像。

3、多选题:以下关于汇源反映说法正确的是( )。

A、直线供给边界一口井可以用汇源反映

B、映像一口异号井

C、断层边界一口井可以用汇源反映

D、本井和虚拟井具有共同圆形供给源

4、判断题:直线供给源附近一口井,越靠近供给源井的产量越大。

5、多选题:关于直线供给源附近一口井的渗流特征说法正确的是( )。

A、供给源上的渗流速度方向都是一致的

B、供给源上的渗流速度大小都是一样的

C、正对井的供给源上流体最先到达井底

D、供给源上的各点的压力都相等

6、单选题:汇源反映针对的边界是( )。

A、圆形供给边界　　　　　　　　　　B、直线供给边界

C、圆形断层边界　　　　　　　　　　D、直线断层边界

第九节 复杂边界镜像反映

一个储层中,封闭边界是多种多样的,有时井的周围存在不止一个直线断层,有时断层和供给源同时存在,这样就形成了复杂边界条件。具有多条边界时,镜像反映仍能够应用。

一、相关概念

映像井:通过镜像反映加入实际地层中并不存在的井,也称为虚拟井,该井是不存在的,是一口假想井。

二、知识点

有两个边界以上的情形属于复杂边界,其映像原则为:
(1)直线断层边界为汇点反映,映像同号井;
(2)直线供给边界为汇源反映,映像异号井;
(3)边界也需映像,映像不变号,即断层映像为断层,供给边界映像为供给边界;
(4)映像的虚拟井若遇到其他边界,仍需要映像;
(5)映像的虚拟边界若遇到其他边界,也仍需要映像。

如图 5-9-1 所示,在由一直线断层与一直线供给边界构成的储层中有一口生产井,供给压力 p_e,井底压力 p_w,井到边界距离均为 a,地层渗透率 K,流体黏度 μ,储层厚度 h,井半径 R_w,渗流为单相液体刚性稳定渗流。求井的流量 q、压力分布 p、两边界交点处的渗流速度 v_A。

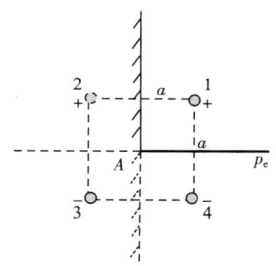

图 5-9-1 直角边界映像示意图

先画映像井,如图 5-9-1 所示。直角边界转化为两口采出井和两口注入井,共四口井同时生产的问题。

在真实渗流区内取一点 M,由势叠加原理,M 点的势为:

$$\Phi_M = \frac{q}{2\pi}\ln\frac{r_1 r_2}{r_3 r_4} + C \tag{5-9-1}$$

1. 求产量

供给端取直线供给边界上点,则:

$$\Phi_e = C \tag{5-9-2}$$

采出端取实际井井壁上的点,则:

$$\Phi_w = \frac{q}{2\pi}\ln\frac{R_w \cdot 2a}{2a \cdot 2\sqrt{2}a} + C \tag{5-9-3}$$

供给端减去采出端,消去 C,得到:

$$\Phi_e - \Phi_w = \frac{q}{2\pi}\ln\frac{2a \cdot 2\sqrt{2}a}{R_w \cdot 2a} \qquad (5-9-4)$$

又由势的定义,得:

$$\Phi_e - \Phi_w = \frac{K}{\mu}(p_e - p_w) \qquad (5-9-5)$$

则有:

$$\frac{q}{2\pi}\ln\frac{2a \cdot 2\sqrt{2}a}{R_w \cdot 2a} = \frac{K}{\mu}(p_e - p_w) \qquad (5-9-6)$$

得到井的产量为:

$$q = \frac{2\pi K(p_e - p_w)}{\mu\ln\dfrac{2\sqrt{2}a}{R_w}} \qquad (5-9-7)$$

该流量公式显示,该复杂边界条件下井的流量等价于距离井 $2\sqrt{2}a$ 处有一个圆形供给源(即3号虚拟井所在圆周)时的产量。

2. 求压力分布

$$\Phi_M - \Phi_w = \frac{q}{2\pi}\ln\frac{r_1 r_2 \cdot 2\sqrt{2}a}{r_3 r_4 R_w} \qquad (5-9-8)$$

由势的定义:

$$\Phi_M - \Phi_w = \frac{K}{\mu}(p_M - p_w) \qquad (5-9-9)$$

则有:

$$\frac{q}{2\pi}\ln\frac{r_1 r_2 \cdot 2\sqrt{2}a}{r_3 r_4 R_w} = \frac{K}{\mu}(p_M - p_w) \qquad (5-9-10)$$

得到压力分布为:

$$p_M = p_w + \frac{q\mu}{2\pi K}\ln\frac{r_1 r_2 \cdot 2\sqrt{2}a}{r_3 r_4 R_w} \qquad (5-9-11)$$

3. 求 v_A

A 点到四口井的距离都为 $\sqrt{2}a$,各井的渗流速度大小相等,都是:

$$v = \frac{q}{2\pi\sqrt{2}a} \qquad (5-9-12)$$

按渗流速度的叠加原理,如图 5-9-2 所示,得到 A 点渗流速度大小为:

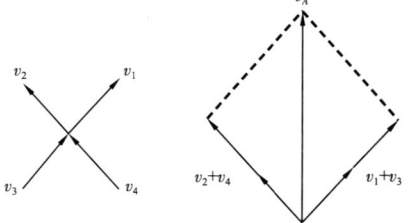

图 5-9-2 渗流速度叠加图

$$v_A = 2\sqrt{2}v = \frac{q}{\pi a} \tag{5-9-13}$$

方向沿 y 轴向上。

除了直角边界外,还有其他复杂边界,如图 5-9-3 所示。

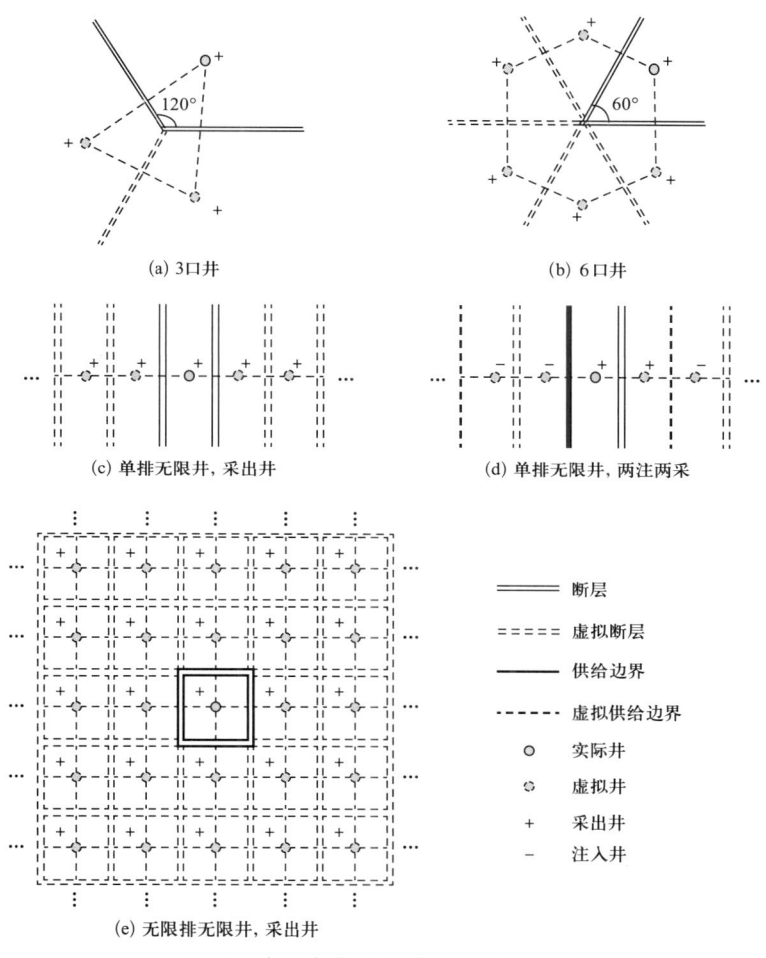

图 5-9-3　各种复杂边界镜像反映虚拟井示意图

三、练习题

1、稳定渗流中,带有直线边界的井可以应用_____方法进行变换,针对直线断层边界的处理方法称为_____,针对直线供给边界的处理方法称为_____。

2、多选题:以下是复杂边界的镜像原则是(　　)。

A、本井按照镜像反映原则映像　　　　B、实际边界遇有边界也要映像

C、虚拟井对虚拟边界需要映像　　　　D、虚拟边界对虚拟边界可以不映像

3、判断题:镜像反映中,虚拟地层中的渗流场实际是不存在的。

4、单选题：两条成60°夹角的断层边界角平分线上有一口井，应用镜像反映得到的虚拟井个数为(　　)。

A、3　　　　　　B、4　　　　　　C、5　　　　　　D、6

5、判断题：镜像反映是把带边界一口井生产问题转变为等产量多口井同时生产问题。

6、判断题：在直线边界附近一口井，越靠近边界受边界的干扰越大。

7、对比圆形供给边界、直线供给边界、直线断层边界井的产量 q，设 $R_e=300\mathrm{m}$，$p_e=20\mathrm{MPa}$，$K=50\mathrm{mD}$，$h=5\mathrm{m}$，$\mu=5\mathrm{mPa}\cdot\mathrm{s}$，$R_w=0.1\mathrm{m}$，$p_w=15\mathrm{MPa}$，距直线断层为 $a=50\mathrm{m}$。

第十节　等值渗流阻力法原理

实际油田生产中，通常是多井同时生产，特别是会设置井排布井方式提高储层的动用程度。面对这么多的井，仅应用叠加原理去求解渗流问题明显不方便。因此，引入渗流阻力法。

渗流场中的达西定律和电场中的欧姆定律具有相似性，特别是流体在储层中的流动克服渗流阻力的过程与电子通过介质克服电阻具有高度的相似性，因此，形成了水电相似原理。通过该原理可以把井排之间的渗流过程转换成电路图，并通过渗流阻力法求取井的产量。

一、相关概念

相似原理：对于同一个物理过程，若两个物理现象的各个物理量在各对应点上及各对应瞬间大小成比例，且各矢量的对应方向一致，则称这两个物理现象相似。

水电相似原理：水在多孔介质中的渗流规律与电在导体中的传导规律具有流动相似性，因此，该相似原理可用于渗流阻力法分析产量问题，也可以用电场模型代替油藏渗流场模型进行实验研究。

等值渗流阻力法：当多排井同时生产时，用近似渗流阻力的电阻构成的电路图描述渗流过程，然后按照电路定律列出电路方程，由此解决多个井排渗流问题。

渗流内阻：是指流体在孔隙介质中流动时，从井排附近位置（假想供给半径）到井底克服的径向流阻力，每个单井都具有渗流内阻。

渗流外阻：是指流体从一个井排流到另一个井排克服的井排间的渗流阻力，直线井排是平面单向渗流阻力，环形井排是平面径向渗流阻力。

二、知识点

1. 水电相似原理

在电学中有欧姆定律，与达西定律相比较，两者具有相似性，故称水电相似。

欧姆定律：

$$I = \frac{\Delta U}{R_{\text{电}}} \qquad (5-10-1)$$

达西定律：

$$Q = \frac{\Delta p}{R_{渗}} \tag{5-10-2}$$

水电相似原理是一种利用电场模拟地层流体渗流规律的方法,基于流体通过多孔介质流动的微分方程与电荷通过导体材料流动的微分方程之间的相似性。这种原理在油田开发、水利工程建设等领域有着广泛的应用。

水电相似原理的核心在于通过电场模拟地层流体的渗流规律。多孔介质中流体的流动遵守达西定律,而导体中电流的流动遵守欧姆定律。由于电场与渗流场可用相同的微分方程进行描述,因此可以用电位分布来描述渗流场的压力分布,用电流来描述流量或流速,用电阻描述渗流阻力。

多孔介质中流体的流动遵守达西定律:

$$v = \frac{q}{A} = -\frac{K}{\mu}\mathrm{grad}p \tag{5-10-3}$$

式中　v——流速,cm/s;
　　　q——流量,cm³/s;
　　　A——渗流截面积,cm²;
　　　K——渗透率,D;
　　　μ——流体黏度,mPa·s;
　　　p——压力,0.1MPa。

通过导体的电流遵守欧姆定律:

$$I = -\rho\mathrm{grad}U \tag{5-10-4}$$

式中　ρ——电导率,是电阻率的倒数,S/cm;
　　　U——电压,V;
　　　I——电流,A。

均质地层不可压缩流体通过多孔介质稳定渗流的连续性方程为:

$$\mathrm{div}\left(\frac{K}{\mu}\mathrm{grad}p\right) = 0 \tag{5-10-5}$$

均匀导体中的电压分布方程为:

$$\mathrm{div}(\rho\mathrm{grad}U) = 0 \tag{5-10-6}$$

对比方程(5-10-5)和方程(5-10-6)可以看出:电场与渗流场可用相同形式的微分方程进行描述。因此,不可压缩流体的稳定渗流问题可用稳定电场进行模拟。于是可以用电压分布来描述渗流场的压力分布,用电流来描述流量或流速,用电阻描述渗流阻力。

2. 渗流力学实验

渗流场和电场中的物理之间的对应相似性为 $Q \leftrightarrow I$、$\Delta p \leftrightarrow \Delta U$、$R_{渗} \leftrightarrow R_{电}$,若能建立两个场的相似关系,则可以通过模拟电场规律研究渗流规律,使研究手段更简便和直观。

水电相似原理的重要性在于它提供了一种有效的物理模拟方法,用于研究复杂的地层流体流动规律。这种方法不仅可以减少实验成本,还可以加快研究进程,为油田开发和水利工程建设提供重要的技术支持。

实验电路如图 5-10-1 所示。

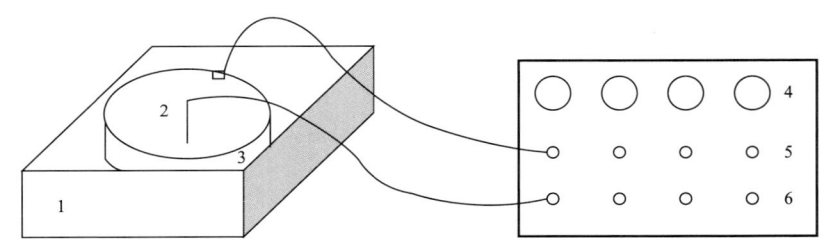

图 5-10-1　圆形恒压边界中心一口直井电路图

1—电解槽;2—铜丝(模拟井);3—铜带(模拟供给边界);4—分压器;5—分压器电压输出端;6—零线

依据水电相似原理,渗流力学实验模拟的对象为以下方面:

(1)用水或硫酸铜溶液作导电介质,模拟多孔介质中的流体;
(2)连接电源高电位端的铜带或铜丝,模拟供给源;
(3)连接电源低电位端,模拟采出端;
(4)连接溶液和电源低电位之间的铜丝模拟井;
(5)改变电压大小,可测得电路电流,模拟油藏不同压差下的流量;
(6)固定电压不变,可测电路中不同位置与高电位端电压,模拟该位置的压降;
(7)改变铜丝的位置或者放置溶液中的方式(竖放或横放),模拟井的位置和井型(直井或水平井);
(8)改变与高电位端连接的铜带形状,模拟供给边界的形状;
(9)溶液中放置绝缘有机玻璃,模拟断层边界。

3. 等值渗流阻力

如图 5-10-2(a)所示,直线井排,距直线供给边界 L,井距 $2a$,井数 n,各井井底压力相等为 p_w。

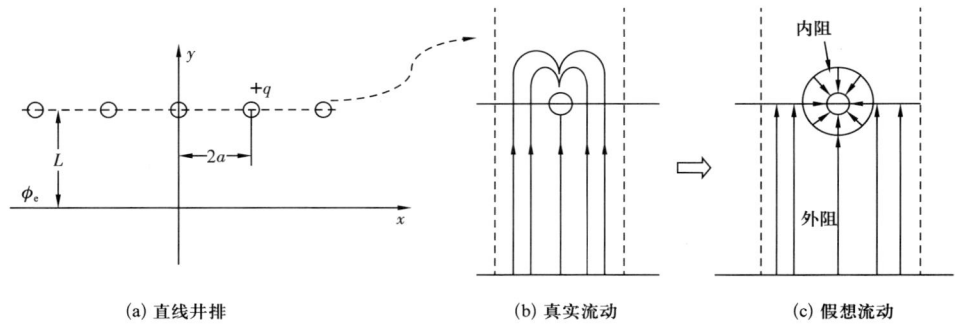

(a) 直线井排　　　　(b) 真实流动　　　　(c) 假想流动

图 5-10-2　直线井排等值渗流阻力原理

应用镜像反映和叠加原理可以进行求解,但求解相当复杂,应用与结果基本相同的等值渗流阻力法解决该问题较为简便。

直线井排中取单井,如图 5 – 10 – 2(b)所示,真实流动可近似看作由两部分组成:(1)直线供给边界到井附近区域的平面单向流;(2)井附近区域(假想供给半径为 $\frac{a}{\pi}$)的平面径向流。把两部分流体通过的渗流阻力串联起来,得到如图 5 – 10 – 2(c)所示的假想流动,流体由直线供给源到井底克服的渗流阻力也分为两部分:外阻和内阻。

因此,直线井排间的流动可近似用等值渗流阻力代替实际渗流阻力,也由两部分组成:
(1)井排与井排(或井排与直线供给源)之间的平面单向流渗流阻力,定为外阻 R_{ou};
(2)井排上各单井内阻的并联,定为内阻 R_{in}。
定义式为:

$$R_{ou} = \frac{\mu L}{n \cdot 2aKh} \qquad (5-10-7)$$

$$R_{in} = \frac{1}{n} \frac{\mu}{2\pi Kh} \ln \frac{a}{\pi R_w} \qquad (5-10-8)$$

式中　R_{ou}——渗流外阻,Pa·s/m²;
　　　R_{in}——渗流内阻,Pa·s/m²;
　　　n——井数;
　　　L——井排之间的距离,m;
　　　a——井距的一半,m。

因此,渗流过程可以由电路图来表示,如图 5 – 10 – 3 所示。
渗流内阻和渗流外阻是串联关系,因此,渗流方程为:

$$Q = \frac{p_e - p_w}{R_{ou} + R_{in}} \qquad (5-10-9)$$

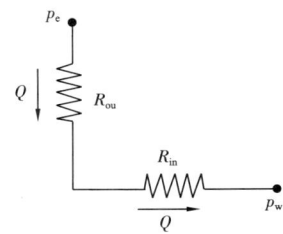

图 5 – 10 – 3　直线供给源—直线井排电路图

多井排工作时,同样可以画出电路图,列出方程并求解。

三、练习题

1、单选题:等值渗流阻力法的原理是(　　　)。
A、质量守恒原理　　B、体积守恒原理　　C、水电相似原理　　D、能量守恒原理

2、水电相似原理中的两个定律具有相似性,其中渗流场的定律是_____,电场的定律是_____。

3、在水电相似原理中,三对关键物理参数具有较好的相似性,这三对物理参数分别是_____、_____和_____。

4、单选题:渗流阻力法是解决多井生产中的哪一类问题的方法(　　　)。
A、断层边界　　B、供给边界　　C、多井排　　D、面积井网

5、判断题:渗流阻力法中渗流内阻是假想的圆形供给边界形成的井附近的渗流阻力。

6、多选题：关于渗流内阻说法正确的是（　　　）。
A、平面径向流的渗流阻力　　　　　　B、与井间的距离有关
C、与井排的距离无关　　　　　　　　D、每口井都有渗流内阻

7、判断题：一个井排上总的渗流内阻是井排上每口井渗流内阻之和。

8、多选题：绘制等值渗流阻力的电路图时其要素包括（　　　）。
A、渗流内阻和渗流外阻　　　　　　　B、流量及流动方向
C、井底压力　　　　　　　　　　　　D、供给压力

9、单选题：水电相似原理被应用在渗流实验中，描述储层中压差的观测量是（　　　）。
A、电流　　　　　B、电压　　　　　C、电阻　　　　　D、钢丝到边界的距离

10、多选题：在等值渗流阻力法中，关于渗流内外阻说法正确的是（　　　）。
A、井排的渗流内阻是各单井的串联
B、总渗流阻力是渗流外阻和井排渗流内阻的串联
C、井排的渗流内阻是各单井的并联
D、总渗流阻力是渗流外阻和井排渗流内阻的并联

第十一节　直线井排渗流阻力法

在地层中，多排井同时生产时可以用等值渗流阻力法绘制电路图、列方程并求解得到产量，是动态分析的一种便捷方法。

一、相关概念

U 形地层：三个方向封闭，只有一个方向是开放的地层。

分流井排：多排采出井共同生产时，可能会存在某一井排具有分流的作用，即该排井流体来自于左右两侧，流体不通过该井排而流向其他井排。

二、知识点

如图 5-11-1(a)所示，在 U 形地层（三面封闭）中有三排井，开放边界有供给源，各参数如图 5-11-1(a)所示。

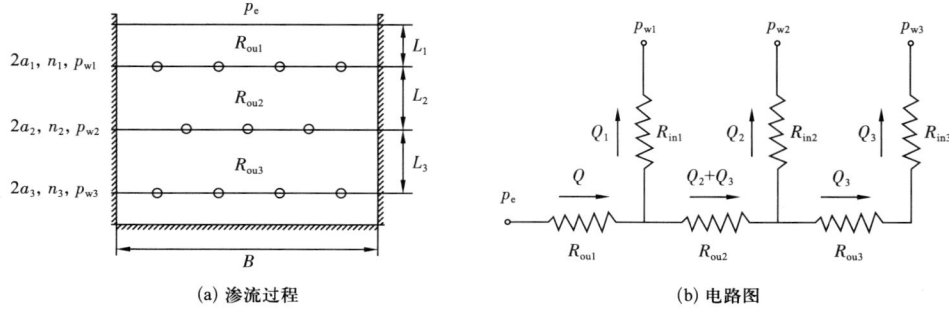

图 5-11-1　多井排等值渗流阻力电路图

假设如下:
(1)同一排上各井井距 $2a$ 相同,但不同井排上井距可不同;
(2)同一排上各井井底压力 p_w 相同,但不同井排上的井底压力可不同;
(3)同一排上各井产量都相同,但不同井排上的井产量可不同;
(4)同一排上各井直径相等,不同排上的直径可以不同。

如果各排井满足上述条件就可以应用等值渗流阻力法来求解。具体计算步骤如下:

第一步:绘出电路图。

如图 5-11-1(b)所示,从电路图中可看出,全部液流 Q 从供给边缘处流出,克服 L_1 排间距外阻后,有一部分液流 Q_1 克服第一排井的内阻后流向第一排井井底,剩下的液流 Q_2+Q_3 克服 L_2 排间距外阻后,又有一部分液流 Q_2 克服第二排井的内阻后流向第二排井井底,最后剩下的液流 Q_3 克服 L_3 排间距外阻和第三排井的内阻后流向第三排井井底。

第二步:分别计算渗流外阻和渗流内阻。

渗流外阻:

$$R_{ou1} = \frac{\mu L_1}{n_1 \cdot 2a_1 Kh}, R_{ou2} = \frac{\mu L_2}{n_2 \cdot 2a_2 Kh}, R_{ou3} = \frac{\mu L_3}{n_3 \cdot 2a_3 Kh} \quad (5-11-1)$$

渗流内阻:

$$R_{in1} = \frac{1}{n_1}\frac{\mu}{2\pi Kh}\ln\frac{a_1}{\pi R_{w1}}, R_{in2} = \frac{1}{n_2}\frac{\mu}{2\pi Kh}\ln\frac{a_2}{\pi R_{w2}}, R_{in3} = \frac{1}{n_3}\frac{\mu}{2\pi Kh}\ln\frac{a_3}{\pi R_{w3}}$$

$$(5-11-2)$$

第三步:列出电路方程。

$$\begin{cases} p_e - p_{w1} = QR_{ou1} + Q_1 R_{in1} \\ p_{w1} - p_{w2} = -Q_1 R_{in1} + (Q_2+Q_3)R_{ou2} + Q_2 R_{in2} \\ p_{w2} - p_{w3} = -Q_2 R_{in2} + Q_3 R_{ou3} + Q_3 R_{in3} \\ Q = Q_1 + Q_2 + Q_3 \end{cases} \quad (5-11-3)$$

四个未知数: Q、Q_1、Q_2、Q_3,四个方程,可联立方程进行求解。

三、练习题

1、直线井排的渗流内阻是_____,渗流外阻是_____。

2、直线井排渗流阻力中,单井渗流形式是_____,井排间的渗流形式是_____。

3、判断题:直线井排渗流阻力中单井的假想渗流半径是井间距的一半。

4、判断题:多井排生产时,供给源如果是由多个注入井构成的井排,则必须考虑各井的内阻。

5、单选题:U 形地层中,天然供给源保证了三排生产井的稳定渗流,求各井流量时,通过渗流阻力法建立的方程至少有几个（　　）。

A、5　　　　　　　B、4　　　　　　　C、3　　　　　　　D、2

6、多选题：双面供给源之间有多个井排，为了避免多井干扰产生更大的死油区，采出井排的个数可以是(　　)。

A、5　　　　　　　B、4　　　　　　　C、3　　　　　　　D、2

7、判断题：U形地层中多排井生产时，U形底部的流体能更充分流入井底。

8、排液坑道两端都有供给源（双面供给源），试分析如何用渗流阻力电路图法求解产量，如图5-11-2所示。

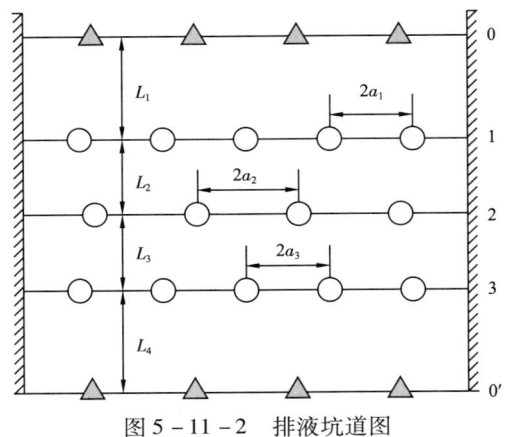

图5-11-2　排液坑道图

第十二节　环形井排渗流阻力法

除了直线井排外还有环形井排，同样可以用等值渗流阻力法求解产量。

一、知识点

如图5-12-1(a)所示，圆形供给半径R_e，供给压力p_e，环形井排半径R，井距$2a$，井数n，各井井底压力相等为p_w。

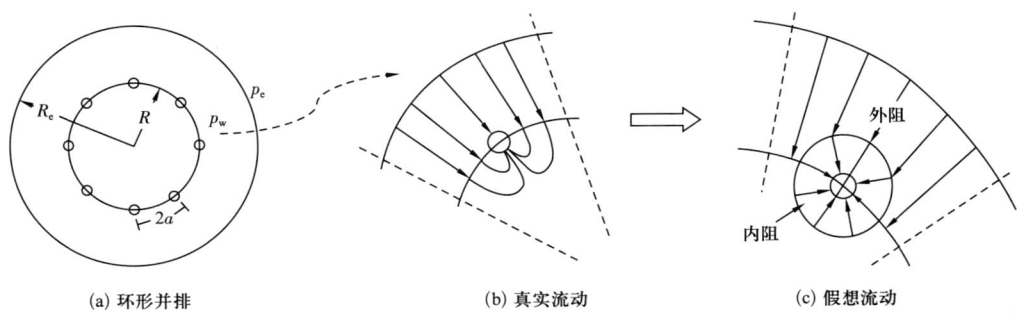

(a) 环形井排　　　　　(b) 真实流动　　　　　(c) 假想流动

图5-12-1　环形井排等值渗流阻力示意图

同理,应用等值渗流阻力法解决该问题较为简便。

环形井排中取单井,如图 5 – 12 – 1(b)所示,真实流动可近似看作由两部分组成:(1)环形供给边界到井附近区域的"外"平面径向流;(2)与直线井排相似,井附近区域(假想供给半径为 $\dfrac{a}{\pi}$)的"内"平面径向流。把两部分流体通过的渗流阻力串联起来,如图 5 – 12 – 1(c)所示的假想流动,流体由环形供给源到井底克服的渗流阻力也分为两部分:外阻和内阻。

因此,同直线井排一样,环形井排间的流动也可近似用等值渗流阻力代替实际渗流阻力,也由两部分组成:

(1)井排与井排(或井排与供给源)之间的"外"平面径向流渗流阻力,定为外阻 R_{ou};

(2)井排上各单井内阻的并联,定为内阻 R_{in}。

定义式为:

$$R_{ou} = \frac{\mu}{2\pi Kh}\ln\frac{R_e}{R} \tag{5 – 12 – 1}$$

$$R_{in} = \frac{1}{n}\frac{\mu}{2\pi Kh}\ln\frac{a}{\pi R_w} \tag{5 – 12 – 2}$$

同直线井排一样,也可以画出如图 5 – 11 – 1 相同的电路图,其流量方程也完全一样。所不同的是外阻的表达不同。

如图 5 – 12 – 2(a)所示,在圆形地层中有四排井,最外一排为注入井,井底压力 p_{win},构成了供给源,圆内有三排采出井,各排参数下角标从外向里分别为 0,1,2,3。

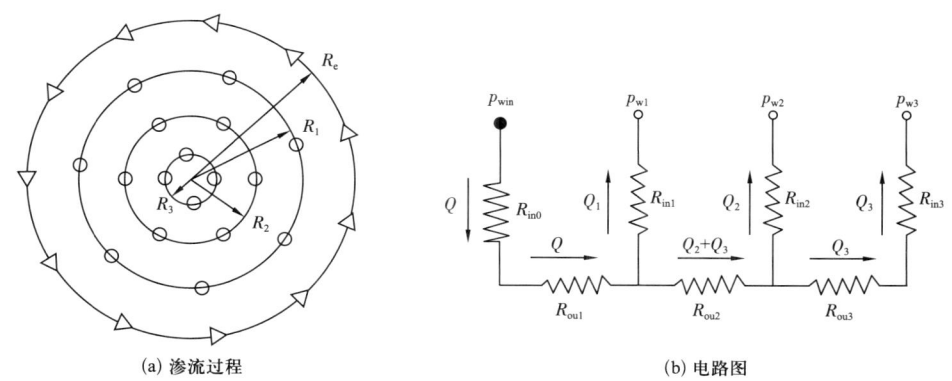

(a) 渗流过程　　　　　　　　　　　　(b) 电路图

图 5 – 12 – 2　环形井排等值渗流阻力电路图

应用等值渗流阻力法求解各排产量。

第一步:画电路图。

如图 5 – 12 – 2(b)所示,与图 5 – 11 – 1 电路图不同的是供给源是由注入井排构成,因此,液流 Q 首先要经过注入井的内阻,再以平面径向流形式经过环形区域,部分进入第一排采出井,剩余部分再进入之后采出井排。

第二步:计算内外阻。

渗流外阻:

$$R_{\text{ou1}} = \frac{\mu}{2\pi Kh}\ln\frac{R_e}{R_1}, R_{\text{ou2}} = \frac{\mu}{2\pi Kh}\ln\frac{R_1}{R_2}, R_{\text{ou3}} = \frac{\mu}{2\pi Kh}\ln\frac{R_2}{R_3} \qquad (5-12-3)$$

渗流内阻：

$$R_{\text{in0}} = \frac{1}{n_0}\frac{\mu}{2\pi Kh}\ln\frac{a_0}{\pi R_{\text{w0}}}, R_{\text{in1}} = \frac{1}{n_1}\frac{\mu}{2\pi Kh}\ln\frac{a_1}{\pi R_{\text{w1}}} \qquad (5-12-4)$$

$$R_{\text{in2}} = \frac{1}{n_2}\frac{\mu}{2\pi Kh}\ln\frac{a_2}{\pi R_{\text{w2}}}, R_{in3} = \frac{1}{n_3}\frac{\mu}{2\pi Kh}\ln\frac{a_3}{\pi R_{\text{w3}}} \qquad (5-12-5)$$

第三步：列出电路方程。

$$\begin{cases} p_{\text{win}} - p_{\text{w1}} = QR_{\text{in0}} + QR_{\text{ou1}} + Q_1 R_{\text{in1}} \\ p_{\text{w1}} - p_{\text{w2}} = -Q_1 R_{\text{in1}} + (Q_2 + Q_3)R_{\text{ou2}} + Q_2 R_{\text{in2}} \\ p_{\text{w2}} - p_{\text{w3}} = -Q_2 R_{\text{in2}} + Q_3 R_{\text{ou3}} + Q_3 R_{\text{in3}} \\ Q = Q_1 + Q_2 + Q_3 \end{cases} \qquad (5-12-6)$$

四个未知数：Q,Q_1,Q_2,Q_3，四个方程，可联立方程进行求解。

二、练习题

1、环形井排的渗流内阻是_____，渗流外阻是_____。

2、环形井排渗流阻力中，单井渗流形式是_____，井排间的渗流形式是_____。

3、判断题：环形井排渗流阻力中单井的假想渗流半径是井间距的一半。

4、多选题：环形井排单井的渗流内阻假想渗流半径有（　　　）。

A、a/π B、a C、R/n D、R/π

5、判断题：环形井排中最内层的井的流量仅来自井排外的区域。

第六章　单相液体的弹性驱不稳定渗流

在高温高压地下环境下,岩石和流体不具有弹性作用是不可能的,刚性储层或刚性流体仅是理想状态或者平衡状态,实际储层的弹性作用是很强大的。

对于未饱和油藏来说,依赖自然能量的弹性驱是开发初期的重要阶段,因此,本章也可称为弹性驱渗流理论。通过本章,读者可以深入理解弹性驱不稳定渗流的机理和压力降在地层中的传播过程,认识不稳定渗流数学模型的建立,了解无限大地层定产条件下的解的意义和应用,区别稳定渗流和不稳定渗流在多井干扰中的差异,特别是掌握常规不稳定试井的原理。

第一节　弹性驱不稳定渗流的理解

弹性驱中,弹性能量来自两个部分:液体和岩石。

储层开采过程中,往往会伴随地层压力的降低,由于液体的微可压缩性,弹性能量释放使其体积膨胀,同时由于岩石的微可压缩性,弹性能量释放使孔隙体积缩小,两部分弹性能量综合用于克服流体渗流阻力,使流体流动。

一、相关概念

不稳定渗流:流体运动要素随时间变化的渗流,不稳定渗流可以看作向稳定状态变化的过程。

不可压缩液体:不具有压缩性的液体,是理想液体。

微可压缩液体:压力变化时,受压缩影响的液体密度变化很小,一般其弹性压缩系数处于 $10^{-4} \sim 10^{-2} \mathrm{MPa}^{-1}$,也特指地层中的油和水,若忽略其压缩性可称为不可压缩液体。

可压缩流体:具有很大压缩性的流体,一般指气体。

二、知识点

未饱和油藏初期生产时,随着压力降向地层内部传播,岩石孔隙中的压力开始下降,液体和岩石的弹性能量随即释放,表现为液体体积膨胀和岩石孔隙体积减小,形成了对液体的挤出效果,这是弹性驱的主要驱油原理。也是多数油藏开发初期最主要的驱油过程。

对单相液体弹性驱不稳定渗流的理解可以概括为以下几点:

(1)油藏的驱动能量主要是液体的弹性能和岩石的弹性能;

(2)油藏开采初期都会伴随岩石和液体弹性能量的释放,但不一定是弹性驱;

(3)弹性驱能量的大小与液体和岩石的弹性压缩系数关系密切;

（4）弹性能量的释放是延缓压力瞬时降低的关键；

（5）弹性驱过程中只有单相液体流动，如油或者水；

（6）液体属于微可压缩流体，弹性压缩系数较小，且属于牛顿液体；

（7）弹性驱过程中地层压力、渗流速度、流量等运动参数是随时间变化的；

（8）弹性驱过程是能量寻求平衡的过程；

（9）以弹性驱为主的开采方式往往被称为衰竭式开采或者弹性开采；

（10）弹性驱的最小压力是饱和压力，当低于饱和压力时，弹性驱会变为溶解气驱；

（11）依赖弹性驱开发的油藏，产量一般会经历明显的由高到低的过程；

（12）弹性能量毕竟是有限的，弹性驱的采出程度一般较低。

三、练习题

1、多选题：液体弹性不稳定渗流时，弹性能释放的原理是（　　　　）。

A、岩石孔隙缩小挤出液体

B、液体体积膨胀挤出液体

C、气体体积膨胀挤出液体

D、岩石孔隙体积变大挤出液体

2、判断题：只要考虑岩石和流体的弹性作用，驱动方式就是弹性驱。

3、多选题：以下油藏开采中可能存在弹性驱渗流的有（　　　　）。

A、页岩油水平井缝网开采　　　　　　B、页岩气水平井缝网开采

C、低渗透油藏注水开发　　　　　　　D、稠油油藏注蒸汽吞吐

4、多选题：以下油藏开采中一定存在弹性能释放的有（　　　　）。

A、单相液体的平面径向稳定渗流　　　B、致密油水平井缝网开采

C、常规储层水驱油　　　　　　　　　D、页岩油 CO_2 吞吐

5、多选题：以下是微可压缩流体的是（　　　　）。

A、水　　　　　B、油　　　　　C、天然气　　　　　D、CO_2

6、弹性驱油藏的最小压力是＿＿＿＿＿＿，低于该压力后的驱动方式为＿＿＿＿＿＿。

7、判断题：弹性驱需要考虑弹性能的释放，非弹性驱不用考虑液体和岩石的弹性能作用。

8、弹性能释放的条件是＿＿＿＿＿＿，其能量大小与＿＿＿＿＿＿有关。

9、单选题：以下是单相微可压缩液体弹性不稳定渗流的是（　　　　）。

A、实验室中水驱油开采实验

B、实验室内做气测渗透率实验

C、实验室中干岩心饱和水后做弹性开采实验

D、页岩油弹性开采

10、多选题：依靠弹性开采的油藏具有的特点包括（　　　　）。

A、产量会有由高到低的明显变化　　　B、采出程度一般较低

C、后期需要补充地层能量　　　　　　D、可以注水开发

第二节 压力降传播的阶段

弹性不稳定渗流是压力降向地层传播的过程,只有压力降传播到的区域弹性能才释放,流体才可能参与渗流,压力降没有波及的区域流体是不能流动的。

实际油藏中,若打开一口井,初期油藏能量充足,油井产量很高,但随着地层压力的下降,产量会逐渐降低。一定条件下,压力和产量可能会达到平衡时的稳定状态,这样完成了"过程"到"状态"的转变,也即能量或压力再平衡的变化。

"过程"中渗流动态要素与时间有关,称为"不稳定渗流";"状态"中渗流动态要素处于稳定或者基本稳定,称为"稳定渗流"或者"拟稳定渗渗"。

压力降诱发弹性能释放,反之,弹性能释放延缓了压力降的进程,倘若流体和岩石都是刚性的,则压力降瞬间可达到平衡状态。因此,压力降在地层的传播过程也就是不稳定渗流的物理过程。

一、相关概念

压力降:地层某处的原始地层压力与当前地层压力之差,简称压降,当压降为负值时称为压恢。

压力降传播:流体流动通过孔隙时,由于渗流阻力的作用需要消耗弹性能量,使得压力降低的趋势逐渐向地层其他区域传导的现象。

二、知识点

油井投入生产后,在井底首先形成一个压力降,故弹性能的释放也首先是从井底开始的,若定义压力降的传播为"压力波"(如波形向远处传播),则压力波的传播首先是从井底向外逐渐扩展的,其总体过程是压降漏斗的向外延伸和加深。而且压降波及的区域流体才流动,未波及的区域对当前渗流没有影响。

带有圆形供给边界的未饱和油藏中心有一口井定产量生产,不同时刻的压力分布如图 6-2-1 所示。

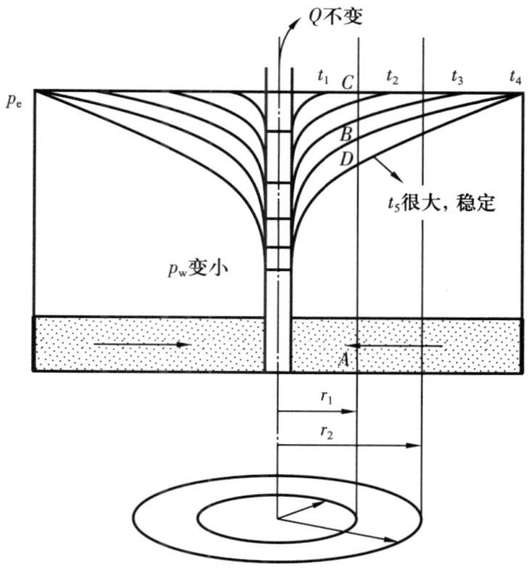

由图 6-2-1 得到如下信息:

(1)以井轴为压力坐标,某一时刻压力分布是典型的压降漏斗形状;

(2)随着时间 t 的增加,近井地层某处的压力降增加;

(3)压力降逐渐向远井区域传播;

(4)压力降在平面上看是一个向外扩大的圆;

图 6-2-1 压力降传播过程示意图

(5) 压力降传播到边界后，地层压力仍在降低；

(6) 当渗流达到稳定状态时，能量完成了再平衡过程，形成了稳定渗流状态，地层各点的压力不再降低，弹性能不再释放，运动要素不再变化；

(7) 油井的产量 Q 构成可以分为弹性挤出部分 $Q_{弹}$ 和供给源补充 $Q_{供}$ 两部分，即 $Q = Q_{弹} + Q_{供}$。

依据以上过程，把压力降的传播分成三个阶段。

1. 第一阶段：无限大地层传播阶段

压力降传播到边界之前边界对渗流没有影响，可以认为是压力降在无限大地层传播，因此定义为无限大地层传播阶段。

该阶段压降区域逐渐扩大，压降传播到的区域流体开始参与流动，压降没有波及的区域流体处于平衡静止状态，不参与渗流。

在该阶段，油井的产量都来自地层的弹性能量产生的挤出效果，即 $Q = Q_{弹}$。

2. 第二阶段：过渡阶段

压力降传播到边界后，边界上的压力根据边界的条件（断层边界或供给边界）而发生变化，若是断层边界则边界上的压力会下降，若是供给边界则边界上的压力保持稳定不变。

该阶段，地层的压力仍在降低，弹性能量同时也在释放。

此阶段油井的产量来自弹性能释放和供给边界的流体补充，即 $Q = Q_{弹} + Q_{供}$。当然，如果是断层边界，则 $Q_{供} = 0$。

3. 第三阶段：稳定阶段

过渡阶段末期，地层中能量的分布完成了再平衡过程，压力不再变化（或者整个地层压力变化一致），此时进入稳定阶段。

如果外边界是供给边界，则形成了平面径向渗流的稳定状态，其压力分布、产量、渗流场等由稳定渗流理论可以得出，此时 $Q = Q_{供}$。

如果外边界是断层边界，需要根据井的生产条件确定最终的稳定状态。此时仍然有 $Q = Q_{弹}$。

三、练习题

1、多选题：弹性不稳定渗流压力波传播过程的阶段主要有（　　）。

A、无限大地层渗流阶段　　　　　　　B、过渡阶段

C、稳定阶段或拟稳定阶段　　　　　　D、绝对稳定阶段

2、多选题：无限大地层弹性驱压降传播过程的特点有（　　）。

A、压力降向远井传播　　　　　　　　B、地层压力降会加深

C、泄油半径逐渐加大　　　　　　　　D、动用储量逐渐加大

3、多选题：弹性驱第一阶段对生产有影响的包括（　　）。

A、渗透率　　　　　　　　　　　　　B、原始地层压力

C、油井产量　　　　　　　　　　　　D、外边界的类型

4、多选题：以下可以描述弹性驱第二阶段的压力变化的是（　　）。

A、地层压力保持不变　　　　　　　B、地层压力逐渐降低
C、地层弹性能量不再释放　　　　　D、地层弹性能量仍再释放

5、多选题：供给边界油藏不稳定渗流时，关于产量构成说法正确的是（　　）。

A、无限大地层阶段 $Q = Q_弹$　　　　B、过渡阶段 $Q = Q_弹 + Q_供$
C、稳定阶段 $Q = Q_弹 + Q_供$　　　　D、稳定阶段 $Q = Q_供$

6、判断题：弹性驱不稳定渗流过渡阶段末期，油井的产量 Q 几乎与外界供给流量相等。

7、判断题：无限大地层传播阶段参与的渗流区域变大，油井的流量也会变大。

第三节　不同边界组合的压力降传播过程

以外边界的两种形式（供给边界和封闭边界）和内边界的两种形式（定井底压力和定井底流量）进行两两组合，说明弹性驱不稳定渗流压力降的传播过程。

一、相关概念

拟稳定渗流：地层内各点压力降落的幅度大小基本一致时称为拟稳定渗流。

二、知识点

1. 供给边界，定井底压力

如图 6-3-1 所示，水平地层具有圆形供给边界，中心一口采出井，以定井底压力 p_w 生产，以井轴为中心线，画出不同时刻的压力降分布图。由图 6-3-1 可知，压力波的传播过程分为三个阶段：

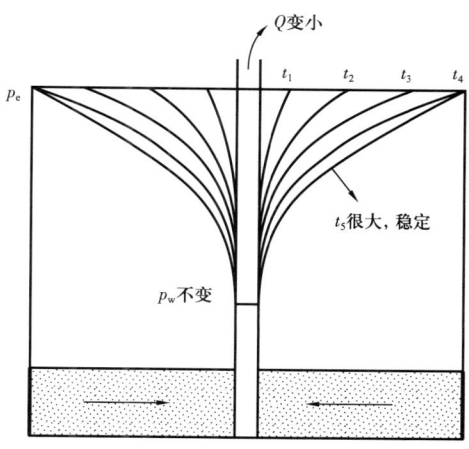

图 6-3-1　供给边界及定井底压力压降传播图

（1）无限大地层渗流阶段。到达边界前期，即生产时间 t 小于到达边界时间 t_4。井底压力不变，近井压降很快达最大，由于能量损耗主要集中在近井地带，此时产量 Q 也较大，随后逐渐减小。压力波向外传播，波及区域压力不断下降，区域内流体流动，未波及区域压力保持原始地层压力（即供给压力 p_e）且流体不流动，井的产量 Q 完全来自弹性作用挤出的流体 $Q_弹$，边界对渗流没有影响，供给源流体的贡献 $Q_供 = 0$，则 $Q = Q_弹$。

（2）过渡阶段。在到达边界时间 t_4 和渗流稳定时间 t_5 之间。压力波已传播到供给边界，井底压力和边界压力都不变，地层内弹性能量继续释放，压力逐渐降低，此时 $Q = Q_弹 + Q_供$。

（3）稳定渗流阶段。弹性能量完全释放，地层内压力保持不变，达到稳定渗流，其规律与前文讲述的稳定渗流规律一致，井的产量完全来自供给源，即 $Q = Q_供$。

2. 供给边界,定井产量

如图 6-3-2 所示,水平地层具有圆形供给边界,中心一口采出井,以定井产量 Q 生产,以井轴为中心线,画出不同时刻的压力降分布图。由图 6-3-2 可知,压力波的传播过程分为三个阶段:

(1) 无限大地层渗流阶段。到达边界前期,即生产时间 t 小于到达边界时间 t_4。井产量不变,为了保证该产量,井底压力伴随压力波向外传播不断下降,波及区域压力也在下降,区域内流体流动,未波及区域压力保持原始地层压力且流体不流动,井的产量 Q 完全来自弹性作用挤出的流体 $Q_{弹}$,边界对渗流没有影响,$Q = Q_{弹}$。

(2) 过渡阶段。在到达边界时间 t_4 和渗流稳定时间 t_5 之间。压力波已传播到供给边界,边界压力不变,井底压力和地层内压力继续下降,弹性能量也随之释放,$Q = Q_{弹} + Q_{供}$。

(3) 稳定渗流阶段。弹性能量完全释放,井底压力和地层内压力保持不变,达到稳定渗流,其规律与前文讲述的稳定渗流规律一致,井的产量完全来自供给源,即 $Q = Q_{供}$。

3. 封闭边界,定井底压力

如图 6-3-3 所示,水平地层具有圆形封闭边界,中心一口采出井,以定井底压力 p_w 生产,以井轴为中心线,画出不同时刻的压力降分布图。由图 6-3-3 可知,压力波的传播过程分为三个阶段:

(1) 无限大地层渗流阶段。到达边界前期,即生产时间 t 小于到达边界时间 t_4。渗流规律与供给边界定井底压力一样。井底压力不变,近井压降很快达最大,压力波未传到区域流体不流动,边界对渗流没有影响,产量 Q 逐渐减小,$Q = Q_{弹}$。

(2) 过渡阶段。在到达边界时间 t_4 和渗流稳定时间 t_7 之间。压力波已传播到封闭边界,井底压力不变,边界压力随着地层压力逐渐降低,地层内弹性能量继续释放,没有外来能量补充,$Q = Q_{弹}$,且井产量 Q 继续减小。

(3) 稳定渗流阶段。弹性能量完全释放,地层内压力及边界压力都和井底压力一致,井产量 $Q = 0$,达到稳定渗流。

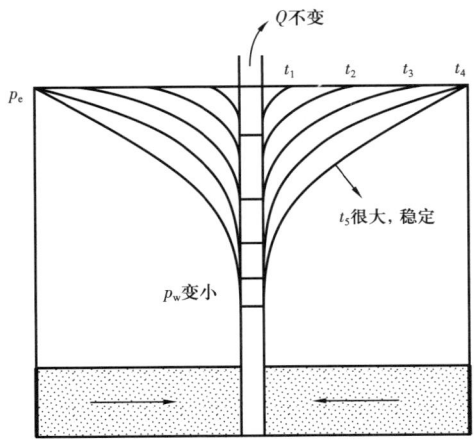

图 6-3-2 供给边界及定井产量压降传播图

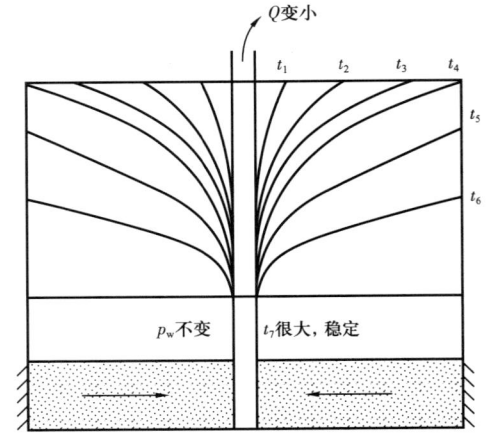

图 6-3-3 封闭边界及定井底压力压降传播图

4. 封闭边界,定井产量

如图6-3-4所示,水平地层具有圆形封闭边界,中心一口采出井,以定井产量 Q 生产,以井轴为中心线,画出不同时刻的压力降分布图。由图6-3-4可知,压力波的传播过程分为三个阶段:

(1)无限大地层渗流阶段。到达边界前期,即生产时间 t 小于到达边界时间 t_4。与供给边界定井产量渗流规律相似,井底压力不断下降,压力波向外传播并加深,压力波未传到区域流体不流动,边界对渗流没有影响,$Q=Q_{弹}$。

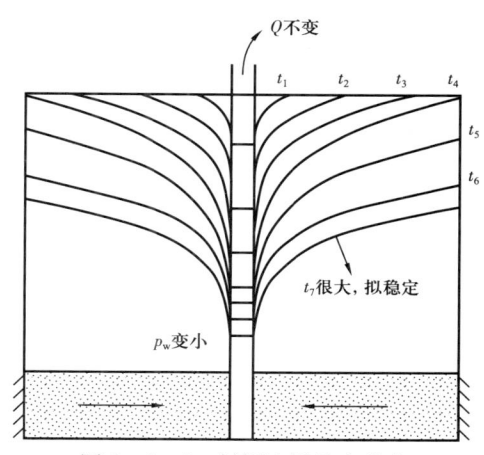

图6-3-4 封闭边界及定井底产量压降传播图

(2)过渡阶段。在到达边界时间 t_4 和渗流拟稳定时间 t_7 之间。压力波已传播到封闭边界,边界压力、井底压力、地层压力都在下降,弹性能量持续释放,没有外来能量补充,$Q=Q_{弹}$。

(3)拟稳定渗流阶段。为了保证产量,整个地层压力维持下降,并保持下降幅度一致,达到拟稳定,达不到如前三个模型中的稳定,$Q=Q_{弹}$。井底压力下降到饱和压力以前为弹性驱的拟稳定渗流,之后则为油气两相流,弹性驱转变为溶解气驱。

三、练习题

1、判断题:单相液体弹性不稳定渗流中,封闭边界可能会产生拟稳定状态。

2、判断题:带有边界的弹性驱不稳定渗流压力降传播末期都会达到稳定渗流。

3、判断题:带有供给边界的弹性驱不稳定渗流压力降传播的最终状态是稳定渗流。

4、弹性驱不稳定渗流时,定井的流量条件下,井底压力是逐渐_____;定井底压力条件下,井的流量是逐渐_____。

5、带有圆形供给边界中心一口井弹性驱不稳定渗流时,定井底压力生产,则井的最小流量公式是_____。

6、封闭边界弹性驱不稳定渗流时,定井底压力时的第三阶段油井产量为_____,定井的产量时的第三阶段状态称为_____。

7、多选题:弹性驱不稳定渗流压力降传播过程中的最后状态有(   )。
A、稳定渗流   B、不稳定渗流   C、拟稳定渗流   D、静止

8、多选题:定压边界弹性驱不稳定渗流过程中,可能存在的渗流有(   )。
A、稳定渗流   B、弹性驱渗流   C、拟稳定渗流   D、溶解气驱渗流

9、多选题:定压边界弹性驱不稳定渗流过程中,不可能都存在的渗流有(   )。
A、稳定渗流和不稳定渗流   B、弹性驱渗流和溶解气驱渗流
C、拟稳定渗流和溶解气驱渗流   D、稳定渗流和溶解气驱渗流

10、单选题:以下哪个渗流过程是多数井都需要经历的(   )。
A、水压驱渗流   B、弹性驱渗流   C、溶解气驱渗流   D、稳定渗流

第四节　不稳定渗流的基本微分方程

弹性驱不稳定渗流时,岩石和液体的弹性压缩系数处理具有其特殊性,形成的方程是与时间和空间相关的二元二阶偏微分方程,与稳定渗流相比,其过程和形式都比较复杂。

一、相关概念

岩石综合弹性压缩系数:单位体积的岩石,降低单位压力时,由于孔隙缩小和流体体积膨胀而排出的流体体积,公式为 $C_t = \phi C_L + C_f$,常用单位为 MPa^{-1}。

导压系数:弹性驱过程中,压力降单位时间内在地层中传播的面积,公式为:

$$\eta = \frac{K}{\mu C_t} \quad (6-4-1)$$

式中　η——导压系数,m^2/s;
　　　K——渗透率,m^2;
　　　μ——黏度,$Pa \cdot s$;
　　　C_t——综合压缩系数,Pa^{-1}。

二、知识点

假设为储层均质,渗透率和液体黏度都不变。

已知代入运动方程和状态方程的连续性方程为:

$$\frac{\partial}{\partial x}\left(\rho \frac{K}{\mu} \frac{\partial p}{\partial x}\right) + \frac{\partial}{\partial x}\left(\rho \frac{K}{\mu} \frac{\partial p}{\partial x}\right) + \frac{\partial}{\partial x}\left(\rho \frac{K}{\mu} \frac{\partial p}{\partial x}\right) = \frac{\partial(\rho \phi)}{\partial t} \quad (6-4-2)$$

对于方程(6-4-2)左边,液体状态方程的指数形式为:

$$\rho = \rho_0 e^{C_L(p-p_0)} \quad (6-4-3)$$

代入得:

$$\begin{aligned}
\frac{\partial}{\partial x}\left(\rho \frac{K}{\mu} \frac{\partial p}{\partial x}\right) &= \rho_0 \frac{K}{\mu} \frac{\partial}{\partial x}\left[e^{C_L(p-p_0)} \frac{\partial p}{\partial x}\right] \\
&= \frac{\rho_0}{C_L} \frac{K}{\mu} \frac{\partial}{\partial x}\left[\frac{\partial e^{C_L(p-p_0)}}{\partial x}\right] \\
&= \frac{\rho_0}{C_L} \frac{K}{\mu} \frac{\partial}{\partial x}\left\{\frac{\partial[1 + C_L(p-p_0)]}{\partial x}\right\} \\
&= \rho_0 \frac{K}{\mu} \frac{\partial^2 p}{\partial x^2}
\end{aligned} \quad (6-4-4)$$

同理,y 方向和 z 方向也可求出,则有:

$$\frac{\partial}{\partial x}\left(\rho \frac{K}{\mu}\frac{\partial p}{\partial x}\right) + \frac{\partial}{\partial x}\left(\rho \frac{K}{\mu}\frac{\partial p}{\partial x}\right) + \frac{\partial}{\partial x}\left(\rho \frac{K}{\mu}\frac{\partial p}{\partial x}\right) =$$

$$\rho_0 \frac{K}{\mu}\left(\frac{\partial^2 p}{\partial x^2} + \frac{\partial^2 p}{\partial y^2} + \frac{\partial^2 p}{\partial z^2}\right) \qquad (6-4-5)$$

对于方程(6-4-2)右边,流体和岩石的状态方程为:

$$\rho = \rho_0[1 + C_L(p - p_0)] \qquad (6-4-6)$$

$$\phi = \phi_0 + C_f(p - p_0) \qquad (6-4-7)$$

则有:

$$\frac{\partial(\rho\phi)}{\partial t} = \frac{\partial}{\partial t}[\rho_0\phi_0 + (\rho_0\phi_0 C_L + \rho_0 C_f)(p - p_0) + \rho_0 C_L C_f(p - p_0)^2] \qquad (6-4-8)$$

由于 C_L 和 C_f 都很小,则有:

$$\frac{\partial(\rho\phi)}{\partial t} = \rho_0(\phi_0 C_L + C_f)\frac{\partial p}{\partial t} \qquad (6-4-9)$$

定义岩石的综合弹性压缩系数,即单位体积岩石压力降低一个单位时,由于弹性作用从岩石中流出液体的体积,公式为:

$$C_t = \phi_0 C_L + C_f \qquad (6-4-10)$$

则有:

$$\frac{\partial(\rho\phi)}{\partial t} = \rho_0 C_t \frac{\partial p}{\partial t} \qquad (6-4-11)$$

左右两式相等,得到:

$$\rho_0 \frac{K}{\mu}\left(\frac{\partial^2 p}{\partial x^2} + \frac{\partial^2 p}{\partial y^2} + \frac{\partial^2 p}{\partial z^2}\right) = \rho_0 C_t \frac{\partial p}{\partial t} \qquad (6-4-12)$$

整理得到:

$$\frac{\partial^2 p}{\partial x^2} + \frac{\partial^2 p}{\partial y^2} + \frac{\partial^2 p}{\partial z^2} = \frac{\mu C_t}{K}\frac{\partial p}{\partial t} \qquad (6-4-13)$$

定义导压系数:

$$\eta = \frac{K}{\mu C_t} \qquad (6-4-14)$$

其物理意义为单位时间内压力波传播的面积,它只与孔隙结构和流体性质有关,与压差大小、渗流速度、流量大小等运动要素没有关系。有的教材(如文献[1])中由于岩石弹性压缩系数的定义有差别,导致综合压缩系数和导压系数的表达式存在差别,但总体的意义和结果都是一致的,这里不再赘述。

由此得到单相微可压缩液体弹性不稳定渗流的基本微分方程:

$$\frac{\partial^2 p}{\partial x^2} + \frac{\partial^2 p}{\partial y^2} + \frac{\partial^2 p}{\partial z^2} = \frac{1}{\eta} \frac{\partial p}{\partial t} \qquad (6-4-15)$$

二维时常用极坐标形式,公式为:

$$\frac{\partial^2 p}{\partial r^2} + \frac{1}{r} \frac{\partial p}{\partial r} = \frac{1}{\eta} \frac{\partial p}{\partial t} \qquad (6-4-16)$$

对于压力降传播过程的四种类型,若建立渗流数学模型,则有:

(1)供给边界,定井底压力:

$$\begin{cases} \frac{\partial^2 p}{\partial r^2} + \frac{1}{r} \frac{\partial p}{\partial r} = \frac{1}{\eta} \frac{\partial p}{\partial t} & \text{基本微分方程} \\ p \big|_{t=0} = p_i & \text{初始条件} \\ p \big|_{r=R_e} = p_e & \text{外边界条件} \\ p \big|_{r=R_w} = p_w & \text{内边界条件} \end{cases} \qquad (6-4-17)$$

(2)供给边界,定井产量:

$$\begin{cases} \frac{\partial^2 p}{\partial r^2} + \frac{1}{r} \frac{\partial p}{\partial r} = \frac{1}{\eta} \frac{\partial p}{\partial t} & \text{基本微分方程} \\ p \big|_{t=0} = p_i & \text{初始条件} \\ p \big|_{r=R_e} = p_e & \text{外边界条件} \\ r \frac{\partial p}{\partial r} \big|_{r=R_w} = \frac{Q\mu}{2\pi Kh} & \text{内边界条件} \end{cases} \qquad (6-4-18)$$

(3)封闭边界,定井底压力:

$$\begin{cases} \frac{\partial^2 p}{\partial r^2} + \frac{1}{r} \frac{\partial p}{\partial r} = \frac{1}{\eta} \frac{\partial p}{\partial t} & \text{基本微分方程} \\ p \big|_{t=0} = p_i & \text{初始条件} \\ \frac{\partial p}{\partial r} \big|_{r=R_e} = 0 & \text{外边界条件} \\ p \big|_{r=R_w} = p_w & \text{内边界条件} \end{cases} \qquad (6-4-19)$$

(4)封闭边界,定井产量:

$$\begin{cases} \frac{\partial^2 p}{\partial r^2} + \frac{1}{r} \frac{\partial p}{\partial r} = \frac{1}{\eta} \frac{\partial p}{\partial t} & \text{基本微分方程} \\ p \big|_{t=0} = p_i & \text{初始条件} \\ \frac{\partial p}{\partial r} \big|_{r=R_e} = 0 & \text{外边界条件} \\ r \frac{\partial p}{\partial r} \big|_{r=R_w} = \frac{Q\mu}{2\pi Kh} & \text{内边界条件} \end{cases} \qquad (6-4-20)$$

三、练习题

1、单选题:弹性不稳定渗流的基本微分方程的名称为(　　　)。
　A、拉普拉斯方程　　　　　　　　B、傅里叶方程
　C、运动方程　　　　　　　　　　D、状态方程
2、弹性驱不稳定渗流微分方程中的两个自变量分别是_____和_____。
3、相比弹性稳定渗流,弹性驱不稳定渗流数学模型中多出的条件是_____。
4、多选题:以下是弹性驱不稳定渗流的基本微分方程的名称的有(　　　)。
　A、扩散方程　　　　　　　　　　B、热传导方程
　C、抛物线方程　　　　　　　　　D、椭圆方程
5、弹性驱不稳定渗流方程带有的特别的系数名称为_____,物理意义是_____。
6、岩石综合弹性压缩系数的物理意义是单位体积_____,压力下降1MPa时,从其中被挤出的_____体积。

第五节　不稳定渗流的两个关键参数

岩石综合弹性压缩系数和导压系数在弹性驱不稳定渗流中具有重要的物理意义。

一、基本概念

弹性储量:一定区域内的储层中,当各点压力都为饱和压力时,由于弹性作用从孔隙中排出流体的量。

弹性采出程度:未饱和油藏利用弹性驱开采得到的采出程度。井定产量生产时,当井底压力达到饱和压力即为弹性驱结束;定井底压力为饱和压力生产时,当井的产量接近于0时即为弹性驱结束。

二、知识点

1. 岩石综合弹性压缩系数

由前述定义,岩石的综合弹性压缩系数,即单位体积岩石压力降低一个单位时,由于弹性作用从岩石中流出液体的体积,公式为:

$$C_t = \phi_0 C_L + C_f \qquad (6-5-1)$$

式(6-5-1)中包括两个部分:

其一是单位体积岩石中,由于压力降低,液体体积膨胀,从岩石中挤出的液体体积,受液体的弹性压缩系数和孔隙度约束;

另一部分是单位体积岩石中,由于压力降低,孔隙体积缩小,从岩石中挤出的液体体积,受岩石的弹性压缩系数约束。

依靠弹性驱开采的油井,泄油区域是有限的,其弹性储量也是有限的,并且与岩石综合弹性压缩系数关系密切。

一定程度上,岩石综合弹性压缩系数可以代表储层的弹性能量大小。具体表现在:

(1)岩石的弹性能量相对较小,而且岩石的弹性压缩系数变化不大;

(2)油的弹性能量与油溶解天然气的多少有密切关系,溶解的天然气越多,弹性压缩系数越大,储存的弹性能量也越大,而且其值比岩石的要大得多;

(3)水基本上不溶解天然气,其弹性能量变化也不大,但当储层连接有较大的边水或底水时,很大体积的水的弹性能量是很可观的;

(4)岩石的孔隙度也是弹性能量的重要指标,其值越大说明储存的流体越多,其弹性能也会越大;

(5)储层中油水共存时,液体的弹性能量是油的弹性能量和水的弹性能量之和。

2. 导压系数

由前述定义,导压系数的公式为:

$$\eta = \frac{K}{\mu C_t} \tag{6-5-2}$$

由式(6-5-2)可知,导压系数的单位是 m^2/s,其物理意义为单位时间内压力波传播的面积,它表示压力降在储层中传播的快慢。

对于渗透率 500mD,岩石弹性压缩系数 $2 \times 10^{-4} MPa^{-1}$,液体弹性压缩系数 $1 \times 10^{-3} MPa^{-1}$,孔隙度 0.2,液体黏度 $5 mPa \cdot s$ 的储层,经计算得到导压系数为 $0.25 m^2/s$,折算到第 1d 压力降传播到的半径约为 83m,之后压力降波及半径增幅变缓,约 3.27d 压力降可传播到 150m 范围。

导压系数与渗透率、黏度和岩石综合弹性压缩系数有关,与压差大小、渗流速度、流量大小等运动要素没有关系。具体表现为:

(1)渗透率越大,压力降传播越快,能量补充越快;渗透率越小,压力降传播越慢,能量补充越慢。因此,低渗透储层中井距一般都较小,单井控制储量较低,开采过程中地层压力下降快。

(2)液体黏度越大,压力降传播越慢,能量补充越慢;相反,液体黏度越小,压力降传播越快,能量补充越快。因此,稠油储层井距一般较小,单井控制储量也较低,弹性开采过程中地层压力下降快。

(3)岩石综合弹性压缩系数越大,压力降传播越慢,对储层能量消耗有充足的补充。也就是说,储层的弹性能量越强,压力降传播越慢,而且随着压力降区域的扩大,弹性能量的补充源更为雄厚。这也说明了弹性驱过程中,弹性能是延缓地层压力下降的关键因素。

三、练习题

1、单选题:导压系数的单位是( )。

A、m/s B、m^2/s C、m^3/s D、$m^3/\sqrt{s}$

2、单选题:岩石综合弹性压缩系数的单位是( )。
A、无量纲　　　　　B、m^3/m^3　　　　　C、MPa^{-1}　　　　　D、MPa

3、判断题:储层渗透率越低,压力波传播速度越慢。

4、判断题:弹性不稳定渗流中,液体黏度越大压力波传播速度越快。

5、多选题:导压系数与以下参数有关的是( )。
A、渗透率　　　　　B、油井产量　　　　　C、储层厚度　　　　　D、液体黏度

6、多选题:与岩石综合弹性压缩系数有紧密关系的是( )。
A、孔隙度　　　　　B、油的密度　　　　　C、岩石性质　　　　　D、地层压力

7、多选题:与弹性能量紧密相关的参数有( )。
A、孔隙度　　　　　B、渗透率　　　　　C、含水饱和度　　　　　D、地层压力

8、多选题:以下储层中的导压系数明显很小的有( )。
A、稠油油藏　　　　B、致密油储层　　　　C、高含水储层　　　　D、低压储层

9、多选题:在油藏开发中能够反映导压系数较小的方案有( )。
A、小井距　　　　　B、大井距　　　　　C、补能开发　　　　　D、水平井

10、判断题:导压系数越小,压力降传播的速度越慢,地层压力下降的速度也越慢。

11、某圆形封闭未饱和油藏,中心一口生产井,定井底压力生产,已知 $B_o = 1.12$, $p_i = 20MPa$, $p_b = 10MPa$, $K = 500mD$, $C_f = 2 \times 10^{-4} MPa^{-1}$, $C_L = 10 \times 10^{-4} MPa^{-1}$, $R_e = 150m$, $\phi = 0.2$, $h = 5m$, $\mu = 5mPa \cdot s$, 求:弹性累计采出油量;弹性采出程度;压力降传递到边界时间。

12、设有一圆形封闭油藏,半径 $R_e = 150m$,厚度 $h = 5m$,孔隙度 $\phi = 0.2$,原始含油饱和度 $S_o = 0.7$,原始含水饱和度 $S_w = 0.3$,地下原油弹性压缩系数 $C_o = 10 \times 10^{-4} MPa^{-1}$,地下水弹性压缩系数 $C_w = 5 \times 10^{-4} MPa^{-1}$,岩石弹性压缩系数 $C_f = 2 \times 10^{-4} MPa^{-1}$,原油体积系数 $B_o = 1.12$,原始地层压力 $p_i = 20MPa$,饱和压力 $p_b = 8MPa$,若以井底压力为饱和压力进行生产,直到油藏压力都降到饱和压力,进行分析。

第六节　无限大边界定产条件下的解

弹性驱不稳定渗流过程中,第一阶段,即无限大地层阶段,在井的初期生产时都是一定要经历的,在这一阶段特别能够反映储层的物性和油藏的能量,现场中常常应用该阶段的产量、井底压力、时间三者之间的关系分析和研究油藏的供油能力和油井的生产动态。因此,理解该阶段的数学模型的建立及求解具有重要意义。

一、相关概念

幂积分函数:是一种常用的积分形式,其公式为:

$$-Ei(-x) = \int_x^\infty \frac{e^{-u}}{u} du \quad (6-6-1)$$

式中　$-Ei(\ )$——幂积分函数表达式;
x——幂积分函数中的自变量。

二、知识点

根据压力波在地层中的传播过程可知,第一阶段中的渗流与边界无关,称之为无限大地层渗流阶段,该阶段的流动能充分反映油藏的能量、储层的物性、井的产能变化规律,是制定油井开采后期工作制度的基础。根据现场实际情况,地面控制井的流量要比控制井底压力容易得多,因此,无限大地层定产条件下弹性不稳定渗流规律的研究是必要的。

地层模型为:均质、等厚、无限大地层内存在一个点汇,微可压缩单相液体呈平面径向流形态以不变产量 Q 向井底渗流,原始地层压力为 p_i,储层和流体物性都已知,求地层中任意点压力随时间的变化规律。

建立该问题的数学模型为:

$$\begin{cases} \dfrac{\partial^2 p}{\partial r^2} + \dfrac{1}{r}\dfrac{\partial p}{\partial r} = \dfrac{1}{\eta}\dfrac{\partial p}{\partial t} \\[6pt] p_{t=0} = p_i \\[6pt] p\big|_{r\to\infty} = p_i \\[6pt] r\dfrac{\partial p}{\partial r}\bigg|_{r=R_w\to 0} = \dfrac{Q\mu}{2\pi Kh} \end{cases} \quad (6-6-2)$$

该方程是二元二阶的偏微分方程,求解需要构造一个函数,然后得到基本解通式,再把定解条件代入,求解过程较为复杂,在此不展示该过程,若想了解可以参见附录一,得到的基本解公式为:

$$p(r,t) = p_i - \dfrac{Q\mu}{4\pi Kh}\left[-\mathrm{Ei}\left(-\dfrac{r^2}{4\eta t}\right)\right] \quad (6-6-3)$$

压降为:

$$\Delta p(r,t) = p_i - p(r,t) = \dfrac{Q\mu}{4\pi Kh}\left[-\mathrm{Ei}\left(-\dfrac{r^2}{4\eta t}\right)\right] \quad (6-6-4)$$

井底压力公式为:

$$p_w(t) = p_i - \dfrac{Q\mu}{4\pi Kh}\left[-\mathrm{Ei}\left(-\dfrac{R_w^2}{4\eta t}\right)\right] \quad (6-6-5)$$

幂积分函数值 $-\mathrm{Ei}\left(-\dfrac{r^2}{4\eta t}\right)$ 可查幂积分函数表(附录二)。

绘制幂积分函数图如图 6-6-1 所示。

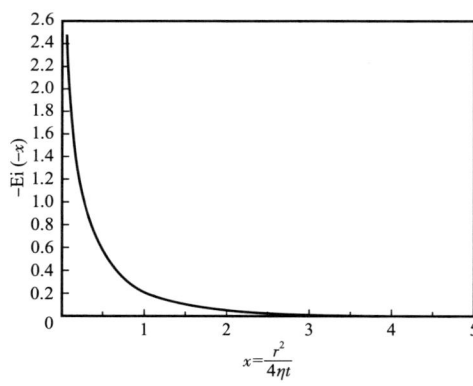

图 6-6-1 $-\mathrm{Ei}(-x)$ 与 x 关系曲线

由图 6-6-1 可知:

(1)某一时间,越靠近井底,r 越小,则 x 越小,$-\text{Ei}(x)$越大,压降越大,符合平面径向流规律。

(2)某一位置处,生产时间越长,即 t 越大,则 x 越小,$-\text{Ei}(x)$ 越大,压降越大,符合压力波传播过程。

(3)当 $x = \dfrac{r^2}{4\eta t} < 0.01$ 时,幂积分函数表中无法查出,此时可把幂积分函数按无穷级数展开,并取前两项,整理等:

$$-\text{Ei}\left(-\dfrac{r^2}{4\eta t}\right) \approx \ln\dfrac{2.25\eta t}{r^2} \quad (6-6-6)$$

(4)当 $r = R_w$ 时,由于 R_w 很小,有时 $\eta = \dfrac{K}{\mu C_t}$ 较大,此时很容易达到 $x = \dfrac{r^2}{4\eta t} < 0.01$,故一般用近似公式表示井底压力的变化,则有:

$$p_w(t) = p_i - \dfrac{Q\mu}{4\pi Kh}\ln\dfrac{2.25\eta t}{R_w^2} \quad (6-6-7)$$

自然对数变为常用对数,公式为:

$$p_w(t) = p_i - 0.183\dfrac{Q\mu}{Kh}\lg\dfrac{2.25\eta t}{R_w^2} \quad (6-6-8)$$

井底压降公式为:

$$\Delta p_w(t) = \dfrac{Q\mu}{4\pi Kh}\ln\dfrac{2.25\eta t}{R_w^2} \quad 或 \quad \Delta p_w(t) = 0.183\dfrac{Q\mu}{Kh}\lg\dfrac{2.25\eta t}{R_w^2} \quad (6-6-9)$$

以上各式为弹性不稳定渗流中最重要的公式,也是不稳定试井的理论依据。

三、练习题

1、判断题:无限大地层弹性不稳定渗流时,井底压力都可以用不带幂积分函数的公式进行计算。

2、弹性驱不稳定渗流中,井定产量生产时,导压系数越大,压力降向地层的传播速度_____,地层压力下降速度_____。

3、多选题:弹性驱不稳定渗流中,生产压差与以下参数成正比的是( )。
A、储层厚度 B、油井产量 C、导压系数 D、井底半径

4、多选题:弹性驱不稳定渗流中,生产压差与以下参数存在不确定关系( )。
A、导压系数 B、渗透率 C、流体黏度 D、井底半径

5、多选题:以下哪些地层最可能适用不带幂积分函数的井底压力公式( )。
A、稠油油藏 B、低渗透油藏 C、高渗透油藏 D、低黏油藏

6、判断题:低渗透油藏的压力降传播较慢,因此需要较长时间井底压力才能满足不带幂积分函数的公式。

7、弹性驱不稳定渗流中,井定产量生产,随着时间的增加,压力降传播半径 r _____,某点的压力降_____。

8、弹性驱不稳定渗流中,井定产量生产,某一时间,地层中越靠近井底位置处的_____和_____越大,符合平面径向渗流压力的分布特征。

9、多选题:弹性驱不稳定渗流中,井定产量生产,随着时间的推进,以下参数增大的有(   )。
  A、地层压力   B、井底压力   C、波及区域   D、压降

10、多选题:从弹性驱不稳定渗流的井底压力公式中,以下方式能够增加产量的有(   )。
  A、酸化储层   B、加热降黏   C、补充地层能量   D、水平井

11、某无限大油藏中心生产井 $Q=50t/d$ 定产量生产,已知 $B_o=1.12$, $\gamma_o=0.89$, $h=4.5m$, $p_i=20MPa$, $K=50mD$, $C_t=4\times10^{-4}MPa^{-1}$, $\mu=5mPa\cdot s$, $R_w=0.1m$, $p_b=8MPa$, 分别计算井底 1s、1min、1h 的压力。

12、讨论弹性驱不稳定渗流定产量生产时,井底流量的变化。

13、某圆形封闭未饱和油藏中心生产井定井底压力生产,已知 $C_t=4\times10^{-4}MPa^{-1}$, $p_i=20MPa$, $p_b=10MPa$, $R_e=150m$, 求渗透率和黏度分别为 (500mD, 5mPa·s)、(50mD, 3mPa·s)、(5mD, 1mPa·s)、(0.5mD, 0.5mPa·s) 时,压力降传播到边界的时间。

14、某无限大油藏中心生产井定产量生产,已知 $\phi=0.2$, $p_b=10MPa$, $B_o=1.12$, $h=4.5m$, $p_i=20MPa$, $K=50mD$, $C_t=4\times10^{-4}MPa^{-1}$, $\gamma_o=0.89$, $\mu=5mPa\cdot s$, $R_w=0.1m$, 求:(1)产量分别为 20t/d、30t/d、40t/d、50t/d 时,T 时间的动用储层采出程度;(2)产量分别为 20t/d、30t/d、40t/d、50t/d 时,完全弹性生产的时间。

15、无限大地层一口井,定产量 20t/d 生产,已知 $\phi=0.2$, $p_b=10MPa$, $B_o=1.12$, $h=4.5m$, $p_i=20MPa$, $K=50mD$, $C_t=4\times10^{-4}MPa^{-1}$, $\gamma_o=0.89$, $\mu=5mPa\cdot s$, $R_w=0.1m$, 利用幂积分函数表,求离井中心 10m 处 1s、1min、1h、1d、1mon、1a 的压力。

第七节　不稳定渗流多井干扰

多井生产时,弹性驱不稳定渗流过程中也存在井间干扰现象,而且诸如压降叠加原理、渗流速度叠加原理、镜像反映原理等都与稳定渗流的一致,不同的是不稳定渗流需要把时间因素考虑进来。因此,不稳定渗流多井干扰具有其特殊性。

一、知识点

与稳定渗流一样,不稳定渗流也遵循压降叠加原理,其公式表达为:

$$\Delta p(r,t)=\sum_{i=1}^{n}\Delta p_i \qquad (6-7-1)$$

1. 等产量两汇问题

如图 6-7-1 所示,两口采出井在无限大地层中以同一产量 Q 同时生产,两井相距为 $2a$,地层中任意 M 点到两井的距离分别为 r_1 和 r_2,则有:

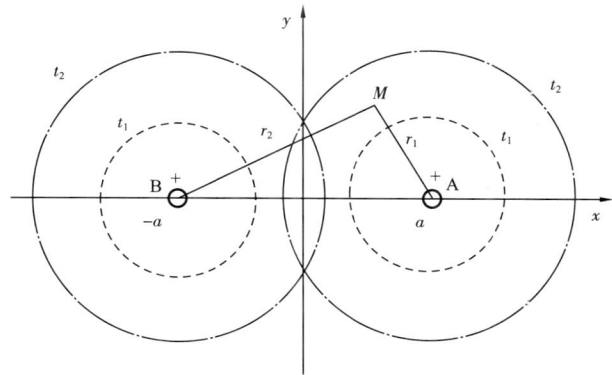

图 6-7-1 等产量两汇生产示意图

A 井单独生产时：

$$\Delta p_1(r,t) = \frac{Q\mu}{4\pi Kh}\left[-\mathrm{Ei}\left(-\frac{r_1^2}{4\eta t}\right)\right] \tag{6-7-2}$$

B 井单独生产时：

$$\Delta p_2(r,t) = \frac{Q\mu}{4\pi Kh}\left[-\mathrm{Ei}\left(-\frac{r_2^2}{4\eta t}\right)\right] \tag{6-7-3}$$

则有：

$$\Delta p(r,t) = \frac{Q\mu}{4\pi Kh}\left[-\mathrm{Ei}\left(-\frac{r_1^2}{4\eta t}\right)\right] + \frac{Q\mu}{4\pi Kh}\left[-\mathrm{Ei}\left(-\frac{r_2^2}{4\eta t}\right)\right] \tag{6-7-4}$$

任意点 M 的压力随着时间的变化为：

$$p(r,t) = p_i - \Delta p(r,t) = p_i - \frac{Q\mu}{4\pi Kh}\left[-\mathrm{Ei}\left(-\frac{r_1^2}{4\eta t}\right)\right] - \frac{Q\mu}{4\pi Kh}\left[-\mathrm{Ei}\left(-\frac{r_2^2}{4\eta t}\right)\right] \tag{6-7-5}$$

结合幂积分函数的定义，由式(6-7-5)可求得：

$$\left.\frac{\partial p}{\partial x}\right|_{x=0} = 0 \tag{6-7-6}$$

即 y 轴没有流体穿过，y 轴是分流线，可以看作断层。

实际上，由于不稳定渗流中压力波的传播面积是随着生产时间的延长而增大的，也即渗流区域是随着生产时间增大而增大的，如图 6-7-1 中两条虚线圆所示，分别代表两口井单独生产时的不同时间渗流区域($t_1 < t_2$)，很明显 t_1 时渗流区域未叠加，不存在井间干扰，也就是渗流区域在叠加前，压力分布与多井干扰无关；t_2 时渗流区域叠加，此时需要用压降叠加原理进行压力分布计算。这是与稳定渗流的多井干扰的另一区别。若不判断渗流区域是否叠加，仍按压降叠加原理计算也是正确的。

2. 等产量一源一汇问题

如图 6-7-2 所示，等产量一源一汇在无限大地层中同时生产，两井相距为 $2a$，地层中任意 M 点到两井的距离分别为 r_1 和 r_2，则有：

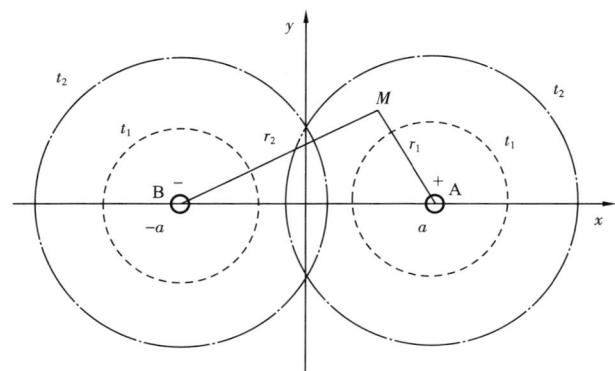

图 6-7-2　等产量一源一汇生产示意图

A 井单独生产时：

$$\Delta p_1(r,t) = \frac{Q\mu}{4\pi Kh}\left[-\text{Ei}\left(-\frac{r_1^2}{4\eta t}\right)\right] \qquad (6-7-7)$$

B 井单独生产时（注入井或点源，Q 为"$-$"）：

$$\Delta p_2(r,t) = \frac{-Q\mu}{4\pi Kh}\left[-\text{Ei}\left(-\frac{r_2^2}{4\eta t}\right)\right] \qquad (6-7-8)$$

则有：

$$\Delta p(r,t) = \frac{Q\mu}{4\pi Kh}\left[-\text{Ei}\left(-\frac{r_1^2}{4\eta t}\right)\right] - \frac{Q\mu}{4\pi Kh}\left[-\text{Ei}\left(-\frac{r_2^2}{4\eta t}\right)\right] \qquad (6-7-9)$$

任意点 M 的压力随着时间的变化为：

$$p(r,t) = p_i - \Delta p(r,t) = p_i - \frac{Q\mu}{4\pi Kh}\left[-\text{Ei}\left(-\frac{r_1^2}{4\eta t}\right)\right] + \frac{Q\mu}{4\pi Kh}\left[-\text{Ei}\left(-\frac{r_2^2}{4\eta t}\right)\right]$$

$$(6-7-10)$$

当 M 点在 y 轴上时，$r_1 = r_2$，则有：

$$p(r,t)\big|_{r_1=r_2} = p_i \qquad (6-7-11)$$

即 y 轴是等压线，其值为原始地层压力 p_i，由此，可以把 y 轴看作供给源。

由于导压系数相等，渗流区域向外扩展的速度并不因为井别或者流量的改变而不同，因此，两井单独工作时的渗流区域传播速度相同。同理，当压力波传播到 y 轴前，不存在井间干扰，压力分布按单井计算；当压力波传播到 y 轴后，需要压降叠加原理处理。

3. 镜像反映

由等产量的两汇和等产量的一源一汇可知,y 轴可分别作为断层和供给源,因此,稳定渗流中的镜像反映原理在弹性驱不稳定渗流中仍适用。即：

(1)直线断层边界为汇点反映,映像同号井；
(2)直线供给边界为汇源反映,映像异号井；
(3)边界也须映像,映像不变号,即断层映像为断层,供给边界映像为供给边界；
(4)映像的虚拟井若遇到其他边界,仍需要映像；
(5)映像的虚拟边界若遇到其他边界,也仍需要映像。

4. 弹性驱多井干扰的理解

稳定渗流时,地层各点压力分布不再变化,多井干扰在地层中确实存在。

不稳定渗流时,压力波从井中心由近及远传播,多井干扰与时间有关。

当生产时间较短时,各井的压力降区域没有重合,则不存在井间干扰；只有当生产较长时间,压力降区域有重合才发生井间干扰。

因此,低渗透或稠油等渗流阻力较大储层,导压系数很小,压力波传播很慢,若井距较大时,很长时间(甚至几年)压力波都不能彼此接触,井间干扰不存在或很弱。

二、练习题

1、判断题：多井在同一地层生产时,只要一口井工作制度改变,就会立刻对其他井造成干扰。

2、多选题：弹性驱不稳定渗流多井生产时,地层中某区域流体没有流动的可能情况有(   )。

A、渗流速度的叠加接近于 0　　　　　　B、压力降还没有传播到该区域
C、断层影响　　　　　　　　　　　　　D、该区域储层物性很差

3、多选题：不稳定渗流中的多井干扰与稳定渗流多井干扰具有的相同现象是(   )。

A、等产量两汇有死油区　　　　　　　　B、等产量一源一汇有舌进现象
C、等产量两汇有分流线　　　　　　　　D、等产量一源一汇 y 轴为等压线

4、多选题：在不稳定渗流多井干扰中,与稳定渗流相同的原理有(   )。

A、压降叠加原理　　　　　　　　　　　B、汇点反映
C、汇源反映　　　　　　　　　　　　　D、渗流速度叠加原理

5、判断题：在弹性驱不稳定渗流等产量两汇生产时,一口井的产量变化在一定时间内不会对另一口井有影响。

6、多选题：在弹性驱不稳定渗流等产量两汇生产时,A 井的产量变化会迅速引起以下变化的是(   )。

A、B 井的井底压力　　　　　　　　　　B、A 井的井底压力
C、B 井的井底渗流速度　　　　　　　　D、A 井的井底渗流速度

7、多选题：在弹性驱不稳定渗流等产量两汇生产时,以下可能成立的有(   )。

A、两井井底压力相等　　　　　　　　　B、A 井 Y 方向两侧同距离处的压力相等

C、两井中间分流线上的压力相等   D、B 井 X 方向两侧同距离处的压力相等

8、多选题：在弹性驱不稳定渗流等产量一源一汇生产时，以下可能成立的有（　　）。

A、点源周围压力分布是规则的倒扣压降漏斗

B、点汇周围压力分布是规则的压降漏斗

C、两井渗流场呈现纺锤体形

D、两井中间某区域渗流速度为 0

9、多选题：在弹性驱不稳定渗流的多井干扰中，1 口井通过镜像反映处理后理解正确的是（　　）。

A、汇点反映中，实际井和虚拟井渗流场完全对称

B、通过断层进行汇点反映

C、汇源反映中，实际井和虚拟井渗流场完全对称

D、通过供给边界汇源反映

10、多选题：弹性驱不稳定渗流中，两井发生干扰的时间间隔的影响因素有（　　）。

A、黏度　　　　　　B、距离　　　　　　C、渗透率　　　　　　D、产量

第八节　井变产量问题

实际油田生产中，井从始至终以定产量生产是不现实的，往往根据井的产能及生产需要会调整井的产量，当井的产量发生变化后，储层中需要进行新的能量平衡，其规律仅依靠单井的计算很难得到，因此，应用弹性不稳定渗流特殊的镜像反映来解决这一问题。这也是弹性驱不稳定渗流的特殊形式的多井干扰问题。

一、知识点

1. 产量台阶式变化

如图 6-8-1 所示，无限大地层一口采出井，$0 \sim t_1$ 时刻产量为 Q_1，t_1 时刻后产量变为 Q_2，求不同时间段的地层压力分布和井底压力分布。

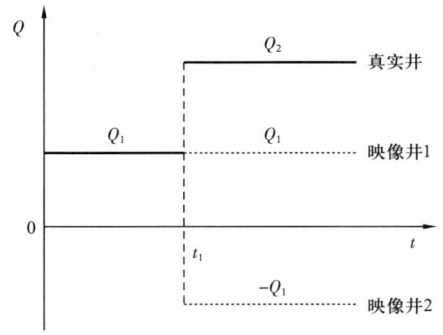

图 6-8-1　产量变化示意图

$t \leqslant t_1$ 时，按单井生产，则有：

$$p(r,t) = p_i - \frac{Q\mu}{4\pi Kh}\left[-\text{Ei}\left(-\frac{r^2}{4\eta t}\right)\right]$$

(6-8-1)

$$p_w(t) = p_i - \frac{Q\mu}{4\pi Kh}\ln\frac{2.25\eta t}{R_w^2}$$

(6-8-2)

$t > t_1$ 时，需要特殊的镜像反映如图 6-8-1 所示，在井点处镜像反映两口虚拟井：映像井 1 为原来

按 Q_1 生产的井没有关井,而是继续以 Q_1 生产;映像井 2 为从 t_1 时刻以产量 Q_1 开始注入的注入井。这样同一位置处的等产量一注一采产量相互抵消,实际位置处产量仍保持 Q_2。

经过镜像反映处理把井变产量问题转变为 3 口井同时生产的多井干扰问题,应用压降叠加原理,则有:

$$p(r,t) = p_i - \frac{Q_1\mu}{4\pi Kh}\left[-\text{Ei}\left(-\frac{r^2}{4\eta t}\right)\right] - \frac{(Q_2-Q_1)\mu}{4\pi Kh}\left\{-\text{Ei}\left[-\frac{r^2}{4\eta(t-t_1)}\right]\right\}$$

(6-8-3)

$$p_w(t) = p_i - \frac{Q_1\mu}{4\pi Kh}\ln\frac{2.25\eta t}{R_w^2} - \frac{(Q_2-Q_1)\mu}{4\pi Kh}\ln\frac{2.25\eta(t-t_1)}{R_w^2} \quad (6-8-4)$$

2. 产量曲线式变化

若井的产量是曲线式,如图 6-8-2 所示,可以把产量分成 n 等份,这样形成了多个台阶式的产量变化,用台阶式产量变化时的镜像反映原理,则可变成多井干扰问题。

等分后及镜像反映后的总井数与 n 有关,$n=3$,则总井数为 5;$n=4$,则总井数为 7……用公式表示为总井数为 $2n-1$。图 6-8-3 所示为 $n=4$ 时的镜像反映。

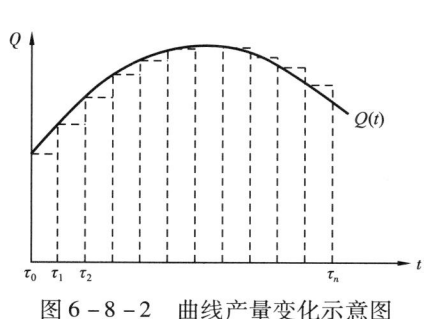

图 6-8-2 曲线产量变化示意图

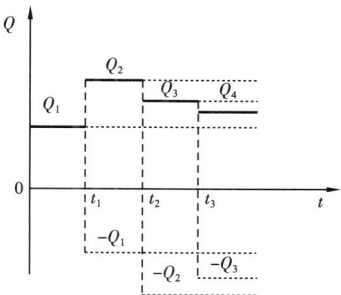

图 6-8-3 $n=4$ 时镜像反映图

经过压降叠加原理及数学处理,得到公式为:

$$p(r,t) = p_i - \frac{\mu}{4\pi Kh}\int_0^t \frac{Q(\tau)}{t-\tau}e^{-\frac{r^2}{4\eta(t-\tau)}}d\tau \quad (6-8-5)$$

对于此类带时间变量的边界条件渗流问题,杜哈美原理也是重要分析方法,可参考文献[3]和[14]。

二、练习题

1、相比稳定渗流,弹性驱不稳定渗流中多井干扰问题的特殊情况是_____,其处理方式为在_____映像虚拟井。

2、多选题:弹性驱不稳定渗流中,一口井的产量变化后,以下压力也要变化的是( )。

A、井底压力 B、地层孔隙压力
C、供给压力 D、原始地层压力

3、多选题:弹性驱不稳定渗流中,一口井的产量变化后,镜像后增加的虚拟井个数可能为(　　)。
　　A、1　　　　　　　B、2　　　　　　　C、3　　　　　　　D、4

4、单选题:弹性驱不稳定渗流中,无限大地层一口井经历了3次产量变化后,镜像后的虚拟井数为(　　)。
　　A、3　　　　　　　B、4　　　　　　　C、5　　　　　　　D、6

5、判断题:弹性驱不稳定渗流中,井产量降低时,井底压力会迅速增高并保持不变。

6、弹性驱不稳定渗流中,产量与时间是曲线关系时,计算井底压力时可采用把产量_____,然后应用_____和_____原理进行分析。

7、弹性驱不稳定渗流中,井变产量需要映像原产量的虚拟井,其实质是遵循了不稳定渗流中的_____规律,映像虚拟井的方法叫_____方法。

8、多选题:弹性驱不稳定渗流中,无限大地层一口井 T 时刻由产量 Q_1 变化为产量 Q_2,以下说法正确的有(　　)。
　　A、Q_1 的压力降一直在地层中传播　　　B、Q_2 的压力降从 T 时刻开始在地层中传播
　　C、Q_2 的压力降一直在地层中传播　　　D、$-Q_1$ 的压力降从 T 时刻开始在地层中传播

9、多选题:弹性驱不稳定渗流中,无限大地层一口井 T 时刻由产量 Q_1 变化为产量 Q_2,以下判断可能发生的有(　　)。
　　A、地层中某位置的压力不变　　　　　　B、地层中某位置的压力继续降低
　　C、地层中某位置的压力开始升高　　　　D、地层中某位置的压力开始降低

10、单选题:弹性驱不稳定渗流中,断层附近一口井 T 时刻由产量 Q_1 变化为产量 Q_2,两产量都不为0,则通过镜像反映后的总井数为(　　)。
　　A、2　　　　　　　B、4　　　　　　　C、6　　　　　　　D、8

第九节　关井问题

油田现场对油井进行试井时,多采用关闭一口井,然后测井底压力与时间的关系,再得到对油井和地层的生产动态分析。该试井的理论基础就是弹性驱不稳定渗流中的关井问题,它也是多井干扰中变产量问题的一个特例。

一、知识点

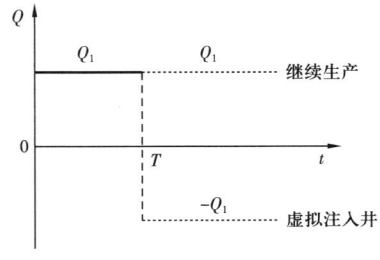

图6-9-1　关井镜像反映图

如图6-9-1所示,无限大地层一口井以定产量 Q_1 生产,生产到时间 T 时关井,求地层压力和井底压力的变化。

$t \leqslant T$ 时,按单井生产,则有:

$$p(r,t) = p_i - \frac{Q\mu}{4\pi Kh}\left[-\text{Ei}\left(-\frac{r^2}{4\eta t}\right)\right]$$

(6-9-1)

$$p_w(t) = p_i - \frac{Q\mu}{4\pi Kh}\ln\frac{2.25\eta t}{R_w^2} \qquad (6-9-2)$$

$t > T$ 时,应用镜像反映法,认为井仍以定产量 Q_1 生产,T 时刻同样位置处有一口井以 Q_1 开始注入,实则产量为 0。此时为两口虚拟井生产。则有:

$$p(r,t) = p_i - \frac{Q\mu}{4\pi Kh}\left[-\text{Ei}\left(-\frac{r^2}{4\eta t}\right)\right] + \frac{Q\mu}{4\pi Kh}\left\{-\text{Ei}\left[-\frac{r^2}{4\eta(t-T)}\right]\right\} \quad (6-9-3)$$

$$p_w(t) = p_i - \frac{Q\mu}{4\pi Kh}\ln\frac{2.25\eta t}{R_w^2} + \frac{Q\mu}{4\pi Kh}\ln\frac{2.25\eta(t-T)}{R_w^2} \qquad (6-9-4)$$

此时,井底压力公式为:

$$p_w(t) = p_i - \frac{Q\mu}{4\pi Kh}\ln\frac{t}{t-T} \quad \text{或者} \quad p_w(t) = p_i + \frac{Q\mu}{4\pi Kh}\ln\frac{t-T}{t} \quad (6-9-5)$$

为了方便记录,从关井开始计时,设 Δt 为关井时长,T_p 为已生产时间,则有:

$$p_w(\Delta t) = p_i - \frac{Q\mu}{4\pi Kh}\ln\frac{\Delta t + T_p}{\Delta t} \quad \text{或者} \quad p_w(\Delta t) = p_i + \frac{Q\mu}{4\pi Kh}\ln\frac{\Delta t}{\Delta t + T_p}$$

$$(6-9-6)$$

写成常用对数形式为:

$$p_w(\Delta t) = p_i - 0.183\frac{Q\mu}{Kh}\lg\frac{\Delta t + T_p}{\Delta t} \quad \text{或者} \quad p_w(\Delta t) = p_i + 0.183\frac{Q\mu}{Kh}\lg\frac{\Delta t}{\Delta t + T_p}$$

$$(6-9-7)$$

以上井底压力公式即为著名的霍纳公式(Horner 公式)。

$0 \sim t$ 时刻的井底压力变化如图 6-9-2 所示。可知,未关井前,井底压力先快速下降,逐渐趋于平缓;关井后,井底压力快速恢复,之后若时间足够长,则会缓慢上升直至原始地层压力 p_i。此为典型的"一开一关"井底压力变化曲线。

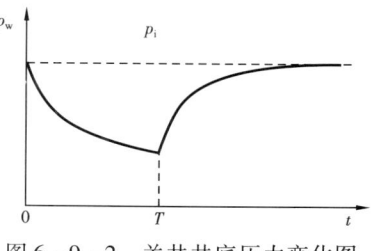

图 6-9-2 关井井底压力变化图

二、练习题

1、单选题:弹性不稳定渗流时的多井干扰与稳定渗流的多井干扰最大不同的是( )。
A、汇源反映　　　B、汇点反映　　　C、压降叠加原理　　　D、产量变化

2、判断题:弹性驱无限大地层一口井关井后地层能量获得补充和恢复。

3、Horner 公式的推导过程中,关井后的两口虚拟井,一口井是以_____继续生产,同时原位置一口虚拟井为_____。

4、单选题:弹性驱无限大地层一口生产井,以定产量 Q 生产,T_1 时间变为产量 Q_1,T_2 时刻关井,则 T_2 时刻后通过镜像反映后共有井( )口。

A、1　　　　　　　B、2　　　　　　　C、3　　　　　　　D、4

5、多选题：弹性驱无限大地层一口生产井，以定产量 Q 生产，T 时刻关井，以下说法正确的有（　　）。

　　A、关井前井底压力一直下降　　　　　B、关井后井底压力开始上升

　　C、关井前地层压力一直下降　　　　　D、关井后地层压力开始上升

6、多选题：弹性驱无限大地层一口生产井，以定产量 Q 生产，T 时刻关井，以下说法正确的有（　　）。

　　A、关井之初井底压力上升很快

　　B、关井时间足够长井底压力会恢复到原始地层压力

　　C、关井后期井底压力上升速度变缓

　　D、由于是无限大地层，井底压力一直缓慢上升

7、多选题：弹性驱无限大地层一口生产井，以定产量 Q 生产，T 时刻关井，井底压力恢复的快慢与以下参数关系密切的有（　　）。

　　A、原始地层压力　　B、黏度　　　　C、导压系数　　　D、渗透率

8、单选题：弹性驱无限大地层一口生产井，以定产量 Q 生产，生产很长时间后关井，以下可能不成立的是（　　）。

　　A、关井后井底压力快速恢复

　　B、关井后井底压力缓慢恢复

　　C、关井后井底压力恢复到原始地层压力

　　D、关井后近井区域压力恢复

9、判断题：弹性驱无限大地层一口井关井后井底压力一定能恢复到原始地层压力。

10、弹性驱无限大地层断层附近两口采出井分别以 Q_A 和 Q_B 定产量生产，T 时刻 A 井关井，求全时间段内 B 井的井底压力。

第十节　有界地层渗流特征

无限大地层的不稳定渗流理论是针对单井初期生产阶段，其对井周围的储层及地层能量的分析具有重要意义。但是，实际井都是有边界的。可以分成两种情况：（1）具有真实的封闭边界或者供给边界；（2）多井生产时，井间出现的分流线形成井的虚拟封闭边界，即泄油区域边界。多井形成的虚拟边界构成了井的有界地层或者封闭地层。其渗流特征具有大多数井的普遍规律。

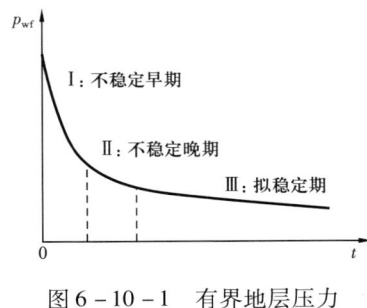

图 6-10-1　有界地层压力波传播过程

一、知识点

有界地层定产条件的压力波传播过程和封闭边界定产条件的一样，也分为三个阶段。画出井底压力随时间的变化曲线如图 6-10-1 所示，也把这一变化分成三个

阶段,并与压力波传播过程是对应的。

1. 不稳定早期

也就是压力波传播过程的第一个阶段,无限大地层渗流阶段。该阶段与边界无关,和无限大地层定产条件下的渗流规律一样。

2. 不稳定晚期

也就是压力波传播过程的第二个阶段,过渡段。这一过程较为复杂,油田上应用也相对较少,在这里不做其他介绍。

3. 拟稳定期

也就是压力波传播过程的第三个阶段,拟稳定阶段。有界地层定产生产时较容易达到拟稳定期,此阶段可用来计算平均地层压力、边界压力、井底压力及弹性储量。

拟稳定期的公式有许多,这里不再介绍推导过程,把关键公式誊录在此,有:

$$\begin{cases} p(r,t) = p_w(t) + \dfrac{Q\mu}{2\pi Kh}\left(\ln\dfrac{r}{R_w} - \dfrac{1}{2}\dfrac{r^2}{R_e^2}\right) \\ p(r,t) = p_e(t) - \dfrac{Q\mu}{2\pi Kh}\left[\ln\dfrac{r}{R_w} - \dfrac{1}{2}\left(1 - \dfrac{r^2}{R_e^2}\right)\right] \\ p_w(t) = p_e(t) - \dfrac{Q\mu}{2\pi Kh}\left(\ln\dfrac{R_e}{R_w} - \dfrac{1}{2}\right) \\ p_w(t) = p_i - \dfrac{Q\mu}{2\pi Kh}\left(\dfrac{2\eta t}{R_e^2} + \ln\dfrac{R_e}{R_w} - \dfrac{3}{4}\right) \\ \overline{p(t)} = p_w(t) + \dfrac{Q\mu}{2\pi Kh}\left(\ln\dfrac{R_e}{R_w} - \dfrac{3}{4}\right) \\ \overline{p(t)} = p_e(t) - \dfrac{Q\mu}{8\pi Kh} \end{cases} \quad (6-10-1)$$

已知有界地层原始地层压力 p_i,一口井定产 Q 生产,并达到拟稳定期,求 t 时间的平均地层压力、井底压力、边界压力及弹性采出程度。

方法一:

总采出量:

$$V_{tp} = Qt \qquad (6-10-2)$$

由公式:

$$V_{tp} = \pi(R_e^2 - R_w^2)hC_t(p_i - \overline{p}) \qquad (6-10-3)$$

可求得平均地层压力。

再由式(6-10-4):

$$\begin{cases} \overline{p(t)} = p_w(t) + \dfrac{Q\mu}{2\pi Kh}\left(\ln\dfrac{R_e}{R_w} - \dfrac{3}{4}\right) \\ \overline{p(t)} = p_e(t) - \dfrac{Q\mu}{8\pi Kh} \end{cases} \quad (6-10-4)$$

可求得井底压力 $p_w(t)$ 和边界压力 $p_e(t)$。

再由式(6-10-5)：

$$p_w(t) = p_i - \dfrac{Q\mu}{2\pi Kh}\left(\dfrac{2\eta t}{R_e^2} + \ln\dfrac{R_e}{R_w} - \dfrac{3}{4}\right) \quad (6-10-5)$$

计算当 $p_w(t) = p_b$ 时需要的时间 $T_弹$，由此可计算弹性采出程度为：

$$E_e = \dfrac{QT_弹}{\pi R_e^2 h\phi} \quad (6-10-6)$$

方法二：

已知 Q 和 t，则可求出井底压力：

$$p_w(t) = p_i - \dfrac{Q\mu}{2\pi Kh}\left(\dfrac{2\eta t}{R_e^2} + \ln\dfrac{R_e}{R_w} - \dfrac{3}{4}\right) \quad (6-10-7)$$

可进一步求边界压力和平均地层压力：

$$p_w(t) = p_e(t) - \dfrac{Q\mu}{2\pi Kh}\left(\ln\dfrac{R_e}{R_w} - \dfrac{1}{2}\right) \quad (6-10-8)$$

$$\overline{p(t)} = p_w(t) + \dfrac{Q\mu}{2\pi Kh}\left(\ln\dfrac{R_e}{R_w} - \dfrac{3}{4}\right) \quad (6-10-9)$$

可应用这两种方法求平均地层压力，然后进行分析和对比两个结果的一致性。

二、练习题

1、有界地层中井开始生产后压力变化过程分成 3 个阶段，即_____、_____ 和_____。

2、多选题：根据有界地层的相关公式，可以求得的参数有(　　)。

A、目前地层压力　　　　　　　　　B、边界压力

C、井底压力　　　　　　　　　　　D、原始地层压力

3、判断题：有界地层中的一口井生产后期一定能达到拟稳定阶段。

4、单选题：已知有界地层的平均地层压力，可以直接推算出以下参数(　　)。

A、累计采出量　　　　　　　　　　B、井底压力

C、渗透率　　　　　　　　　　　　D、边界压力

5、多选题：有界地层拟稳定期可以分析的主要参数有(　　)。

A、弹性储量　　　　　　　　　　　B、井底压力

C、平均地层压力　　　　　　　　　D、边界压力

第十一节　常规不稳定试井

稳定试井测压差和流量之间的关系，不稳定试井测井底压力和时间的关系，它们都是油井测试的重要组成部分。

不稳定试井分为压力降落不稳定试井和压力恢复不稳定试井两种。

一、相关概念

不稳定试井：利用油井以某一产量进行生产时（或在以某一产量生产一段时间后关井时）所实测的井底压力随时间变化，进而反求各地层参数。一般分为开井压力降落试井和关井压力恢复试井。

开井压力降落试井：当油井开井时就开始进行测试，利用实测井底压力随着时间下降的规律分析渗流特征。

关井压力恢复试井：当油井以某一产量生产一段时间后关井，利用此时开始记录井底压力随着时间上升的规律分析渗流特征。

井筒储存效应：当油井刚开井或刚关井时，由于井筒内流体具有压缩性，使地面产量与地下产量不相等，这一现象称为井筒储存效应。

井筒储存系数：井筒内单位压力变化引起的井筒内流体体积的变化量，符号为 C，常用单位为 m^3/MPa，中等井筒储存系数其值小于 $0.1 m^3/MPa$，高井筒储存系数其值大于 $1 m^3/MPa$。

续流：由于井筒储存效应的影响，当油井刚关井时（一般为地面关井），地层中仍有部分流体继续流入井底，在压力恢复曲线上反映为初始阶段比理论曲线要滞后一段。

二、知识点

1. 压力降落不稳定试井

当井以定产量开始投入生产，井底压力会不断下降。未达到边界前（无限大地层），井底压力公式为：

$$p_w(t) = p_i - 0.183\frac{Q\mu}{Kh}\lg\frac{2.25\eta t}{R_w^2} \qquad (6-11-1)$$

令

$$a = p_i - 0.183\frac{Q\mu}{Kh}\lg\frac{2.25\eta}{R_w^2} \qquad (6-11-2)$$

$$b = 0.183\frac{Q\mu}{Kh} \qquad (6-11-3)$$

则有：

$$p_w(t) = a - b\lg t \qquad (6-11-4)$$

作 $p_w(t)$—$\lg t$ 的半对数曲线,如图 6-11-1 所示。

则 $p_w(t)$—$\lg t$ 成直线关系,截距是 a,斜率 $m=-b$。

若实测井的开井压力降落,可得到此直线关系,根据截距和斜率可推算分析地层参数如:K、Kh、$\dfrac{Kh}{\mu}$、$\dfrac{K}{\mu}$、η、R_{we}、p_i 等。

实际生产中每口井都有有限的泄油面积,当压力波传播很快或测试时间较长时,渗流阶段可看作拟稳定状态,此时有:

$$p_w(t) = p_i - \frac{Q\mu}{2\pi Kh}\left(\frac{2\eta t}{R_e^2} + \ln\frac{R_e}{R_w} - \frac{3}{4}\right) \tag{6-11-5}$$

结合 $\eta = \dfrac{K}{\mu C_t}$ 令:

$$a = p_i - \frac{Q\mu}{2\pi Kh}\left(\ln\frac{R_e}{R_w} - \frac{3}{4}\right) \tag{6-11-6}$$

$$b = \frac{Q}{\pi R_e^2 h C_t} \tag{6-11-7}$$

则有:

$$p_w(t) = a - bt \tag{6-11-8}$$

作 $p_w(t)$—t 的曲线,如图 6-11-2 所示。

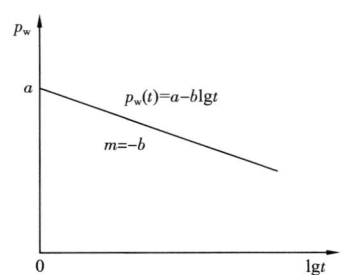
图 6-11-1 压力降落半对数曲线

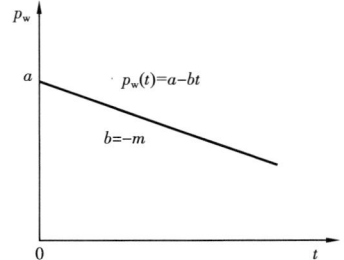
图 6-11-2 压力降落拟稳定曲线

则 $p_w(t)$—t 成直线关系,截距是 a,斜率 $m=-b$。

一般拟稳定渗流阶段用于估算弹性储量。

弹性储量 N_e 为:

$$N_e = \pi R_e^2 h C_t (p_i - p_b) \tag{6-11-9}$$

结合 $b = \dfrac{Q}{\pi R_e^2 h C_t}$,得到弹性储量为:

$$N_e = \frac{Q(p_i - p_b)}{b} \tag{6-11-10}$$

实际曲线中可得到直线段的斜率 m，则可求出 b，若已知原始地层压力 p_i 和饱和压力 p_b，则可求得弹性储量 N_e。

2. 压力恢复不稳定试井

当井以定产量生产一段时间关井，井底压力会逐渐恢复，测得的压力曲线可以根据 Horner 公式推算地层参数。

1）基本原理——Horner 方法

已知 Horner 公式为：

$$p_w(\Delta t) = p_i + 0.183 \frac{Q\mu}{Kh} \lg \frac{\Delta t}{\Delta t + T_p} \tag{6-11-11}$$

令：

$$a = p_i \tag{6-11-12}$$

$$b = 0.183 \frac{Q\mu}{Kh} \tag{6-11-13}$$

则有：

$$p_w(\Delta t) = a + b \lg \frac{\Delta t}{\Delta t + T_p} \tag{6-11-14}$$

在半对数坐标中，作 $p_w(\Delta t) - \lg \frac{\Delta t}{\Delta t + T_p}$ 关系曲线，如图 6-11-3 所示。

可见 $p_w(\Delta t) - \lg \frac{\Delta t}{\Delta t + T_p}$ 为直线，当 $\Delta t \to \infty$ 时，直线与 $\lg \frac{\Delta t}{\Delta t + T_p} = 0$ 的交点为截距 $a = p_i$，直线的斜率为 $m = b$。

若实测压力恢复曲线，可得到直线段，直线段外推求得原始地层压力，斜率可求得地层系数。

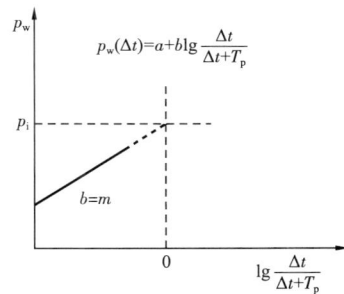

图 6-11-3 Horner 压力恢复曲线

2）精简公式——MDH 方法

Horner 公式中的 T_p 在实际工作中不容易测准，MDH 方法对其进行精简。

若油井稳定生产时间较长，可近似认为该井若继续生产时井底压力保持不变，即可近似把关井瞬间引起的井底压力恢复值看作是虚拟注入井引起的压力升值。用公式表示为：

$$p_w(\Delta t) = p_w(\Delta t = 0) + \frac{Q\mu}{4\pi Kh} \ln \frac{2.25\eta\Delta t}{R_w^2} \tag{6-11-15}$$

或

$$p_w(\Delta t) = p_w(\Delta t = 0) + 0.183 \frac{Q\mu}{Kh} \lg \frac{2.25\eta\Delta t}{R_w^2} \tag{6-11-16}$$

令：

$$a = p_w(\Delta t = 0) + 0.183\frac{Q\mu}{Kh}\lg\frac{2.25\eta}{R_w^2} \quad (6-11-17)$$

$$b = 0.183\frac{Q\mu}{Kh} \quad (6-11-18)$$

则有：

$$p_w(\Delta t) = a + b\lg\Delta t \quad (6-11-19)$$

在半对数坐标中，作 $p_w(\Delta t)$ — $\lg\Delta t$ 关系曲线，如图 6-11-4 所示。

可见 $p_w(\Delta t)$ — $\lg\Delta t$ 为直线，截距为 a，直线的斜率为 $m = b$。

若实测压力恢复曲线，可得到直线段，直线段的外推求得目前地层压力，斜率可求得地层系数。

3）实测压力恢复曲线

从理论上看，无论压力恢复还是压力降落，都能根据直线段推算地层参数。但实际测试中，井底压力的变化受到很多因素的影响，所得到的并不完全是一条直线，图 6-11-5 所示为实测压力恢复曲线的两种情况（实际上有很多情况，仅给出典型的两种）。可见直线段是混在其中的（有时都找不到直线段）。

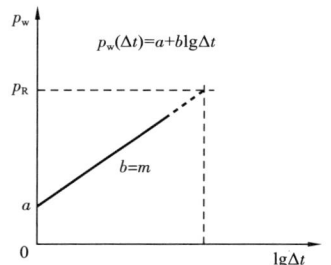

图 6-11-4　MDH 关井压力恢复曲线

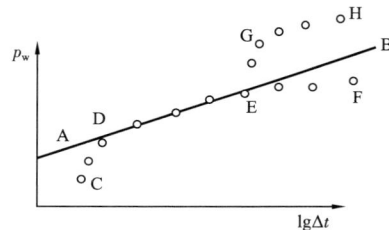

图 6-11-5　实测压力恢复曲线

图 6-11-5 中的实测压力恢复曲线中的一种情况是 CDEGH 线，另一种为 CDEF 线，直线 ADEB 为理论直线。

CD 段：由于井筒存储效应或近井的表皮效应，会引起井口关井后井底流量未瞬间降到 0，压力恢复相对于 AD 段的理论段滞后。

DE 段：是用于计算的重要直线段。

EF 段：压力在泄油区域恢复到目前地层压力。

EG 段：若井附近有断层，则表现为 EG 斜率陡增（往往是 DE 的 2 倍），应用此现象试井经常用作"探边"测试。

GH 段：遇断层后，又在泄油区域恢复到目前地层压力。

图 6-11-5 仅是说明两种情况的实测压力恢复曲线走势，不能进行压力大小的对比，即不能说明有断层的目前地层压力大于无断层的目前地层压力。

三、练习题

1、多选题:常规不稳定试井的方法主要有( )。
A、油井产量稳定后测井底压力与流量的关系
B、关井后测井底压力与时间的关系
C、开井后测井底压力与时间的关系
D、油井产量稳定后测井底压力与时间的关系

2、判断题:不稳定试井测试开井或关井后井底压力与时间的关系。

3、判断题:稳定试井是测试井底压力与时间的关系。

4、判断题:稳定试井可以进行探边测试。

5、稳定试井测试_____关系,不稳定试井测试_____关系。

6、常规不稳定试井的方法有两种,即_____和_____。

7、多选题:常规不稳定试井可以推算的储层参数有( )。
A、渗透率　　　　　B、地层系数　　　　　C、流动系数　　　　　D、流度

8、多选题:与稳定渗流相比,常规不稳定试井得到的其他参数有( )。
A、渗透率　　　　　B、原始地层压力　　　C、流动系数　　　　　D、井到边界的距离

9、多选题:压力恢复曲线初始阶段滞后的关键影响因素有( )。
A、原始地层压力　　B、外边界类型　　　　C、井筒续流　　　　　D、井的表皮系数

10、单选题:常规不稳定试井的压力恢复曲线中用于推算储层参数的是( )。
A、初始滞后段　　　B、直线段　　　　　　C、稳定段　　　　　　D、斜率陡增段

11、如果井附近有断层,常规不稳定试井的压力恢复曲线会出现_____现象,否则会是_____。

12、判断题:应用 Horner 公式进行常规不稳定试井时可以顺利推得原始地层压力。

13、关井压力恢复试井中,井口关井,但井底并没有关井,这一现象称为_____,引起它的原因是_____。

14、常规不稳定压力恢复试井原理中,Horner 方法和 MDH 方法具有典型差异的参数是_____,MDH 方法的假设是以原产量继续生产的虚拟井形成的压力降_____。

15、判断题:开井压力降落的半对数坐标中的直线段能够反映无限大地层中的生产规律。

第七章　油水两相渗流

前面认识的稳定渗流、多井干扰、弹性不稳定渗流都是针对单相液体，供给源及储层内的液体性质都按无差别处理。在实际油藏中，油水一般共存和同产，有时为了补充地层能量和提高油的采出效果，往往需要注水，利用水驱油动力能够采出更多的油。但水和油的性质存在较大差异，尤其是黏度之间的差异，使油水两相同时渗流时与单相液体相比存在很大不同。

油水两相渗流时，不同饱和度情况下，岩石孔隙允许各相通过的能力是不同的，即油水都具有各自的相渗透率。同时，在毛细管力作用下，两相的压力也不相等，这就形成了油水两相渗流的明显特征。本章以活塞式水驱油和非活塞式水驱油为开头，介绍了水驱油过程中的渗流过程，然后对渗流过程进行了数学描述及求解，得到了含水率方程和等饱和度面移动的基本微分方程，为水驱油理论中含水饱和度的分布提供了计算依据。在应用中，特别强调了见水前和见水后的含水饱和度求取的过程和步骤。

第一节　活塞式水驱油渗流过程

水驱油的过程中，油水界面清晰，水通过的储层油全部被驱走，形如活塞推动效果，因此称为活塞式水驱。在水驱油的现场实际中，活塞式水驱并不常见，甚至可以归为理想的驱替方式，但在微小孔隙中，强亲水岩石在很大毛细管力作用下，水进入孔隙的过程与活塞式水驱相似，水占据了孔隙空间并把油替换出来，形成较好的驱油效果，在非常规储层中，这一现象也被称为渗吸。

一、相关概念

活塞式水驱油：水驱油过程中，水区与油区具有严格的接触面，一般垂直于流线方向，水经过的区域油全部被驱出。多为理想方式，有时存在于纳米级毛细管渗流中。

二、知识点

1. 平面单向渗流

如图7-1-1所示，带状油藏活塞式水驱油，供给压力和采出压力分别为 p_e 和 p_w，油区和水区界面清晰，随着水驱油，油区缩小，水区扩大。

渗流阻力按水区和油区串联处理，则油区和水区渗流阻力分别为：

$$R_{fo} = \frac{\mu_o x_o}{KBh} \tag{7-1-1}$$

$$R_{\text{fw}} = \frac{\mu_w(L_e - x_o)}{KBh} \tag{7-1-2}$$

则有：

$$Q = \frac{p_e - p_w}{R_{\text{fw}} + R_{\text{fo}}} \tag{7-1-3}$$

当油区由 L_o 减小到 x_o 时，R_{fw} 增大，R_{fo} 减小，一般 $\mu_w < \mu_o$，因此水区渗流阻力增大量 ΔR_{fw} 小于油区渗流阻力减小量 ΔR_{fo}，也就有总渗流阻力 $R_{\text{fw}} + R_{\text{fo}}$ 减小，压差不变，Q 增大，也即活塞式水驱油过程渗流阻力、流量等运动要素是变化的，虽然没有考虑弹性力作用，但此渗流仍然为不稳定渗流。

2. 平面径向渗流

如图 7-1-2 所示，圆形油藏活塞式水驱油，供给压力和采出压力分别为 p_e 和 p_w，油区和水区界面清晰，随着水驱油，油区缩小，水区扩大。

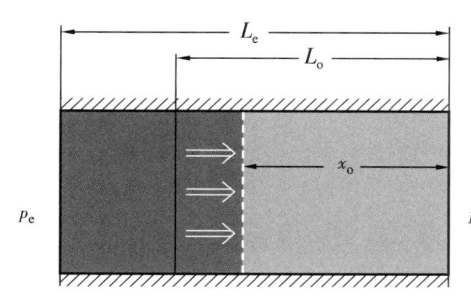

图 7-1-1 单向渗流活塞式水驱油

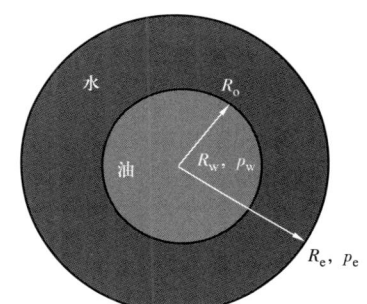

图 7-1-2 径向渗流活塞式水驱油

渗流阻力按水区和油区串联处理，则油区和水区渗流阻力分别为：

$$R_{\text{fo}} = \frac{\mu_o}{2\pi Kh}\ln\frac{R_o}{R_w} \tag{7-1-4}$$

$$R_{\text{fw}} = \frac{\mu_w}{2\pi Kh}\ln\frac{R_e}{R_o} \tag{7-1-5}$$

则有：

$$Q = \frac{p_e - p_w}{R_{\text{fw}} + R_{\text{fo}}} \tag{7-1-6}$$

当油区减小到 R_o 时，R_{fw} 增大，R_{fo} 减小，一般 $\mu_w < \mu_o$，同理，水区渗流阻力增大量 ΔR_{fw} 小于油区渗流阻力减小量 ΔR_{fo}，也就有总渗流阻力 $R_{\text{fw}} + R_{\text{fo}}$ 减小，Q 增大，平面径向流活塞式水驱油也是不稳定渗流。

三、练习题

1、判断题：水驱油过程中，总的渗流阻力表现为变小的趋势。

2、判断题：不考虑弹性作用时，油水两相渗流为稳定渗流。

3、多选题：以下属于活塞式水驱油特征的有（　　）。

A、油水混合带　　　　　　　　　　B、水驱油界面清晰

C、100%的驱油效率　　　　　　　　D、不稳定渗流

4、多选题：当油的黏度大于水的黏度，活塞式水驱油过程中参数变化正确的是（　　）。

A、油相的渗流阻力减小　　　　　　B、水相渗流阻力增加

C、总的渗流阻力减小　　　　　　　D、恒压差下流量增加

5、多选题：以下哪些储层中可能存在活塞式水驱油方式（　　）。

A、稠油油藏　　　B、页岩油储层　　　C、常规油藏　　　D、致密油储层

6、多选题：以下属于不稳定渗流的是（　　）。

A、不考虑岩石和液体弹性作用的单相液体渗流

B、不考虑岩石和液体弹性作用的油水两相渗流

C、考虑岩石和液体弹性作用的单相液体渗流

D、考虑岩石和液体弹性作用的单相液体稳定渗流

7、判断题：活塞式水驱油时，油水两相区是逐渐扩大的。

8、多选题：活塞式水驱油时，如果水的黏度大于油的黏度，则有（　　）。

A、油相的渗流阻力减小　　　　　　B、水相渗流阻力增加

C、总的渗流阻力增大　　　　　　　D、恒压差下流量减小

第二节　非活塞式水驱油渗流过程

多数储层中的水驱油属于非活塞式水驱油过程，即在驱油过程中存在油水混合带，油水混合带的不断扩大实现了水驱油的目的。

一、相关概念

非活塞式水驱油：水驱油过程中，除水区和油区外，还存在油水混合流动区，即水进入油区后不能全部把油替出，驱替过程是通过混合区的扩大来实现的。

油水黏度比：储层条件下，油的黏度和水的黏度之比。公式为：

$$\mu_r = \frac{\mu_o}{\mu_w} \qquad (7-2-1)$$

式中　μ_r——油水黏度比；

μ_o——油的黏度，Pa·s；

μ_w——水的黏度，Pa·s。

前缘位置：油水混合区的最前缘处的位置，符号为 x_f。

前缘含水饱和度：油水混合区与油区接触处的含水饱和度，也为油水混合区的最前缘处的含水饱和度，符号为 S_{wf}。

无水采油期：指油井从投产到见水所经历的时期。

无水采收率:无水采油期末实现的油的采出程度。
无水产油量:无水采油期内累计采出的油量。
见水时间:水驱油过程中,注入水最初进入采出井时所经过的时间,符号为 $T_{见水}$。

二、知识点

非活塞水驱油地层模型如图 7-2-1 所示。

水驱油过程中,水区中仅有水相流动,油区中仅有油相流动,水区和油区之间有油水混合渗流区。

油水混合区的开始位置为水驱油的起始接触面,称为水驱起点,用 x_0 表示。

油水混合区与油区的接触面称为水驱前缘,其位置用 x_f 表示。

如图 7-2-2 所示,水区中仅有水相存在,油区中油水两相共存,但水不流动,这部分水称为束缚水,对应的有束缚水饱和度 S_{wc}。

混合区有 3 个特点:

(1)油水两相共存,含水饱和度 S_w 自水区端向油区端逐渐变小,含油饱和度 S_o 相反逐渐变大,这主要是由于油水黏度差造成的;

(2)混合区的初始端水未把油全部驱出,而是留有一部分残余油,记为残余油饱和度 S_{or};

(3)混合区的前缘位置,前缘含水饱和度 S_{wf} 高于束缚水饱和度 S_{wc},这一现象称为前缘含水饱和度的"跳跃"或"突变",这主要是由于毛细管力和油水重度差综合作用的简化结果(实际较复杂)。

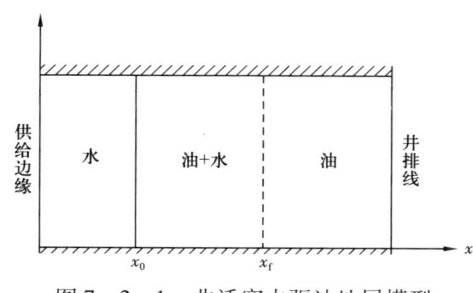

图 7-2-1 非活塞水驱油地层模型

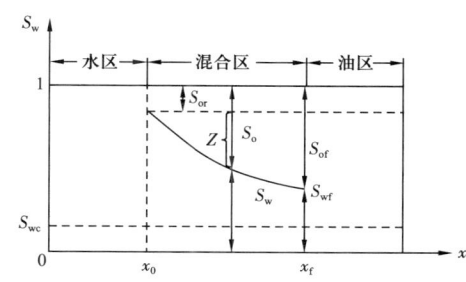

图 7-2-2 水驱油含水饱和度分布

对于前缘含水饱和度,有如下 3 个特点:

(1)如图 7-2-3 所示,在水驱油过程中,前缘位置不断向前推进,但前缘含水饱和度一直保持不变,决定其大小的因素在于岩石的孔隙特征及油水两相的黏度比。

(2)如图 7-2-4 所示,油水黏度比越大,前缘含水饱和度越小,水突破油更容易,水驱效果会较差;相反,油水黏度比越小,油水两相性质越接近,越容易共处,前缘含水饱和度越大,向前推进的面也就越大,水突破油较慢,水驱效果也会较好。这是水驱油提高采收率的重要考虑因素之一。

(3)前缘含水饱和度的大小受孔隙特征的影响,体现在可利用油水相对渗透率曲线计算前缘含水饱和度,这部分在后面内容中详细介绍。

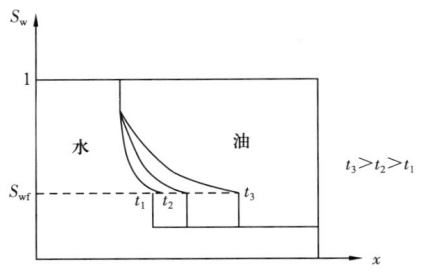
图 7-2-3　前缘含水饱和度和时间的关系

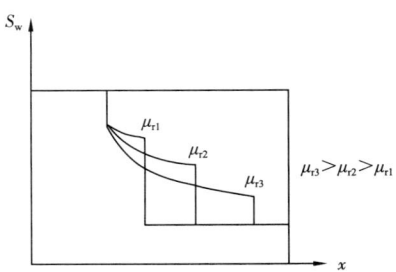
图 7-2-4　前缘含水饱和度和油水黏度比的关系

在水驱油过程中,当水驱前缘位置到达采出端,即混合区波及全部油区,此时称为"见水",见水以前为水驱油的第一阶段,称为"无水采油期"。在实际油田中往往以推迟见水时间、延长无水采油期为目的提高驱油效果,其手段常用增加水的稠度(稠化水)来实现。

三、练习题

1、多选题:水驱油的主要影响因素有(　　)。
A、岩石综合弹性压缩系数　　　　　　B、重率差
C、黏度差　　　　　　　　　　　　　D、毛细管力

2、多选题:前缘含水饱和度的影响因素主要有(　　)。
A、注水时间　　B、注水规模　　C、油水黏度　　D、储层物性

3、多选题:非活塞式水驱油过程中,以下参数随着驱替时间发生变化的有(　　)。
A、水驱前缘　　B、混合带大小　　C、前缘含水饱和度　　D、总渗流阻力

4、影响水驱油的主要影响因素有＿＿＿＿、＿＿＿＿和＿＿＿＿,其中＿＿＿＿是最大的影响因素。

5、判断题:非活塞式水驱油中,油区仅有油,水区仅有水,油水混合带是油水共存。

6、非活塞式水驱油中,水区与混合带连接处的含油饱和度称为＿＿＿＿,混合带与油区接触处的含水饱和度称为＿＿＿＿,油区中的含水饱和度称为＿＿＿＿。

7、多选题:非活塞式水驱油,油水黏度比越大,以下说法正确的是(　　)。
A、前缘含水饱和度越大　　　　　　B、油井见水越快
C、前缘含水饱和度越小　　　　　　D、油井见水越慢

8、多选题:水驱油过程中,能够延长无水采收期的措施有(　　)。
A、增加水的黏度　　　　　　　　　B、降低油的黏度
C、减小油水界面张力　　　　　　　D、增加注水压力

9、多选题:水驱油过程中,水驱前缘含水饱和度和以下关系密切的是(　　)。
A、驱替时间　　B、驱替压力　　C、岩石渗透率　　D、油水黏度比

10、多选题:水驱油过程中,与前缘位置的大小成正比的有(　　)。
A、驱替时间　　B、驱替压力　　C、岩石渗透率　　D、油水黏度比

第三节　水驱油的连续性方程

油水两相渗流数学模型中,需要分别对油相和水相进行数学描述,应用辅助方程再把两相的关系联系在一起。

一、知识点

仍然应用微元六面体质量守恒定律,所不同的是进出六面体的液体有油、水两相,要分别对两相进行分析,如图 7-3-1 所示。

在 x 方向上,流入六面体的油、水两相的质量渗流分速度分别为:

$$\rho_\text{o} v_{ox} - \frac{\partial(\rho_\text{o} v_{ox})}{\partial x}\frac{\text{d}x}{2} \qquad (7-3-1)$$

$$\rho_\text{w} v_{wx} - \frac{\partial(\rho_\text{w} v_{wx})}{\partial x}\frac{\text{d}x}{2} \qquad (7-3-2)$$

在 x 方向上,流出六面体的油、水两相的质量渗流分速度分别为:

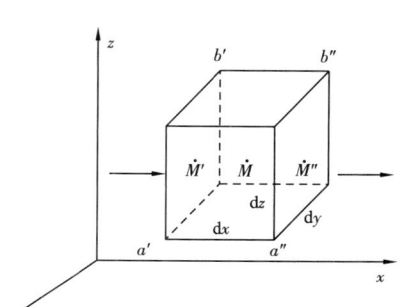

图 7-3-1　微元六面体示意图

$$\rho_\text{o} v_{ox} + \frac{\partial(\rho_\text{o} v_{ox})}{\partial x}\frac{\text{d}x}{2} \qquad (7-3-3)$$

$$\rho_\text{w} v_{wx} + \frac{\partial(\rho_\text{w} v_{wx})}{\partial x}\frac{\text{d}x}{2} \qquad (7-3-4)$$

则 x 方向上,$\text{d}t$ 时间内油、水两相流入、流出质量差为:

$$-\frac{\partial(\rho_\text{o} v_{ox})}{\partial x}\text{d}x\text{d}y\text{d}z\text{d}t \qquad (7-3-5)$$

$$-\frac{\partial(\rho_\text{w} v_{wx})}{\partial x}\text{d}x\text{d}y\text{d}z\text{d}t \qquad (7-3-6)$$

同理,y 和 z 方向上,$\text{d}t$ 时间内油、水两相流入、流出质量差为:

$$-\frac{\partial(\rho_\text{o} v_{oy})}{\partial y}\text{d}x\text{d}y\text{d}z\text{d}t,\ -\frac{\partial(\rho_\text{o} v_{oz})}{\partial z}\text{d}x\text{d}y\text{d}z\text{d}t \qquad (7-3-7)$$

$$-\frac{\partial(\rho_\text{w} v_{wy})}{\partial y}\text{d}x\text{d}y\text{d}z\text{d}t,\ -\frac{\partial(\rho_\text{w} v_{wz})}{\partial z}\text{d}x\text{d}y\text{d}z\text{d}t \qquad (7-3-8)$$

则整个六面体的油、水两相流入、流出质量差为:

$$-\left[\frac{\partial(\rho_\text{o} v_{ox})}{\partial x}+\frac{\partial(\rho_\text{o} v_{oy})}{\partial y}+\frac{\partial(\rho_\text{o} v_{oz})}{\partial z}\right]\text{d}x\text{d}y\text{d}z\text{d}t \qquad (7-3-9)$$

$$-\left[\frac{\partial(\rho_w v_{wx})}{\partial x} + \frac{\partial(\rho_w v_{wy})}{\partial y} + \frac{\partial(\rho_w v_{wz})}{\partial z}\right]dxdydzdt \qquad (7-3-10)$$

由于油、水的流入和流出引起六面体的饱和度的变化,从而导致六面体内油、水质量变化分别为:

$$\frac{\partial(\phi\rho_o S_o)}{\partial t}dxdydzdt \qquad (7-3-11)$$

$$\frac{\partial(\phi\rho_w S_w)}{\partial t}dxdydzdt \qquad (7-3-12)$$

根据质量守恒定律,可得到油、水两相渗流时的连续性方程:

$$-\left[\frac{\partial(\rho_o v_{ox})}{\partial x} + \frac{\partial(\rho_o v_{oy})}{\partial y} + \frac{\partial(\rho_o v_{oz})}{\partial z}\right] = \frac{\partial(\phi\rho_o S_o)}{\partial t} \qquad (7-3-13)$$

$$-\left[\frac{\partial(\rho_w v_{wx})}{\partial x} + \frac{\partial(\rho_w v_{wy})}{\partial y} + \frac{\partial(\rho_w v_{wz})}{\partial z}\right] = \frac{\partial(\phi\rho_w S_w)}{\partial t} \qquad (7-3-14)$$

有两个辅助方程:$S_o + S_w = 1$,$p_c = p_o - p_w$。

水驱油时,动力主要来自水压动力,液体和岩石的弹性力相对较小,渗流力学中通过解析方式分析油水两相渗流规律时可不考虑弹性作用,即液体和岩石都不具有压缩性,则连续性方程可简化为:

$$-\left[\frac{\partial(v_{ox})}{\partial x} + \frac{\partial(v_{oy})}{\partial y} + \frac{\partial(v_{oz})}{\partial z}\right] = \phi\frac{\partial S_o}{\partial t} \qquad (7-3-15)$$

$$-\left[\frac{\partial(v_{wx})}{\partial x} + \frac{\partial(v_{wy})}{\partial y} + \frac{\partial(v_{wz})}{\partial z}\right] = \phi\frac{\partial S_w}{\partial t} \qquad (7-3-16)$$

本书中重点讨论平面单向流,即一维流动情况下水驱油的特征,此时,油、水的连续性方程为:

$$-\frac{\partial v_{ox}}{\partial x} = \phi\frac{\partial S_o}{\partial t} \qquad (7-3-17)$$

$$-\frac{\partial v_{wx}}{\partial x} = \phi\frac{\partial S_w}{\partial t} \qquad (7-3-18)$$

二、练习题

1、水驱油的数学模型中,两个辅助方程为_____和_____。

2、不考虑岩石和液体的弹性作用,则一维流动的油水两相的连续性方程分别为_____和_____。

3、多选题:水驱油过程数学描述中以下正确的是(　　)。

A、油饱和度、水饱和度之和为1

B、油渗流速度、水渗流速度之和为总液渗流速度
C、含油率、含水率之和为 1
D、油相压力与水相压力之差为毛细管力
4、判断题：油水两相渗流时，不考虑毛细管力时，油相压力与水相压力相等。
5、多选题：水驱油渗流理论为什么可以忽略岩石和液体的弹性作用（　　）。
A、弹性作用不存在了　　　　　　B、水驱油时地层压力变化幅度小
C、水驱油时的主要动力是水压　　D、弹性作用在水驱油时影响很小

第四节　水驱油的含水率方程

油藏条件下，水的黏度一般低于油的黏度，由于液体流动时黏滞力的差异，水要比油更容易流动，因此，衡量水驱油时有一个常用指标是含水率，即产出液中水的体积百分比。含水率越高说明水驱油的效率越低，在生产中往往需要控制含水，以提高采出油的效率。

实际油藏生产时，按含水率大小进行分级为：小于 20% 为低含水，20%~60% 为中含水，60%~90% 为高含水，大于 90% 为特高含水。

一、相关概念

含水率：渗流中产出的总液量中水的含量，也称分流量，符号为 f_w，计算公式为：

$$f_w = \frac{Q_w}{Q_w + Q_o} \tag{7-4-1}$$

式中　f_w——含水率；
　　　Q_w——水的流量，m^3/s；
　　　Q_o——油的流量，m^3/s。

二、知识点

1. 运动方程

设油水两相流动都符合达西定律。

在一倾斜的排液通道中沿 x 方向进行水驱油，液体流动速度由两个部分组成，如图 7-4-1 所示。

以油相为例，水压作用下的 v_{o1} 和重力作用下的 v_{o2}，表达式为：

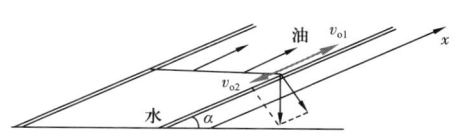

图 7-4-1　考虑重力和毛细管力时渗流示意图

$$v_{o1} = -\frac{K_o}{\mu_o}\frac{\partial p_o}{\partial x} \tag{7-4-2}$$

$$v_{o2} = \frac{K_o}{\mu_o}\rho_o g\sin\alpha \tag{7-4-3}$$

两个速度方向相反,则油相的速度为:

$$v_o = v_{o1} - v_{o2} \qquad (7-4-4)$$

整理得:

$$v_o = -\frac{K_o}{\mu_o}\left(\frac{\partial p_o}{\partial x} + \rho_o g\sin\alpha\right) \qquad (7-4-5)$$

同理,对于水相有:

$$v_w = -\frac{K_w}{\mu_w}\left(\frac{\partial p_w}{\partial x} + \rho_w g\sin\alpha\right) \qquad (7-4-6)$$

2. 含水率方程

已知含水率公式为:

$$f_w = \frac{Q_w}{Q_w + Q_o} \qquad (7-4-7)$$

又 $Q = vA$,则有:

$$f_w = \frac{v_w}{v_w + v_o} \qquad (7-4-8)$$

由运动方程式(7-4-5)和式(7-4-6)可得:

$$\frac{\mu_o}{K_o}v_o = -\frac{\partial p_o}{\partial x} - \rho_o g\sin\alpha \qquad (7-4-9)$$

$$\frac{\mu_w}{K_w}v_w = -\frac{\partial p_w}{\partial x} - \rho_w g\sin\alpha \qquad (7-4-10)$$

式(7-4-10)和式(7-4-9)两式相减得:

$$\frac{\mu_w}{K_w}v_w - \frac{\mu_o}{K_o}v_o = -\left(\frac{\partial p_w}{\partial x} - \frac{\partial p_o}{\partial x}\right) - (\rho_w - \rho_o)g\sin\alpha \qquad (7-4-11)$$

又由油水两相毛细管力,知:

$$p_c = p_o - p_w \qquad (7-4-12)$$

则有:

$$\frac{\partial p_c}{\partial x} = \frac{\partial p_o}{\partial x} - \frac{\partial p_w}{\partial x} \qquad (7-4-13)$$

令

$$\Delta\rho = (\rho_w - \rho_o) \qquad (7-4-14)$$

$$v_t = v_w + v_o \qquad (7-4-15)$$

则：

$$\frac{\mu_w}{K_w}v_w - \frac{\mu_o}{K_o}(v_t - v_w) = \frac{\partial p_c}{\partial x} - \Delta\rho g\sin\alpha \qquad (7-4-16)$$

整理得：

$$v_w\left(\frac{\mu_w}{K_w} + \frac{\mu_o}{K_o}\right) - \frac{\mu_o}{K_o}v_t = \frac{\partial p_c}{\partial x} - \Delta\rho g\sin\alpha \qquad (7-4-17)$$

方程两边同除以 v_t 整理得：

$$\frac{v_w}{v_t}\left(\frac{\mu_w}{K_w} + \frac{\mu_o}{K_o}\right) - \frac{\mu_o}{K_o} = \left(\frac{\partial p_c}{\partial x} - \Delta\rho g\sin\alpha\right)\frac{1}{v_t} \qquad (7-4-18)$$

式(7-4-18)两端同除以 $\frac{\mu_o}{K_o}$，由 $f_w = \frac{v_w}{v_t}$ 得：

$$f_w = \frac{1 + \dfrac{K_o}{\mu_o}\dfrac{1}{v_t}\left(\dfrac{\partial p_c}{\partial x} - \Delta\rho g\sin\alpha\right)}{1 + \dfrac{\mu_w}{\mu_o}\dfrac{K_o}{K_w}} \qquad (7-4-19)$$

则有：

$$f_w = \frac{1 + \dfrac{K_o}{\mu_o}\dfrac{1}{v_t}\left(\dfrac{\partial p_c}{\partial x} - \Delta\rho g\sin\alpha\right)}{1 + \dfrac{\mu_w}{\mu_o}\dfrac{K_{ro}}{K_{rw}}} \qquad (7-4-20)$$

方程(7-4-20)即为考虑毛细管力及重力影响时的分流量方程，也叫含水率方程。对方程(7-4-20)进行分析如下：

(1)若水驱油的方向由原来的自下而上改为自上而下，则有：

$$f_w = \frac{1 + \dfrac{K_o}{\mu_o}\dfrac{1}{v_t}\left(\dfrac{\partial p_c}{\partial x} + \Delta\rho g\sin\alpha\right)}{1 + \dfrac{\mu_w}{\mu_o}\dfrac{K_{ro}}{K_{rw}}} \qquad (7-4-21)$$

此时，重力作用使同一渗流截面上的含水率上升，不利于水驱油，因此，倾斜地层中一般应用下部注水方式，自下而上驱油，以降低含水率。

(2)若地层为水平，重力项可去掉，则有：

$$f_w = \frac{1 + \dfrac{K_o}{\mu_o}\dfrac{1}{v_t}\dfrac{\partial p_c}{\partial x}}{1 + \dfrac{\mu_w}{\mu_o}\dfrac{K_{ro}}{K_{rw}}} \qquad (7-4-22)$$

此时，过同一渗流截面的含水率也会增加，同样说明倾斜地层中自下而上注水对含水率上升起抑制作用。

(3)若地层为水平,并可以忽略毛细管力(储层润湿性为中性时),则有:

$$f_w = \frac{1}{1 + \frac{\mu_w}{\mu_o}\frac{K_{ro}}{K_{rw}}} \qquad (7-4-23)$$

此时,对含水率的影响只有黏度比和相渗比,同一个储层,油水黏度比$\left(\mu_r = \frac{\mu_o}{\mu_w}\right)$越大,同一渗流截面上的含水率越大,反之亦然;油水相渗透率(或者相对渗透率)与含水饱和度相关,因此,含水率f_w是含水饱和度的函数,即$f_w = f_w(S_w)$。若已知岩石的油水相渗曲线,则可得到含水率曲线,如图7-4-2和图7-4-3所示。

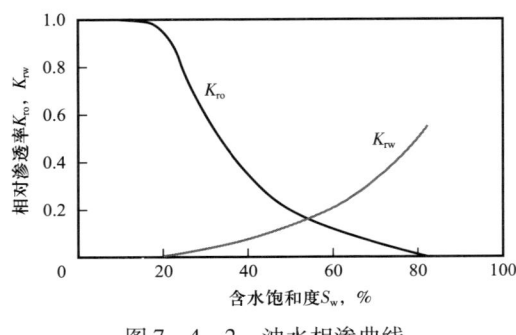

图7-4-2 油水相渗曲线　　　　　图7-4-3 含水率曲线

三、练习题

1、多选题:水驱油过程中,含水率与以下参数成正比关系的有(　　)。
A、油的黏度　　　B、水的黏度　　　C、水的相渗　　　D、油的相渗

2、多选题:水驱油过程中,含水率与以下关系密切的有(　　)。
A、油水黏度比　　B、岩石孔隙结构　　C、毛细管力　　D、地层倾斜角

3、多选题:水驱油过程中,含水率与以下关系相等的有(　　)。
A、水产量与液产量之比　　　　　B、水相渗流速度与液相渗流速度之比
C、含水饱和度与含油饱和度之比　　D、水相渗透率与油相渗透率之比

4、不考虑毛细管力和重率差的作用,水驱油的含水率曲线需要借助_____曲线通过含水率方程得到,含水率方程又称为_____方程。

5、判断题:水驱油过程中,油的黏度越低,油井的含水率会越高。

6、判断题:水驱油过程中,油井的含水率会逐渐增大。

7、多选题:水驱油过程中,下列关于含水率的变化说法正确的有(　　)。
A、见水前含水率基本保持不变　　　B、见水后含水率会快速上升
C、见水后期含水率会缓慢上升　　　D、见水后期含水率会保持高位不变

8、多选题:水驱油过程中,能够引起含水率上升的有(　　)。
A、降低油的黏度　　　　　　　　　B、降低水的黏度

C、增加油相渗透率　　　　　　　　D、增加水相渗透率

9、多选题：水驱油过程中，能够使见水时间推后的有（　　）。

A、增加束缚水饱和度　　　　　　　B、增加残余油饱和度

C、增加水的黏度　　　　　　　　　D、降低油的黏度

10、判断题：在倾斜地层中水驱油时，重率差作用能够起到抑制含水上升作用。

第五节　等饱和度面移动的基本微分方程

水驱油过程中，储层中含水饱和度的分布是最受关注的，它直接影响着含水率的变化和驱油效率的大小。应用连续性方程和含水率方程，建立起某饱和度面向前移动的规律，由此可以确定饱和度的分布。

一、知识点

以平面单向流为研究对象，建立油水两相的渗流方程。

如图 7-5-1 所示，水平地层沿 x 方向水驱油，起始位置 x_0。

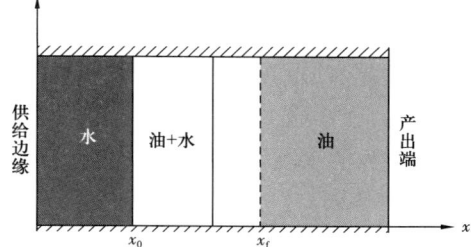

图 7-5-1　一维水驱油地层模型

已知一维水驱油的水相连续性方程为：

$$-\frac{\partial v_{wx}}{\partial x} = \phi \frac{\partial S_w}{\partial t} \tag{7-5-1}$$

方程(7-5-1)左边，由含水率方程有：

$$v_w = (v_w + v_o)f_w = v_t f_w \tag{7-5-2}$$

忽略岩石及液体的弹性作用时，总渗流速度 v_t 为一常数。则有：

$$-\frac{\partial v_{wx}}{\partial x} = -v_t \frac{df_w}{dS_w} \frac{\partial S_w}{\partial x} \tag{7-5-3}$$

得到：

$$-v_t \frac{df_w}{dS_w} \frac{\partial S_w}{\partial x} = \phi \frac{\partial S_w}{\partial t} \tag{7-5-4}$$

整理得：

$$-\frac{v_t}{\phi} \frac{df_w}{dS_w} = \frac{\frac{\partial S_w}{\partial t}}{\frac{\partial S_w}{\partial x}} \tag{7-5-5}$$

对于等饱和度面，即 $S_w = C$（常数），则有：

$$dS_w = \frac{\partial S_w}{\partial x}dx + \frac{\partial S_w}{\partial t}dt = 0 \qquad (7-5-6)$$

整理得到:

$$-\frac{dx}{dt} = \frac{\dfrac{\partial S_w}{\partial t}}{\dfrac{\partial S_w}{\partial x}} \qquad (7-5-7)$$

则有:

$$\frac{dx}{dt} = \frac{v_t}{\phi}\frac{df_w}{dS_w} \qquad (7-5-8)$$

而

$$v_t = \frac{Q(t)}{A} \qquad (7-5-9)$$

$Q(t)$ 为供水源处的注入流量,所以有:

$$\frac{dx}{dt} = \frac{Q(t)}{\phi A}\frac{df_w}{dS_w} \qquad (7-5-10)$$

式(7-5-10)就是一维水驱油等饱和度面移动的基本微分方程,也是水驱油渗流理论中最著名的 B-L 方程(Buckley-Leverett),也叫贝克莱—列维尔特方程。

B-L 方程实质上是等饱和度面在 x 方向上的移动速度。

对 B-L 方程分离变量并积分,得到:

$$\int_{x_0}^{x}dx = \int_{0}^{t}\frac{Q(t)}{\phi A}\frac{df_w}{dS_w}dt \qquad (7-5-11)$$

$$x - x_0 = \frac{f'_w}{\phi A}\int_{0}^{t}Q(t)dt \qquad (7-5-12)$$

$$x - x_0 = \frac{f'_w}{\phi A}W(t) \qquad (7-5-13)$$

$$f'_w = \frac{df_w}{dS_w} \qquad (7-5-14)$$

$$W(t) = \int_{0}^{t}Q(t)dt \qquad (7-5-15)$$

式中 $W(t)$——从开始到 t 时刻的水总注入量,m^3。

式(7-5-13)即为 B-L 方程的另一种表达公式,实际应用中多用此公式。f'_w 可由含水率曲线数据插值求出,如图 7-5-2 所示。

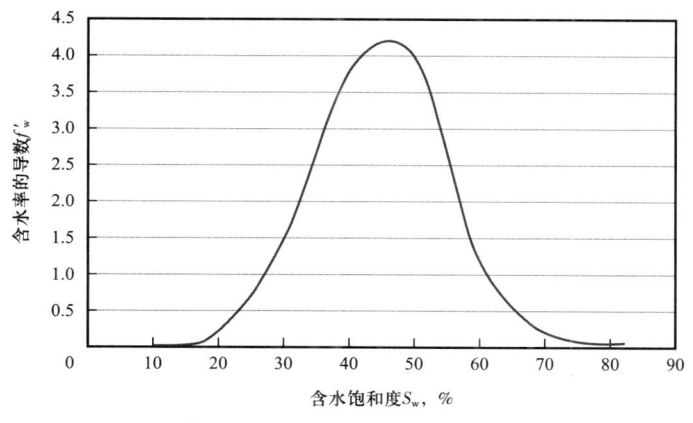

图 7-5-2 f'_w 与含水饱和度曲线

二、练习题

1、多选题：水驱油时等饱和度面移动的速度和以下参数相关的是（　　）。
A、产液量　　　　B、含水率曲线　　　　C、孔隙度　　　　D、渗流面积

2、判断题：一维水驱油过程中，等饱和度面移动的速度是一个常数。

3、多选题：水驱油时，等饱和度面移动的速度与下述参数成反比的有（　　）。
A、注水流量　　　　B、渗流面积　　　　C、孔隙度　　　　D、含水率

4、B-L方程中描述了_____、_____和_____三者之间的关系。

5、判断题：见水前，一维水驱油过程中，累计采出油量等于累计注入水量。

6、判断题：含水饱和度越大，含水率曲线的导数越大。

7、多选题：以下关于 B-L 方程说法正确的是（　　）。
A、可以确定某位置的含水饱和度　　　　B、可以求取某饱和度所在位置
C、可以预测含水饱和度的变化　　　　D、可以求前缘含水饱和度

8、判断题：根据一维水驱油 B-L 方程，累计注入水量等于混相带孔隙体积与前缘面积上含水率导数的比。

9、判断题：根据一维水驱油 B-L 方程，等饱和度面移动速度等于液体在孔隙中的真实速度与对应含水率的导数之乘积。

10、多选题：假设一维水驱油中，不考虑弹性作用，注水量恒定，则以下参数为定值的有（　　）。
A、产油量　　　　　　　　　　　B、产液量
C、某饱和度面的移动速度　　　　D、产出端的含水率

第六节　见水前两个关键饱和度确定方法

见水前，出口端的含水率为0，产出的液体中全部是油。含水饱和度变化的区域仅在油水混相带内。油水两相区的含水饱和度可以用 B-L 方程计算，但需要两个重要的参数，即前缘含水饱和度和平均含水饱和度。

一、相关概念

平均含水饱和度:油水两相混合区内,含水饱和度的长度加权平均值,符号为$\overline{S_w}$,计算公式为:

$$\overline{S_w} = \frac{\int_{x_1}^{x_2} S_w \mathrm{d}x}{x_2 - x_1} \quad (7-6-1)$$

二、知识点

油水混合区的前缘未到达产出端,此阶段定为见水前。此时,两个参数确定如下。

前缘含水饱和度 S_{wf} 相对于束缚水饱和度 S_{wc} 有一个跳跃,经分析推导得到二者的关系为:

$$f'_w(S_{wf}) = \frac{f_w(S_{wf})}{S_{wf} - S_{wc}} \quad (7-6-2)$$

式(7-6-2)是一个含有 S_{wf} 的隐函数,难于直接求解,可以通过公式的几何意义用作图法进行求解。

把式(7-6-2)变形为:

$$f'_w(S_{wf}) = \frac{f_w(S_{wf}) - f_w(S_{wc})}{S_{wf} - S_{wc}} \quad (7-6-3)$$

式(7-6-3)中的束缚水饱和度对应的含水率实际是0,则公式的几何意义为:通过 S_{wc} 点对 f_w 曲线作切线,切点所对应的含水饱和度即为前缘含水饱和度 S_{wf},如图7-6-1所示。

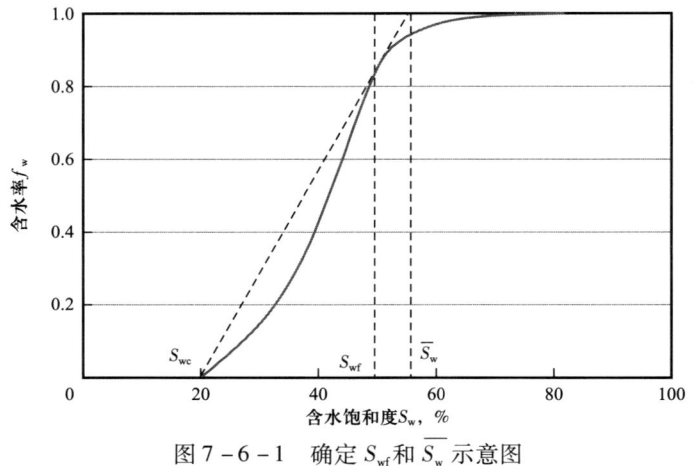

图7-6-1 确定 S_{wf} 和 $\overline{S_w}$ 示意图

根据质量守恒,见水前储层内含水的增加量等于注入水量,则有:

$$\overline{S_w} - S_{wc} = \frac{W(t)}{\phi A(x_f - x_0)} \qquad (7-6-4)$$

式中 $\overline{S_w}$——油水两相区中平均含水饱和度；
$\quad x_1$——油水两相区起始点位置，m；
$\quad x_2$——油水两相区终点位置，m；
$\quad S_w$——任意点的含水饱和度；
$\quad S_{wc}$——束缚水饱和度；
$\quad W(t)$——t 时刻累计注入水量，m^3；
$\quad \phi$——孔隙度；
$\quad A$——渗流面积，m^2；
$\quad x_f$——水驱油的前缘位置，m；
$\quad x_0$——水驱油的初始位置，m。

结合 B－L 方程，得到公式：

$$\overline{S_w} - S_{wc} = \frac{1}{f'_w(S_{wf})} \qquad (7-6-5)$$

再变形为：

$$f'_w(S_{wf}) = \frac{1 - f_w(S_{wc})}{\overline{S_w} - S_{wc}} \qquad (7-6-6)$$

式(7－6－6)几何意义是通过 S_{wc} 点对 f_w 曲线作切线(前缘含水饱和度求取时对应的直线)，切线与 $f_w = 1$ 线的交点所对应的含水饱和度即为见水前混合区内的平均含水饱和度 $\overline{S_w}$，如图 7－6－1 所示。

三、练习题

1、单选题：油水两相渗流时，下列与时间无关的是(　　)。
A、渗流阻力　　　　B、前缘位置　　　　C、前缘含水饱和度　　D、水流速度

2、判断题：水驱油时，见水前的油水混相带内平均含水饱和度是一个常数。

3、多选题：一维水驱油时，见水前油水混相区内保持不变的参数有(　　)。
A、平均含水饱和度　　　　　　　B、等饱和度面移动速度
C、前缘含水饱和度　　　　　　　D、出口端含水率

4、判断题：一维水驱油时，见水前混相区含水的增加量等于累计采出油量。

5、判断题：一维水驱油时，根据 B－L 方程，注入速度恒定时则前缘位置移动的速度不变。

6、多选题：一维水驱油时，不考虑弹性作用，注水速度不变，见水前储层中变化的量有(　　)。
A、平均含水饱和度　　　　　　　B、水流动速度
C、前缘含水饱和度　　　　　　　D、液流动速度

7、多选题:已知油水两相的相对渗透率曲线,用画图法得出水驱前缘含水饱度必需的步骤有(　　)。
　　A、获取油水黏度　　　　　　　　B、计算并画出含水率曲线
　　C、求取含水率曲线的导数　　　　D、对含水率曲线过束缚水饱和度作切线
8、水驱油理论中常用的四个饱和度为_____、_____、_____和_____。
9、多选题:应用前缘含水饱和度可以求得以下哪些参数(　　)。
　　A、油水混相区范围　　　　　　　B、见水时间
　　C、见水时的出口端含水率　　　　D、平均含水饱和度
10、判断题:油井见水时,含水率会由0逐渐增加。

第七节　见水后两个关键饱和度确定方法

油井见水后,产出液中既有油也有水,并且含水会快速上升,出口端的含水饱和度会增加,而前缘含水饱和度已经不存在。两个重要参数需要重新分析。

一、知识点

当水驱前缘位置到达采出端时,称为生产见水,继续注水驱油,则采出端含水会上升,此时的 S_{wf} 和 $\overline{S_w}$ 求取办法与见水前不同,如图7-7-1所示。

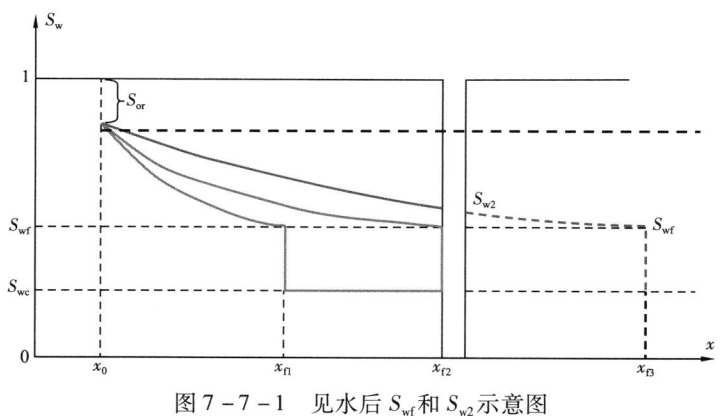

图7-7-1　见水后 S_{wf} 和 S_{w2} 示意图

前缘位置 x_{f1} 在储层中时,未见水, S_{wf} 和 $\overline{S_w}$ 按见水前计算;

前缘位置 x_{f2} 刚到达采出端时, S_{wf} 和 $\overline{S_w}$ 仍可按见水前计算,此时采出端的含水饱和度 $S_{w2}=S_{wf}$;

前缘位置到达采出端之后,采出端含水饱和度 S_{w2} 将增大,此时假设储层沿 x 方向延长,即没有采出端,前缘位置将在虚拟储层中前进,如到达 x_{f3}。

因此,见水后前缘含水饱和度值不发生改变,求取办法和见水前一样,但前缘位置是在虚拟储层中。

由于见水后采出端有水产出,实际储层的混合区内的$\overline{S_w}$发生变化,含水逐渐上升。可按式(7-7-1)分析:

$$\overline{S_w} = \frac{\int_{x_0}^{x_{f2}} S_w \mathrm{d}x}{x_{f2} - x_0} \quad (7-7-1)$$

经推导分析后,得到:

$$\overline{S_w} = S_{w2} + Q_i f_o(S_{w2}) \quad (7-7-2)$$

其中:

$$Q_i = \frac{W(t)}{(x_{f2} - x_0)A\phi} \quad (7-7-3)$$

其物理意义为累计注入水量的孔隙体积倍数,也称 PV。

$\overline{S_w}$计算公式的物理意义为:通过采出端含水饱和度 S_{w2}作f_w的切线,切线与$f_w=1$的交点所对应的含水饱和度,即为实际储层中的平均含水饱和度$\overline{S_w}$,其作图法如图7-7-2所示。

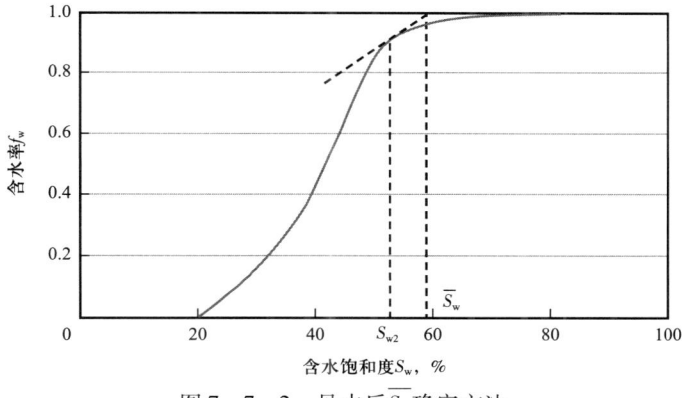

图7-7-2 见水后$\overline{S_w}$确定方法

二、练习题

1、多选题:与见水后油水两相区的平均含水饱和度有关的参数为( )。
A、累计注入体积倍数　　　　　　B、出口端含水率
C、相渗曲线　　　　　　　　　　D、含水率曲线

2、判断题:水驱油时,油水两相区的平均含水饱和度始终是一个常数。

3、判断题:一维水驱油时,混相区含水的增加量等于累计采出油量。

4、多选题:一维水驱油时,不考虑弹性作用,以下关于见水后的分析说法正确的有( )。
A、注入水量等于采出液量　　　　　　B、前缘含水饱和度的值不变
C、储层中水增加量等于累计采出油量　D、前缘位置在虚拟地层中

5、多选题:见水后的储层平均含水饱和度与以下参数成正比的有（　　　）。
   A、出口位置处的含水饱和度　　　　B、出口端的含水率
   C、累计注入量　　　　　　　　　　D、孔隙度

6、判断题:一维水驱油时,见水后水驱前缘位置就是出口端。

7、判断题:一维水驱油时,不考虑弹性作用,见水后的累计产液量等于累计注入量。

8、一维水驱油时,在含水率曲线上作切线求平均含水饱和度时,见水前的切点对应的饱和度是_____,见水后的切点对应的饱和度是_____。

9、一维水驱油时,见水前的油水混合区不断变大,平均含水饱和度_____;见水后的油水混合区不变,平均含水饱和度_____。

10、多选题:水驱油时,见水后含水不断增加的正相关因素有（　　　）。
   A、累计注入孔隙体积倍数　　　　B、平均含水饱和度
   C、出口端含水饱和度　　　　　　D、前缘含水饱和度

第八节　水驱油理论的应用

应用含水率方程、B－L方程、见水前后前缘含水饱和度和平均含水饱和度图版等相关理论和方法,可以确定水驱油时的生产动态。

一、知识点

1. 确定前缘位置和见水时间

利用 B－L 方程,得到前缘位置方程为:

$$x_\mathrm{f} - x_0 = \frac{f'_\mathrm{w}(S_\mathrm{wf})}{\phi A} W(t) \qquad (7-8-1)$$

某一时刻 t,累计注入水量 $W(t)$ 已知,用作图法可求得 S_wf,再利用 f'_w 曲线(图 7－6－1)求得 $f'_\mathrm{w}(S_\mathrm{wf})$,则可确定前缘位置 x_f。

若 $x_\mathrm{f} < x_\mathrm{f2}$,则前缘位置在储层内,未见水;

若 $x_\mathrm{f} = x_\mathrm{f2}$,则刚好见水,$t$ 即为见水时间 $T_{见水}$;

若 $x_\mathrm{f} > x_\mathrm{f2}$,则前缘位置在虚拟储层中,生产见水。

求见水时间 $T_{见水}$ 时,计算公式为:

$$x_\mathrm{f2} - x_0 = \frac{f'_\mathrm{w}(S_\mathrm{wf})}{\phi A} W(T) \qquad (7-8-2)$$

此时的未知数是 $W(T)$,通过累计注水量与时间的关系可得到见水时间 $T_{见水}$。

2. 确定含水饱和度的分布及变化规律

已知 B－L 方程:

$$x - x_0 = \frac{f'_w(S_w)}{\phi A} W(t) \qquad (7-8-3)$$

含水率曲线和储层物性参数都已知,三个未知数 x、S_w、t 之间可相互求解。

(1)时间 t 确定,则可确定累计注水量 $W(t)$,进一步可以求不同位置 x 处的 $f'_w(S_w)$,$f'_w(S_w)$ 所对应的含水饱和度 S_w,它可能存在双值,这是不合理的,需要按双值对应的含水饱和度分布面积相等进行处理,得到实际的 S_w;

(2)S_w 确定,可以求不同位置 x 处达到该 S_w 需要经历的时间,或者某时刻该 S_w 面所在的位置 x;

(3)x 确定,可以求该处的含水饱和度 S_w 随着时间 t 的变化规律。

3. B-L 方程的应用步骤

求取 S_w 的分布、S_{wf} 和 $\overline{S_w}$ 时,步骤如下:

(1)根据油水相渗曲线,利用含水率计算公式计算并绘制 f_w 和 f'_w 曲线;

(2)在含水率曲线上过 S_{wc} 点对 f_w 作切线,确定前缘含水饱和度 S_{wf}(图 7-6-1);

(3)应用 B-L 方程确定前缘位置 x_f,判断见水前还是见水后;

(4)若见水前,求见水时间 $T_{见水}$、储层内 S_w 分布、混合区 $\overline{S_w}$(图 7-6-1);

(5)若见水后,求 $x_0 \sim x_{f2}$ 之间的 S_w 分布、混合区 $\overline{S_w}$(图 7-7-2);

(6)若见水后,求 x_{f2} 处的含水率变化规律,反映采出端的含水情况;

(7)若见水后,可求累计注入水量与累计采出油量关系,研究水驱效果;

(8)水驱油整个过程中,可分析不同时刻的采出程度,以及 S_{w2} 达到极值时(如 98%)的水驱采收率。

4. 平面单向流的两相混合区的压力分布

忽略重力和毛细管力,混合区任一截面的总产液量为:

$$Q_l = Q_o + Q_w \qquad (7-8-4)$$

产油量:

$$Q_o = -KA \frac{K_{ro}}{\mu_o} \frac{dp}{dx} \qquad (7-8-5)$$

产水量:

$$Q_w = -KA \frac{K_{rw}}{\mu_w} \frac{dp}{dx} \qquad (7-8-6)$$

因此油水总流量等于:

$$Q_l = -KA \left(\frac{K_{rw}}{\mu_w} + \frac{K_{ro}}{\mu_o} \right) \frac{dp}{dx} \qquad (7-8-7)$$

将式(7-8-7)分子分母同乘上 μ_o,并令油水黏度比 $\mu_r = \frac{\mu_o}{\mu_w}$,则可得:

$$Q_1 = -\frac{KA}{\mu_o}(\mu_r K_{rw} + K_{ro})\frac{dp}{dx} \qquad (7-8-8)$$

则有混合区中 dx 长度上的渗流阻力为：

$$-\frac{\mu_o}{KA}\frac{dx}{\mu_r K_{rw} + K_{ro}} \qquad (7-8-9)$$

对总产液量 Q_1 方程进行分离变量积分得：

$$\int_{p_0}^{p} dp = -\int_{x_0}^{x}\frac{Q_1 \mu_o}{KA(\mu_r K_{rw} + K_{ro})}dx \qquad (7-8-10)$$

B-L 方程：

$$x - x_0 = \frac{f'_w}{\phi A}W(t) \qquad (7-8-11)$$

式(7-8-11)两边对 S_w 求导,得：

$$dx = \frac{W(t)}{\phi A}f''_w(S_w)dS_w \qquad (7-8-12)$$

把式(7-8-12)代入到式(7-8-10)中,并积分得到：

$$\int_{p_0}^{p} dp = -\int_{x_0}^{x}\frac{Q_1 \mu_o W(t) f''_w}{K\phi A^2(\mu_r K_{rw} + K_{ro})}dS_w$$

$$p_0 - p = \frac{Q_1 \mu_o W(t)}{K\phi A^2}\int_{x_0}^{x}\frac{f''_w}{(\mu_r K_{rw} + K_{ro})}dS_w \qquad (7-8-13)$$

可用近似积分法得到混合区的压力分布。

5. 平面径向流油水两相渗流

实际油藏中更多的是注水井和采油井,渗流形式是平面径向流。对单井的水驱油分析来讲,设圆形油藏中心一口采油井,边界处 $r = r_0$ 为水区,也可以通过油水两相连续性方程、运动方程及含水率方程等得到沿半径方向上的等饱和度面的移动方程,在这里不再推导,感兴趣的可参阅文献[1],仅给出公式为：

$$r_0^2 - r^2 = \frac{f'_w}{\pi h \phi}W(t) \qquad (7-8-14)$$

当前缘位置 $r_f = R_w$ 时,则油井见水。见水前和见水后的 S_{wf} 和 $\overline{S_w}$ 求解方法与平面单向流中的相同。

二、练习题

1、多选题：已知水驱油的前缘含水饱和度,由此可求的参数有（　　）。

A、前缘位置　　　　　　　　　　　B、见水时间

C、平均含水饱和度　　　　　　　　　　D、无水期采出程度

2、平面径向流水驱油过程中,驱替前缘离井越近,等饱和度面的移动速度_____,渗流速度_____。

3、水驱油理论中,常用到的曲线有_____和_____。

4、判断题:同样岩心和流体,一维水驱油和二维水驱油的前缘含水饱和度是相同的。

5、多选题:判断油井是不是见水可以用的参数有(　　　)。
A、前缘位置　　　　　　　　　　　　B、见水时间
C、前缘含水饱和度　　　　　　　　　D、平均含水饱和度

6、判断题:平面径向流水驱油时,因为越靠近井底产液量的渗流速度越大,所以是不稳定渗流。

7、某一维水驱油藏,孔隙度 $\phi=0.2$,宽 $B=50m$,厚度 $h=8m$,长 $L=100m$,从初始端注水,注水量为 $50m^3/d$,已知含水率及含水率导数曲线如图 7-8-1 所示,求:前缘位置向前推进的速度、油井见水时间。

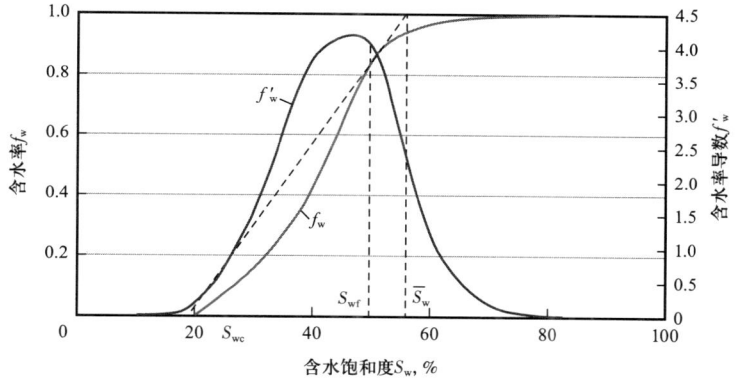

图 7-8-1　含水率及含水率导数曲线

8、水驱油数据与第 7 题相同,求油井含水率达到 0.95 的时间。

9、有圆形油藏中心一口直井,原始含水饱和度为束缚水饱和度,从边界处开始径向水驱油,$R_e=150m$,$R_w=0.1m$,$h=5m$,$\phi=0.2$,边界注水量 $Q=100m^3/d$,含水率及含水率曲线数据与第 7 题相同,求油井见水时间、油井含水率达到 0.95 的时间。

10、有圆形油藏中心一口直井,原始含水饱和度为束缚水饱和度 $S_{wc}=0.2$,从边界处开始径向水驱油,$R_e=150m$,$R_w=0.1m$,$h=5m$,$\phi=0.2$,边界注水量 $Q=100m^3/d$,含水率及含水率曲线数据与第 7 题相同,残余油饱和度为 $S_{or}=0.2$。求油井 100d、200d、500d、800d 累计注水孔隙体积倍数、累计采油量、采出程度及占可采出油的百分比。

第八章 其他渗流理论

传统的或者经典的渗流理论适用于常规储层的生产动态分析，是油气渗流的基础，也是其他渗流理论的依据。越来越多的复杂条件下的储层成为油气开发的主要构成，经典渗流理论需要进一步发展才能更实践地解释复杂的渗流现象，基于此，本章对当前应用较多、广受关注的渗流理论进行简要介绍。主要包括天然气渗流、油气两相渗流、裂缝—孔隙双重介质渗流、水平井渗流、非牛顿液体渗流、非等温渗流、传质扩散渗流、多相多组分渗流，以及涵盖煤层气、页岩气、致密油、页岩油、天然气水合物、地热等六种非常规储层渗流。

第一节 天然气渗流

中国 2000 年天然气产量仅 $260 \times 10^8 \mathrm{m}^3$，到 2010 年增长到 $1000 \times 10^8 \mathrm{m}^3$，2016 年和 2023 年分别达到 $1370 \times 10^8 \mathrm{m}^3$ 和 $2324 \times 10^8 \mathrm{m}^3$，折算成油气当量后与原油产量基本持平，实现了天然气的跨越式发展。随着页岩气、煤层气、致密气、天然气水合物等非常规资源的开发，天然气的比重也将会越来越大。

天然气主要特点是压缩性大，与液体具有很大不同的渗流特点。比如：其黏度和压缩系数都是压力的函数、压缩因子是特殊参数并也是压力的函数、用拟压力函数代替液体渗流方程中的压力、稳定渗流中压力平方之差与气体流量呈线性关系等。

本节中带角标"sc"的参数指的是常温条件下（$20℃$，$1\mathrm{atm}$）。

一、相关概念

理想气体：气体分子有质量，无体积，独立运动，分子间无作用力。

天然气拟压力函数：它可以替换液体渗流方程中的压力 p，计算公式为：

$$m^* = 2\int_{p_0}^{p} \frac{p}{\mu_\mathrm{g}(p)Z(p)}\mathrm{d}p \qquad (8-1-1)$$

式中 m^*——拟压力函数，Pa^2/s；

p_0——初始压力，Pa；

$\mu_\mathrm{g}(p)$——气体黏度随压力变化的函数，$\mathrm{Pa \cdot s}$；

$Z(p)$——气体压缩因子随压力变化的函数。

气井绝对无阻流量：气井井底完全敞开状态下（$p_\mathrm{w} = 0.1\mathrm{MPa}$）的天然气流量，是用于评价气井产能大小的重要参数，常用符号为 q_AOF。

气井的二项式产能公式：$p_\mathrm{e}^2 - p_\mathrm{w}^2 = aQ_\mathrm{sc} + bQ_\mathrm{sc}^2$。

二、知识点

1. 天然气渗流的基本微分方程

1）连续性方程

同单相液体渗流的连续性方程推导一样，可得到天然气渗流的连续性方程为：

$$-\left[\frac{\partial(\rho_g v_x)}{\partial x} + \frac{\partial(\rho_g v_y)}{\partial y} + \frac{\partial(\rho_g v_z)}{\partial z}\right] = \frac{\partial(\rho_g \phi)}{\partial t} \quad (8-1-2)$$

2）运动方程

天然气的黏度很小（10^{-2} mPa·s 数量级），在孔隙中流动速度相对于液体快很多，许多都达到非线性渗流，但在低渗透、致密和页岩储层孔隙中，天然气的流动速度还在达西流范围内，在此，先研究符合达西渗流的运动方程。

符合达西定律的运动方程为：

$$v_x = -\frac{K}{\mu_g}\frac{\partial p}{\partial x},\ v_y = -\frac{K}{\mu_g}\frac{\partial p}{\partial y},\ v_z = -\frac{K}{\mu_g}\frac{\partial p}{\partial z} \quad (8-1-3)$$

3）状态方程

理想气体的状态方程为：

$$pV = nRT \quad (8-1-4)$$

得：

$$\rho_g = \frac{pM}{RT} \quad (8-1-5)$$

实际气体与理想气体之间存在偏差，则真实气体状态方程为：

$$pV = nZRT \quad (8-1-6)$$

得：

$$\rho_g = \frac{pM}{ZRT} \quad (8-1-7)$$

或

$$\rho_g = \frac{T_{sc} Z_{sc} \rho_{gsc}}{p_{sc}}\frac{p}{ZT} \quad (8-1-8)$$

设气层温度不变，可得气体的等温压缩系数为：

$$C_g(p) = \frac{1}{p} - \frac{1}{Z}\frac{dZ}{dp} \quad (8-1-9)$$

对于理想气体，等温压缩系数为：

$$C_g(p) = \frac{1}{p} \qquad (8-1-10)$$

由于气体的弹性能很大,岩石的弹性可忽略。

4)基本微分方程

(1)理想气体。

把运动方程和理想气体状态方程代入到连续性方程,得到理想气体的基本微分方程:

$$\frac{\partial^2 p^2}{\partial x^2} + \frac{\partial^2 p^2}{\partial y^2} + \frac{\partial^2 p^2}{\partial z^2} = \frac{\phi \mu_g(\bar{p})}{Kp} \frac{\partial p^2}{\partial t} \qquad (8-1-11)$$

对于系数项,取 $C_g(p) = \dfrac{1}{p}$,且 $p = \bar{p}$,定义气体的导压系数为:

$$\eta = \frac{K}{\phi \mu_g(\bar{p}) C_g(\bar{p})} \qquad (8-1-12)$$

其物理意义同液体导压系数相近,即单位时间内压力波传播的面积。

则理想气体的基本微分方程为:

$$\frac{\partial^2 p^2}{\partial x^2} + \frac{\partial^2 p^2}{\partial y^2} + \frac{\partial^2 p^2}{\partial z^2} = \frac{1}{\eta} \frac{\partial p^2}{\partial t} \qquad (8-1-13)$$

表示为:

$$\nabla^2 p^2 = \frac{1}{\eta} \frac{\partial p^2}{\partial t} \qquad (8-1-14)$$

(2)真实气体。

把运动方程和真实气体状态方程代入到连续性方程中去,同样考虑岩石不可压缩,得到:

$$\frac{\partial}{\partial x}\left[\frac{p}{\mu_g(p)Z(p)}\frac{\partial p}{\partial x}\right] + \frac{\partial}{\partial y}\left[\frac{p}{\mu_g(p)Z(p)}\frac{\partial p}{\partial y}\right] + \frac{\partial}{\partial z}\left[\frac{p}{\mu_g(p)Z(p)}\frac{\partial p}{\partial z}\right] = \frac{\phi}{K}\frac{\partial}{\partial t}\left[\frac{p}{Z(p)}\right]$$

右边变为:

$$\frac{\partial}{\partial t}\left[\frac{p}{Z(p)}\right] = \left[\frac{1}{p} - \frac{1}{Z(p)}\frac{\partial p}{\partial Z(p)}\right]\frac{p}{Z(p)}\frac{\partial p}{\partial t} = C_g(p)\frac{p}{Z(p)}\frac{\partial p}{\partial t} \qquad (8-1-15)$$

代入方程(8-1-14)得:

$$\nabla\left[\frac{p}{\mu_g(p)Z(p)}\nabla p\right] = \frac{\phi \mu_g(p) C_g(p)}{K}\left[\frac{p}{\mu_g(p)Z(p)}\frac{\partial p}{\partial t}\right] \qquad (8-1-16)$$

同理,系数项中,取 $p = \bar{p}$,得到导压系数。则有:

$$\nabla\left[\frac{p}{\mu_g(p)Z(p)}\nabla p\right] = \frac{1}{\eta}\left[\frac{p}{\mu_g(p)Z(p)}\frac{\partial p}{\partial t}\right] \qquad (8-1-17)$$

为了便于和液体渗流数学模型相对比,引入拟压力函数,定义为:

$$m^* = 2\int_{p_0}^{p} \frac{p}{\mu_g(p)Z(p)}dp \qquad (8-1-18)$$

则有：

$$\frac{\partial^2 m^*}{\partial x^2} + \frac{\partial^2 m^*}{\partial y^2} + \frac{\partial^2 m^*}{\partial z^2} = \frac{1}{\eta}\frac{\partial m^*}{\partial t} \qquad (8-1-19)$$

这就是真实气体的基本微分方程。

方程(8-1-19)与单相液体的基本微分方程相同，在研究气体渗流规律时可用之前介绍过的方法进行。不同的是气体用拟压力函数代替了液体中的压力。

拟压力函数中 $\mu_g(p)Z(p)$ 是压力和温度的函数，在实际应用中，其值可近似等于 $\bar{p}$ 下对应的值，则拟压力差为：

$$m_1^* - m_2^* = \frac{1}{\mu_g(\bar{p})Z(\bar{p})}(p_1^2 - p_2^2) \qquad (8-1-20)$$

2. 天然气的稳定渗流

1）达西渗流

这里仅以实际气井的平面径向流的稳定渗流为例，研究对象为真实气体，并且符合达西定律。

平面径向流中的极坐标下的表达形式和液体的相似，稳定渗流基本微分方程为：

$$\frac{d^2 m^*}{dr^2} + \frac{1}{r}\frac{dm^*}{dr} = 0 \qquad (8-1-21)$$

则可得到其拟压力分布公式为：

$$m^* = m_e^* - \frac{m_e^* - m_w^*}{\ln\frac{R_e}{R_w}}\ln\frac{R_e}{r} \qquad (8-1-22)$$

若 $\mu_g(p)Z(p)$ 取平均地层压力 $\bar{p}$ 对应值，则有：

$$p^2 = p_e^2 - \frac{p_e^2 - p_w^2}{\ln\frac{R_e}{R_w}}\ln\frac{R_e}{r} \qquad (8-1-23)$$

天然气体积流量是随压力变化的，直接应用单相液体稳定渗流流量公式时得不出其结果，需要进行另一种分析。

在稳定渗流时，其质量流量不变化，由达西定律得质量流量为：

$$Q_m = \frac{2\pi Kh}{\mu_g}r\frac{dp}{dr}\rho_g \qquad (8-1-24)$$

代入真实气体的状态方程为：

$$Q_{\mathrm{m}} = \frac{2\pi Kh}{\mu_{\mathrm{g}}} r \frac{\mathrm{d}p}{\mathrm{d}r} \frac{T_{\mathrm{sc}} Z_{\mathrm{sc}} \rho_{\mathrm{gsc}}}{p_{\mathrm{sc}}} \frac{p}{Z(p)T} \qquad (8-1-25)$$

根据拟压力函数定义,得到:

$$Q_{\mathrm{m}} = \frac{\pi Kh T_{\mathrm{sc}} Z_{\mathrm{sc}} \rho_{\mathrm{gsc}}}{p_{\mathrm{sc}} T} r \frac{\mathrm{d}m^*}{\mathrm{d}r} \qquad (8-1-26)$$

分离变量并积分得到:

$$Q_{\mathrm{m}} = \frac{\pi Kh T_{\mathrm{sc}} Z_{\mathrm{sc}} \rho_{\mathrm{gsc}}}{p_{\mathrm{sc}} T} \frac{m_{\mathrm{e}}^* - m_{\mathrm{w}}^*}{\ln \frac{R_{\mathrm{e}}}{R_{\mathrm{w}}}} \qquad (8-1-27)$$

令 $\mu_{\mathrm{g}}(p)Z(p)$ 取 $\bar{p}$ 时的值,则得到气井稳定渗流时的体积流量公式:

$$Q_{\mathrm{sc}} = \frac{\pi Kh T_{\mathrm{sc}} Z_{\mathrm{sc}}}{p_{\mathrm{sc}} T \mu_{\mathrm{g}}(\bar{p}) Z(\bar{p})} \frac{p_{\mathrm{e}}^2 - p_{\mathrm{w}}^2}{\ln \frac{R_{\mathrm{e}}}{R_{\mathrm{w}}}} \qquad (8-1-28)$$

对压力分布公式微分得到压力梯度:

$$\frac{\mathrm{d}p}{\mathrm{d}r} = \frac{p_{\mathrm{e}}^2 - p_{\mathrm{w}}^2}{\ln \frac{R_{\mathrm{e}}}{R_{\mathrm{w}}}} \frac{1}{2pr} \qquad (8-1-29)$$

由此可知,在相同压差条件下,气井井底附近的压力梯度比油井井底的还要大,即在井底附近气井的压降漏斗比油井的还陡,说明气层的能量绝大部分消耗在井底附近几米范围内,因此,气层的平均地层压力接近边界压力,一般采用 $\bar{p} = p_{\mathrm{e}}$。

2) 非线性渗流

天然气非线性稳定渗流基本微分方程可写成:

$$\begin{cases} \nabla[\delta(\nabla m^*)] = 0 \\ \delta = \dfrac{1}{1 + \dfrac{\alpha_2 \rho_{\mathrm{g}} K v}{\mu_{\mathrm{g}}}} \end{cases} \qquad (8-1-30)$$

式中 α_2 ——影响惯性阻力的孔隙结构几何特征参数,据笔者推算储层一般小于0.1;

δ ——紊流系数,当速度不太大时,比较靠近1。

天然气在气层中的流动经常表现为非线性,其非线性渗流的两种形式为:

二项式渗流公式:

$$\begin{cases} p_{\mathrm{e}}^2 - p_{\mathrm{w}}^2 = a Q_{\mathrm{sc}} + b Q_{\mathrm{sc}}^2 \\ a = \dfrac{p_{\mathrm{sc}} T \mu_{\mathrm{g}}(\bar{p}) Z(\bar{p})}{\pi Kh T_{\mathrm{sc}} Z_{\mathrm{sc}}} \ln \dfrac{R_{\mathrm{e}}}{R_{\mathrm{w}}} \\ b = \dfrac{\alpha_2 \rho_{\mathrm{gsc}}}{2\pi^2 h^2} \dfrac{p_{\mathrm{sc}} T Z(\bar{p})}{T_{\mathrm{sc}} Z_{\mathrm{sc}} Z} \left(\dfrac{1}{R_{\mathrm{w}}} - \dfrac{1}{R_{\mathrm{e}}} \right) \end{cases} \qquad (8-1-31)$$

指数式渗流公式：

$$Q_{sc} = C(p_e^2 - p_w^2)^n \tag{8-1-32}$$

$$C = 2\pi Kh C_2 \left(\frac{1-n}{n}\right)^n \rho_{gsc}^{n-1} \left[\frac{T_{sc}}{2Z(\bar{p})p_{sc}T}\right]^n \left(R_w^{1-\frac{1}{n}} - R_e^{1-\frac{1}{n}}\right)^{-n} \tag{8-1-33}$$

式中 C_2——与气层及流体有关的系数；

n——渗流指数，$0.5 \leqslant n < 1$。

以上系数很复杂,很难用公式准确地计算出,在实际应用中都是根据试井资料来确定的。

3. 天然气井的稳定试井

气井稳定试井的目的是确定产能大小,判断增产措施效果及确定合理工作制度。

若应用线性渗流产量公式则可通过测井底压力,再算得 $p_e^2 - p_w^2$,可作出 $p_e^2 - p_w^2$ 和 Q_{sc} 的关系曲线,理论上是通过原点的直线,取直线段上的斜率可推算地层参数,其应用与单相液体稳定试井相似。

若应用非线性渗流公式,可分为二项式和指数式。

（1）二项式。

气体非线性渗流二项式变换为：

$$\frac{p_e^2 - p_w^2}{Q_{sc}} = a + bQ_{sc} \tag{8-1-34}$$

作二项式特征曲线如图 8-1-1 所示。

由实测曲线可得到 a 和 b,则得到二项式产能方程。

设 $p_w = p_{sc}$,p_{sc} 为大气压（1×10^5 Pa）,则有：

$$p_e^2 - p_{sc}^2 = aQ_{AOF} + bQ_{AOF}^2 \tag{8-1-35}$$

由此,可计算出气井绝对无阻流量。

（2）指数式。

气井非线性渗流指数式变换为：

$$\lg Q_{sc} = \lg C + n \lg(p_e^2 - p_w^2) \tag{8-1-36}$$

作指数特征曲线如图 8-1-2 所示。

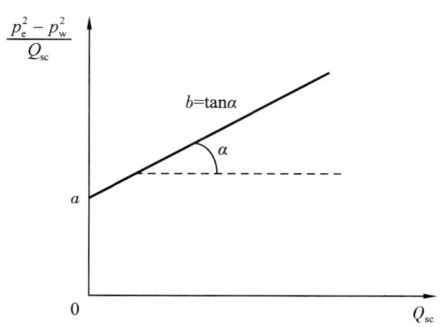

图 8-1-1 气井二项式特征曲线

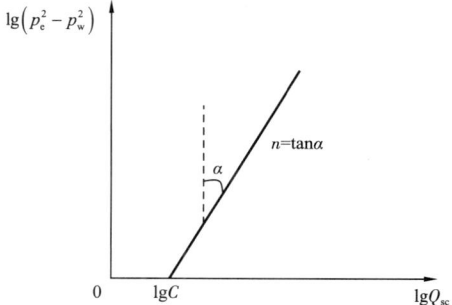

图 8-1-2 气井指数式特征曲线

在实测曲线上可求得 n，然后在曲线上找一点，代入指数特征方程中可求得 C，如此，得到指数式的产能方程。

同理，设 $p_w = p_{sc}$，则有：

$$Q_{AOF} = C(p_e^2 - p_{sc}^2)^n \tag{8-1-37}$$

可求得气井绝对无阻流量。

在指数特征曲线上，当直线向左移动时，说明 C 值变小，地层渗透率变差，反之亦然。

实际试井过程中，气井产量需要较长时间才能稳定，在生产中不易实现，因此，提出了气井的等时试井方法和修正等时试井方法，在此不再赘述，感兴趣的可参阅文献[1]。

4. 天然气的不稳定渗流

已知真实气体的基本微分方程，平面径向流中的极坐标下的表达形式和液体的相似，不稳定渗流基本微分方程为：

$$\frac{\partial^2 m^*}{\partial r^2} + \frac{1}{r}\frac{\partial m^*}{\partial r} = \frac{1}{\eta}\frac{\partial m^*}{\partial t} \tag{8-1-38}$$

仍然应用单相液体无限大地层定产量条件下的基本解方法，得到压力分布公式：

$$p^2 = p_i^2 - \frac{Q_{sc}\mu_g(\bar{p})}{2\pi Kh}\frac{p_{sc}Z(\bar{p})T}{Z_{sc}T_{sc}}\left[-\text{Ei}\left(-\frac{r^2}{4\eta t}\right)\right] \tag{8-1-39}$$

由于气体的导压系数比液体的大很多（可达 10 倍以上），$\frac{r^2}{4\eta t} < 0.01$ 很容易达到，因此，压力分布公式可写为：

$$p^2 = p_i^2 - \frac{Q_{sc}\mu_g(\bar{p})}{2\pi Kh}\frac{p_{sc}Z(\bar{p})T}{Z_{sc}T_{sc}}\ln\frac{2.25\eta t}{r^2} \tag{8-1-40}$$

井底压力公式为：

$$p_w^2 = p_i^2 - \frac{Q_{sc}\mu_g(\bar{p})}{2\pi Kh}\frac{p_{sc}Z(\bar{p})T}{Z_{sc}T_{sc}}\ln\frac{2.25\eta t}{R_w^2} \tag{8-1-41}$$

气井不稳定渗流的多井干扰与单相液体的一样，其不稳定试井也分为压力降落不稳定试井和压力恢复不稳定试井，原理也和单相液体的相似。本书对此不再进行展开。

三、练习题

1、多选题：天然气稳定渗流时，气井产量与下列参数呈线性关系的是（　　）。
A、压力之差　　　　B、压力的平方之差　C、压力差的平方　　D、拟压力之差

2、用来描述实际气体与理想气体的偏差的物理量称为_____，天然气的黏度数量级在_____ mPa·s。

3、天然气的拟压力函数公式_____，等温压缩系数公式_____。

4、衡量气井产能的关键物理量叫_____，是指井底压力等于_____时的气

井产量。

5、天然气非线性渗流时,稳定试井曲线的两种形式为_____和_____,它们的纵坐标为_____。

6、判断题:天然气稳定渗流时,当符合达西定律时,其产量和压差成直线关系。

7、多选题:天然气渗流与液体渗流之间有较大区别,以下是天然气突出特点的有( )。
A、渗流阻力小　　　B、流动速度快　　　C、弹性能量大　　　D、生产压差大

8、多选题:与液体相比,天然气特有的渗流物性参数有( )。
A、体积系数　　　B、密度　　　C、等温压缩系数　　　D、压缩因子

9、多选题:关于天然气线性渗流的拟压力和压力的说法正确的是( )。
A、流量和拟压力差呈线性关系　　　B、流量与压差呈线性关系
C、流量与拟压力的平方差呈线性关系　　　D、流量与压力的平方差呈线性关系

10、综合题:在气体稳定渗流的平面径向流中,圆形供给边界地层中心一口生产井,已知 $R_e=150\text{m}$, $p_e=20\text{MPa}$, $T=323\text{K}$, $K=5\text{mD}$, $h=5\text{m}$, $\mu_g(\bar{p}=p_e)=0.022\text{mPa}\cdot\text{s}$, $Z(\bar{p}=p_e)=0.81$, $T_{sc}=293.15\text{K}$, $Z_{sc}=1$, $p_{sc}=0.1\text{MPa}$, $R_w=0.1\text{m}$, $p_w=17\text{MPa}$, $\phi=0.2$, $\rho_g(\bar{p}=p_e)=0.15\text{g/cm}^3$, $B_g=0.0045$,求流量 $Q(10^4\text{m}^3/\text{d})$ 和井壁处气体实际流入速度 $v_{w\phi}(\mu\text{m/s})$。

第二节　油气两相渗流

在单相油弹性驱过程中,若压力低于饱和压力,溶解在油中的天然气会分离出而成为游离气,流动相转变为油气两相,而且游离气具有比液体大得多的弹性作用,驱动方式也就由弹性驱转变为溶解气驱。

油气两相流动与单相流动不同,也与油水、气水两相有较大差别,油水和气水两相都假设为两相之间不互溶。对于油气两相而言,气相可溶解于油相,油相不溶于气相。因此,所建立的基本微分方程会存在很大的差别。

在现场实际中,油气一般是伴生的,也即地下油采出后总是油气的混合体,经地面分离后才得以分开。分离后的油为地下油相部分,分离后的气是两部分之和,即地下油相内溶解气和地下气相的游离气。溶解气和油具有相同的渗流特征,游离气具有与液体不同的渗流特征。

一、相关概念

生产气油比:地面条件下,油井产出的气体总量与纯油量的比值,符号为 GOR。

油气两相渗流中的油相拟压力函数: $H_o(p) = \int_0^p \dfrac{K_{ro}}{B_o(p)\mu_o(p)}dp$。

二、知识点

1. 油气渗流的物理过程

图 8-2-1 所示为一封闭未饱和油藏,当地层压力低于饱和压力 p_b 时的开采曲线。按

GOR 分为三个阶段。

第Ⅰ阶段：地层压力刚低于饱和压力，分离出的游离气很少，呈单个气泡分散在油相中，还没有成为连续的流动相，气泡的膨胀所释放的弹性能量主要用于驱油，因此，表现为 GOR 缓慢降低，压力基本保持不变，这一阶段很短。

第Ⅱ阶段：随着压力的降低，从油中分离出的游离气增多，由于气体黏度很小，分散状态逐渐形成连续气流，很快地从油中突破而进入井底，GOR 迅速增高，并引起压力较快下降，油的黏度增大，产油量降低，溶解气的弹性驱动效果很差。

第Ⅲ阶段：GOR 迅速下降，开采进入后期，能量已近枯竭。

从以上三个过程可见，溶解气驱效果最好的是第Ⅰ阶段，之后会逐渐变差，因此，许多未饱和油藏一般不会一直开采到很低的地层压力，而是在饱和压力附近通过注水或注气来补充地层能量，以便利用油中溶解气的能量（影响油黏度和地层压力）。

2. 油气两相渗流的基本微分方程

1）连续性方程

与前文方法一样，应用微元六面体及物质平衡定律，进行连续性方程的推导。

如图 8-2-2 所示，首先推导油相连续性方程。

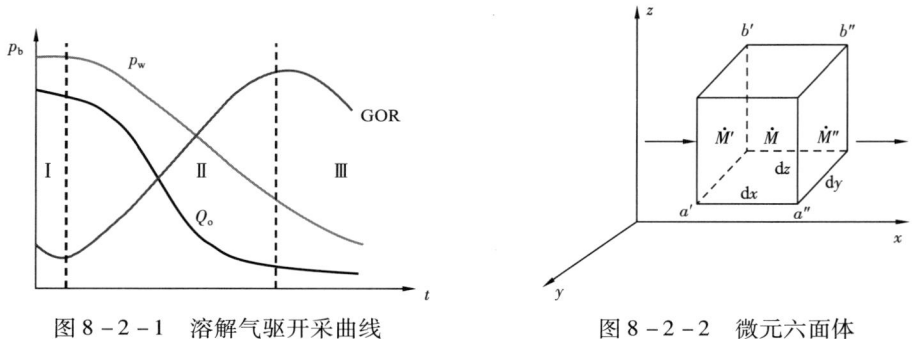

图 8-2-1　溶解气驱开采曲线　　　　图 8-2-2　微元六面体

该处的油相是特指脱气后的纯油，在多相多组分渗流中称为油组分。设 ρ_D 为地下混气油的密度，G_1 为溶解气的密度。

x 方向上，中心点 M 处的油相渗流速度分量为：

$$(\rho_D - G_1)v_{ox} \tag{8-2-1}$$

则 x 方向上 dt 时间流入流出的油相质量差为：

$$-\frac{\partial[(\rho_D - G_1)v_{ox}]}{\partial x}dxdydzdt \tag{8-2-2}$$

同理可得 y、z 方向的质量差，得到整个六面体的流入流出油相质量差为：

$$-\left\{\frac{\partial[(\rho_D - G_1)v_{ox}]}{\partial x} + \frac{\partial[(\rho_D - G_1)v_{oy}]}{\partial y} + \frac{\partial[(\rho_D - G_1)v_{oz}]}{\partial z}\right\}dxdydzdt$$

$$\tag{8-2-3}$$

又六面体内 dt 时间的油相质量变化为：

$$\frac{\partial}{\partial t}[(\rho_D - G_1)\phi S_o]\mathrm{d}x\mathrm{d}y\mathrm{d}z\mathrm{d}t \tag{8-2-4}$$

根据质量守恒定律得到油相连续性方程：

$$-\left\{\frac{\partial[(\rho_D - G_1)v_{ox}]}{\partial x} + \frac{\partial[(\rho_D - G_1)v_{oy}]}{\partial y} + \frac{\partial[(\rho_D - G_1)v_{oz}]}{\partial z}\right\} = \frac{\partial}{\partial t}[(\rho_D - G_1)\phi S_o]$$

$$\tag{8-2-5}$$

或

$$-\nabla \cdot [(\rho_D - G_1)\boldsymbol{v}_o] = \frac{\partial[(\rho_D - G_1)\phi S_o]}{\partial t} \tag{8-2-6}$$

推导气相连续性方程如下。

气相包括油相中的溶解气和气相中的游离气两部分，实际为气组分。

x 方向上，中心点 M 处的气相渗流速度分量为：

$$\rho_g v_{gx} + G_1 v_{ox} \tag{8-2-7}$$

则 x 方向上 dt 时间流入流出的气相质量差为：

$$-\frac{\partial(\rho_g v_{gx} + G_1 v_{ox})}{\partial x}\mathrm{d}x\mathrm{d}y\mathrm{d}z\mathrm{d}t \tag{8-2-8}$$

同理可得 y、z 方向的质量差，得到整个六面体的流入流出气相质量差为：

$$-\left\{\frac{\partial(\rho_g v_{gx} + G_1 v_{ox})}{\partial x} + \frac{\partial(\rho_g v_{gy} + G_1 v_{oy})}{\partial y} + \frac{\partial(\rho_g v_{gz} + G_1 v_{oz})}{\partial z}\right\}\mathrm{d}x\mathrm{d}y\mathrm{d}z\mathrm{d}t \tag{8-2-9}$$

又六面体内 dt 时间的气相质量变化为：

$$\frac{\partial}{\partial t}[\phi(\rho_g S_g + G_1 S_o)]\mathrm{d}x\mathrm{d}y\mathrm{d}z\mathrm{d}t \tag{8-2-10}$$

根据质量守恒定律得到气相连续性方程：

$$-\left[\frac{\partial(\rho_g v_{gx} + G_1 v_{ox})}{\partial x} + \frac{\partial(\rho_g v_{gy} + G_1 v_{oy})}{\partial y} + \frac{\partial(\rho_g v_{gz} + G_1 v_{oz})}{\partial z}\right] = \frac{\partial[\phi(\rho_g S_g + G_1 S_o)]}{\partial t}$$

$$\tag{8-2-11}$$

或

$$-\nabla \cdot [\rho_g \boldsymbol{v}_g + G_1 \boldsymbol{v}_o] = \frac{\partial[\phi(\rho_g S_g + G_1 S_o)]}{\partial t} \tag{8-2-12}$$

2）运动方程

假设都符合达西定律，油气两相不存在毛细管力作用，则有：

油相：

$$v_{ox} = -\frac{K_o}{\mu_o}\frac{\partial p}{\partial x}, v_{oy} = -\frac{K_o}{\mu_o}\frac{\partial p}{\partial y}, v_{oz} = -\frac{K_o}{\mu_o}\frac{\partial p}{\partial z} \qquad (8-2-13)$$

气相：

$$v_{gx} = -\frac{K_g}{\mu_g}\frac{\partial p}{\partial x}, v_{gy} = -\frac{K_g}{\mu_g}\frac{\partial p}{\partial y}, v_{gz} = -\frac{K_g}{\mu_g}\frac{\partial p}{\partial z} \qquad (8-2-14)$$

3）状态方程

（1）游离气：

$$\rho_g = \frac{\rho_{gsc}}{B_g(p)} \qquad (8-2-15)$$

（2）溶解气：

$$G_1 = \frac{R_s(p)\rho_{gsc}}{B_o(p)} \qquad (8-2-16)$$

（3）油：

$$\rho_D = \frac{\rho_{osc} + R_s(p)\rho_{gsc}}{B_o(p)} \qquad (8-2-17)$$

（4）岩石：

不考虑岩石的弹性压缩。

4）基本微分方程

运动方程和状态方程都代入到连续性方程，得到基本微分方程：

油相：

$$\nabla\left[\frac{K_{ro}}{B_o(p)\mu_o(p)}\nabla p\right] = \frac{\phi}{K}\frac{\partial}{\partial t}\left[\frac{S_o}{B_o(p)}\right] \qquad (8-2-18)$$

气相：

$$\nabla\left[\frac{K_{rg}}{B_g(p)\mu_g(p)}\nabla p\right] + \nabla\left[\frac{R_s(p)K_{ro}}{B_o(p)\mu_o(p)}\nabla p\right] = \frac{\phi}{K}\frac{\partial}{\partial t}\left[\frac{S_g}{B_g(p)} + \frac{R_s(p)}{B_o(p)}S_o\right]$$

$$(8-2-19)$$

3. 油气两相稳定渗流

同气水两相渗流形式一样，引入拟压力函数（也称为赫氏函数）为：

$$H_o(p) = \int_0^p \frac{K_{ro}}{B_o(p)\mu_o(p)}\mathrm{d}p \qquad (8-2-20)$$

设油井以平面径向流生产，若为稳定渗流，则油相方程变为：

$$\nabla^2 H_o = 0 \tag{8-2-21}$$

写为极坐标形式：

$$\frac{d^2 H_o}{dr^2} + \frac{1}{r}\frac{dH_o}{dr} = 0 \tag{8-2-22}$$

则可得到其拟压力分布公式和流量公式：

$$H_o = H_{oe} - \frac{H_{oe} - H_{ow}}{\ln\frac{R_e}{R_w}} \ln\frac{R_e}{r} \tag{8-2-23}$$

$$Q_o = 2\pi Kh \frac{H_{oe} - H_{ow}}{\ln\frac{R_e}{R_w}} \tag{8-2-24}$$

从以上公式看出，拟压力函数 H_o 的物理意义是：当油气同时从油藏内流入井底时，消耗的实际总能量为 $\Delta p = p_e - p_w$，其中消耗于使油渗流的能量为 $\Delta H_o = H_{oe} - H_{ow}$。

拟压力差为：

$$H_{oe} - H_{ow} = \int_{p_w}^{p_e} \frac{K_{ro}}{\mu_o(p) B_o(p)} dp \tag{8-2-25}$$

其中 $\mu_o(p)$ 和 $B_o(p)$ 都是压力的函数，可通过实验或者经验公式得到。但 K_{ro} 是油气相渗曲线中 S_o 的函数，S_o 是压力的函数，若得到 K_{ro} 与压力的关系，需要借助生产气油比 GOR 得到。

生产气油比为：

$$\text{GOR} = \frac{Q_{gsc}}{Q_{osc}} \tag{8-2-26}$$

气由两部分组成，即溶解气和游离气，计算公式为：

$$Q_{gsc} = Q_g \frac{p}{p_{sc}} + Q_o R_s(p) \tag{8-2-27}$$

$$Q_{osc} = \frac{Q_o}{B_o(p)} \tag{8-2-28}$$

又由达西公式：

$$Q_g = \frac{KK_{rg}}{\mu_g(p)} A \frac{dp}{dr} \tag{8-2-29}$$

$$Q_o = \frac{KK_{ro}}{\mu_o(p)} A \frac{dp}{dr} \tag{8-2-30}$$

则有：

$$\text{GOR} = \frac{K_{rg}\mu_o(p)}{K_{ro}\mu_g(p)}B_o(p)\frac{p}{p_{sc}} + R_s(p) \qquad (8-2-31)$$

稳定渗流时,相对于平均地层压力,生产油气比是一个常数,则可得到 GOR—p 的关系曲线,再结合 $\mu_g(p)$—p、$\mu_o(p)$—p、$B_o(p)$—p、$B_s(p)$—p 四个曲线,则可得到 $\frac{K_{rg}}{K_{ro}}$—p 的关系,再借助油气相渗曲线可得到 K_{ro}—p 的关系,最后得到 $\frac{K_{ro}}{\mu_o(p)B_o(p)}$—$p$ 的关系。

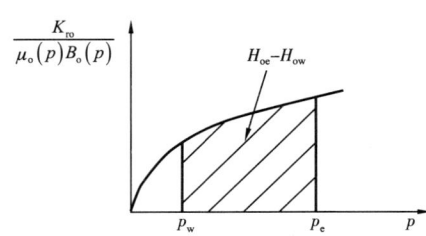

图 8-2-3 油气渗流拟压力差示意图

如图 8-2-3 所示,在 $\frac{K_{ro}}{\mu_o(p)B_o(p)}$—$p$ 关系曲线中取阴影面积则得到拟压力差,或者应用数值积分方法, $\frac{K_{ro}}{\mu_o(p)B_o(p)}$ 采用插值方法求得,仍可得到拟压力差。

有时当压力不太低时,关系曲线近似为一条直线,即:

$$\frac{K_{ro}}{\mu_o(p)B_o(p)} = a + bp \qquad (8-2-32)$$

得到:

$$H_{oe} - H_{ow} = \int_{p_w}^{p_e} \frac{K_{ro}}{\mu_o(p)B_o(p)}dp = \int_{p_w}^{p_e}(a+bp)dp = a(p_e - p_w) + \frac{b}{2}(p_e^2 - p_w^2) \qquad (8-2-33)$$

由直线段的截距和斜率可求出拟压力差。

油气两相不稳定渗流更为复杂,本书不再对其进行展开。

三、练习题

1、单选题:弹性驱向溶解气驱转换时具有标志性的物理量是(　　)。
A、井底压力　　　　B、供给压力　　　　C、饱和压力　　　　D、平均地层压力

2、溶解气驱的拟压力函数公式为_____。

3、多选题:油气两相渗流时,气体由哪两部分组成(　　)。
A、气顶气　　　　B、自由气　　　　C、溶解气　　　　D、吸附气

4、油气两相渗流的基本微分方程需要有_____和_____两个方程。

5、判断题:油气两相渗流中的油相中含有纯油和溶解于油中的天然气两类组分。

6、判断题:生产气油比中的油指的是地面完全脱气后的纯油。

7、多选题:油气两相渗流中,天然气的流动包括(　　)。
A、油相中溶解气的流动　　　　B、气相中自由气的流动
C、水相中溶解气的流动　　　　D、气相中油的流动

8、多选题:关于油气两相渗流特征说法正确的是( )。
A、刚低于饱和度压力时,GOR 快速上升
B、低于饱和压力初期,油藏压力保持平衡
C、低于饱和压力中期,GOR 快速上升
D、溶解气驱后期,GOR 下降很慢

9、判断题:通过生产气油比快速上升的初始时刻,可判断油藏的溶解气驱的开始时刻。

10、当弹性驱转入溶解气驱之初时,油藏压力保持不降并略有上升的原因是_____。

第三节　裂缝—孔隙型双重介质渗流

经典渗流力学理论中的介质都是指的纯粒间孔隙介质或者纯裂缝介质,本节介绍储层中既有粒间孔隙又有裂缝的双重介质,即裂缝—孔隙介质渗流。

该渗流模式在现实许多油藏中经常遇到,如天然裂缝发育储层、人工压裂储层等。而且随着致密、页岩、地热干热岩等非常规资源的开发和利用,水力压裂造缝成为必要手段,渗流模式也就以裂缝—孔隙为主了。

裂缝—孔隙双重介质,存在两个渗流系统,即裂缝系统(以下角标 f 表示)和基岩系统(以下角标 m 表示),裂缝系统的渗透率(K_f)大大高于基质岩块的渗透率(K_m),裂缝系统是主要的渗流通道;由于裂缝系统在体系中所占的体积远远小于基质孔隙所占的体积,所以,基质岩块的孔隙度(ϕ_m)明显地高于裂缝系统的孔隙度(ϕ_f),使基质成为主要的储集空间。这种渗流能力和储油能力的分离现象是裂缝—孔隙介质的基本特性。

为了便于研究,人们把裂缝—孔隙性双重介质结构油藏抽象地简化成各种不同的地质模型。典型的有四种:Warren – Root 模型、Kazemi 模型、De Swaan 模型、Factal 模型。对其简单介绍如下:

(1)Warren – Root 模型。

双重介质油藏被简化为将基质岩块正交切割成六面体的地质模型,如图 8 – 3 – 1 所示,裂缝方向与主渗透率方向一致,并假设裂缝的宽度为常数。

裂缝网络可以是均匀分布的,也可以是非均匀分布的,采用非均匀的裂缝网格可研究裂缝网络的各向异性或在某一方向上变化的情况。

这是常用的双重介质模型,本章也以此为例进行讨论。

(2)Kazemi 模型。

该模型是把实际的双重介质油藏简化为由一组平行层理的裂缝分割基质岩块呈层状的地质模型,如图 8 – 3 – 2 所示,即模型由水平裂缝和水平基质层相间组成。

(3)De Swaan 模型。

如图 8 – 3 – 3 所示,将基质岩块由平行六面体变为了圆球体。其分布排列方式仍与 Warren – Root 模型一致。

裂缝由圆球体之间的孔隙表示,基质岩块由圆球体表示。

(4) Factal 模型。

如图 8-3-4 所示，分形模型即整体与局部具有某种相似性的模型。

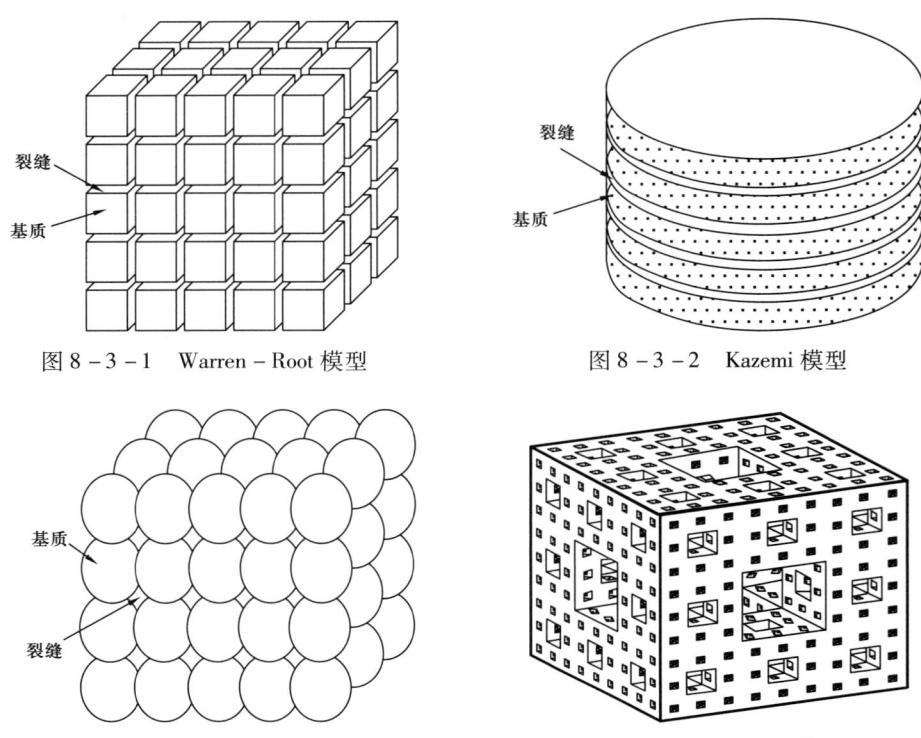

图 8-3-1 Warren-Root 模型　　图 8-3-2 Kazemi 模型

图 8-3-3 De Swaan 模型　　图 8-3-4 Factal 模型

裂缝性油藏的分形模型认为裂缝的分布形态、基岩的孔隙结构属于分形系统。分形的维数随油藏的非均质性不同而不同。

模拟天然裂缝分布时常用该模型。

一、相关概念

窜流：存在两个渗流场，并且两个渗流场之间存在着流体交换的现象。

弹性储容比：裂缝系统的弹性储存能力与油藏总弹性储存量的比值，一般较小，符号为 ω，计算公式为：

$$\omega = \frac{\phi_f C_f}{\phi_f C_f + \phi_m C_m} \quad (8-3-1)$$

式中　ω——弹性储容比；

ϕ_f——裂缝孔隙度；

C_f——裂缝弹性压缩系数，Pa^{-1}；

ϕ_m——基质孔隙度；

C_m——基质弹性压缩系数，Pa^{-1}。

窜流系数:窜流系数用来描述介质间流体交换,它反映了基质中流体向裂缝窜流的能力。窜流系数定义为:

$$\lambda = \alpha \frac{K_m}{K_f} R_w^2 \qquad (8-3-2)$$

式中　λ——窜流系数;
　　　α——形状因子,m^{-2};
　　　K_m——基质渗透率,mD;
　　　K_f——裂缝渗透率,mD;
　　　R_w——井底半径,m。

形状因子:与基质岩块的大小和正交裂缝组数有关,岩块越小,裂缝密度越大,形状因子越大,符号为 α,其公式为:

$$\alpha = \frac{4n(n+2)}{L^2} \qquad (8-3-3)$$

式中　n——正交裂缝组数;
　　　L——岩块的特征长度,m。

特征长度:指该物体长度中有代表意义的长度,如球体的特征长度是该球体的半径或直径。

二、知识点

1. 渗流基本微分方程的建立

在 Warren – Root 模型中流体运动符合达西定律,裂缝和基岩分布均匀,互相正交,流体从基岩孔隙中流向裂缝,再由裂缝流入井底。

双重介质形成了两个渗流系统,用下角标 f 表示裂缝系统,用下角标 m 表示基岩系统。

1)运动方程

两个系统分别满足各自的运动方程:

裂缝:

$$\boldsymbol{v}_f = -\frac{K_f}{\mu} \mathrm{grad} p_f \qquad (8-3-4)$$

基岩:

$$\boldsymbol{v}_m = -\frac{K_m}{\mu} \mathrm{grad} p_m \qquad (8-3-5)$$

2)特征方程——窜流量方程

在基岩与裂缝之间存在压差,因而存在流体交换,但这种流体交换是缓慢的,可将其视为稳定过程。则窜流量方程为：

$$q = \frac{\alpha \rho K_m}{\mu}(p_m - p_f) \qquad (8-3-6)$$

式中　q——单位时间单位体积岩石流出的流体质量，m^3/s；
　　　p_m——基质压力，Pa；
　　　p_f——裂缝压力，Pa。

3）状态方程

将孔隙介质、裂缝介质和地层流体均看作是微可压缩，则有：

裂缝介质：

$$\phi_f = \phi_{f0} + C_f(p_f - p_0) \qquad (8-3-7)$$

孔隙介质：

$$\phi_m = \phi_{m0} + C_m(p_m - p_0) \qquad (8-3-8)$$

地层流体：

$$\rho = \rho_0 \, e^{C_L(p-p_0)} \qquad (8-3-9)$$

4）连续性方程

由质量守恒方程，得到连续性方程为：

裂缝：

$$\frac{\partial}{\partial t}(\rho \phi_f) + \text{div}(\rho \boldsymbol{v}_f) - q = 0 \qquad (8-3-10)$$

基质：

$$\frac{\partial}{\partial t}(\rho \phi_m) + \text{div}(\rho \boldsymbol{v}_m) + q = 0 \qquad (8-3-11)$$

5）基本微分方程的建立

把运动方程、状态方程和窜流量方程都代入连续性方程中，经整理，得到基本微分方程。

裂缝系统：

$$\phi_f C_f \frac{\partial p_f}{\partial t} - \frac{K_f}{\mu}\text{div}(\text{grad} p_f) - \frac{\alpha K_m}{\mu}(p_m - p_f) = 0 \qquad (8-3-12)$$

基岩系统：

$$\phi_m C_m \frac{\partial p_m}{\partial t} - \frac{K_m}{\mu}\text{div}(\text{grad} p_m) + \frac{\alpha K_m}{\mu}(p_m - p_f) = 0 \qquad (8-3-13)$$

该模型中 $K_m \neq 0$ 和 $\phi_f \neq 0$，即都具有存储流体的孔隙和渗流的能力，故称为双孔双渗模型。

2. 单孔单渗模型

由于 $K_m \ll K_f$ 和 $\phi_f \ll \phi_m$，设 $K_m = 0, \phi_f = 0$，则基本微分方程简化为：

裂缝系统：

$$\frac{K_f}{\mu}\text{div}(\text{grad}\,p_f) + \frac{\alpha K_m}{\mu}(p_m - p_f) = 0 \qquad (8-3-14)$$

基岩系统：

$$\phi_m C_m \frac{\partial p_m}{\partial t} + \frac{\alpha K_m}{\mu}(p_m - p_f) = 0 \qquad (8-3-15)$$

方程(8-3-14)和方程(8-3-15)中仅考虑了基岩储容特性和裂缝流动特性。当无限大地层定产量渗流时，得到井底压力公式为：

$$p_w(t) = p_i - \frac{Q\mu}{4\pi Kh}\left[\ln\frac{\eta_f t}{R_w^2} + \text{Ei}(-bt) - \text{Ei}(-b\omega t) + 0.809\right] \qquad (8-3-16)$$

其中，$\eta_f = \dfrac{K_f}{\mu(C_t)_{f+m}}, \omega = \dfrac{(\phi C_t)_f}{(\phi C_t)_{f+m}}, b = \dfrac{\lambda \eta_f}{R_w^2 \omega(1-\omega)}, \lambda = \dfrac{\alpha R_w^2}{K_f}$。

可应用式(8-3-16)进行裂缝—孔隙双重介质不稳定渗流的试井。

3. 裂缝系统的描述

裂缝—孔隙双重介质中，对裂缝的描述往往很难得到精确的结果，一般通过估算和预测裂缝的分布，然后再通过后期产能校正得到裂缝的分布特点。

1) 天然裂缝参数特征

描述裂缝的参数有很多，见表8-3-1和表8-3-2。

表8-3-1 天然裂缝参数特征

名称	解释	描述
开度	裂缝壁之间的距离	几微米到几毫米不等
长度	延伸距离	切穿若干岩层一级裂缝大于10m
		单层内二级裂缝0.1~10m
间距	两条裂缝之间的距离	变化较大，由几毫米到几十米
密度	单位长度上裂缝的条数	大裂缝小于1条，微裂缝大于10条
产状	裂缝的走向、倾向和倾角	夹角为0°~15°的水平缝
		夹角为15°~45°的低角度斜交缝
		夹角为45°~75°的高角度斜交缝
		夹角为75°~90°的垂直缝
充填情况	裂缝被杂基、胶结物充填程度	基本无充填的张开缝
		有部分充填的半充填缝
		完全充填缝

续表

名称	解释	描述
储渗能力	孔隙度	小于0.5%，有溶蚀可达到2%
	渗透率	开度为1μm，渗透率可达800mD，开度为10μm，渗透率可达8D

表8-3-2　天然裂缝的分级及特征表

级别	鉴别标志	延伸长度分布,m	间距分布,m
大裂缝	切穿多个力学层	10~100	1~30
中裂缝	切穿一个力学层	1~10	0.1~1
小裂缝	在力学层内发育	0.1~1	<0.1
微裂缝	难以分辨	0.01~0.1	<0.1

2）天然裂缝预测方法

天然裂缝的预测方法有很多，包括露头、岩心、地震、测井、试井等，影响天然裂缝的因素主要有岩性、构造、厚度及应力等，算法主要有主曲率法和地应力法，也有简单经验公式法。

例如某油田求天然裂缝间距的经验公式为：

$$D_0 = 0.02h + \frac{H}{1000 B_{\text{RIT-T}}} \quad (8-3-17)$$

式中　D_0——裂缝间距，m；

　　　h——砂岩单层厚度，m；

　　　$B_{\text{RIT-T}}$——脆性系数；

　　　H——地层深度，m。

其中脆性系数的计算方法如下：

$$B_{\text{RIT-T}} = \frac{V_{\text{qa}} + V_{\text{ca}} + V_{\text{do}}}{V_{\text{qa}} + V_{\text{ca}} + V_{\text{do}} + V_{\text{cl}}} \times 100\% \quad (8-3-18)$$

式中　V_{qa}——石英体积分数；

　　　V_{ca}——方解石体积分数；

　　　V_{do}——白云岩体积分数；

　　　V_{cl}——黏土的体积分数。

当然，各油田的裂缝发育是不一样的，经验公式也会有所不同。

若已知裂缝间距，可以计算裂缝开度和裂缝密度：

$$b = 2\ln D_0 + 5 \quad (8-3-19)$$

$$D_{\text{lf}} = \frac{1}{D_0} \quad (8-3-20)$$

式中　b——裂缝开度，μm；

　　　D_{lf}——裂缝线密度，m^{-1}。

由此可计算裂缝渗透率、裂缝导流能力：

$$K_f = 0.0837b^2 \quad (8-3-21)$$

$$E_f = 10^{-4} K_f b \quad (8-3-22)$$

式中　K_f——裂缝渗透率，D；

　　　E_f——裂缝导流能力，D·cm。

若已知裂缝长度 L_f，则可近似计算裂缝孔隙度，计算公式为：

$$\phi_f = \frac{bD_{lf}}{L_f^2}$$

3）分形描述裂缝

根据裂缝分叉原理，有如下几个定律。

数量定律：

$$N_u = R_B^{(S-u)} \quad (8-3-23)$$

$$R_B = \frac{N_u}{N_{u-1}} \quad (8-3-24)$$

式中　N_u——第 u 级裂缝分叉条数；

　　　R_B——分叉比；

　　　S——裂缝最高分叉级；

　　　u——裂缝当前分叉级。

开度定律：

$$W_u = R_u^{(u-1)} W_1 \quad (8-3-25)$$

$$R_u = \frac{W_u}{W_{u-1}} \quad (8-3-26)$$

式中　W_u——第 u 级裂缝的开度，μm；

　　　R_u——开度比；

　　　W_1——第一级裂缝开度，μm。

面积定律：

$$A_u = R_a^{(u-1)} A_1 \quad (8-3-27)$$

$$R_a = \frac{A_u}{A_{u-1}} \quad (8-3-28)$$

式中　A_u——第 u 级裂缝控制面积，m²；

　　　R_a——面积比；

　　　A_1——第一级裂缝控制面积，m²。

裂缝网络分维数：

$$D_s = 2\frac{\ln R_L}{\ln R_B} \quad (8-3-29)$$

式中 R_L——长度比,即 $R_L = \frac{L_u}{L_{u-1}}$。

裂缝密度、裂缝长度和分形维数之间的关系式为：

$$D_{lf} = L_f^{-D_s} \quad (8-3-30)$$

由式(8-3-30)也可以计算分形维数。

三、练习题

1、多选题：双重介质渗流时，两个渗流场是（　　）。
A、基质渗流场　　B、裂缝渗流场　　C、压力渗流场　　D、温度渗流场

2、双重介质渗流时，基质和裂缝之间存在着流体的交换，这一现象称为_____。

3、裂缝—孔隙双重介质中，_____是主要的储存空间，_____是主要的流动通道。

4、多选题：裂缝发育程度与以下关系密切的是（　　）。
A、岩石的脆性系数　B、构造曲率　　C、渗透率　　D、厚度

5、单选题：以下双重介质模型中，正交切割六面体的是（　　）。
A、Warren-Root　　B、Kazemi　　C、De Swaan　　D、Factal

6、多选题：描述裂缝的主要参数有（　　）
A、长度　　B、开度　　C、密度　　D、倾角

7、裂缝的线密度指的是_____。

8、单选题：10μm 开度的裂缝，它的渗透率约为（　　）。
A、50mD　　B、500mD　　C、5000mD　　D、50D

9、综合题：已知裂缝间距为 0.3m，分形维数 1.68，求裂缝的开度、密度、渗透率、导流能力、长度、孔隙度。

10、综合题：对比孔隙直径和裂缝开度都是 0.1μm、1μm、10μm 时的渗透率。

第四节　水平井渗流

一、水平井的优势

（1）增加了油层与井筒的接触面积,降低了近井的渗流阻力,减小了生产压差,提高了单井产量；

（2）增加了单井的泄油控制区域,降低了钻井和地面成本；

（3）能够更有效沟通裂缝,发挥高产效果；

（4）小的生产压差有利于抑制含水上升,提高采收率；

(5)底水或气顶储层中,可以降低水或气的锥进速度,延长无水采油期;

(6)在注水、注气、混相驱或聚合物驱中,作为注入井可提高波及体积和驱油效率;

(7)在非常规储层中,压裂水平井或多分支井开拓了与储层的连通网络,保障了生产。

因此,水平井主要应用的储层有:稠油储层、低渗透储层、致密油气储层、页岩油气储层、裂缝发育储层、底水发育储层、薄层、海上储层等。

水平井技术自1863年提出,1929年试钻成功,20世纪40年代开始实施,20世纪80年代在美国、加拿大等国家得到广泛工业化推广,20世纪90年代在中国得到较快发展,进入21世纪各种水平井大规模推广应用,2010年后压裂水平井成为非常规油气资源开发的唯一有效手段,2020年以后,长水平段(约2000m)在储层中普遍应用。

针对不同地层特征和高效开发需要,水平井发展了许多类型,简列如图8-4-1所示类型。

目前,水平井产能计算的主要方法有两种:一是理论公式计算方法,其中包括直接建立数学模型、利用等值渗流阻力方法、镜像反映原理和势函数叠加方法求解,主要针对地层中的单相渗流情形;另一种方法是数值模拟的方法,研究水平井的产能及流入动态关系曲线,可以计算地层中出现的油气两相流动。另外还有试油试采方法和经验法。本节主要介绍水平井渗流特征、井筒压降处理及主要产能方程。

二、相关概念

水平井:是最大井斜角达到或接近90°,并在目的层中维持一定长度的水平井段的特殊井。水平段长度多在1000m左右,超长水平井可达6000m以上。

大位移井:位垂比不小于2,测量深度大于3000m的井,或水平位移大于3000m的井。超大位移井水平位移可达到10000m以上。

位垂比:水平位移与垂直深度之比。其值大于3为高位垂比,2~3为普通大位移井,0~2为定向井或水平井。

水垂比:水平段长度与垂直深度之比。水平井一般小于3,在0~2之间。

穿透比:水平井的水平段长度和侧向渗流区域宽度之比。

垂向渗透率:纵向上垂直于储层的渗透率,描述流体垂直于储层的流动能力,符号为K_z或K_v,其值一般为水平渗透率的0.1~0.5倍。

水平渗透率:沿储层水平各方向的渗透率,描述流体沿储层面的流动能力,符号为K_x和K_y,或者K_h。

无限导流能力:在水平井筒中流动时不存在压力损失,是理想状态。

有限导流能力:在水平井筒中流动时考虑压力损失,与真实情况相似。

瞬变流:当水流状态从一种稳定状态变为另一种稳定状态时,其中间的不稳定流态称为过渡过程或瞬变流。

摩擦阻力系数:用于表征流体流动过程中管壁与流体之间的摩擦力系数,可由液相雷诺数N_{Re}和管壁相对粗糙度$\frac{\varepsilon}{D}$查表得到,其值在0.01~0.1之间。

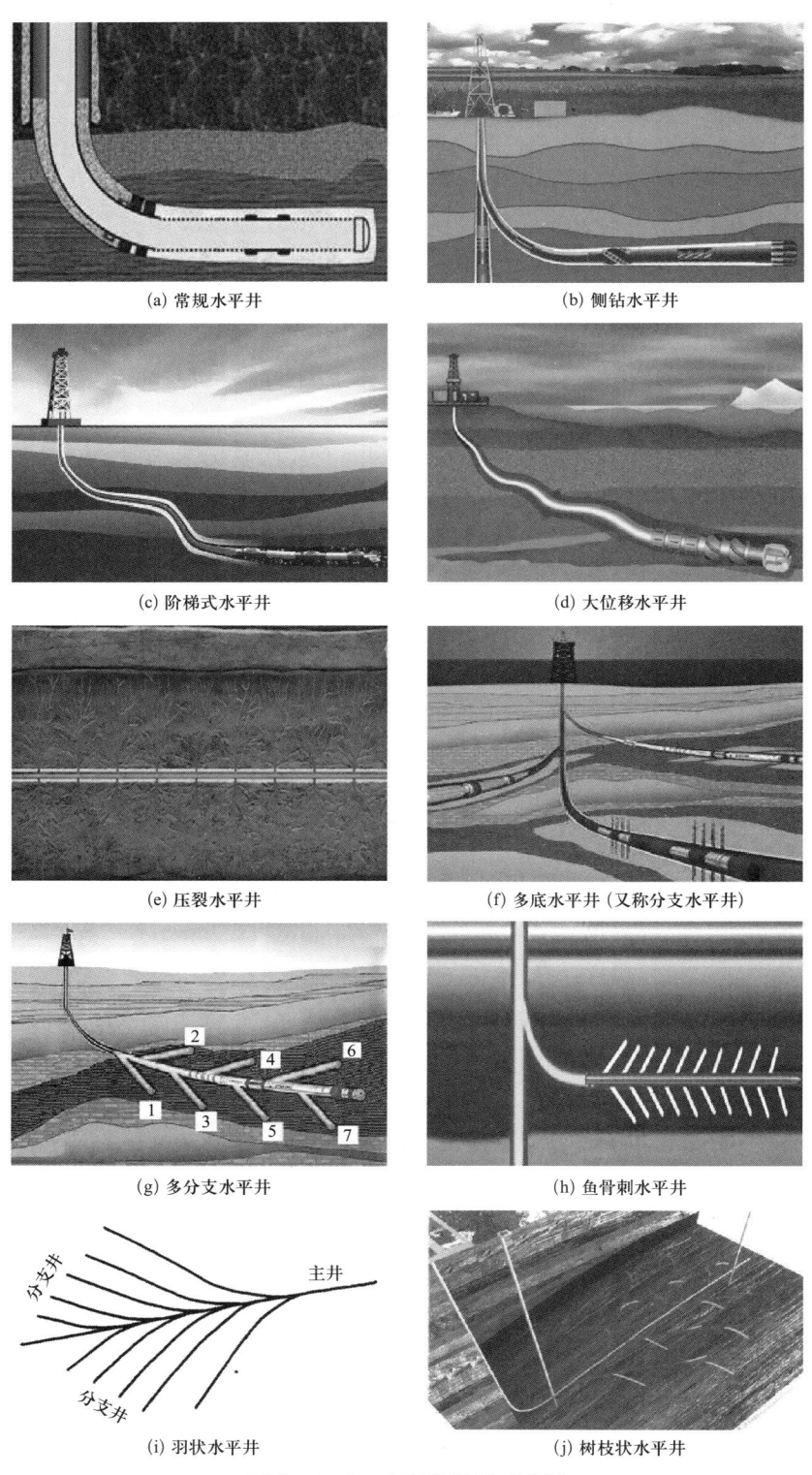

(a) 常规水平井　　(b) 侧钻水平井
(c) 阶梯式水平井　　(d) 大位移水平井
(e) 压裂水平井　　(f) 多底水平井（又称分支水平井）
(g) 多分支水平井　　(h) 鱼骨刺水平井
(i) 羽状水平井　　(j) 树枝状水平井

图 8-4-1　水平井类型示意图

管壁相对粗糙度:管壁绝对粗糙度 ε 与管直径 D 的比值,普通油管一般 $\varepsilon = 4.57 \times 10^{-5}$m。

液相雷诺数:液体在管道中的流动具有的雷诺数,其计算公式为:

$$N_{Re} = \frac{Dv_1\rho_1}{\mu_1} \quad (8-4-1)$$

式中　N_{Re}——液相雷诺数;
　　　D——油管直径,m;
　　　v_1——管中流体速度,m/s;
　　　ρ_1——管中流体密度,kg/m³;
　　　μ_1——管中流体黏度,mPa·s。

三、知识点

1. 水平井近井渗流特征

根据油藏和井的性质,在流动达到拟稳态前可能经过 1~4 个瞬变流状态。

1)早期径向流

如图 8-4-2 所示,这个阶段是水平井初始生产时期,储层纵向上,压力波未到达上顶面和下底面,流动可以认为是无限大地层的流动。

从垂直井筒平面上看[图 8-4-2(b)],和单井平面径向流相似,故称为早期径向流。

如果垂向渗透率和水平渗透率差别很大,等势线则呈现椭圆状,而不是圆状。如果地层厚度很小或者垂向渗透率和水平渗透率之比很小,这个流动阶段也可能不出现。

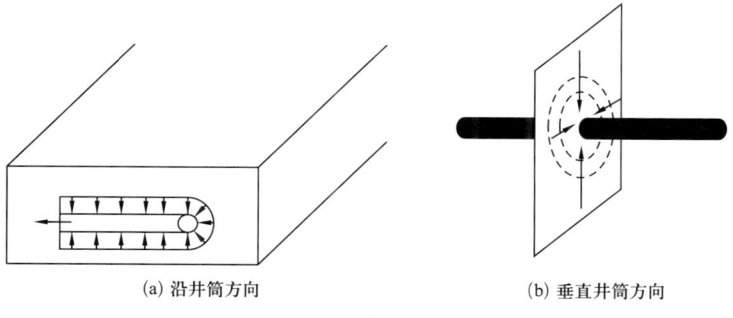

(a) 沿井筒方向　　　(b) 垂直井筒方向

图 8-4-2　早期径向流示意图

2)早期线性流阶段

如果水平井穿透比较大,早期径向流过后,水平井所在水平平面上,流体向水平井的流动和平面单向流相似[图 8-4-3(a)],故称为早期线性流。

这个阶段压力波已到达上下边界,流体基本是沿水平井侧面向井流动,如图 8-4-3 所示。如果垂向渗透率和水平渗透率之比很小或者地层厚度很厚时,这个流动阶段也可能不出现。

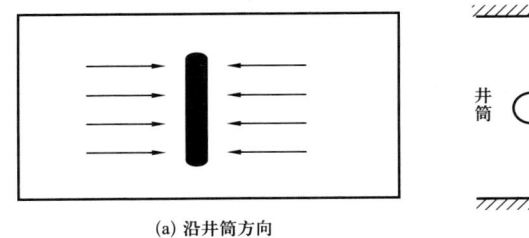 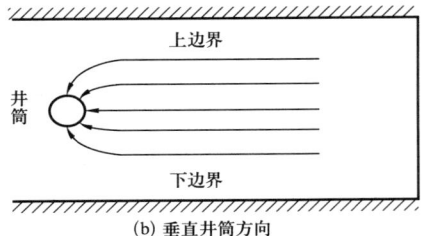

(a) 沿井筒方向　　　　　　　　　(b) 垂直井筒方向

图 8-4-3　早期线性流示意图

3) 晚期拟径向流阶段

如图 8-4-4 所示,早期线性流过后,水平井可看作一个点源,水平面上的流动近似于平面径向流,故称为晚期径向流。

它很大程度上依赖于水平井穿透比。这个阶段也是受地层上下边界的影响引起的,泄油半径应该比水平段长大很多倍。如果压力波传播到外边界,这个阶段将会消失。

4) 晚期线性流阶段

当晚期径向流压力波传播到边界后,如果油藏具有侧向边界时,沿水平井方向较大区域内会形成平面单向流,如果油藏具有顺向边界时,垂直于水平井方向较大区域内也会形成平面单向流,故称为晚期线性流,如图 8-4-5 所示。

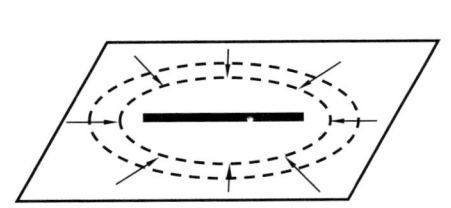 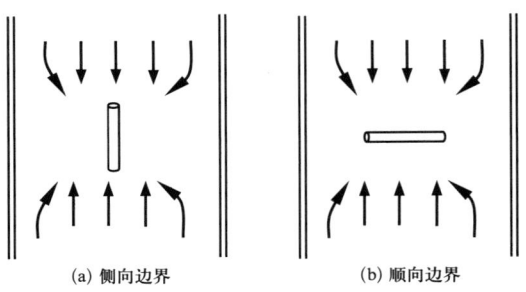

图 8-4-4　晚期拟径向流示意图　　　　图 8-4-5　晚期线性流示意图

5) 水平井渗流场图

如图 8-4-6 所示,平面单向流渗流场图是两组均匀分布的互相垂直的平行线,平面径向流是一组均匀分布的辐射线(流线)和一组近井逐渐紧密的同心圆(等压线)。水平井的渗流场图则为一组近水平井端点逐渐紧密的双曲线(流线)和一组近井身逐渐紧密的椭圆(等压线),其三维渗流场图酷似橄榄球。

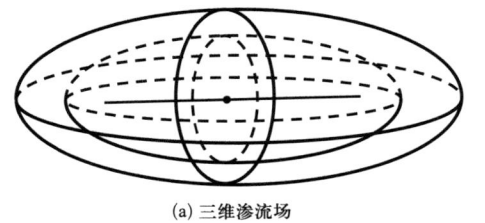 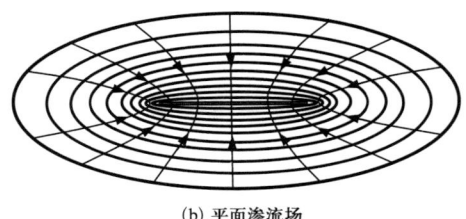

(a) 三维渗流场　　　　　　　　　(b) 平面渗流场

图 8-4-6　三维简化为二维示意图

2. 井筒无限导流能力规律

设水平井段井筒内流体的流动没有压力损失,即为无限导流能力。

假设水平井筒内为无限导流能力,许多学者提出了产能近似解公式,简列如下。

1) Joshi 水平井产量计算公式

$$Q_h = \frac{0.54287 K_h h \Delta p / (\mu_o B_o)}{\ln\left[\dfrac{a + \sqrt{a^2 - (L/2)^2}}{L/2}\right] + \dfrac{\beta h}{L} \ln\left(\dfrac{\beta h}{2\pi R_w}\right)} \quad (8-4-2)$$

$$a = (L/2)\left[0.5 + \sqrt{(2R_e/L)^4 + 0.25}\right]^{1/2} \quad (8-4-3)$$

$$\beta = \sqrt{\frac{K_h}{K_v}}$$

式中　Q_h——水平井产量,m³/d;
　　　K_h——垂向渗透率,mD;
　　　L——水平井长度,m;
　　　a——泄油主轴的半长轴,m。

但是,Joshi 公式认为水平井流动分解为水平面流动与垂直面流动简单相加而并非矢量相加,以致水平面和垂直面流动相互包含。实际上,水平平面和垂直平面流动相互正交进行相加本身为矢量相加。

2) Giger 公式

Giger 利用水电相似原理,推导出均质各向同性油藏水平井与直井的产能比方程,同时将其视为非均质性质影响下,水平井与直井产能比的方程。Giger 水平井产量计算公式为:

$$Q_h = \frac{0.54287 K_h h \Delta p / (\mu_o B_o)}{\ln\left[1 + \sqrt{1 - \left(\dfrac{L}{2R_e}\right)^2} \bigg/ \left(\dfrac{L}{2R_e}\right)\right] + \dfrac{h}{L} \ln\left(\dfrac{h}{2\pi R_w}\right)} \quad (8-4-4)$$

3) Borisov 公式

Borisov 假设油层均匀各向同性,水平井位于油层中央,油层中液体不可压缩,则水平井产量计算公式为:

$$Q_h = \frac{0.54287 K_h h \Delta p / (\mu_o B_o)}{\ln\left(\dfrac{4R_e}{L}\right) + \dfrac{h}{L} \ln\left(\dfrac{h}{2\pi R_w}\right)} \quad (8-4-5)$$

对于不压裂的常规水平井,Joshi 公式和 Borisov 公式的计算结果相近,一般的水平井初期产能预测可以采用这两个公式计算。

4) Renard 和 Depuy 公式

$$Q_h = \frac{0.54287 K_h h \Delta p}{\mu_o B_o} \frac{1}{\cosh^{-1}\left(\dfrac{2a}{L}\right) + (h/L)\ln[h/(2\pi R_w)]} \quad (8-4-6)$$

5) Albertus Retnanto 和 M. J. Economides 公式

提出一个拟稳态流动后期应用于直井、水平井,以及斜井产能预测的半解析模型:

$$J = \frac{q}{\bar{p} - p_w} = \frac{\bar{K}x_e}{887.22B\mu_o\left(p_D + \frac{x_e}{2\pi L}\sum S\right)} \quad (8-4-7)$$

$$\bar{K} = \sqrt[3]{K_xK_yK_z}$$

式中 p_D——无量纲平均压力;
x_e——泄油区在 x 轴方向的长度,m;
$\bar{K}$——油藏平均渗透率,mD;
S——表皮因子;
L——井筒长度,m。

6) Leif Larsen 公式

$$J = \frac{q}{\bar{p} - p_{wf}} = \frac{Kh}{1.842B\mu_o\left(\frac{1}{2}\ln\frac{4A}{e^\gamma C_A R_w^2} + S\right)} \quad (8-4-8)$$

式中 γ——欧拉常数,取值为 0.57722156;
C_A——Dietz 形状因子,反映泄油区形状及井位影响;
A——泄油区面积,m^2。

7) 范子菲和林子芳公式

针对边水驱油藏提出了相应的产能公式:

$$Q_h = \frac{0.54287KL\Delta p}{B_o\mu_o\left[\ln\frac{\beta h}{2\pi R_w} + \frac{1.338\pi b}{\beta h} - \ln\left(\sin\frac{\pi z_w}{h}\right)\right]} \quad (8-4-9)$$

式中 z_w——水平段距油藏底部距离,m;
b——水平段井眼距边水距离,m。

8) 张望明和韩大匡公式

从均质、各向异性、单相流体油藏中水平井稳定流所满足的 Poisson 方程的定解问题出发,直接求解水平井的三维稳态解,并建立水平无限大油藏和底水驱油藏的精确产能公式。

水平无限大油藏产能公式:

$$Q_h = \frac{0.54287K_hh\Delta p}{\mu B\left\{\ln R + \frac{1}{2L_D}\ln\frac{\beta h}{2\pi R_w \sin(\pi z_{wD})} - \frac{1}{2L_D^2}\left[z_{wD}(1-z_{wD}) + \frac{1}{3}\right] + R_2\right\}}$$

$$R = \sqrt{\frac{a+b}{a-b}} \quad (8-4-10)$$

式中　z_{wD}——水平段距油藏底部的无量纲距离；
　　　L_D——水平段无量纲长度；
　　　R_2——无量纲系数；
　　　R——几何系数。

底水驱油藏的产能公式：

$$Q = \frac{0.54287L\sqrt{K_hK_v}\Delta p}{B_o\mu_o\left\{\ln\left[\frac{4\beta h}{\pi R_w}\tan\left(\frac{\pi z_{wD}}{2}\right)\right]\frac{z_{wD}}{2} + R_1\right\}} \qquad (8-4-11)$$

式中　R_1——无量纲系数。

3. 井筒有限导流能力渗流

水平井生产时，水平井筒内除了沿水平井长度方向有流动（一般称为主流）外，油藏流体还沿着水平井筒长度方向各处流入井筒，如图8-4-7所示。

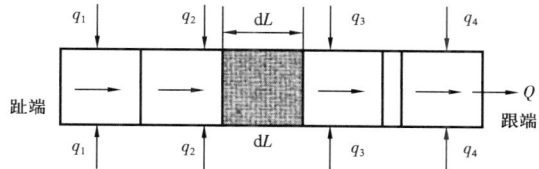

图8-4-7　考虑井筒内流动压力降的示意图

从水平井筒趾端到水平井筒跟端，流体质量流量是逐渐增加的（即变质量流）。在这种情况下，沿主流方向流速也逐渐增加，加速度压降不再等于0，其影响不能忽略。

油藏流体沿水平井筒径向流入，干扰了主流管壁边界层，影响其速度剖面，从而改变了由速度分布决定的壁面摩擦阻力。

另一方面，径向流入的流量大小影响水平井筒内压力分布及压降大小，反过来井筒内的压力分布也影响从油藏径向流入井筒的流量大小，因而油藏内的渗流与水平井筒内的流动存在一种耦合关系。

程林松主编的《渗流力学》教材中对不同流入剖面的水平井筒内沿程任意点 x 的压降 $\Delta p(x)$ 和沿程总压降 Δp 进行了分析，摘录如下：

假设地层流体在整个水平段上均有流体进入井筒（即水平井筒内流动为变质量流），对流体进入水平井筒时可能会出现的5种流入剖面进行分析，如图8-4-8所示。

1）流体均匀流入剖面的压降分布

$$\Delta p_a(x) = 0.81\lambda\frac{\rho q_t^2}{D^5 L^2}\frac{x^3}{3} \qquad (8-4-12)$$

沿程总压降为：

$$\Delta p_a = 0.81\lambda\frac{\rho q_t^2}{D^5 L^2}\frac{L^3}{3} = \frac{1}{3}\Delta p \qquad (8-4-13)$$

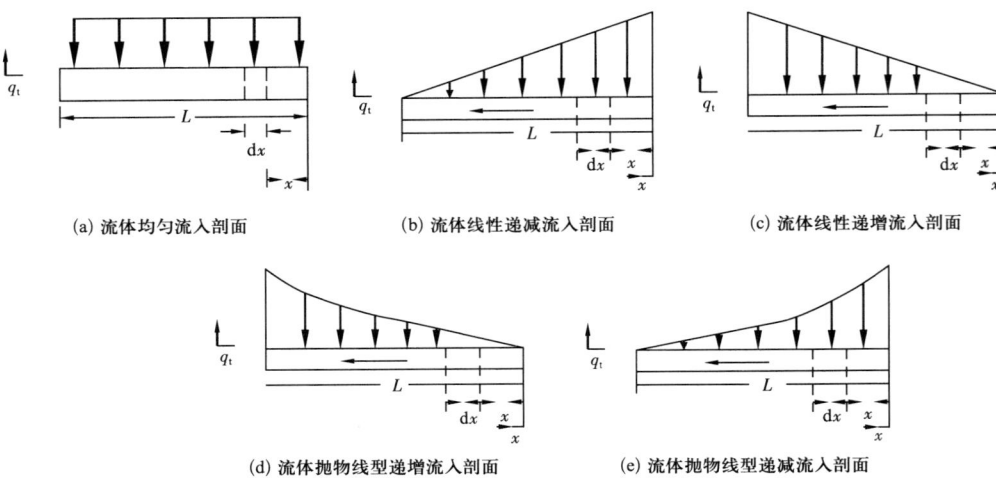

图 8-4-8 水平井筒内流体的 5 种流入剖面示意图

其中：

$$\Delta p = 0.81\lambda \frac{\rho q_t^2 L}{D^5}$$

式中 λ——摩擦阻力系数；
D——井筒直径，m；
q_t——井筒跟端总流量，m^3/d；
L——水平段长度，m。

2) 流体线性递减流入剖面的压降分布

$$\Delta p_b(x) = 0.81\lambda \frac{\rho q_t^2}{D^5 L^2}\left(\frac{3}{4}L^2 x^3 - Lx^4 + \frac{x^5}{5}\right) \tag{8-4-14}$$

沿程总压降为：

$$\Delta p_b = 0.81\lambda \frac{\rho q_t^2}{D^5 L^2} \frac{8L^3}{15} = \frac{8}{15}\Delta p \tag{8-4-15}$$

3) 流体线性递增流入剖面的压降分布

$$\Delta p_c(x) = 0.81\lambda \frac{\rho q_t^2}{D^5 L^4} \frac{x^5}{5} \tag{8-4-16}$$

沿程总压降为：

$$\Delta p_c = 0.81\lambda \frac{\rho q_t^2}{D^5 L^2} \frac{L^3}{5} = \frac{1}{5}\Delta p \tag{8-4-17}$$

4)流体抛物线型递增流入剖面的压降分布

$$\Delta p_{\mathrm{d}}(x) = 0.81\lambda \frac{\rho q_{\mathrm{t}}^2}{D^5 L^6} \frac{x^7}{7} \quad (8-4-18)$$

沿程总压降为：

$$\Delta p_{\mathrm{d}} = 0.81\lambda \frac{\rho q_{\mathrm{t}}^2}{D^5} \frac{L}{7} = \frac{1}{7}\Delta p \quad (8-4-19)$$

5)流体抛物线型递减流入剖面的压降分布

$$\Delta p_{\mathrm{e}}(x) = 0.81\lambda \frac{\rho q_{\mathrm{t}}^2}{D^5 L^6}\left(3L^4 x^3 - \frac{9}{2}L^3 x^4 + 3L^2 x^6 - Lx^6 + \frac{x^7}{7}\right) \quad (8-4-20)$$

沿程总压降为：

$$\Delta p_{\mathrm{e}} = 0.81\lambda \frac{\rho q_{\mathrm{t}}^2}{D^5} \frac{9L}{14} = \frac{9}{14}\Delta p \quad (8-4-21)$$

4. 水平井近井渗流机理及渗流模型

将水平井长 L 的生产端分为 N 段微元段，设第 i 段微元段的径向流量(油藏流入井筒流量)为 $q_{\mathrm{r}}(i)$，流压为 $p_{\mathrm{w}}(i)$ $(1 \leqslant i \leqslant N)$，并作以下假设：

(1)油藏为均质、等厚、无限大地层，水平渗透率 K_{h}，垂向渗透率 $K_{\mathrm{v}} \neq K_{\mathrm{h}}$；
(2)单相不可压缩流体，油藏中渗流符合达西定律；
(3)完善井；
(4)考虑生产段井筒内变质量流动对油藏渗流的影响，即考虑生产段沿程压力损失。

设水平井跟端坐标为 $M(x_0, y_0, z_0)$，微元段上任意点坐标为：

$$x_{\mathrm{p}}(i,t) = x_0 + \frac{L}{N}\left(\sum_{s=0}^{i-1}\sin\theta_s\cos\alpha_s + t\sin\theta_i\cos\alpha_i\right) \quad (8-4-22)$$

$$y_{\mathrm{p}}(i,t) = y_0 + \frac{L}{N}\left(\sum_{s=0}^{i-1}\sin\theta_s\sin\alpha_s + t\sin\theta_i\sin\alpha_i\right) \quad (8-4-23)$$

$$z_{\mathrm{p}}(i,t) = z_0 + \frac{L}{N}\left(\sum_{s=0}^{i-1}\cos\theta_s + t\cos\theta_i\right) \quad (8-4-24)$$

式中　i——第 i 个微元段；
　　　N——微元段个数；
　　　L——水平段的长度，m；
　　　θ_i——井斜角，(°)；
　　　α_i——方位角，(°)；
　　　t——第 i 段上的长度比例，$0 \leqslant t \leqslant 1$，如 $t=0.5$ 则为第 i 段上的中间点。

无限大油藏中流体流向水平井生产段的稳定流动规律符合 Laplace 方程：

$$\frac{\partial^2 p}{\partial x^2} + \frac{\partial^2 p}{\partial y^2} + \frac{K_v}{K_h}\frac{\partial^2 p}{\partial z^2} = 0 \qquad (8-4-25)$$

外边界条件:
$$p(x,y,z)\big|_{x\to\infty,y\to\infty,z\to\infty} = p_e \qquad (8-4-26)$$

内边界条件:
$$p(x,y,z)\big|_{[x-x_p(i,t)]^2+[y-y_p(i,t)]^2+[z-z_p(i,t)]^2=R_w^2} = p_w(i), 1\leq i\leq N$$

令 $\beta = \sqrt{\dfrac{K_h}{K_v}}$,定义势函数为:

$$\Phi = \frac{\sqrt{K_v K_h}}{\mu_0}p + C \qquad (8-4-27)$$

进行线性变换 $z' = \beta z$,则有:

$$\frac{\partial^2 \Phi}{\partial x^2} + \frac{\partial^2 \Phi}{\partial y^2} + \frac{\partial^2 \Phi}{\partial z'^2} = 0 \qquad (8-4-28)$$

应用势叠加原理,进行方程的求解,最后得到势的分布公式为:

$$\Phi(x,y,z) = \frac{Q}{4\pi}\ln\frac{R_1+R_2+L}{R_1+R_2-L} + C \qquad (8-4-29)$$

其中:

$$R_1 = \sqrt{(x_0-x)^2+(y_0-y)^2+(z_0-z)^2} \qquad (8-4-30)$$

$$R_2 = \sqrt{(x_0+L-x)^2+(y_0-y)^2+(z_0-z)^2} \qquad (8-4-31)$$

应用势的定义和在空间上分布公式,结合势叠加原理可以进行水平井的产能的计算。本章不再展开。

四、练习题

1、多选题:水平井渗流包括的渗流形式有(　　)。
A、平面单向流　　B、平面径向流　　C、球形径向流　　D、球形单向流

2、水平井筒中不考虑沿程的压降,水平井的条件称为_____。

3、水平井平面渗流场图中,等压线形状是_____,三维渗流场图酷似_____。

4、单选题:水平井最早出现的渗流形式最可能的是(　　)。
A、平面径向流　　B、平面单向流　　C、拟径向流　　D、非线性渗流

5、判断题:水平井的四个渗流形态在生产过程中都会在不同时间出现。

6、判断题:水平井晚期平面单向流阶段的条件是生产的时间要比较长。

7、多选题:水平井的产量与以下参数关系密切的有(　　)
A、水平段长度　　B、控油面积　　C、储层渗透率　　D、储层厚度

8、单选题:超长水平井的水平段长度可达( )。
A、50m			B、500m			C、5000m		D、50000m
9、举例说出几个水平井的类型:_____、_____和_____。
10、判断题:水平井的沿程损失较少,故可以忽略不计,则转变为无限导流能力水平井。

第五节　非牛顿液体渗流

经典渗流力学中,液体的黏度不随渗流速度、压力和时间变化而变化,原油黏度的变化是由于天然气的脱离或溶解引起的,不是液体本身的性质改变导致的黏度变化。

但有些液体,其黏度会随着运动速度、时间而发生较大的变化,如聚合物溶液、微乳液、压裂液等。

有的液体随着剪切速率变稀、有的增稠;有的随搅拌时间增长变稀、有的增稠;有的液体只具有黏性、有的既有黏性又有弹性。这些涉及的都是液体的流变学。

处于低速运动的气体一般按牛顿流体处理,气体参与的渗流中也考虑了黏度随压力的变化,因此,本章仅对非牛顿液体进行说明。

黏度的变化使得渗流方程中的系数处理变得复杂,本节简要介绍流变学的相关概念,以增进对非牛顿液体的认识,在此基础上介绍渗流模型的建立。

一、相关概念

非牛顿液体:不符合牛顿内摩擦定律的液体,即切应力与剪切速率不是直线关系。

内摩擦定律:如图 8-5-1 所示,一对平行板,面积为 A,相距 dr,板间充以某液体。今对上板 I 施加一推力 F,使其速度为 v,取相距为 dy 的液体两个层面,层面的速度差 du,du/dy 即为剪切速率,层面相对移动受到的内应力,即切应力,它与剪切速率呈线性关系,即 $\tau = \mu \dfrac{du}{dy} = \mu \dot{\gamma}$,其中的系数 μ 就是常用的黏度,具有这一关系的流动规律即为内摩擦定律,也叫牛顿内摩擦定律。

液体的流变性:液体受到外力作用时发生流动和变形的性质。

本构方程:又称流变方程。是液体流变的状态方程,即描述切应力和剪切速率关系的方程。

切应力:又称剪应力。在液体层流中相对移动的各层之间产生的内摩擦力的方向一般是沿液层面的切线,流动时液体的变形是这种力所引起的,单位面积上的切变力即为切应力。也指渗流力学中的黏滞力或黏性力,符号为 τ,单位为 Pa。

剪切速率:流体运动时,垂直于层面上的速度变化率,即 du/dy,符号为 $\dot{\gamma}$,单位为 s^{-1}。

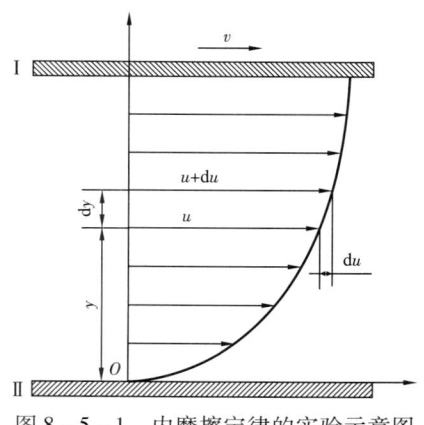

图 8-5-1　内摩擦定律的实验示意图

流变曲线:由切应力和剪切速率构成的曲线。
幂律液体:本构方程可以用幂函数表达的液体,公式如下:

$$\tau = H\dot{\gamma}^n \tag{8-5-1}$$

式中 H——稠度系数,其值是剪切速率为 $1s^{-1}$ 时的黏度,滑溜水 $H<1$,瓜尔胶压裂液 H 为 $10\sim50$,聚合物溶液 H 为 $10\sim150$;

n——幂律指数或黏性指数,聚合物溶液 $0.1<n<1$。

广义达西定律:用达西公式形式表示非牛顿液体的渗流规律,公式为:

$$u_r^n = \frac{K}{\mu_{\text{eff}}} \frac{\partial p}{\partial r} \tag{8-5-2}$$

式中 u_r^n——径向渗流速度,m/s;

μ_{eff}——非牛顿液体的有效黏度,Pa·s。

表观黏度:流变曲线上各点的切线对应的斜率,即切应力与剪切速度的比值,符号为 μ_a,其值为常数时是牛顿液体,其他情况则是非牛顿液体。计算公式为:

$$\mu_a = \frac{\tau}{\dot{\gamma}} \tag{8-5-3}$$

有效黏度:应用广义达西定律表示的黏度,其值为:

$$\mu_{\text{eff}} = \frac{H}{12}\left(9 + \frac{3}{n}\right)^n (150K\phi)^{\frac{1-n}{2}} \tag{8-5-4}$$

视黏度:应用达西公式反求出的黏度,即:

$$\mu_s = \frac{KA\Delta p}{QL} \tag{8-5-5}$$

黏弹性液体:既具有流体的黏性特征,又具有固体的弹性特征(即拉伸或压缩)。

二、知识点

1. 非牛顿液体的流变性

牛顿流体符合内摩擦定律:

$$\tau = \mu \frac{du}{dy} = \mu\dot{\gamma} \tag{8-5-6}$$

或

$$\mu = \frac{\tau}{\dot{\gamma}} \tag{8-5-7}$$

牛顿液体的特性是作用在液体上的切应力与剪切速率成正比,比例常数称为"动力黏度",简称"黏度",该黏度与时间无关。

非牛顿液体,剪切速率和切应力之间的关系不是一条通过原点的直线,即不符合牛顿内摩擦定律。它主要有三大类:纯黏性非牛顿液体、非稳态非牛顿液体、黏弹性非牛顿液体。

1)纯黏性非牛顿液体

如图 8-5-2 所示,该类液体的黏度只与切应力和剪切速率有关,与时间无关,可以再分为幂律液体和宾汉液体。

(1)幂律液体。

该类非牛顿液体引入"表观黏度"或"视黏度"的概念,即:

$$\mu_a = \frac{\tau}{\dot{\gamma}} \quad (8-5-8)$$

幂律液体是非牛顿液体的常见类型,其切应力表达式为:

$$\tau = H\dot{\gamma}^n \quad (8-5-9)$$

当 $n=1$ 时,为牛顿液体,如水、油;

当 $0<n<1$ 时,为拟塑性液体,其特性是剪切变稀,如血液、高分子聚合物溶液;

当 $n>1$ 时,为膨胀性液体,其特性是剪切增稠,如浓糖溶液。

幂律液体用"表观黏度"表示时,本构方程为:

$$\mu_a = H\dot{\gamma}^{n-1} \quad (8-5-10)$$

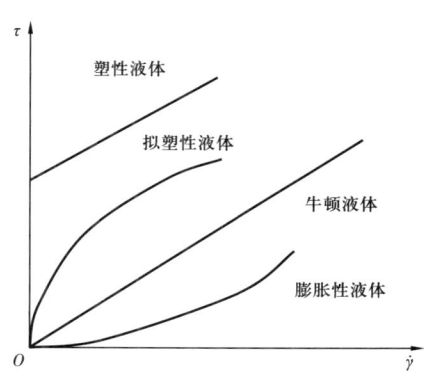

图 8-5-2 纯黏性非牛顿液体流变曲线

(2)宾汉液体。

即图 8-5-2 中塑性液体,其特点是当切应力超过某一特定应力值时,液体才发生流动,之后流变特性与牛顿液体相同。其本构方程为:

$$\tau = \tau_0 + \mu\dot{\gamma} \quad (8-5-11)$$

泥浆和牙膏等一般属于宾汉液体。

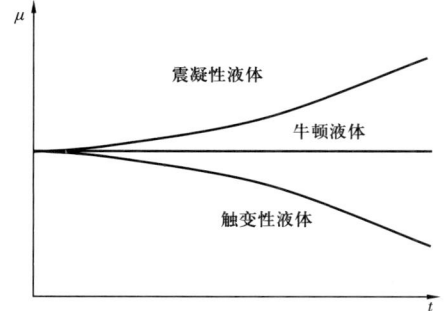

图 8-5-3 非稳态液体黏度—时间曲线

2)非稳态非牛顿液体

如图 8-5-3 所示,这类液体黏度与作用时间有关,分为两类:

(1)触变性液体。

视黏度随着剪切时间的增加而减少,也称为剪切稀释,如油漆。

(2)震凝性液体。

视黏度随着剪切时间的增加而增加,也称为剪切稠化,如水泥浆。

3)黏弹性非牛顿液体

该类液体既有液体的黏性,又有类似固体的缓慢微弱蠕变的弹性,如面粉团、沥青、某些高分子聚合物等。

2. 广义达西定律

对于一维幂律液体通过多孔介质的流动,广义达西定律表达为:

$$u_r^n = \frac{K}{\mu_{\text{eff}}} \frac{\partial p}{\partial r} \qquad (8-5-12)$$

$$\mu_{\text{eff}} = \frac{H}{12}\left(9 + \frac{3}{n}\right)^n (150K\phi)^{\frac{1-n}{2}} \qquad (8-5-13)$$

式中 u_r——径向的表观速度,m/s;

μ_{eff}——有效黏度,Pa·s。

当 $n=1$ 时,$\mu_{\text{eff}} = H$,即牛顿黏度。

有时,现场也研究用达西公式反求出的黏度研究液体的流变性,这种黏度称为视黏度,其表达式为:

$$\mu_s = \frac{KA\Delta p}{QL} \qquad (8-5-14)$$

许多文献中,视黏度、表观黏度及有效黏度被认为是一种黏度。

3. 幂律液体稳定渗流

应用广义达西定律,幂律液体径向稳定渗流公式为:

$$\frac{\mathrm{d}p}{\mathrm{d}r} = \frac{\mu_{\text{eff}}}{K} v^n \qquad (8-5-15)$$

$$\mu_{\text{eff}} = \frac{H}{12}\left(9 + \frac{3}{n}\right)^n (150K\phi)^{\frac{1-n}{2}} \qquad (8-5-16)$$

$$v = \frac{Q}{2\pi r h} \qquad (8-5-17)$$

把式(8-5-16)、式(8-5-17)代入式(8-5-15),分离变量并积分,得:

$$\int_{p_w}^{p_e} \mathrm{d}p = \frac{\mu_{\text{eff}}}{K}\left(\frac{Q}{2\pi h}\right)^n \int_{R_w}^{R_e} \frac{\mathrm{d}r}{r^n} \qquad (8-5-18)$$

得到幂律液体稳定渗流产量公式:

$$Q = 2\pi h \left[\frac{(1-n)(p_e - p_w)}{\frac{\mu_{\text{eff}}}{K}(R_e^{1-n} - R_w^{1-n})}\right]^{\frac{1}{n}} \qquad (8-5-19)$$

4. 幂律液体不稳定渗流

平面径向不稳定渗流的数学模型可以表示为:

$$\frac{1}{r}\frac{\partial}{\partial r}\left(\frac{r}{\mu}\frac{\partial p}{\partial r}\right) = \frac{\phi C_t}{K}\frac{\partial p}{\partial t} \qquad (8-5-20)$$

液体黏度 μ 是一个变量。

令

$$\frac{r}{R_w} = e^u \qquad (8-5-21)$$

得到:

$$r = R_w e^u \qquad (8-5-22)$$

$$dr = R_w e^u du = r du \qquad (8-5-23)$$

$$\frac{\partial p}{\partial r} = \frac{\partial p}{\partial u}\frac{\partial u}{\partial r} = \frac{\partial p}{\partial u}\frac{1}{r} \qquad (8-5-24)$$

$$\frac{1}{r}\frac{\partial}{\partial r}\left(\frac{r}{\mu}\frac{\partial p}{\partial r}\right) = \frac{1}{r}\frac{\partial}{\partial u}\left(\frac{1}{u}\frac{\partial p}{\partial u}\right)\frac{du}{dr} = \frac{1}{r^2}\frac{\partial}{\partial u}\left(\frac{1}{u}\frac{\partial p}{\partial u}\right) \qquad (8-5-25)$$

则有:

$$\frac{\partial}{\partial u}\left(\frac{1}{\mu}\frac{\partial p}{\partial u}\right) = R_w^2 e^{2u}\frac{\phi C_t}{K}\frac{\partial p}{\partial t} \qquad (8-5-26)$$

将式(8-5-26)扩展成有限差分式,得:

$$\frac{1}{\Delta u}\left[\frac{1}{\mu_{i-\frac{1}{2},n+1}}\left(\frac{p_{i-1,n+1}-p_{i,n+1}}{\Delta u}\right)-\frac{1}{\mu_{i+\frac{1}{2},n+1}}\left(\frac{p_{i,n+1}-p_{i+1,n+1}}{\Delta u}\right)\right] = R_w^2 e^{2u_{i,n}}\frac{\phi C_t}{K}\left(\frac{p_{i,n+1}-p_{i,n}}{\Delta t}\right)$$

$$(8-5-27)$$

初始及边界条件如下:

$$p(r,0) = p_0 \qquad (8-5-28)$$

$$q = \frac{2\pi Kh}{\sqrt{\mu}}\left(\frac{p_{1,n+1}-p_{0,n+1}}{\Delta u}\right) \qquad (8-5-29)$$

$$\left.\frac{\partial p}{\partial r}\right|_{r=R_e} = 0 \qquad (8-5-30)$$

然后用数值模拟方法进行求解。

三、练习题

1、单选题:非牛顿液体渗流中,以下哪个参数是随运动速度或者时间发生变化的( )。
A、渗透率　　　　B、液体黏度　　　　C、渗流面积　　　　D、地层有效厚度
2、用于描述牛顿液体剪切速率和切应力之间关系的定律称为_____,它们之间具有_____关系。

3、多选题:以下属于牛顿液体的是(　　　)。
A、原油　　　　B、水　　　　C、聚合物溶液　　　D、水泥浆

4、纯黏性非牛顿液体包括幂律液体和宾汉液体,幂律液体的本构方程为_____,宾汉液体的本构方程为_____。

5、多选题:以下属于幂律液体的是(　　　)。
A、原油　　　　B、浓糖溶液　　C、聚合物溶液　　　D、血液

6、多选题:以下属于非稳态非牛顿液体的是(　　　)。
A、原油　　　　B、水泥浆　　　C、浓糖溶液　　　　D、油漆

7、判断题:非牛顿液体的黏度在不同条件下具有不同的大小,原油在不同压力条件下也有不同的黏度,因此,原油是非牛顿液体。

8、多选题:非牛顿液体的黏度可能与以下条件关系密切的是(　　　)。
A、剪切速率　　B、剪切时间　　C、渗透率　　　　　D、温度

9、油田中三元复合驱中的高分子聚合物是典型的非牛顿液体,它属于_____非牛顿液体,该类液体既有液体共有的_____,又有类似固体的缓慢微弱蠕变的_____。

10、广义达西定律中,用于描述液体流动性的参数名称为_____。

第六节　非等温渗流

经典渗流力学中,假设条件之一是等温地层,实际油藏开发过程中,往往涉及热量的传导和交换,比如稠油油藏的热采、页岩油的地下原位加热开采、天然气水合物开采等。

非等温渗流时,流体的物性参数和地层的物性参数往往是压力和温度的函数,相态变化、相渗变化也伴随其中,渗流场和温度场同时存在并相互影响,使渗流规律更加复杂,渗流数学模型的建立则需要渗流方程和能量方程。

渗流方程依据的是达西定律和质量守恒定律,能量方程则依据的是傅里叶定律(导热基本定律)和能量守恒方程。

一、相关概念

热传导定律:也叫傅里叶定律,即热量在介质中的热流速与温度梯度呈线性关系,即:

$$J_h = -\lambda_h \mathrm{grad} T \qquad (8-6-1)$$

式中　J_h——通过单位面积的热流速,$J/(m^2 \cdot s)$;
　　　λ_h——导热系数,$J/(m \cdot s \cdot K)$。

能量守恒定律:也是热力学第一定律,可以表述为一个系统的总能量的改变等于传入或者传出该系统的能量的多少。总能量为系统的机械能、热能及除热能以外的任何内能形式的总和。

比热容:是单位质量物体改变单位温度时吸收或放出的热量。符号为 c_h,单位为

J/(kg·K)。水和油的比热容分别约为 4200J/(kg·K) 和 2000J/(kg·K),饱和水砂岩为 1055J/(kg·K)。

内能:是组成物体分子的无规则热运动动能和分子间相互作用势能的总和。符号为 U,单位为 J。

导热系数:又叫热导率或热传导系数,单位温度梯度下通过单位面积的热流速度。符号为 λ_h,单位为 J/(m·s·K) 或 W/(m·K)。水 $\lambda_{hw}=0.46$ J/(m·s·K),原油 $\lambda_{ho}=0.147$ J/(m·s·K),饱和水砂岩 $\lambda_{hf}=2.75$ J/(m·s·K)。

热交换系数:固体表面与流体在单位温差、单位时间、单位面积上通过对流交换的热量。符号为 h_n,单位为 J/(m²·s·K)。

热扩散系数:是物体中某一点的温度的扰动传递到另一点的速率的量度。计算公式为:

$$E_h = \frac{\lambda_h}{\rho c_h} \tag{8-6-2}$$

式中 E_h——热扩散系数,饱和水砂岩热扩散系数为 $4.13\times10^4 \text{m}^2/\text{s}$,m²/s;

c_h——比热容,J/(kg·K)。

热焓:也叫焓,它是表示物质系统能量的一个状态函数,此处定义为单位质量物质具有的能量,符号为 H,单位为 J/kg。

二、知识点

1. 渗流中的传热方式

1) 热传导

流体内部及岩石内部只要存在温度梯度,就会存在热传导,其定律为傅里叶导热基本定律,即热传导定律:

$$J_h = -\lambda_h \text{grad} T \tag{8-6-3}$$

描述的是热量在介质中的热流速与温度梯度呈线性关系。

岩石的导热系数要比液体的大一个数量级,因此,在热力采油中,注入的能量在加热原油的同时还要加热岩石,且很大部分用于加热岩石。

2) 热扩散

和由于组分浓度差异引起的扩散现象相似,热也存在扩散,也同样分为分子热扩散和对流热扩散。一般用综合的热扩散系数表示,即:

$$E_h = \frac{\lambda_h}{\rho c_h} \tag{8-6-4}$$

3) 热交换

热量通过流体注入孔隙,则孔隙中的液体与岩石存在温度差,此时两介质之间存在热交换,或热损失。其计算公式为:

$$J_{hn} = h_n(T_f - T_l) \quad (8-6-5)$$

式中　J_{hn}——通过界面热交换产生的热流速，J/(m²·s)；

T_f——岩石的温度，K；

T_l——流体的温度，K。

4）热辐射

当孔隙中都是气体时，固体颗粒之间出现热辐射，在渗流中考虑较少。

2. 渗流方程

渗流符合达西定律，则：

$$v_{li} = -\frac{KK_{rl}}{\mu_l}\frac{\partial p_l}{\partial x_i}, l = o, w \quad (8-6-6)$$

根据质量守恒定律，建立渗流基本微分方程为：

$$\frac{\partial(\rho_l\phi)}{\partial t} + \frac{\partial}{\partial x_i}(\rho_l v_{li}) = 0 \quad (8-6-7)$$

3. 能量方程

1）液体的能量方程

液体内能用 $U = c_{hl}T$ 表示，则能量方程可建立为：

$$\rho_l c_{hl}\left(\frac{\partial T_l}{\partial t} + v_i\frac{\partial T_l}{\partial x_i}\right) = -\frac{\partial J_h}{\partial x_i} - \frac{\partial}{\partial x_i}\left(E_{hi}\frac{\partial T_l}{\partial x_i}\right) + h_n(T_f - T_l) - F \quad (8-6-8)$$

$$\rho_l = \rho_0[1 - C_{TL}(T_l - T_{l0})]$$

式中　c_{hl}——液体的比热容，J/(kg·K)；

T_l——液体的温度，K；

x_i——x, y, z 中的某方向；

v_i——沿某方向的渗流速度，m/s；

E_{hi}——沿某一方向的扩散系数，m²/s；

F——储层顶底面岩石热损失，即损失热流量，J；

ρ_l——液体的密度，kg/m³；

C_{TL}——等温压缩系数，Pa⁻¹。

式（8-6-8）中：

（1）左端第一项表示液体内能的变化；

（2）左端第二项表示流动导致的能量变化；

（3）右端第一项表示液体热传导产生的能量变化；

（4）右端第二项表示液体热扩散产生的能量变化；

（5）右端第三项表示岩石和液体的热交换产生的能量变化；

(6)右端第四项表示储层顶底层岩石产生的能量损失。

2)岩石的能量方程

$$\rho_f c_{hf} \frac{\partial T_f}{\partial t} = -\frac{\partial J_{hs}}{\partial x_i} - h_n(T_f - T_l) \quad (8-6-9)$$

其中,$J_{hs} = -\lambda_{hf}\frac{\partial T}{\partial x_i}$,为液体传至固体岩块的热流速。

4. 综合方程

假设岩石和液体之间的温度平衡瞬时达到,则液体能量方程和岩石能量方程合并,同时代入导热方程,得到:

综合能量方程为:

$$[\phi\rho_l c_{hl} + (1-\phi)\rho_f C_{hf}]\frac{\partial T}{\partial t} + \rho_l c_{hl}v_i\frac{\partial T}{\partial x_i} = \frac{\partial}{\partial x_i}[\phi\lambda_{hl} + (1-\phi)\lambda_{hf}]\frac{\partial T}{\partial x_i} - \frac{\partial}{\partial x_i}\left(\phi E_{hi}\frac{\partial T}{\partial x_i}\right) - F$$

$$(8-6-10)$$

渗流方程为:

$$\frac{\partial(\rho_l\phi S_l)}{\partial t} + \frac{\partial}{\partial x_i}(\rho_l v_{li}) = 0 \quad (8-6-11)$$

运动方程为:

$$v_{li} = -\frac{KK_{rl}}{\mu_l}\frac{\partial p_l}{\partial x_i}, l = o, w \quad (8-6-12)$$

其中液体黏度一般为温度的函数,即$\mu_l = \mu_l(T_l)$。

状态方程为:

$$\rho_l = \rho_0[1 - C_{TL}(T_l - T_{l0})] \quad (8-6-13)$$

$$\phi = \phi_0[1 - C_{Tf}(T_f - T_{f0})] \quad (8-6-14)$$

辅助方程为:

$$S_o + S_w = 1 \quad (8-6-15)$$

$$p_{cow} = p_o - p_w \quad (8-6-16)$$

由以上方程求解压力和温度。

在一维流动情况下,若忽略热扩散和顶底面热损失及注入量,则有:

$$[\phi\rho_l C_{hl} + (1-\phi)\rho_f C_{hf}]\frac{\partial T}{\partial t} = \frac{\partial}{\partial x_i}[\phi\lambda_{hl} + (1-\phi)\lambda_{hf}]\frac{\partial T}{\partial x_i} - \rho_l C_{hl}v_i\frac{\partial T}{\partial x_i}$$

$$(8-6-17)$$

定义地层综合比热容c_{ht}和地层综合导热系数λ_{ht}为:

$$c_{ht} = \phi \rho_l c_{hl} + (1-\phi)\rho_f c_{hf} \quad (8-6-18)$$

$$\lambda_{ht} = \phi \lambda_{hl} + (1-\phi)\lambda_{hf} \quad (8-6-19)$$

则一维单相流动的基本微分方程为：

$$c_{ht}\frac{\partial T}{\partial t} = \lambda_{ht}\frac{\partial^2 T}{\partial x^2} - \rho_l c_{hl} v \frac{\partial T}{\partial x} \quad (8-6-20)$$

若为稳定渗流，则：

$$\frac{\partial^2 T}{\partial x^2} = \frac{\rho_l c_{hl} v}{\lambda_{ht}}\frac{\partial T}{\partial x} \quad (8-6-21)$$

若边界条件为 $x=0, T=t_0$；$x=L, T=T_L$，则解为：

$$\frac{T-T_0}{T_L-T_0} = \frac{e^{\frac{ax}{L}}-1}{e^a-1} \quad (8-6-22)$$

其中，$a = \frac{c_{hl}\rho_l}{\lambda_{hl}}vL$，是无量纲传热参数，渗流速度 v 按渗流方程可求得，则：

$$a = \frac{Kc_{hl}\rho_l}{\mu\lambda_{hl}}(p_e - p_w) \quad (8-6-23)$$

5. 基于热焓的非等温渗流

刘慧卿主编的《油气渗流力学基础》进行了基于热焓的能量方程的推导，也摘录如下，以便进一步了解。

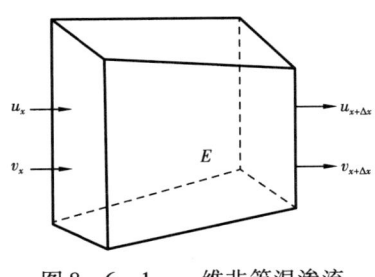

图 8-6-1　一维非等温渗流单元体

1）能量连续性方程

如图 8-6-1 所示，在油藏中，某一部分岩石与周围岩体的能量交换方式包括由流体运动（渗流）产生的热传递、由温差产生的热传递、热源产生的热量 E 和顶底热损失 F。

进入单元体能量为：

$$(Au)|_x \Delta t + (A\rho_w H_w v_w)|_x \Delta t + (A\rho_o H_o v_o)|_x \Delta t + E_{in}A\Delta x \Delta t \quad (8-6-24)$$

逸出单元体能量为：

$$(Au)|_{x+\Delta x}\Delta t + (A\rho_w H_w v_w)|_{x+\Delta x}\Delta t + (A\rho_o H_o v_o)|_{x+\Delta x}\Delta t + FA\Delta x\Delta t \quad (8-6-25)$$

孔隙岩石中能量变化包括流体能量的变化和岩石骨架能量的变化，因此单元体能量增量为：

$$A\Delta x\{[\phi(\rho_w H_w S_w + \rho_o H_o S_o) + (1-\phi)\rho_f H_R]|_{t+\Delta t} - [\phi(\rho_w H_w S_w + \rho_o H_o S_o) + (1-\phi)\rho_f H_R]|_t\}$$

式中　A——渗流面积，m^2；

u——导热速度,与 J_h 相同,$J/(m^2 \cdot s)$;
H_w, H_o, H_R——水、油和岩石的热焓,J/kg。

由单元体能量增量可以看出,在热力采油中,注入的能量在加热原油的同时还要加热岩石,且很大部分用于加热岩石,因此若注入的热流体能量不充分,加热范围将会很小。

根据能量守恒定律,得到能量连续性方程为:

$$-\frac{\partial u_x}{\partial x} - \frac{\partial(\rho_w H_w v_w)}{\partial x} - \frac{\partial(\rho_o H_o v_o)}{\partial x} + E_{in} - F = \frac{\partial}{\partial t}[\phi(\rho_w H_w S_w + \rho_o H_o S_o) + (1-\phi)\rho_f H_R]$$

2)流体运动方程和导热方程

根据达西定律,流体运动方程为:

$$v_l = -\frac{KK_{rl}}{\mu_l}\frac{\partial p_l}{\partial x}, l = o, w \qquad (8-6-26)$$

导热现象满足傅里叶定律,导热方程为:

$$u = -\lambda_h \text{grad} T \qquad (8-6-27)$$

3)非等温渗流数学模型

把运动方程和导热方程代入能量方程为:

$$\lambda_h \frac{\partial^2 T}{\partial x^2} + \frac{\partial}{\partial x}\left(\rho_w H_w \frac{KK_{rw}}{\mu_w}\frac{\partial p_w}{\partial x}\right) + \frac{\partial}{\partial x}\left(\rho_o H_o \frac{KK_{ro}}{\mu_o}\frac{\partial p_o}{\partial x}\right) + E_{in} - F$$

$$= \frac{\partial}{\partial t}[\phi(\rho_w H_w S_w + \rho_o H_o S_o) + (1-\phi)\rho_f H_R] \qquad (8-6-28)$$

在非等温渗流过程中,除满足式(8-6-28)所示的能量守恒关系外,流体渗流同时满足质量守恒,即:

$$\frac{\partial}{\partial x}\left(\rho_w \frac{KK_{rw}}{\mu_w}\frac{\partial p_w}{\partial x}\right) = \frac{\partial}{\partial t}(\phi \rho_w S_w) \qquad (8-6-29)$$

$$\frac{\partial}{\partial x}\left(\rho_o \frac{KK_{ro}}{\mu_o}\frac{\partial p_o}{\partial x}\right) = \frac{\partial}{\partial t}(\phi \rho_o S_o) \qquad (8-6-30)$$

同理可以写出三维渗流方式的非等温渗流数学模型为:

$$\nabla(\lambda_h \nabla T) + \nabla\left(\rho_w H_w \frac{KK_{rw}}{\mu_w}\nabla p_w\right) + \nabla\left(\rho_o H_o \frac{KK_{ro}}{\mu_o}\nabla p_o\right) + E_{in} - F$$

$$= \frac{\partial}{\partial t}[\phi(\rho_w H_w S_w + \rho_o H_o S_o) + (1-\phi)\rho_f H_R] \qquad (8-6-31)$$

$$\nabla\left(\rho_w \frac{KK_{rw}}{\mu_w}\nabla p_w\right) = \frac{\partial}{\partial t}(\phi \rho_w S_w) \qquad (8-6-32)$$

$$\nabla\left(\rho_o \frac{KK_{ro}}{\mu_o}\nabla p_o\right) = \frac{\partial}{\partial t}(\phi \rho_o S_o) \qquad (8-6-33)$$

辅助方程为：

$$S_o + S_w = 1 \tag{8-6-34}$$

$$p_{cow} = p_o - p_w \tag{8-6-35}$$

由数学模型可以看出,温度是时间和空间位置的函数,而流体的黏度又是温度的函数,因此非等温渗流数学模型需要联合流体物性参数模型才能进行求解。

三、练习题

1、单选题:用于描述热传导定律的是(　　)。
　A、达西定律　　　　B、内摩擦定律　　　　C、傅里叶定律　　　　D、欧姆定律
2、热传导定律是描述多孔介质中_____和_____之间的线性关系。
3、多选题:通过热交换系数的定义,了解到热交换中涉及的参数有(　　)。
　A、温差　　　　　　B、面积　　　　　　　C、时间　　　　　　　D、渗透率
4、多选题:非等温渗流中的基本微分方程主要包括(　　)。
　A、渗流方程　　　　B、组分方程　　　　　C、浓度方程　　　　　D、能量方程
5、多选题:以下属于非等温渗流的是(　　)。
　A、稠油冷采　　　　B、注蒸汽吞吐　　　　C、地热开采　　　　　D、化学驱
6、多选题:非等温渗流的传热方式有(　　)。
　A、热传导　　　　　B、热扩散　　　　　　C、热交换　　　　　　D、热辐射
7、多选题:非等温渗流中,液体的能量方程 $\rho_l C_{hl} \left(\dfrac{\partial T_l}{\partial t} + v_i \dfrac{\partial T_l}{\partial x_i} \right) = -\dfrac{\partial J_h}{\partial x_i} - \dfrac{\partial}{\partial x_i} \left(E_{hi} \dfrac{\partial T_l}{\partial x_i} \right) +$
$h_n(T_f - T_l) - F$ 中,以下说法正确的有(　　)。
　A、左端第一项表示液体内能的变化　　　　B、左端第二项表示流动导致的能量变化
　C、右端第一项表示液体热扩散的能量变化　D、右端第三项表示热交换的能量变化
8、非等温渗流中的能量方程包括_____和_____。
9、导热系数的单位是_____,其物理意义是_____。
10、判断题:热焓是表示物质系统能量的一个状态函数,是单位质量物质具有的能量。

第七节　传质扩散渗流

经典渗流力学中,流体中的各组分完全按照达西定律运动,但当注入流体中带有驱油剂、示踪剂、能够形成混相的气体等时,这些注入剂在储层中的流动,除达西定律外还受所谓弥散现象的约束。在这样的情况下,研究渗流问题中常会遇到"水力弥散"现象。

最容易理解的水力弥散现象是"布朗运动"或者"分子热运动",即流体不流动时,当注入一种互溶的示剂时,在浓度差的驱动下而形成扩散,这也称为分子扩散。

一般来说,水力弥散现象由下述原因引起:(1)浓度差引起的分子扩散;(2)作用于流体的外力;(3)孔隙空间的复杂微观结构;(4)流体参数如密度、黏度等差异引起的流动模式的

改变;(5)液固两相之间的相互作用等。

由于水力弥散现象的存在,渗流过程中的物质传递由三个方面组成:由达西定律引起的平均流动、由浓度梯度引起的分子扩散、机械弥散引起的对流扩散。

在考虑扩散、吸附、化学反应等机理时,就统称为物理化学渗流。

一、相关概念

布朗运动:指一切物质的分子都在不停地做无规则的运动,也叫分子热运动。

水力弥散现象:溶质示踪剂在稀释时的物质迁移现象。主要有分子扩散和对流扩散两种方式。

分子扩散:在浓度差或其他推动力的作用下,由于分子、原子等的热运动所引起的物质在空间的迁移现象。

对流扩散:流体运动时,溶质示踪剂在孔道中运动方向不一致,引起溶质在孔隙中不断分散,并占据越来越大空间,也称为机械扩散。

沿程扩散:扩散物质在介质中的扩散方向与流动方向是一致的。

横向扩散:扩散物质在介质中的扩散方向与流动方向垂直,渗流速度为 0 时也存在横向扩散。

费克(Fick)扩散定律:不依靠宏观的混合作用发生的传质现象,描述分子扩散过程中扩散速度与浓度梯度之间成正比关系。

扩散系数:是表示物质扩散程度的物理量,它描述了在单位浓度梯度下,单位时间内通过单位面积的流量。

高斯误差函数:函数的一种,其公式为:

$$\text{erf}(\xi) = \frac{2}{\sqrt{\pi}} \int_0^{\xi} e^{-\xi^2} d\xi \qquad (8-7-1)$$

吸附:当流体与多孔固体接触时,流体中某一组分或多个组分在固体表面处产生积聚,此现象称为吸附。吸附的反过程称为脱附或解吸。

物理化学渗流:指在孔隙介质中,流体在受到物理和化学作用影响下的流动过程。这个过程涉及流体的运动,以及流体与孔隙介质之间的相互作用,包括物理吸附、化学反应等因素对流体流动的影响。

二、知识点

1. 扩散方程

理想扩散物质沿流动方向上的扩散速度可用费克扩散定律来表达,该定律表明,仅仅由扩散现象引起的单位时间、单位面积上的示踪剂的质量流量可表达为:

$$u = -D^* \frac{\partial C}{\partial x} \qquad (8-7-2)$$

式中 D^*——扩散系数,cm^2/s;

C——扩散剂浓度,g/cm^3;

u——质量流量,$g/(cm^2 \cdot s)$。

2. 连续性方程

如图 8-7-1 所示,设在地层微元六面体中,M 点的扩散物质组分质量速度为 u_i,在 M' 点处组分质量速度为:

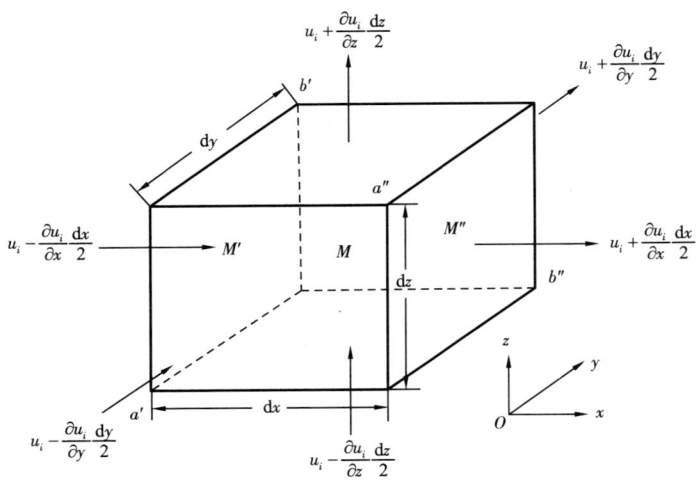

图 8-7-1　单元六面体示意图

$$u_i - \frac{\partial u_i}{\partial x}\frac{dx}{2} \tag{8-7-3}$$

经过 dt 时间后,流入 $a'b'$ 面的质量流量为:

$$\left(u_i - \frac{\partial u_i}{\partial x}\frac{dx}{2}\right)dydzdt \tag{8-7-4}$$

同理,在 M'' 点组分的质量速度为:

$$\left(u_i + \frac{\partial u_i}{\partial x}\frac{dx}{2}\right) \tag{8-7-5}$$

经过 dt 时间后流出 $a''b''$ 面的质量流量为:

$$\left(u_i + \frac{\partial u_i}{\partial x}\frac{dx}{2}\right)dydzdt \tag{8-7-6}$$

则在 x 方向上,dt 时间内流入流出六面体的质量差为:

$$-\frac{\partial u_i}{\partial x}dxdydzdt \tag{8-7-7}$$

同理,在 y 和 z 方向上流入流出的质量差为:

y 方向：

$$-\frac{\partial u_i}{\partial y}\mathrm{d}x\mathrm{d}y\mathrm{d}z\mathrm{d}t \qquad (8-7-8)$$

z 方向：

$$-\frac{\partial u_i}{\partial z}\mathrm{d}x\mathrm{d}y\mathrm{d}z\mathrm{d}t \qquad (8-7-9)$$

微元六面体在 $\mathrm{d}t$ 时间内扩散物质的组分质量流量差为：

$$-\left(\frac{\partial u_i}{\partial x}+\frac{\partial u_i}{\partial y}+\frac{\partial u_i}{\partial z}\right)\mathrm{d}x\mathrm{d}y\mathrm{d}z\mathrm{d}t \qquad (8-7-10)$$

设在 t 时间，单元体内的流体质量浓度为 C，在 $\mathrm{d}t$ 时间内浓度变化了 $(\partial C/\partial t)\mathrm{d}t$，而微元体的孔隙体积为 $\phi\mathrm{d}x\mathrm{d}y\mathrm{d}z$，则由质量浓度变化引起的质量变化为：

$$\phi\frac{\partial C}{\partial t}\mathrm{d}x\mathrm{d}y\mathrm{d}z\mathrm{d}t \qquad (8-7-11)$$

由质量守恒定律，两种方法计算出的质量变化应该相等：

$$-\left(\frac{\partial u_i}{\partial x}+\frac{\partial u_i}{\partial y}+\frac{\partial u_i}{\partial z}\right)=\frac{\partial(\phi C)}{\partial t} \qquad (8-7-12)$$

若考虑流体流动的情况，则需要加入由于流动带来的浓度变化，即：

$$-\left(\frac{\partial u_i}{\partial x}+\frac{\partial u_i}{\partial y}+\frac{\partial u_i}{\partial z}\right)-\left(v_x\frac{\partial C}{\partial x}+v_y\frac{\partial C}{\partial y}+v_z\frac{\partial C}{\partial z}\right)=\frac{\partial(\phi C)}{\partial t} \qquad (8-7-13)$$

设岩石不可压缩，将扩散速度 u_i 和渗流速度 v 都除以孔隙度 ϕ，得到孔隙真实扩散速度 u 和真实渗流速度 v_ϕ。则方程 (8-7-13) 变为：

$$-\left(\frac{\partial u}{\partial x}+\frac{\partial u}{\partial y}+\frac{\partial u}{\partial z}\right)-\left(v_{\phi x}\frac{\partial C}{\partial x}+v_{\phi y}\frac{\partial C}{\partial y}+v_{\phi z}\frac{\partial C}{\partial z}\right)=\frac{\partial C}{\partial t} \qquad (8-7-14)$$

式 (8-7-14) 即为传质扩散渗流的连续性方程。

3. 带扩散的一维渗流方程

由连续性方程，得到一维渗流方程为：

$$-\frac{\partial u}{\partial x}-v_\phi\frac{\partial C}{\partial x}=\frac{\partial C}{\partial t} \qquad (8-7-15)$$

代入扩散方程得：

$$D^*\frac{\partial^2 C}{\partial x^2}-v_\phi\frac{\partial C}{\partial x}=\frac{\partial C}{\partial t} \qquad (8-7-16)$$

式 (8-7-16) 中：

(1) 左端第一项是由扩散作用带来的浓度变化；

（2）左端第二项是由于流体流动携带引起的浓度变化；

（3）右端项为累积项。

若不考虑扩散作用，溶质浓度的变化仅由于流动携带引起，此时方程(8-7-16)变为：

$$-v_\phi \frac{\partial C}{\partial x} = \frac{\partial C}{\partial t} \tag{8-7-17}$$

此为一维波动方程。其求解过程先通过构造函数把波动方程转变为扩散方程，再进行求解，得到浓度分布方程为：

$$C(x,t) = \frac{C_1}{2}\left[1 - \mathrm{erf}\left(\frac{x - v_\phi t}{2\sqrt{D^* t}}\right)\right] \tag{8-7-18}$$

式中　C_1——扩散开始处的浓度，$\mathrm{kg/m^3}$。

函数：

$$\mathrm{erf}(\xi) = \frac{2}{\sqrt{\pi}}\int_0^\xi e^{-\xi^2}\mathrm{d}\xi \tag{8-7-19}$$

称为高斯误差函数。

4. 带吸附和扩散的一维渗流方程

许多油层中的化学剂不但具有扩散作用，也会由于分子力的作用或静电场的作用吸附在岩石固体颗粒的表面上，吸附会影响浓度的变化。

设 C_r 为吸附浓度，C_r^* 为吸附临界浓度，即达到该值后不再吸附，K_1 和 K_2 分别为吸附常数和脱附常数，单位为 s^{-1}。则吸附速度可写为：

$$\left(\frac{\mathrm{d}C_r}{\mathrm{d}t}\right)_r = K_1\left(1 - \frac{C_r}{C_r^*}\right)C \tag{8-7-20}$$

与吸附相对应的还有脱附，它与吸附是一个动平衡过程，该速度可写为：

$$\left(\frac{\mathrm{d}C_r}{\mathrm{d}t}\right)_r = -K_2\frac{C_r}{C_r^*} \tag{8-7-21}$$

则总的吸附浓度随时间的变化关系式为：

$$\frac{\mathrm{d}C_r}{\mathrm{d}t} = K_1\left(1 - \frac{C_r}{C_r^*}\right)C - K_2\frac{C_r}{C_r^*} \tag{8-7-22}$$

若时间趋于∞时，式(8-7-22)可改写成：

$$C_r(\infty) = \frac{aC}{1 + bC} \tag{8-7-23}$$

其中，$a = \dfrac{K_1 C_r^*}{K_2}$，$b = \dfrac{K_1}{K_2}$。

式(8-7-23)就是真实平衡吸附浓度公式，又称为朗格缪尔(Langmuir)等温吸附公式。

在孔隙度为 ϕ 的单位体积岩石中,颗粒所占体积为 $1-\phi$,颗粒的部分体积 S_r 为吸附区,则在单位体积孔隙的岩石中,吸附体积应为 $(1-\phi)S_r/\phi$,则带吸附和扩散的浓度方程为:

$$D^* \frac{\partial^2 C}{\partial x^2} - v_\phi \frac{\partial C}{\partial x} = \frac{\partial C}{\partial t} + \frac{1-\phi}{\phi} S_r \frac{\partial C_r}{\partial t} \qquad (8-7-24)$$

又根据朗格缪尔方程,有:

$$\frac{\partial C_r}{\partial t} = \frac{\mathrm{d} C_r}{\mathrm{d} C} \frac{\partial C}{\partial t} = \frac{a}{(1+bC)^2} \qquad (8-7-25)$$

代入方程(8-7-24)得:

$$D^* \frac{\partial^2 C}{\partial x^2} - v_\phi \frac{\partial C}{\partial x} = \left[1 + \frac{(1-\phi)S_r a}{\phi(1+bC)^2}\right] \frac{\partial C}{\partial t} \qquad (8-7-26)$$

方程(8-7-26)为二阶变系数非线性偏微分方程,求解很困难。可以用数值解求得近似解,或者特殊条件简化方程进行求解,这里不再展开。

三、练习题

1、用来描述渗流中的物质传质的基本定律为_____,揭示了分子扩散过程中_____与_____之间成正比关系。

2、特殊注入剂在储层中的流动,除达西定律带来的运动之外,其浓度分布还受到_____和_____两种作用的影响。

3、多选题:储层中注入剂的传质过程受到的作用有(　　)。
A、流体的流动　　　B、分子扩散　　　C、对流扩散　　　D、辐射扩散

4、多选题:以下哪些属于物理化学渗流(　　)。
A、示踪剂渗流　　　B、水驱　　　C、注空气驱　　　D、页岩气渗流

5、单选题:传质扩散渗流的基本微分方程中的特殊变量是(　　)。
A、温度　　　B、浓度　　　C、压力　　　D、饱和度

6、多选题:传质扩散方程 $D^* \frac{\partial^2 C}{\partial x^2} - v_\phi \frac{\partial C}{\partial x} = \frac{\partial C}{\partial t} + \frac{1-\phi}{\phi} S_r \frac{\partial C_r}{\partial t}$ 中,以下说法正确的有(　　)。
A、左端第一项为扩散项　　　　B、左端第二项为对流项
C、右端第一项为累积项　　　　D、右端第二项为吸附项

7、判断题:传质扩散渗流描述外来注入剂的浓度在储层中的分布规律。

8、判断题:注 CO_2 提高油藏采收率时的渗流涉及扩散和吸附。

9、Fick 定律中的扩散系数的物理意义是注入剂单位_____的_____。

10、用于描述解吸—吸附平衡的浓度公式称为_____方程。

第八节 多相多组分渗流

传统渗流力学中都是以"相"为对象建立渗流模型,如液相、气相,或者油相、水相。若需要研究流体中"组分"的变化规律,则要把组分定为对象,如气组分、油组分、水组分,著名的黑油模型则假设气组分存在于气相和油相中,油组分只在油相中,水组分只在水相中。除了油、气、水组分之外,有时储层中还有其他化学剂,如聚合物、表面活性剂等,又需要研究化学剂组分在储层中的浓度分布,这时多相多组分理论发挥了作用。

多相多组分渗流是化学驱、重质油藏开发、天然气水合物开发的主要模型。

化学驱是提高采收率的重要分支,驱油介质包括聚合物、表面活性剂、碱等,这些化学剂与残余油或地层相互作用,提高采收率。重质油藏往往采用高压注气、注富气等工艺,形成混相开发方式。可燃冰开发问题也是多相多组分渗流。

多相多组分渗流是指在地下孔隙介质中,多种组分形成混合物共同流动,这些组分可能以液态存在,也可能以气态存在。渗流过程中,相间、组分间相互交换、相变等,十分复杂,例如气液间的相互转换。多相多组分渗流理论由此受到重视。

多相多组分渗流过程包含一系列复杂的物理化学变化,目前,对多相多组分渗流过程中伴随的物理化学过程和渗流规律的研究都是极为困难的,即便建立起基本微分方程,求解也十分困难,一般需要结合具体条件通过计算机求出数值解。本章仅给出等温条件下多相多组分渗流模型的建立过程。

一、相关概念

黑油模型:又称低挥发油双组分模型,是指描述含有非挥发组分的黑油和挥发性组分的原油溶解气两个系统在油藏中运动规律的数学模型。

相态:就是物质的状态,指一个宏观物理系统所具有的一组状态。最常见的物质状态有固态、液态和气态。

相图:也称相态图、相平衡状态图,是用来表示相平衡系统的组成与一些参数(如温度、压力)之间关系的一种图。一般有 p—T 相图、p—V 相图和三角相图。

相平衡:在一定的条件下,当一个多相系统中各相的性质和数量均不随时间变化时,称此系统处于相平衡。相平衡状态时,各组分在相中的含量是确定的。

相平衡常数:指在一定温度和压力下,气液两相达到平衡状态时,气相中某一组分的摩尔分数与其液相中此组分的摩尔分数的比值,也称为平衡比。符号为 K_i。

质量分数:指某一相中某一组分的质量与该相的所有组分总质量之比,符号为 C_i。

二、知识点

1. 多组分系统的相态

多相多组分系统中,各个组分均可以在气相或液相中以一定的平衡比例存在,其在各相中的质量分数需要根据相图来确定。以甲烷(CH_4)、正丁烷(nC_4H_{10})及癸烷($C_{10}H_{22}$)三角相图为例,温度为 344.26K,如图 8-8-1 所示。

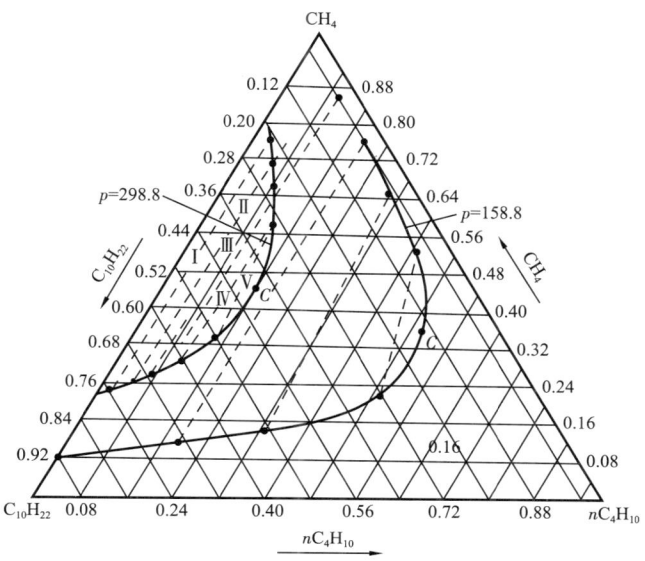

图 8-8-1　甲烷—正丁烷—癸烷三角相图

假设一个由 n 个组分组成的平衡系统,以 C_{ig} 表示第 i 组分在气相中的质量分数,C_{io} 表示第 i 组分在油相中的质量分数,则有:

$$\sum_{i=1}^{n} C_{ig} = 1, \sum_{i=1}^{n} C_{io} = 1 \qquad (8-8-1)$$

此外,在一定温度压力下,组分的相平衡常数是确定的,即:

$$K_i = \frac{C_{ig}}{C_{io}} \qquad (8-8-2)$$

式中　K_i——第 i 组分的相平衡常数;

　　　C_{ig}——第 i 组分在气相中的质量分数;

　　　C_{io}——第 i 组分在油相中的质量分数。

2. 多相多组分微分方程的建立

1)模型假设条件

(1)油藏中渗流为等温渗流;

(2)油气水都存在;

(3)油藏内流体渗流为线性渗流,符合达西定律;

(4)油藏中流体共 N 个组分;

(5)油藏中瞬间达到相平衡状态;

(6)不考虑重力、毛细管力的作用;

(7)孔隙介质刚性不可压缩。

2) 连续性方程

以单一组分 i 为例，设其在油、气、水三相中的质量分数分别为：C_{io}、C_{ig}、C_{iw}，在地层中取微元六面体单元，则：

i 组分在整个单元体中 dt 时间内气相中流入流出质量差为：

$$-\text{div}(\boldsymbol{v}_g \rho_g C_{ig}) dxdydzdt \tag{8-8-3}$$

i 组分在整个单元体中 dt 时间内油相中流入流出质量差为：

$$-\text{div}(\boldsymbol{v}_o \rho_o C_{io}) dxdydzdt \tag{8-8-4}$$

i 组分在整个单元体中 dt 时间内水相中流入流出质量差为：

$$-\text{div}(\boldsymbol{v}_w \rho_w C_{iw}) dxdydzdt \tag{8-8-5}$$

经过单元体的 i 组分流入流出质量差，由 i 组分液相和气相质量差两部分组成，由此引起的质量变化为：

单元体的孔隙体积：

$$\phi dxdydz$$

单元体内 i 组分在油相中的质量：

$$C_{io} \phi \rho_o S_o dxdydz$$

单元体内 i 组分在气相中的质量：

$$C_{ig} \phi \rho_g S_g dxdydz$$

单元体内 i 组分在水相中的质量：

$$C_{iw} \phi \rho_w S_w dxdydz$$

dt 时间内流体质量变化率：

$$\frac{\partial(C_{io}\phi\rho_o S_o + C_{ig}\phi\rho_g S_g + C_{iw}\phi\rho_w S_w)}{\partial t} dxdydzdt$$

根据质量守恒定律，则有：

$$\text{div}(\boldsymbol{v}_g \rho_g C_{ig} + \boldsymbol{v}_o \rho_o C_{io} + \boldsymbol{v}_w \rho_w C_{iw}) = -\phi \frac{\partial(C_{io}\rho_o S_o + C_{ig}\rho_g S_g + C_{iw}\rho_w S_w)}{\partial t} \tag{8-8-6}$$

3) 运动方程

根据达西公式可知：

$$\boldsymbol{v}_o = -\frac{KK_{ro}}{\mu_o}\text{grad}p \; ; \; \boldsymbol{v}_g = -\frac{KK_{rg}}{\mu_g}\text{grad}p \; ; \; \boldsymbol{v}_w = -\frac{KK_{rw}}{\mu_w}\text{grad}p \tag{8-8-7}$$

4) 基本微分方程

把运动方程代入连续性方程得：

$$\text{div}\left[\left(\frac{C_{io}K_{ro}\rho_o}{\mu_o} + \frac{C_{ig}K_{rg}\rho_g}{\mu_g} + \frac{C_{iw}K_{rw}\rho_w}{\mu_w}\right)\text{grad}(p)\right] = \frac{\phi}{K}\frac{\partial(C_{io}\rho_o S_o) + \partial(C_{ig}\rho_g S_g) + \partial(C_{iw}\rho_w S_w)}{\partial t}$$

5) 约束条件

饱和度约束条件：

$$S_o + S_g + S_w = 1$$

组分约束条件：

$$\sum_{i=1}^{n} C_{io} = 1, \sum_{i=1}^{n} C_{ig} = 1, \sum_{i=1}^{n} C_{iw} = 1$$

相平衡条件：

$$K_{igo} = \frac{C_{ig}}{C_{io}}, K_{iow} = \frac{C_{io}}{C_{iw}}$$

3. 特殊情况的多相多组分渗流

在上述模型中，考虑特殊情况的渗流模型。

1) 油气两相渗流

只有油气两相时，油组分只在油相，气组分在油相和气相中，即 $C_{oo}=1$，$C_{og}=0$，$C_{go}+C_{gg}=1$。

油组分：

$$\text{div}\left[\left(\frac{K_{ro}\rho_o}{\mu_o}\right)\text{grad}(p)\right] = \frac{\phi}{K}\frac{\partial(\rho_o S_o)}{\partial t} \qquad (8-8-8)$$

气组分：

$$\text{div}\left[\left(\frac{C_{go}K_{ro}\rho_o}{\mu_o} + \frac{C_{gg}K_{rg}\rho_g}{\mu_g}\right)\text{grad}(p)\right] = \frac{\phi}{K}\frac{\partial(C_{go}\rho_o S_o + C_{gg}\rho_g S_g)}{\partial t} \qquad (8-8-9)$$

2) 黑油模型渗流

油组分在油相中，水组分在水相中，气组分在油相和气相中，即 $C_{oo}=1$，$C_{ww}=1$，$C_{gw}=0$，$C_{go}+C_{gg}=1$。

油组分：

$$\text{div}\left[\left(\frac{K_{ro}\rho_o}{\mu_o}\right)\text{grad}(p)\right] = \frac{\phi}{K}\frac{\partial(\rho_o S_o)}{\partial t} \qquad (8-8-10)$$

水组分：

$$\text{div}\left[\left(\frac{K_{rw}\rho_w}{\mu_w}\right)\text{grad}(p)\right] = \frac{\phi}{K}\frac{\partial(\rho_w S_w)}{\partial t} \qquad (8-8-11)$$

气组分：

$$\text{div}\left[\left(\frac{C_{go}K_{ro}\rho_o}{\mu_o} + \frac{C_{gg}K_{rg}\rho_g}{\mu_g}\right)\text{grad}(p)\right] = \frac{\phi}{K}\frac{\partial(C_{go}\rho_o S_o + C_{gg}\rho_g S_g)}{\partial t} \qquad (8-8-12)$$

3）凝析气藏渗流

凝析油组分在油相和气相中，气组分在气相和油相中，重油组分只在油相中，水组分只在水相中，即 $C_{ww}=1, C_{Ho}=1, C_{Lo}+C_{Lg}=1, C_{Hw}=C_{Lw}=C_{gw}=0, C_{go}+C_{gg}=1$，$C_{Hi}$ 为重油组分在各相中质量分数，C_{Li} 为凝析油组分在各相中质量分数。

凝析油组分：

$$\text{div}\left[\left(\frac{C_{Lo}K_{ro}\rho_o}{\mu_o} + \frac{C_{Lg}K_{rg}\rho_g}{\mu_g}\right)\text{grad}(p)\right] = \frac{\phi}{K}\frac{\partial(C_{Lo}\rho_o S_o + C_{Lg}\rho_g S_g)}{\partial t} \qquad (8-8-13)$$

重油组分：

$$\text{div}\left[\left(\frac{K_{ro}\rho_o}{\mu_o}\right)\text{grad}(p)\right] = \frac{\phi}{K}\frac{\partial(\rho_o S_o)}{\partial t} \qquad (8-8-14)$$

气组分：

$$\text{div}\left[\left(\frac{C_{go}K_{ro}\rho_o}{\mu_o} + \frac{C_{gg}K_{rg}\rho_g}{\mu_g}\right)\text{grad}(p)\right] = \frac{\phi}{K}\frac{\partial(C_{go}\rho_o S_o + C_{gg}\rho_g S_g)}{\partial t} \qquad (8-8-15)$$

水组分：

$$\text{div}\left[\left(\frac{K_{rw}\rho_w}{\mu_w}\right)\text{grad}(p)\right] = \frac{\phi}{K}\frac{\partial(\rho_w S_w)}{\partial t} \qquad (8-8-16)$$

三、练习题

1、单选题：以下渗流中需要用组分模型的是（　　）。
A、稠油油藏常规水驱　　　　　　　B、高渗透油藏水驱
C、凝析气藏　　　　　　　　　　　D、致密气藏

2、单选题：多组分模型中特有的参数是（　　）。
A、质量分数　　B、饱和度　　C、压力　　D、密度

3、多选题：下列可以用多组分描述的油气藏为（　　）。
A、低渗透油藏注气开采　　　　　　B、稠油蒸汽吞吐
C、未饱和油藏衰竭式开采　　　　　D、油水两相流

4、多选题：组分质量分数的影响因素主要有哪些（　　）。
A、平衡常数　　B、压力　　C、饱和度　　D、孔隙度

5、多选题:黑油模型的气组分所在的相包括( )。
   A、水相　　　　　B、油相　　　　　C、气相　　　　　D、固相
6、判断题:多相多组分模型中,需要建立各组分的微分方程,有几个组分需要建立几个方程。
7、判断题:黑油模型中的油不能挥发到气相中,也不能溶解到水中。
8、判断题:常规油藏和非常规油藏都能用多组分渗流模型。
9、黑油模型又称为_____相_____组分模型。(填个数)
10、多选题:多组分渗流数学模型中需要的约束条件主要有( )。
   A、饱和度约束　　B、组分约束　　C、相平衡约束　　D、浓度约束

第九节　非常规储层渗流

非常规储层和非常规流体突出了渗流的复杂情况,为了适应非常规资源的开发趋势,特别通过本节内容对其进行简要介绍,主要包括:煤层气、致密油、页岩气、页岩油、天然气水合物、地热等。各部分重点体现其基本地质和资源特征、渗流特征、关键参数及数学模型建立考虑的因素,为学习者提供最基本的认识和了解。

一、煤层气渗流

煤层气,俗称"瓦斯",是在成煤过程中生成,并主要以吸附和游离状态赋存于煤层及围岩的自储性的非常规天然气。其主要成分是甲烷(约为90%以上),并有少量的CO_2、N_2等。

煤层气储层是生储一体、基质与裂隙双孔隙岩层,煤化作用过程中,肥煤、焦煤时期为热解生气阶段,贫煤期为裂解生气阶段。煤阶越高,微孔隙越发育,含气量越大。表8-9-1为美国和中国两典型盆地煤层气关键参数对比。

表8-9-1　美国粉河盆地与中国准噶尔盆地煤层气地质特征表

特征	粉河盆地	准噶尔盆地
镜质组反射率,%	0.3~0.4	0.38~0.83
含气量,m^3/t	0.03~3.1	4~18
煤层厚度,m	30~118	10~80
渗透率,mD	10~20	0.321~11.7
含气饱和度	中—低	中—较高

煤层气产出时,基质气通过解吸附作用和扩散作用渗入裂隙,之后流入井内。煤层气储层有些也需要压裂,从而提高裂隙的渗流能力。

20世纪70年代,美国煤层气工业刚刚起步,到2000年生产井数达到13986口,年产量达到$390×10^8 m^3$(中国当时总的天然气产量约为$250×10^8 m^3$),之后一直到2020年维持在$(400~500)×10^8 m^3$。

中国的煤层气高煤阶、中煤阶、低煤阶各占3成,对其开发研究开始于20世纪70年代,

2006年列入国家发展规划,2010年年产量达到 $23\times10^8\mathrm{m}^3$,2016年约为 $74\times10^8\mathrm{m}^3$,2023年达到 $118\times10^8\mathrm{m}^3$,反映了我国在煤层气开发利用方面取得的显著成就。中国煤层气地质资源量大,居全球第三,可开发潜力巨大。

煤层中的压力下降可以使煤层气从基质中释放出来并且进入割理(煤层是天然裂缝性储层,裂缝被称为割理)中,初期含气饱和度很低,之后有少量煤层气开始流动,煤层气井初期产量很低。

随着煤层持续排水,割理中含气饱和度逐渐升高,气体流动性增加,产气量越来越高。煤层气产量随着煤储层压力下降而逐渐升高,这种生产动态特征刚好与常规气藏相反,被称为负递减。排水过程可能持续数月或者数年的时间,在排水期间,产气量可能会提高2~10倍。在一口煤层气井或者一个煤层气田的产量达到峰值并且呈现出明显的下降趋势之后,通常可以综合利用递减曲线、生产井动态分析和煤层气藏数值模拟研究来预测煤层气的未来动态和剩余储量。

以下是相关概念:

煤化作用:是指泥炭转变为褐煤、烟煤、无烟煤,或腐泥煤转变为腐泥褐煤、腐泥烟煤、腐泥无烟煤的过程。

煤阶:煤的等级,代表煤化作用中能达到的成熟度的级别,通过测量最大的镜质组反射率、挥发物质的百分比、煤中碳的百分比来确定。把煤按变质程度由低到高分为褐煤、长焰煤、不黏结煤、弱黏结煤、气煤、肥煤、焦煤、瘦煤、贫煤、无烟煤等十个煤种。

镜质组反射率:镜质组是煤的主要组分,颗粒较大且表面均匀,其反射率易于测定,它不受煤的岩相组成变化的影响,因此是公认的较理想的煤化度指标,符号为 R_o,单位为%。

割理:煤层中的天然裂缝,一般分为两组:较为发育、延伸较长、近乎平行的主裂缝系统称为面割理,垂直于面割理的次裂缝系统被称为段割理。

煤裂隙:又称割理。煤在成煤阶段中,受自然界各种应力作用所形成的裂开现象。

1. 煤层气的渗流机理

煤层气在煤储层中流动的主要通道是煤中的裂缝系统。扩散到裂隙中的煤层气分子,以及裂缝中的水分子在压力梯度的驱动下以各自独立的相态混相流动,沿煤层裂隙运移,可以认为这一过程符合达西定律。

1)煤层气的产出机理

煤层气的开采是通过排水降压来实现的,与常规油气开采明显不同。煤层气从煤基质流入生产井筒的过程可以分为以下三个阶段。

(1)单相流阶段。煤储层压力未达到临界解吸压力之前,井筒附近压力降低较小,煤层气尚未解吸,井筒附近只有水产出。

(2)非饱和单相流阶段。当煤储层压力进一步下降,达到临界解吸压力之后,在井筒附近有一定数量的煤层气体从煤基岩的微孔表面解吸,在浓度梯度的驱动下向煤中裂缝系统扩散,在裂缝系统中形成互不连续的气泡阻止水的流动,水相相对渗透率下降,此时虽已存在气、水两相,但水中的含气量尚未达到饱和程度,因此还不能形成气体的连续流动,所以仍然只有水相是可动的。

(3)气、水两相流阶段。当煤储层压力降至临界解吸压力之后,随着排水降压的不断进行,有更多的气体解吸出来。当水中含气量达到饱和状态之后,便形成了气体的连续流动,气相相对渗透率大于零,随着储层压力的下降和含水饱和度的降低,水相相对渗透率不断减小,气相相对渗透率逐渐增大,产气量也随之增加,达到开采中的两相流阶段。

就同一煤层区域而言,这3个阶段在压力下降过程中是随着时间连续发生的。就整个煤层而言,某一阶段是由井筒附近开始并逐渐向周围煤层中扩展,是一个递进的过程,而且排水降压时间越长,受降压影响的面积就越大,煤层气解吸和排泄的面积也就越大。

2) 煤层气的渗流及产出过程

煤层气在煤储层中流动的主要通道是煤中割理或裂隙。一般情况下,煤储层埋藏较浅,地层压力较低,渗透率也比较低,气体的扩散不能忽略。因此其运移方式包括扩散和渗透,分别遵循 Fick 定律和 Darcy 定律。煤裂隙中除了煤层气外,还存在水,并在压力梯度的驱动下,沿压力降低的方向做层流流动,其流动规律符合 Darcy 定律。气、水两相以各自独立的相态混相流动,流速与各自的有效渗透率成正比。

2. 煤层气渗流方程

大多数煤层中既含游离气又含水。许多煤层都是含水层,钻遇这些煤层的气井初期产出大量煤层水和极少量煤层气,这种情况在欠饱和煤层中尤其明显。在煤层气开采过程中,煤层中含气饱和度和含水饱和度不断地发生着变化,直到煤层最终脱水为止,煤层气井通常是以高气水比生产。煤层中的流体流动是一种两相流的现象。然而,在衰竭式开采过程中的某一瞬间,利用经典达西定律的单相流流量方程可以求得产气量和产水量,因为含气饱和度和含水饱和度随着时间和空间变化的速度很慢。

假设煤藏是处于束缚水饱和状态下,单位体积的割理中的气体流动连续性方程可以写成:

$$\rho F + \nabla (\rho v) = - \phi_f \frac{\partial \rho}{\partial t} \qquad (8-9-1)$$

式中 ρ——煤层气密度,kg/m^3;
F——从基质到割理的煤层气窜流量,m^3/s;
ϕ_f——割理孔隙度。

根据达西定律建立煤层气流速和压力梯度之间的关系式,如下:

$$v = - \frac{K_g}{\mu_g} \nabla p \qquad (8-9-2)$$

假设煤层中充满了真实气体,则有:

$$\rho = \frac{M}{RT} \left(\frac{p}{Z} \right) \qquad (8-9-3)$$

利用朗格缪尔等温吸附方程,单位体积煤岩的吸附气量可以用式(8-9-4)来表示:

$$V = V_L \frac{p}{p + p_L} \rho_B \qquad (8-9-4)$$

式中 V——煤层气含量(质量),kg;

V_L——朗格缪尔体积,m^3;

p_L——朗格缪尔压力,Pa;

ρ_B——煤岩密度,kg/m^3。

根据真实气体状态方程得到:

$$pV_g = nZRT \qquad (8-9-5)$$

储层条件下和标准状况下煤基质中的煤层气流量之间的关系式为:

$$\frac{pF}{ZT} = \frac{p_{sc} F_{sc}}{Z_{sc} T_{sc}} \qquad (8-9-6)$$

把上述方程带入气体流动连续性方程,假设是等温煤层,气相有效渗透率是常数,则可以化简,得到基本微分方程:

$$K_g \nabla \left(\frac{p}{\mu_g Z} \nabla p \right) = \phi_f \frac{\partial}{\partial t} \left(\frac{p}{Z} \right) + \frac{p_{sc} T}{Z_{sc} T_{sc}} \rho_B V_{Lis} \frac{p_L}{(p + p_L)^2} \frac{\partial p}{\partial t} \qquad (8-9-7)$$

假设煤层气具有真实气体的特性,则可以得到:

$$C_g = \frac{1}{\frac{p}{Z}} \frac{\partial}{\partial p} \left(\frac{p}{Z} \right) \qquad (8-9-8)$$

定义拟压力函数:

$$m(p) = 2 \int_{p_b}^{p} \frac{p}{\mu_g Z} dp \qquad (8-9-9)$$

通过等温条件下的煤层气压缩系数和引入真实气体拟压力函数,基本微分方程为:

$$\nabla^2 m(p) = \frac{\phi_f \mu_g}{K_g} \left[C_g + \frac{B_g \rho_B V_L}{\phi_f} \frac{p_L}{(p + p_L)^2} \right] \frac{\partial m(p)}{\partial t} \qquad (8-9-10)$$

其中,$B_g = \frac{p_{sc} ZT}{p Z_{sc} T_{sc}}$。

稳定生产时,基本微分方程为拉普拉斯方程,与经典渗流力学中单相不可压缩液体稳定渗流相似,则煤层气产量公式为:

$$q_g = \frac{KK_{rg} h [m(p_R) - m(p_w)]}{1.310 T \left(\ln \frac{R_e}{R_w} - 0.75 + S \right)} \qquad (8-9-11)$$

式中 q_g——煤层气产量,$10^3 m^3/d$;

h——煤层厚度,m;

p_R——平均储层压力,MPa;

p_w——井底流压,MPa;

T——煤层温度,K;

R_e——供给半径,m;

R_w——井筒半径,m;

S——表皮系数。

不稳定生产时,基本微分方程为傅里叶方程,与经典渗流力学中单相微可压缩液体弹性不稳定渗流相似,可得出压力和流量关系公式,进而可以进行不稳定试井,这里不再继续展开。

二、致密油渗流

页岩油、致密砂岩油、致密碳酸盐岩油都属于致密油范畴,为了区别于页岩油,致密油储层又被广泛认为是夹在或紧邻优质生油层系的致密砂岩或碳酸盐岩,而中国90%以上为陆相砂岩储层,因此,本书中的致密油是指致密砂岩油。其特征参数见表8-9-2。

表8-9-2 致密油储层特征参数

类别	关键评价参数	基本要求
有机质丰度	总有机碳含量	TOC>2%
	热成熟度	$R_o = 0.6\% \sim 1.3\%$
构造	圈闭	斜坡,构造简单或者无圈闭
	面积	连续且分布广
岩性	脆性系数	>30%
物性	基质渗透率	$K \leq 0.1\text{mD}$,空气渗透率小于1mD
	基质孔隙度	小于12%为主
	含水饱和度	30%~40%
	孔喉	主体直径40~900nm
	孔隙类型	有机孔,纳米孔和微缝
	流体	轻质,密度小于0.825g/cm³
储层	厚度	变化大,5~80m
	压力	一般较高

致密油一般无自然产能,与页岩气和页岩油相似,需要进行体积压裂才能工业生产,并且又与页岩油相似,高的启动压力梯度引起的非线性渗流特征明显。其生产过程中,初期产能较高,但产能会迅速降低,见水后含水率急剧上升,后期单井日产能低,水井注入压力较高,油藏补充能量困难,且注水效果不明显。

中国致密油开采始于20世纪60年代,主要生产方式多为直井自然生产;1986—2009年直井多层压裂成为主要方式;自2010年后水平井多级压裂广泛工业应用,2022年,致密油产量为1400×10^4t,中国致密油开采进入了大规模快速发展时期。

以下是相关概念:

致密油:指夹在或紧邻优质生油层系的致密碎屑岩或者碳酸盐岩储层中,未经过大规模长距离运移而形成的石油聚集,一般无自然产能,或自然产能低于工业油气流下限,需要通过大规模压裂才能形成工业产能。致密层的物性界限定为地面空气渗透率小于 1mD,地下覆压渗透率小于 0.1mD。

启动压力梯度:驱替压力达到一定值,流体刚开始流动的压力,符号为 G,常用单位为 MPa/m。

围压:是指岩石的周围岩体对它施加的压力。在地下深处岩石的围压主要是由上覆岩石的重量所致,常称为静岩压力。常用单位为 MPa,计算公式为:

$$p_z = 10^{-6} \rho_f g D \qquad (8-9-12)$$

式中　p_z——围压,MPa;

　　　ρ_f——上覆岩石的平均密度,$10^3 kg/m^3$;

　　　g——重力加速度,9.8N/kg;

　　　D——岩石的埋深,m。

有效围压:岩石中流体压力的存在将部分抵消围压的作用,剩余的围压称为有效围压。

应力:物体由于外因(受力、湿度、温度场变化等)而变形时,在物体内各部分之间产生相互作用的内力,以抵抗这种外因的作用,并试图使物体从变形后的位置恢复到变形前的位置。截面某一点单位面积上的内力称为应力,符号为 σ,常用单位为 MPa。

有效应力:岩体内应力与孔隙压力之差。

应力敏感系数:用来表征岩石渗透率对应力的敏感程度,岩石渗透率越小,应力敏感越严重。

1. 致密油启动压力梯度

致密油流动时除了要克服黏滞阻力外,还要克服边界层内固液界面的相互作用,只有当驱替压力大于一定值时,流体才能流动,这时的驱替压力称为启动压力梯度。启动压力梯度受原油黏度、有效围压和岩石润湿性的影响。

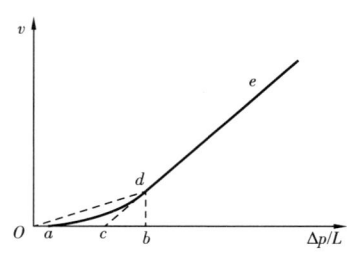

图 8-9-1　致密油储层典型渗流规律曲线

1)典型低速非线性渗流规律曲线

致密油储层低渗透多孔介质渗流规律如图 8-9-1 所示。

在低速渗流阶段,即驱替压力较小时,渗流曲线表现为非线性特征(图 8-9-1 中 ad 段),随着压力增加,曲线向线性过渡,最后呈现线性特征(图 8-9-1 中 de 段),a 点表示真实启动压力梯度,即孔隙介质中最大孔道流体流动时的压力梯度,c 点表示拟启动压力梯度,b 点表示最小孔道内流体流动所需的最小压力梯度,也是线性渗流规律最小压力梯度。

2)启动压力梯度影响因素

(1)原油黏度和渗透率。

如图 8-9-2 所示,当岩心渗透率大于一定值时,启动压力梯度较小,变化平缓,当渗透率继续增加,启动压力梯度趋于非常小的值,此时渗流规律符合达西公式,当渗透率很小时,启动压力梯度急剧增大。

渗透率一定的情况下,原油黏度越高,启动压力梯度越大,原油的启动压力梯度与黏度呈正相关关系,并且随着渗透率增大,不同黏度原油的启动压力梯度差异减小。

(2)有效围压。

如图8-9-3所示,随着围压增大,启动压力梯度增大,启动压力梯度增大的幅度减小,主要是由于岩石受压首先使颗粒间胶结物压缩,孔隙体积和喉道半径减小,当围压继续增加,岩石颗粒发生弹性变形,但孔隙体积减小幅度明显下降。

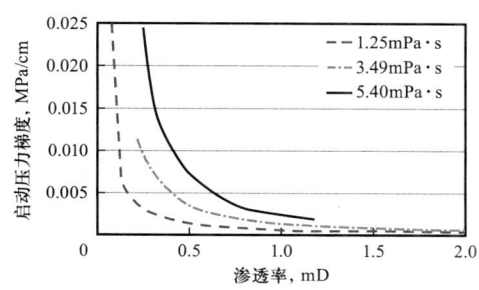

图8-9-2 不同黏度下的启动压力梯度对比图　　图8-9-3 启动压力梯度与围压的关系

(3)岩石润湿性。

当岩样的润湿性由亲水向亲油转变,启动压力梯度逐渐变大,原因是当润湿性向油湿转变,油相中极性分子与多孔介质颗粒表面吸附力增强,相同驱动压力梯度下,孔喉内边界层厚度增加,流动阻力增大,导致启动压力梯度变大。

3)启动压力梯度的描述

启动压力梯度描述是在流体的运动方程中,即:

$$v_1 = \frac{K}{\mu}\left(1 - \frac{G}{\mathrm{grad}p}\right)\mathrm{grad}p \qquad (8-9-13)$$

式中　G——启动压力梯度,Pa/m。

当$\mathrm{grad}p \leqslant G$时,流体的驱动力不能克服流动阻力,流体不能流动,只有$\mathrm{grad}p > G$液体才能流动,并且随着驱动压力梯度变大,启动压力梯度的影响逐渐变小。

2. 致密油应力敏感特征

致密油在开发中,地层能量不易补充,随着流体不断采出,地层压力不断下降,岩石骨架颗粒有效围压不断增大,多孔介质将发生弹塑性变形,使天然微裂缝闭合,储层骨架的变形为部分或完全不可逆变形,使地层孔隙度、渗透率重新分布,由于地层渗透率、孔隙度本身就很低,因此介质变形对生产有很大影响。

致密油储层由于物性较差,补充能量困难,当油井产量很低不足以连续生产时,一般需要关井以恢复近井地带地层压力,因而生产时会出现反复升降压的过程,在每一轮降压过程中,都会出现不同程度的不可逆损失,单次升降压相似时,岩石的初始渗透率越小,升压过程中的损失值越大,降压过程中的不可逆损失也越严重。

渗透率与应力的关系呈现乘幂式关系,对渗透率及有效应力进行无量纲化处理,得到渗透率—有效应力关系式:

$$\frac{K}{K_0} = a\left(\frac{\sigma}{\sigma_0}\right)^{-b} \tag{8-9-14}$$

式中 σ——当前应力,MPa;
σ_0——初始应力,MPa;
a——相关系数;
b——应力敏感系数。

当 $\sigma = \sigma_0$ 时,$K = K_0$,于是 $a = 1$,将式(8-9-14)两边同时取对数得到:

$$\lg\frac{K}{K_0} = -b\lg\frac{\sigma}{\sigma_0} \tag{8-9-15}$$

由式(8-9-15)可知,$\frac{K}{K_0}$—$\frac{\sigma}{\sigma_0}$ 在双对数坐标系下过(1,1)点,且斜率为 $-b$ 的直线。

因此定义应力敏感系数为:

$$b = -\frac{\lg\dfrac{K}{K_0}}{\lg\dfrac{\sigma}{\sigma_0}} \tag{8-9-16}$$

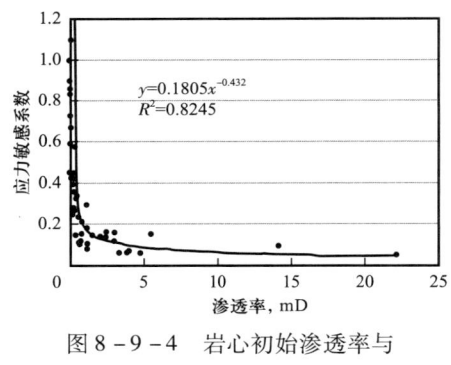

图 8-9-4 岩心初始渗透率与应力敏感系数关系

应力敏感系数 b 与岩心初始渗透率关系如图 8-9-4 所示,岩心的初始渗透率越小,对应的应力敏感系数就越大,当渗透率较小时,应力敏感系数急剧增加,渗透率较大时,应力敏感系数趋于平缓,由于致密油储层渗透率一般小于 0.1mD,因而应力敏感对致密油开发有着十分重要的影响。

储层的应力敏感系数与地层初始渗透率成乘幂关系,可以表示为:

$$b = cK_0^{-m} \tag{8-9-17}$$

对于不同的储层,c、m 系数有不同的值,可以通过实验测定。

3. 考虑启动压力梯度非线性渗流模型

假设均质等厚、水平圆形油藏中心一口生产井,圆形外边界为供给边界,则流体运动方程为:

$$v = -\frac{K_0}{\mu}\left(\frac{\mathrm{d}p}{\mathrm{d}r} - G\right) \tag{8-9-18}$$

基本微分方程可转变为：

$$\frac{\mathrm{d}p}{\mathrm{d}r} + \frac{v}{r} = 0 \qquad (8-9-19)$$

内外边界条件：

$$r = R_w, p = p_w; r = R_e, p = p_e \qquad (8-9-20)$$

联立式(8-9-18)和式(8-9-19)，积分得到致密油在考虑启动压力梯度下的低速非线性稳定渗流的压力分布方程：

$$p = p_w + \frac{(p_e - p_w) - G(R_e - R_w)}{\ln\frac{R_e}{R_w}} \ln\frac{r}{R_w} + G(r - R_w)$$

$$= p_e - \frac{(p_e - p_w) - G(R_e - R_w)}{\ln\frac{R_e}{r}} \ln\frac{R_e}{r} - G(R_e - r) \qquad (8-9-21)$$

从而可得产量方程为：

$$Q = \frac{2\pi K_0 h}{\mu B} \frac{(p_e - p_w) - G(R_e - R_w)}{\ln\frac{R_e}{R_w}} \qquad (8-9-22)$$

4. 考虑应力敏感非线性渗流模型

运动方程为：

$$v = -\frac{K_0}{\mu}\left(\frac{p_z - p}{\sigma_0}\right)^{-b} \frac{\mathrm{d}p}{\mathrm{d}r} \qquad (8-9-23)$$

连续性方程及边界条件同式(8-9-19)和式(8-9-20)。

根据以上条件可以求解出考虑应力敏感的平面径向稳定渗流产能公式：

$$Q = \frac{2\pi K_0 h}{\mu B \sigma_0^{-b}} \frac{(p_z - p_w)^{1-b} - (p_z - p_e)^{1-b}}{(1-b)\ln\frac{R_e}{R_w}} \qquad (8-9-24)$$

压力分布公式为：

$$p = p_z - \left[\frac{Q\mu B(1-b)\sigma_0^{-b}\ln\frac{R_e}{r}}{2\pi K_0 h} + (p_z - p_e)^{1-b}\right]^{\frac{1}{1-b}}$$

$$= p_z - \left[\frac{(p_z - p_w)^{1-b} - (p_z - p_e)^{1-b}}{\ln\frac{R_e}{R_w}} \ln\frac{R_e}{r} + (p_z - p_e)^{1-b}\right]^{\frac{1}{1-b}} \qquad (8-9-25)$$

三、页岩气渗流

在中国气态能源跨越式发展的同时,美国的气态能源新突破为世界能源引入了新的重要成员,那就是页岩气。美国 2008 年页岩气产量 $599 \times 10^8 m^3$,占该国天然气总产量的 10.5%,到 2015 年其页岩气的产量和比例达到 $4296 \times 10^8 m^3$ 和 56.1%。中国气态能源跨越式发展随之有了新的动力。

自 2010 年中国页岩气产量实现"0"的突破,到 2017 年达到了 $100 \times 10^8 m^3$,2023 年达到 $250 \times 10^8 m^3$,实现了真正的跨越式发展,占全国天然气年产量的比重已超过十分之一,显示出页岩气在中国能源结构中的重要地位。

页岩气属于非常规油气资源,自生自储、纳米级孔隙、天然裂缝发育、需要水力压裂缝网、多尺度渗流、吸附气解吸、低产量持续生产时间长等,这些是页岩气储层和开发的关键特征。

页岩气储层的特征参数总结归纳见表 8-9-3。

表 8-9-3 页岩气储层的特征参数及数据范围

项目	关键评价参数	数据范围
有机质丰度	总有机碳含量	TOC > 2%
	热成熟度(镜体组反射率)	$R_o = 1.3\% \sim 1.7\%$
无机矿物	石英或方解石含量	>40%
	黏土矿物含量	<30%
	黏土矿物组成	蒙皂石等膨胀性黏土矿物含量低
	脆性系数	>35%
物性	基质孔隙大小	<1μm
	基质渗透率	<0.1μD
	基质孔隙度	<5%
	裂缝渗透率	与开度有关,比基质大上千倍
	裂缝孔隙度	<0.45%
	含水饱和度	$S_w < 40\%$
	含油饱和度	$S_o < 30\%$
岩石力学	泊松比	$\nu < 0.25$
	弹性模量	$E > 20GPa$
	岩石密度	$1.89 \sim 3.02 t/m^3$,平均 $2.47 t/m^3$
厚度	高伽马页岩厚度	>30m
含气量	总含气量	$0.1903TOC + 0.1185\phi$,$0.1 \sim 3 m^3/t$
	游离气含量	孔隙体积折算到标况下,$0.12 \sim 0.82 m^3/t$
	吸附气含量	20%~80% 为吸附气含量,高压时变化不大
	朗格缪尔压力	10MPa
	朗格缪尔体积	$2.83 \sim 8 m^3/t$

续表

项目	关键评价参数	数据范围
压裂参数	段距	40~100m
	簇数	3~80
	排量	5~20m³/min
	砂比	25%左右
	缝半长	150m 左右

以下是相关概念：

页岩：通常指由粒径小于 3.9μm 细粒碎屑、黏土、有机质等组成，具页状或薄片状层理，易碎裂的一类沉积岩。

页岩气：主体位于暗色泥页岩或高碳泥页岩中，以吸附或游离状态为主要赋存方式，赋存于页岩基质孔隙或裂隙中。

页岩气含量：指每吨岩石中所含天然气折算到地面温度和压力条件下（101.325kPa，25℃）的天然气总量，包括游离气、吸附气、溶解气等，目前主要关注吸附气和游离气。

滑脱效应：又称克林肯贝格效应（Klinkenberg）。气体在岩石孔隙介质中的低速渗流特性不同于液体，气体在岩石孔道壁处不产生吸附薄层，气体分子的流速在孔道中心和孔道壁处无明显差别，这种特性称为滑脱效应。

体积压裂：是指在水力压裂过程中，使天然裂缝不断扩张和脆性岩石产生剪切滑移，形成天然裂缝与人工裂缝相互交错的裂缝网络，从而增加改造体积，提高初始产量和最终采收率。需要大排量、大液量和大砂量，往往需要万立方米液千立方米砂。

体积压裂水平井：对水平井的体积压裂，形成更大的裂缝网络。其形态如图 8-9-5 所示。

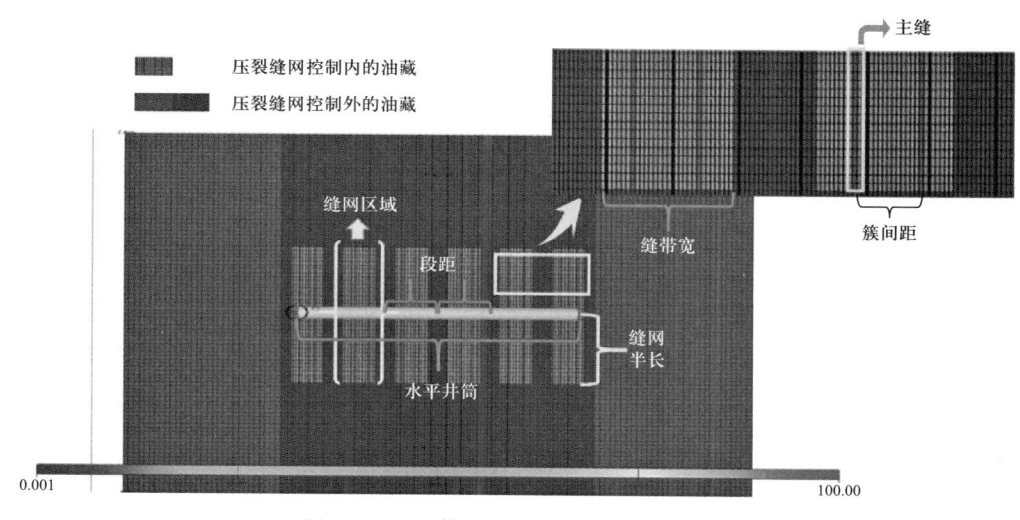

图 8-9-5　体积压裂水平井缝网示意图

岩石泊松比：指岩石在单向受拉或受压时，横向正应变与轴向正应变的绝对值的比值，也叫横向变形系数，它是反映岩石横向变形的弹性常数，无量纲，一般小于 0.5，值越小越容易被破坏。

岩石弹性模量：岩石在弹性变形阶段，其应力和应变成正比例关系（即符合胡克定律），其比例系数称为弹性模量。单位为 MPa，其值为 10^4 MPa 数量级。

1. 页岩气渗流过程

页岩气往往以逐步释放的形式产出：

（1）初期生产，能量充足，主要是人工裂缝排水（未返排完的压裂液），由于人工裂缝渗透率高，气水混排，初始产气量较大，压力下降较快，存在于人工裂缝的较小储量的自由气衰竭较快，致使产量迅速下降，下降幅度可达 20%；

（2）人工裂缝渗流区域增大，压力降低变缓，产水量降低，与基岩和天然裂缝接触面气源快速补充，产气量趋于稳定；

（3）天然裂缝及基质渗流区域供气逐渐明显，但由于较慢的压力降和较低的渗透率，产气量处于下降趋势；

（4）随着压力降在天然裂缝渗流储层的传播，与缝网接触的基质中越来越多的游离气慢慢渗流到裂缝中参与渗流，同时基质储层中的吸附气解吸，用以补充游离气源，产量得以稳定；

（5）储层整体压力的降低引起的基质压力降也相应增大，渗流和解吸的动力增强，气量的补充比较迅速；

（6）基质内部渗流区域逐渐扩大，来自基质的游离气与解吸气成为主要供气源，尤其是缓慢解吸的气源成为产气量增加的主要动力；

（7）当压力降传播到基质整个区域时，储层能量呈现衰竭状态，产气量缓慢下降，此阶段产量低并持续时间长。

2. 页岩气的解吸—吸附

页岩气以吸附态附着于有机质表面是页岩气藏与常规天然气藏最主要的区别，对于页岩气来说，仅依靠基质孔隙和裂缝孔隙的游离气很难达到商业开发的目的，而解吸—吸附现象的存在则为储层的成功开采提供了连续的气源。

Langmuir 等温吸附曲线能定量描述在恒温条件下页岩气解吸—吸附的平衡关系。计算公式为：

$$V_\mathrm{E} = \frac{V_\mathrm{L} p_\mathrm{m}}{p_\mathrm{L} + p_\mathrm{m}} \tag{8-9-26}$$

式中　V_E——总吸附气量，m^3；

　　　p_m——储层压力，Pa。

图 8-9-6 为页岩气的吸附特征曲线，从图中可以看出，若按地层压力系数为 1.0 计

算,在浅层吸附气含量随着地层深度增加而明显增大,当深度超过1000m则吸附气含量增长变缓,2000m以深后,基本保持不变;对于游离气含量来讲,始终随着压力的增加而增大,因此,深层页岩气储层一般以游离气为主。

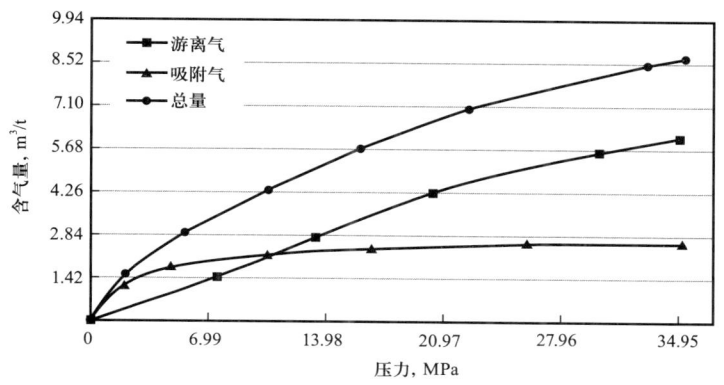

图8-9-6 巴奈特页岩气藏吸附气含量变化曲线

美国的页岩气含量有的可达到$8m^3/t$,一般页岩储层含气量都较低,我国多为$3m^3/t$左右,有的甚至为$1\sim 2m^3/t$。

3. 页岩气渗流模型

假设储层中存在游离气和吸附气,没有油相和水相,渗流都符合达西定律,考虑解吸—吸附。采用Warren-Root双重介质模型建立渗流模型。

1)基质渗流模型

考虑解吸—吸附的基质渗流方程为:

$$\nabla\left(\frac{K_m}{\mu}\rho_g\nabla p_m\right) - q_{mf} = \frac{\partial}{\partial t}(\phi_m\rho_g + \rho_{gsc}V_E) \quad (8-9-27)$$

其中:

$$V_E = \frac{V_L p_m}{p_L + p_m} \quad (8-9-28)$$

$$\rho_g = \frac{p_m M}{ZRT} \quad (8-9-29)$$

$$\rho_{gsc} = \frac{p_{sc}M}{Z_{sc}RT_{sc}} \quad (8-9-30)$$

带入渗流方程得:

$$\frac{M}{RT}\nabla\left(\frac{K_m}{\mu}\frac{p_m}{Z}\nabla p_m\right) - q_{mf} = \frac{\partial}{\partial t}\left(\phi_m\frac{p_m M}{ZRT} + \rho_{gsc}\frac{V_L p_m}{p_L + p_m}\right) \quad (8-9-31)$$

守恒方程的右边两项整理过程为:

(1)

$$\frac{\partial}{\partial t}\left(\phi_m \frac{p_m M}{ZRT}\right) = \phi_m \frac{M}{RT}\frac{\partial}{\partial t}\left(\frac{p_m}{Z}\right) = \phi_m \frac{M}{RT}\left[-\frac{p_m}{Z^2}\frac{\partial}{\partial t}\left(\frac{1}{Z}\right) + \frac{1}{Z}\frac{\partial p_m}{\partial t}\right]$$

$$= \phi_m \frac{M}{RT}\left(-\frac{p_m}{Z^2}\frac{\partial Z}{\partial p_m}\frac{\partial p_m}{\partial t} + \frac{1}{Z}\frac{\partial p_m}{\partial t}\right)$$

$$= \phi_m \frac{M}{RT}\frac{p_m}{Z}\left(\frac{1}{p_m} - \frac{1}{Z}\frac{\partial Z}{\partial p_m}\right)\frac{\partial p_m}{\partial t}$$

$$= \phi_m \frac{M}{RT}\frac{p_m}{Z}C_{gm}\frac{\partial p_m}{\partial t} \qquad (8-9-32)$$

其中:

$$C_{gm} = \frac{1}{p_m} - \frac{1}{Z}\frac{\partial Z}{\partial p_m}$$

(2)

$$\frac{\partial}{\partial t}\left(\rho_{gsc}\frac{V_L p_m}{p_L + p_m}\right) = \rho_{gsc} V_L \frac{(p_L + p_m)\frac{\partial p_m}{\partial t} - p_m \frac{\partial p_m}{\partial t}}{(p_L + p_m)^2}$$

$$= \rho_{gsc} \frac{V_L p_L}{(p_L + p_m)^2}\frac{\partial p_m}{\partial t} \qquad (8-9-33)$$

所以方程右边可化为:

$$\phi_m \frac{M}{RT}\frac{p_m}{Z}C_{gm}\frac{\partial p_m}{\partial t} + \rho_{gsc} V_L \frac{p_L}{(p_m + p_L)^2}\frac{\partial p_m}{\partial t}$$

$$= \phi_m \frac{M}{RT}\frac{p_m}{Z}\left[C_{gm} + \frac{\rho_{gsc} V_L p_L}{\phi_m \frac{M}{RT}\frac{p_m}{Z}(p_m + p_L)^2}\right]\frac{\partial p_m}{\partial t}$$

$$= \phi_m \frac{M}{RT}\frac{p_m}{Z}\left[C_{gm} + \frac{\rho_{gsc} V_L p_L}{\phi_m \rho_{gm}(p_L + p_m)^2}\right]\frac{\partial p_m}{\partial t} \qquad (8-9-34)$$

定义考虑解吸—吸附的基质综合压缩系数:

$$\overline{C_m} = C_{gm} + \frac{\rho_{gsc} V_L p_L}{\phi_m \rho_m (p_L + p_m)^2} \qquad (8-9-35)$$

从而基质渗流方程右边为:

$$\frac{M}{RT}\phi_m \overline{C_{tm}} \frac{p_m}{Z}\frac{\partial p_m}{\partial t} \qquad (8-9-36)$$

则基质渗流方程可表示为:

$$\nabla\left(\frac{K_{\mathrm{m}}}{\mu}\frac{p_{\mathrm{m}}}{Z}\nabla p_{\mathrm{m}}\right) - \frac{RT}{M}q_{\mathrm{mf}} = \phi_{\mathrm{m}}\overline{C}_{\mathrm{tm}}\frac{p_{\mathrm{m}}}{z}\frac{\partial p_{\mathrm{m}}}{\partial t} \qquad (8-9-37)$$

定义拟压力函数：$\psi_{\mathrm{m}} = 2\int_{0}^{p_{\mathrm{m}}}\frac{p}{\mu Z}\mathrm{d}p$。

基质渗流方程改写为：

$$\nabla(K_{\mathrm{m}}\nabla\psi_{\mathrm{m}}) - \frac{RT}{M}q_{\mathrm{mf}} = \phi_{\mathrm{m}}\overline{C}_{\mathrm{tm}}\mu\frac{\partial\psi_{\mathrm{m}}}{\partial t} \qquad (8-9-38)$$

定义窜流量公式为：

$$\begin{aligned}q_{\mathrm{mf}} &= \alpha\frac{K_{\mathrm{m}}}{\mu}\rho_{\mathrm{g}}(p_{\mathrm{m}} - p_{\mathrm{f}}) = \alpha\frac{K_{\mathrm{m}}}{\mu}\frac{p_{\mathrm{m}}M}{ZTR}(p_{\mathrm{m}} - p_{\mathrm{f}})\\ &= \alpha\frac{K_{\mathrm{m}}M}{RT}(\psi_{\mathrm{m}} - \psi_{\mathrm{f}})\end{aligned} \qquad (8-9-39)$$

式中 α——与基质形状有关的系数，m^{-2}。

则基质渗流方程可写为：

$$\nabla^2\psi_{\mathrm{m}} - \alpha(\psi_{\mathrm{m}} - \psi_{\mathrm{f}}) = \frac{\phi_{\mathrm{m}}\overline{C}_{\mathrm{tm}}\mu}{K_{\mathrm{m}}}\frac{\partial\psi_{\mathrm{m}}}{\partial t} \qquad (8-9-40)$$

2）裂缝渗流模型

页岩气分子在裂缝中的流动可以认为符合达西定律，其渗流方程为：

$$\nabla\left(\rho_{\mathrm{f}}\frac{K_{\mathrm{f}}}{\mu}\nabla p_{\mathrm{f}}\right) + q_{\mathrm{mf}} = \frac{\partial}{\partial t}(\phi_{\mathrm{f}}\rho_{\mathrm{f}}) \qquad (8-9-41)$$

其中：

$$\rho_{\mathrm{f}} = \frac{p_{\mathrm{f}}M}{ZRT} \qquad (8-9-42)$$

带入渗流方程并化简得到：

$$\nabla\left(\frac{p_{\mathrm{f}}}{Z}\frac{K_{\mathrm{f}}}{\mu}\nabla p_{\mathrm{f}}\right) + \frac{RT}{M}q_{\mathrm{mf}} = \phi_{\mathrm{f}}C_{\mathrm{fg}}\frac{p_{\mathrm{f}}}{Z}\frac{\partial p_{\mathrm{f}}}{\partial t} \qquad (8-9-43)$$

其中：

$$C_{\mathrm{fg}} = \frac{1}{p_{\mathrm{f}}} - \frac{1}{Z}\frac{\partial Z}{\partial p_{\mathrm{f}}} \qquad (8-9-44)$$

定义拟压力函数：

$$\psi_{\mathrm{f}} = 2\int_{0}^{p_{\mathrm{f}}}\frac{p}{\mu Z}\mathrm{d}p \qquad (8-9-45)$$

结合窜流量方程,得到:

$$\nabla(K_f \nabla \psi_f) + \alpha K_m (\psi_m - \psi_f) = \phi_f C_{fg} \mu \frac{\partial \psi_f}{\partial t} \quad (8-9-46)$$

令

$$\alpha_{mf} = \alpha K_m$$

则有:

$$\nabla(K_f \nabla \psi_f) + \alpha_{mf}(\psi_m - \psi_f) = \phi_f C_{fg} \mu \frac{\partial \psi_f}{\partial t} \quad (8-9-47)$$

4. 页岩气多级渗流

1)扩散

随着压力梯度的增加,大量的气体从基岩有机质表面解吸出来而进入纳米孔隙中,极低的渗透率较难形成达西渗流,而以页岩气分子由高浓度区向低浓度区的扩散过程为其主要渗流模式,尤其是当孔隙直径很小和压力较低时,扩散作用更为明显。

从分子运动论的观点来看,气体扩散的本质是气体分子不规则热运动的结果,根据气体在多孔介质中的扩散机理的研究,可以用克努森(Knudsen)数评价扩散作用的大小,克努森数 Kn 定义为:

$$Kn = \frac{\lambda}{d} \quad (8-9-48)$$

$$\lambda = \frac{k_B T}{\sqrt{2}\pi\delta^2 p} \times 10^{21} \quad (8-9-49)$$

式中　Kn——克努森数;

　　　d——孔隙平均直径,nm;

　　　λ——气体分子平均自由程,nm;

　　　k_B——玻尔兹曼常数,1.3805×10^{-23} J/K;

　　　δ——气体分子直径,nm。

若保持压力不变,当孔隙直径变大时,Kn 变小,扩散作用减弱。

若保持孔隙直径不变,当压力增大时,Kn 变小,扩散作用减弱。

在孔隙直径很小压力较高或者孔隙直径较大压力较小的情况下,扩散作用可能很弱,在渗流中可能仅表现为达西渗流,当 $Kn < 0.01$ 时,达西流明显,因此设定 $Kn < 0.01$ 为扩散作用的适用范围。

以页岩气中的主要成分甲烷分子为例计算不同压力下气体分子的自由程(其中 $\delta = 0.38$ nm, $T = 338$ K),如图 8-9-7 所示。

在常温常压下(20℃,0.1MPa),甲烷分子的平均自由程约为63nm。在实际页岩气储层中,甲烷分子的压力远大于常压,所以实际气藏条件下甲烷分子的平均自由程要小得多。整

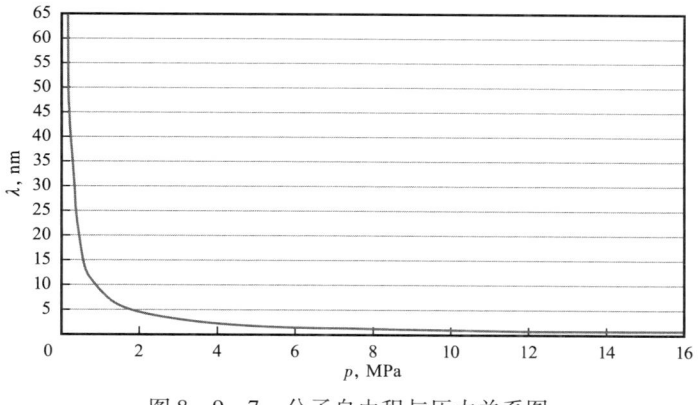

图 8-9-7　分子自由程与压力关系图

体表现为 λ 随压力的增大而减小,但压力在 0.5~2MPa 时出现明显拐点,继而平均自由程缓慢降低,当压力大于 8MPa 后 λ 值小于 1nm,并最后稳定于 0.5nm。

当气藏温度一定($T=338$K)时,不同孔隙直径下克努森数 Kn 与压力的关系图如图 8-9-8 所示。

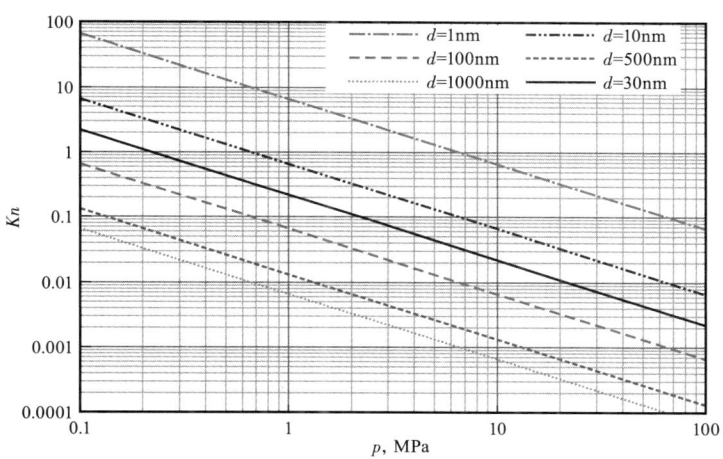

图 8-9-8　不同孔隙直径下克努森数与压力的关系图

由图 8-9-8 可以看出,由直径小于 100nm 的孔隙构成的页岩气储层,实际生产中井底压力一般都会低于 10MPa,甚至可达到 5MPa,因此,其基质的渗流过程会受扩散作用的影响,并且孔隙半径越小时,随着井底压力的下降,扩散作用越显著。

2007 年 Florence 等通过引入克努森数提出了适合致密气和页岩气非达西扩散流动渗透率表达式,该表达式把微观渗流转换为了宏观渗流的形式:

$$K = K_0 \left[1 + \frac{128}{15\pi^2} \tan^{-1}(4Kn^{0.4}) Kn \right] \left(1 + \frac{4Kn}{1+Kn} \right) \qquad (8-9-50)$$

式中　K_0——原有渗透率,mD。

由于页岩气在储层中流动过程中一般都在高压情况下(大于5MPa),分子自由程随压力变化已经很小,因此,克努森数可认为是一个常数,渗流模型中的基质渗透率可应用此值。

2) 滑脱

对于滑脱效应的定量分析,早在1941年Klinkenberg就已给出其对岩石渗透率的关系,并且沿用至今,其公式为:

$$K = K_0\left(1 + \frac{b}{p}\right) \qquad (8-9-51)$$

式中　b——滑脱系数,$b = 0.04275 K_0^{-0.34}$;
　　　p——压力,MPa;
　　　K——渗透率,mD。

又由Poiseuille公式可得孔隙直径d:

$$d = 5.66 \times 10^3 \sqrt{\frac{K_0}{\phi}} \qquad (8-9-52)$$

式中　d——孔隙直径,nm;
　　　ϕ——孔隙度。

由此可以计算不同纳米孔隙直径下的渗透率变化幅度。例如,对于地层压力20MPa和基质孔隙度为0.045的页岩气储层,受滑脱影响的不同孔隙大小的渗透率变化幅度如图8-9-9所示。渗透率增加幅度定义为$(K - K_0)/K_0$,其值随着孔隙直径的增大而减小,在孔隙直径为50nm时,渗透率增加值约为15%,当孔隙直径达到300nm时,滑脱带来的渗透率增加值不足5%,若以5%为划分标准,则可确定此储层若孔隙直径小于300nm时需要考虑滑脱带来的影响,若大于300nm则可以不用考虑。

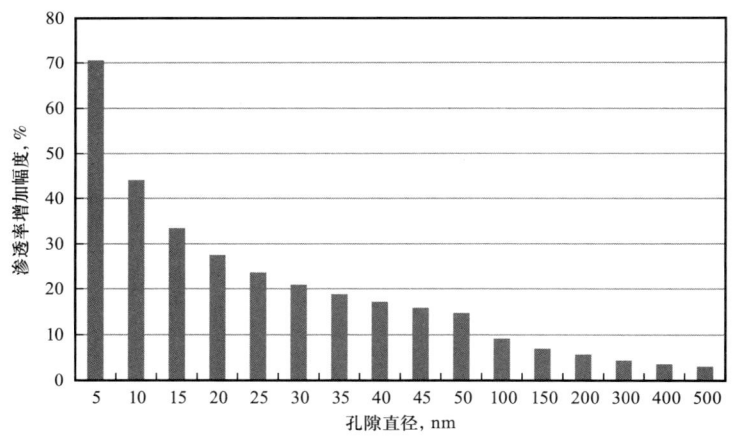

图8-9-9　不同孔隙直径的滑脱效应影响程度

滑脱对渗透率的修正值中的压力可取平均地层压力,认为是常数,其值可用于渗流模型中。

3) 应力敏感

由于页岩气藏孔隙半径非常小,围压增加时,孔隙半径不断缩小;同时页岩储层中黏土颗粒含量相对较高,不断增加的围压会使黏土颗粒脱落,进而封堵孔隙喉道,使页岩气储层渗透率发生巨大变化。

当页岩储层有裂缝发育时,随着围压的不断增加,裂缝会发生闭合,也会使页岩渗透率急剧下降。

所以,在开采页岩气藏的过程中,大幅增加生产压差,可能会造成储层渗透率的急剧降低,不利于提高页岩气井的产能。

随着裂缝网络和基质应力敏感程度的增加,裂缝网络的应力敏感性远远大于基质的应力敏感性,所以在建立渗流模型时只考虑裂缝中的应力敏感性。

页岩储层裂缝渗透率 K_f 随围压的变化可以用指数关系来拟合,即:

$$K_f/K_{f0} = a\mathrm{e}^{-cp_{\mathrm{eff}}} \qquad (8-9-53)$$

式中 K_{f0}——裂缝初始渗透率,mD;

p_{eff}——有效应力,MPa;

a——应力敏感拟合常数项;

c——应力敏感系数。

在页岩气实际生产过程中,储层的上覆岩石压力是不变的,实际变化的是储层的孔隙压力,因此有效应力 p_{eff} 应该是上覆岩石压力与储层压力之间的差值,所以用储层压力来表示与渗透率之间的变化关系:

$$K_f/K_{f0} = \mathrm{e}^{-c(p_i-p_w)} \qquad (8-9-54)$$

应力敏感引起的裂缝渗透率的变化,需要通过实验数据进行拟合得出,若生产压差为常数,则该值可用于渗流模型中代替裂缝渗透率。

四、页岩油渗流

首先明确以下几点:

(1)页岩油不是地面上通过干馏油页岩得到的"人造油";
(2)页岩油不是紧邻生油页岩的致密层或碎屑岩夹层中的"致密油";
(3)页岩油与页岩气相似,都是存在于富有机质的泥页岩储层中,都有吸附烃;
(4)页岩油比致密油的渗透率低 1~2 个数量级,即低于 0.1~0.01mD;
(5)页岩油与页岩气、致密油气相似,需要体积压裂才能有效生产;
(6)页岩油储层中采出的油主要是游离态烃,页岩气储层采出的气为游离态和吸附态两种;
(7)油页岩地下原位开采,地层加热使干酪根热解而成的液态烃也叫页岩油;
(8)至 2017 年美国大量开采的是泥页岩储层中以游离态为主的那种页岩油;
(9)至 2017 年中国广为关注的是紧邻烃源岩或烃源岩夹层的致密油。

大型水力压裂或者体积压裂的突破,首先带来了页岩气革命,之后,页岩油也得到了突破式发展。

自 2000 年,美国页岩油开始大量生产(年产约 400×10^4 t),到 2015 年达到 2×10^8 t,其比例在原油总量中占到了 50% 以上。

2023 年,中国的页岩油产量突破了 400×10^4 t,再创新高。这一增长得益于页岩油勘探开发的稳步推进,包括新疆吉木萨尔、大庆古龙、胜利济阳 3 个国家级示范区及庆城页岩油田的加快建设,以及苏北溱潼凹陷多井型试验取得的商业突破。

世界石油工业正处于向非常规油气跨越的阶段,页岩油成为油气开发领域的另一新热点,成为油气供给的潜在重要来源。页岩油不以浮力作用为聚集动力,具有源储一体、纳米级孔喉、储集物性致密、裂缝系统发育、储层脆性指数较高等典型非常规油气的特点。页岩油储层中有广泛发育的纳米级孔喉,孔径主要为 50~300nm,孔隙度一般小于 10%,渗透率小于 0.01mD。

以下是相关概念:

页岩油:是指赋存在富有机质泥页岩地层的纳米级孔喉—裂缝系统中,以游离(含凝析态)、吸附及溶解(溶解于天然气、干酪根和残余水等)态等多种形式存在,仅经过初步运移而未经过或只经过极短暂的二次运移的油气聚集。

油页岩:油页岩是一种高灰分的含可燃有机质的未成熟烃源岩。须经人工加热、干馏提炼出液态烃,分为地面干馏开采和地下原位开采。

有机质丰度:指的是沉积岩石中所含的有机质数量,常以剩余有机碳、抽提物及热解烃等的含量表示,符号为 TOC。页岩油气标准为 2% 左右。

含油饱和度指数:沉积岩的有机质中可抽提出的烃总量的比例,常用单位为 mg/g,小于 20mg/g 为低含油,50~75mg/g 之间为高含油。

含油率:油页岩中页岩油所占的质量百分比。美国以 0.18% 为下限,我国有利区为 0.15%。可转换为常用单位 mg/g,即单位质量岩石中含油的质量,美国为 1.8mg/g,中国为 1.5mg/g,与常规储层相比小几十倍。

可采油指数:单位质量岩石中可采烃(主要是游离态烃)的质量,常用单位为 mg/g。

原位开采:指在地下对油页岩进行加热干馏,从而采出油页岩中油气的开采方式,另一种地面干馏法是将油页岩开采出地面后进行干馏。

岩石脆性系数:岩石中含有的脆性矿物(主要是硅质和钙质)的比例。体积压裂时一般需要大于 30%。

微观尺度:对应于包括显微组织在内的尺度范畴及对应于材料具有明显量子效应的尺度范畴等,如扫描电镜研究孔隙结构、有机质分布等。

介观尺度:是指介于宏观和微观之间的尺度,一般认为在纳米和毫米之间。

宏观尺度:考察流体整体运动所导致的动量、热量和质量传递,以守恒原理为基础,就一定范围进行总体计算,建立有关的数学模型。

1. 页岩油储层特征

邹才能等提出了不同喉径储层油气形成机理与聚集类型模式,如图 8-9-10 所示。

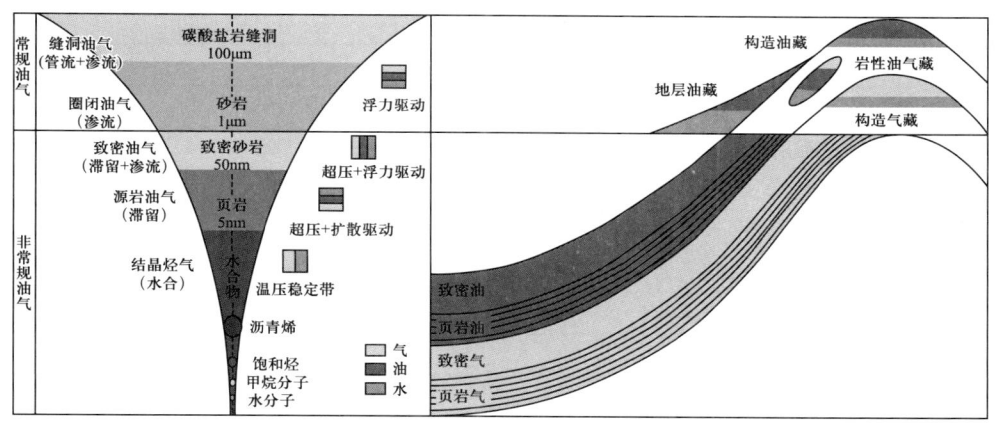

图 8-9-10 油气聚集孔喉结构与聚集类型

页岩油不以浮力作用为聚集动力,具有源储一体、纳米级孔喉、储集物性致密、裂缝系统发育、储层脆性指数较高等典型非常规油气特点。页岩油储层属于超低渗透致密储层,一般无自然产能或低产,需要通过体积压裂、重复压裂技术手段改造储层,才能实现页岩油有效开发。

相对于常规油气而言,页岩油的储集空间更小,主要以微孔隙和裂缝为主。裂缝的发育不仅可以为页岩油提供一定的具有良好物性的储集空间,进而提高了页岩油产量,同时还有利于水平井压裂体积缝的形成。

页岩储层压裂后,聚集于裂缝中的油相对容易开采,赋存于基质孔隙内的油开采难度较大。而未被裂缝沟通的孔隙,其连通和流动性主要取决于喉道的大小。页岩油由于分子量较大,有机质演化程度较低,其原生孔隙和次生孔隙受成岩作用的影响较小,有机质孔隙较为不发育,其储集空间主要为无机孔隙和裂缝。

因此,体积压裂为页岩油有效开发的必要手段,储层形成裂缝网络的地质条件为天然裂缝较发育及脆性系数较高。除形成裂缝网络之外,有利储层还需要厚度大、有机质丰富、含油量高等。表 8-9-4 所示为我国页岩油选区参考标准。

表 8-9-4 我国页岩油选区参考标准

选区	主要参数	参考标准
远景区	泥页岩厚度	大于 10m
	$w(TOC)$	大于 0.5%
	R_o	大于 0.5%
	埋深	小于 5000m
	含油率	大于 0.1%
有利区	泥页岩厚度	单层厚度大于 10m 或泥地比大于 60%,连续厚度大于 20m(夹层厚度小于 3m)
	$w(TOC)$	大于 1.0%
	R_o	大于或等于 0.5%

续表

选区	主要参数	参考标准
有利区	埋深	小于4500m
	可压裂性	脆性矿物含量大于30%
	地层压力	压力系数大于1.0
	含油率	大于0.15%
目标区	分布面积	大于50km²
	泥页岩厚度	泥地比大于60%,连续厚度大于30m(夹层厚度小于3m)
	ω(TOC)	大于2.0%
	R_o	大于或等于0.5%
	可压裂性	脆性矿物含量大于40%
	含油率	大于0.2%

2. 页岩油渗流机理

相较页岩气而言,页岩油分子量较大,黏度高,吸附能力更强,渗流能力更差,呈吸附状态存在于有机质孔隙和其他各种孔隙空间表面的页岩油在目前的经济技术条件下难以开采。存在于碳酸盐矿物晶间孔、易溶矿物溶蚀孔和裂缝中的页岩油主要以游离态存在,是现阶段页岩油产出的主要存在方式。

即便游离态要比吸附态易于开采,但由于页岩油储层的特征,其渗流过程中还有以下几个特征:

(1)较低的原油黏度和高气油比,有利于在微小孔喉中流动,但渗流阻力很大,由此产生很高的启动压力梯度;

(2)基质系统和裂缝系统中渗透性差异较大,原油流动存在非达西流和达西流动两种形式;

(3)游离气在纳米孔隙中,受到岩石表面的作用力较强,表现出来的吸附力对渗流的影响;

(4)当储层压力很低时,吸附态的油解吸机理及对渗流的影响;

(5)从微观到介观、从介观到宏观,多尺度渗流规律的关联。

3. 页岩油渗流模型

高英等结合质量和动量守恒方程,根据页岩油在井周围流体的不同流动特征,将裂缝周围的流体流动划分为两个区域,建立体积压裂缝网的页岩油储层直井二区耦合渗流数学模型。简要介绍如下。

1)运动方程

文献中利用岩心流动实验,分别测定流体在不同流量条件下通过岩心时的压力梯度,并绘制启动压力梯度与渗透率关系曲线,如图8-9-11和图8-9-12所示。

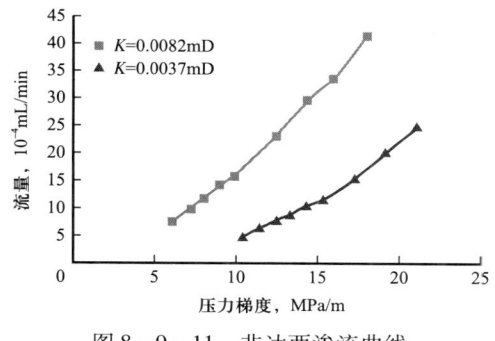

图 8-9-11 非达西渗流曲线

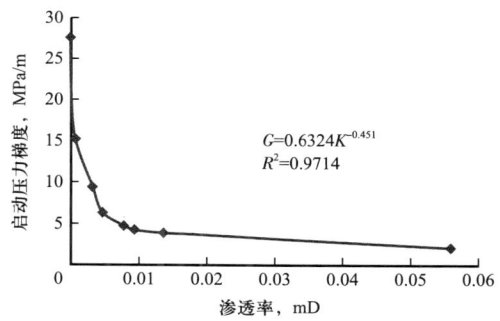

图 8-9-12 启动压力梯度与渗透率关系

页岩油开发过程中,直线段的延伸与压力梯度轴的交点不经过坐标原点,曲线具有明显的非线性特征,流体渗流不再遵循达西定律,出现低速非达西渗流,具有拟启动压力梯度。岩心的渗透率越小,启动压力梯度越大。页岩油的启动压力梯度可以高达 5～20MPa/m,远远大于低渗透甚至致密储层的启动压力梯度(一般小于 1MPa/m)。

流体在页岩油储层中流动时,启动压力梯度与地层的渗透率密切相关,随着渗透率的降低,地层流体的启动压力梯度急剧增加,启动压力梯度与渗透率之间呈幂函数关系,即:

$$G = 0.6324K^{-0.451} \qquad (8-9-55)$$

式中 G——启动压力梯度,MPa/m;
　　　K——渗透率,mD。

因此,页岩油储层纳微米孔喉的渗流运动方程表示为:

$$v = -\frac{K}{\mu}\nabla p \left(1 - \frac{G}{|\nabla p|}\right) \qquad (8-9-56)$$

2)压裂改造区的等效渗透率

为了研究渗流速度,建立理想模型:地层厚度为 h、半径为 r、井径为 R_w、井底流压为 p_w、流量为 Q 的圆柱形径向渗流区,如图 8-9-13 所示。

根据径向流达西公式,得:

$$Q = \frac{2\pi K_n h}{\mu}\frac{\mathrm{d}p}{\mathrm{d}r} \qquad (8-9-57)$$

式中 K_n——裂缝的有效渗透率,mD。

裂缝体积系数 f_n 为圆柱区域的裂缝体积 V_f 与圆柱总体积 V_r 之比,即:

$$f_n = \frac{V_f}{V_r} \qquad (8-9-58)$$

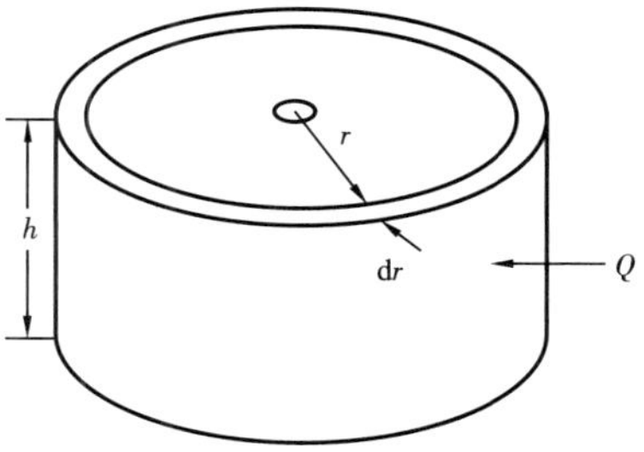

图 8-9-13 径向流示意图

则"人造渗透率",即体积压裂改造区的等效渗透率 K_e 为:

$$K_e = K_m(1 - f_n) + K_n f_n \qquad (8-9-59)$$

3）产能数学模型

如图 8-9-14 所示，假设压裂改造体积为沿主裂缝对称的 $2 \times x_f \times b$ 的椭圆柱体，根据页岩油储层体积压裂改造后的流动特点，储层流体渗流分为 2 个区域：

1 区内，体积压裂改造形成的椭圆缝网区域的低速非达西流动；

2 区内，体积压裂主裂缝内的线性达西流动。

主要根据页岩油储层体积压裂井生产时流体的流动特征，考虑页岩油储层非线性渗流特征，建立页岩油体积压裂改造储层直井产能预测模型。假设：页岩油储层为上下封闭且无限大地层；对直井进行体积压裂，储层体积压裂改造后形成椭圆形的缝网，椭圆形体积改造区域

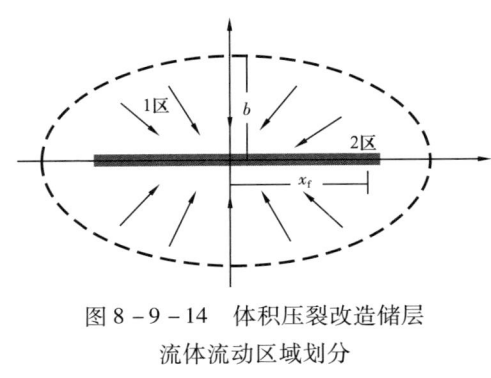

图 8-9-14　体积压裂改造储层流体流动区域划分

短半轴长为 b，焦距为主裂缝半长；油藏和裂缝内流体为单相流体，不可压缩，渗流为等温稳定渗流，不考虑重力影响；渗流过程中考虑启动压力梯度的影响。

（1）主裂缝的线性流动。

主干缝内流体的流动服从达西定律，属于线性流动，其运动方程为：

$$v = -\frac{K(p)}{\mu}\nabla p \qquad (8-9-60)$$

其稳态流动表达式为：

$$-\frac{\partial p}{\partial x} = \frac{\mu}{K_f}v \qquad (8-9-61)$$

式中　K_f——主裂缝渗透率，mD。

对式（8-9-61）进行分离变量，并从 (x_f, p_{xf}) 到 (R_w, p_w) 积分，可以得到裂缝内流体的流量和压差之间的关系表达式，即：

$$p_{xf} - p_w = \frac{\mu}{K_f}\frac{x_f Q}{2w_f h} \qquad (8-9-62)$$

式中　p_{xf}——主裂缝两端的压力，Pa；

w_f——主裂缝宽度，m；

x_f——主裂缝半长，m。

（2）改造区的椭圆渗流。

改造后储层椭圆渗流区直角坐标系 (x, y) 和椭圆坐标系 (η, ξ) 的关系为：

$$\begin{cases} x = a\cos\eta, y = b\sin\eta \\ a = x_f\cosh\xi, b = x_f\sinh\xi \end{cases} \qquad (8-9-63)$$

式中 a, b ——分别为椭圆的长轴和短轴。

对于改造后的页岩油储层,其等效渗透率 K_e 依然不高,该区域流动为非线性渗流,存在启动压力梯度,因此椭圆区稳态渗流的流量为:

$$\frac{QB}{4x_\mathrm{f} h \cosh\xi} = \frac{K_\mathrm{e}}{\mu}\left(\frac{\partial p}{\partial y} - G\right) \tag{8-9-64}$$

式中 B ——体积系数。

得到流量和压差之间的关系为:

$$p_\mathrm{e} - p_\mathrm{xf} = \frac{\mu BQ}{2\pi K_\mathrm{e} h}(\xi_\mathrm{i} - \xi_\mathrm{w}) + \frac{2x_\mathrm{i} G}{\pi}(\sinh\xi_\mathrm{i} - \sinh\xi_\mathrm{w}) \tag{8-9-65}$$

(3)二区耦合。

两区交界处压力相等,得到直井压裂后产能公式:

$$p_\mathrm{e} - p_\mathrm{w} = \frac{\mu BQ}{2\pi K_\mathrm{e} h}(\xi_\mathrm{i} - \xi_\mathrm{w}) + \frac{2x_\mathrm{i} G}{\pi}(\sinh\xi_\mathrm{i} - \sinh\xi_\mathrm{w}) + \frac{\mu}{K_\mathrm{f}}\frac{x_\mathrm{f} Q}{2w_\mathrm{f} h} \tag{8-9-66}$$

4. 油页岩原位开采渗流模型

如表8-9-4所示,油页岩原位开采主要有三种方式:直接传导加热、对流加热和辐射加热。

表8-9-5 国内外油页岩原位开采技术

热量传递方式	公司或机构	技术名称	加热载体
直接传导加热	壳牌	ICP	电加热棒
	埃克森美孚公司	Electrofrac™	导电介质
	美国独立能源公司	GFC	地热燃料电池
	EGL能源公司	EGL	密闭管道
对流加热	太原理工大学	水蒸气加热	高温水蒸气
	雪佛龙	CRUSH	高温 CO_2
	美国地球科学探索公司	高温空气加热	高温空气
	美国 MEW 能源公司	IGE	高温烃类气体
辐射加热	劳伦斯·利弗莫尔国家实验室	射频加热	射频
	斯伦贝谢	RF/CF	射频
	怀俄明凤凰公司	微波加热	微波

几个原位开采示意图如图8-9-15所示。

页岩油原位地下开采渗流机理涉及的问题很多,需要考虑的问题有:

(1)热力场的变化及分布规律;

(2)化学场的反应机理及规律;

(3)压力场的变化及分布规律;

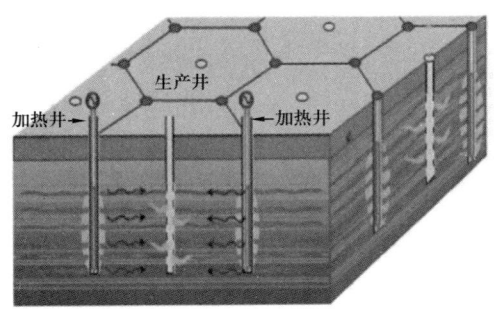
(a) 壳牌公司的ICP技术示意图

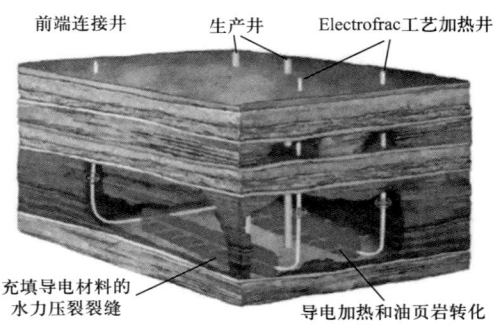
(b) 埃克森美孚公司的Electrofrac技术示意图

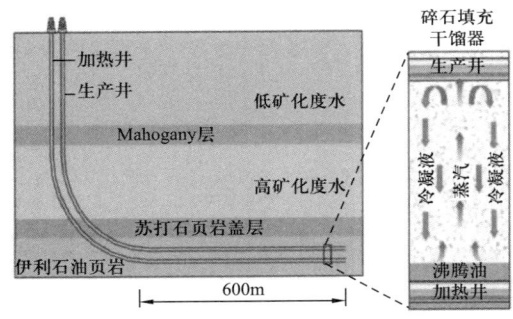
(c) 美国页岩油公司的CCR技术示意图

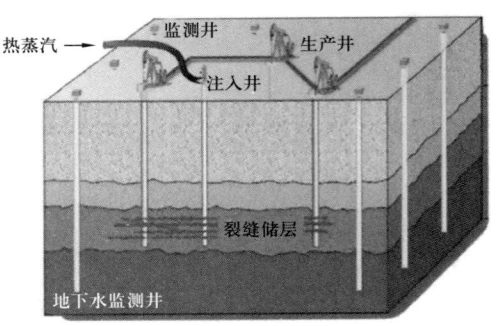
(d) 雪佛龙的CRUSH技术示意图

图 8-9-15　页岩油原位地下开采示意图

(4) 热应力和热化学反应产生的岩石变形；
(5) 热化学后的流体分布；
(6) 体积压裂的缝网与基质形成的双重介质；
(7) 多尺度多场多介质的耦合渗流。

五、天然气水合物渗流

天然气水合物又叫"可燃冰"，在地层中是像"冰"一样的固体，压力降低或者加热，"冰"融化成水和甲烷气。理想情况下，$1m^3$"冰"可释放的天然气在标准状况下能达到 160～180m^3，据估算，地下储层蕴藏的天然气水合物中甲烷总量约 $2.0×10^{16}m^3$，相当于传统化石能源（煤、石油和天然气）总含碳量的 2 倍。

自 1965 年苏联在冻土层中发现天然气水合物后，资源调查和大规模钻探相继持续到 2000 年；进入 21 世纪后，钻探取样在各地取得成功，中国 2007 年在南海神狐海槽、2008 年在祁连山南缘永久冻土区分别成功钻探取样，标志着新的突破；2013 年日本在南海海槽实现世界上首次从海域开采天然气水合物；2017 年中国在南海神狐海域试采成功，并在 2020 年第二轮试采中取得多项技术创新。

总结天然气水合物的地质和开采特征有如下信息：
(1) 主要分布在水深大于 300m 的海洋及陆地永久冻土带；
(2) 没有封盖和不成岩是水合物储层与常规天然气藏的重要区别；

(3)气源是浅层沉积微生物作用或深部有机质热解作用后进入高压低温带;
(4)在地层中存在于岩石孔隙中及矿物颗粒表面或接触点;
(5)地层压力下天然气水合物生成温度约 25℃;
(6)水合物分解可导致渗透率和可流动孔隙度变大;
(7)存在气、水、固体水合物三相流动,并存在三相之间的相变;
(8)水合物分解涉及热量传递过程;
(9)需要严格的可控开采。

天然气水合物渗流是一个多相多组分非等温的物理化学渗流过程。这个过程包含了相变、能量变化,以及储层介质的物理性质的变化。其渗流过程也较复杂。

天然气水合物的开采方法目前主要有:固态开采法、降压法、注热法、注化学剂法、CO_2置换法等。本部分采用注化学剂辅助加热、降压法的模型进行渗流过程的分析。

以下是相关概念:

天然气水合物:如图 8-9-16 所示,由水分子通过氢键形成不同形式的笼架晶格,每个笼架晶格中包含一个主要为甲烷的天然气分子,水分子与天然气分子之间通过范德华力相互吸引,与固体冰相比,不是纯粹的晶体结构。

天然气水合物孔隙度:岩石中水、气、天然气水合物的体积与岩石总体积的比,符号为 ϕ_H。

天然气水合物饱和度:岩石中天然气水合物体积 V_H 与岩石总孔隙体积 V_ϕ 的比值,符号为 S_H,计算公式为:

$$S_H = \frac{V_H}{V_\phi} \quad (8-9-67)$$

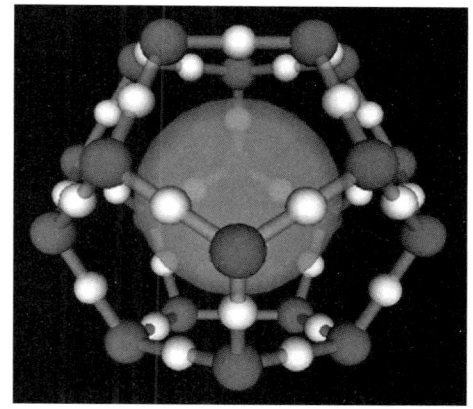

图 8-9-16 天然气水合物模型

式中 S_H——天然气水合物饱和度;
V_H——天然气水合物体积,m^3;
V_ϕ——岩石总孔隙体积,m^3。

天然气水合物渗透率:含天然气水合物的多孔介质允许流体通过的能力,它随天然气水合物饱和度 S_H 的增大呈指数下降,符号为 K_H,其满足关系式:

$$K_H = K_{D0}(1 - S_H)^N \quad (8-9-68)$$

式中 K_H——天然气水合物渗透率,mD;
K_{D0}——$S_H = 0$ 时多孔介质渗透率,mD;
N——渗透率下降指数。

陈月明等在《天然气水合物渗流特征及其描述》一文中针对注化学剂辅助加热、降压法的模型进行了研究,为了更清晰地认识天然气水合物渗流的特征,现摘录部分内容以供参阅。

1. 天然气水合物渗流特征

天然气水合物开采过程中主要包含 3 种渗流过程。

1) 水合物分解过程

在开采天然气水合物时,通过降压、加热或注抑制剂等方式打破天然气水合物稳定存在状态,使其分解,甲烷水合物分解的化学过程可以描述为:

$$CH_4 \cdot (H_2O)_n \rightarrow nH_2O + CH_4 \tag{8-9-69}$$

式中 n——水合指数。

根据天然气水合物分解动力学特征,将天然气水合物分解速度表示为:

$$m_g = K_d A_s (p_{HC} - p) \tag{8-9-70}$$

式中 K_d——反应速度常数,$g/(cm^2 \cdot Pa \cdot s)$;

p_{HC}——反应临界压力,Pa。

$$A_s = \left(\frac{\phi_H^3}{2K_H}\right)^{\frac{1}{2}} \tag{8-9-71}$$

由水合物分解的化学方程式可知 1mol 天然气水合物分解后可生成 1mol 的甲烷气和 $n$mol 的水,因此有:

$$m_H = -\frac{nM_w + M_g}{M_g} \tag{8-9-72}$$

$$m_w = m_g \frac{nM_w}{M_g} \tag{8-9-73}$$

式中 m_g, m_w, m_H——分别为单位时间、单位体积岩石中,甲烷水合物分解产生的气、水、水合物的质量,$g/(s \cdot cm^3)$;

M_g, M_w, M_H——分别为气、水、天然气水合物的摩尔质量,g/mol。

其中水合物的质量公式带负号的原因是在分解过程中,水合物的质量不断减小,其产物的质量不断增加,添加负号是为了与之进行区分。

2) 分解后多相渗流过程

天然气水合物开采过程中,随着水合物的分解,各相饱和度、储层孔隙度、渗透率等参数都在不断变化,同时压力降低后,储层疏松的固体水合物、固体颗粒也可能部分脱落并随之流动。

假设水合物分解后,岩石固体颗粒不脱落,则储层孔隙度仅与压缩系数有关,与水合物的多少无关。则其变化公式为:

$$\phi_H = \phi_0 + C_f(p - p_0) \tag{8-9-74}$$

在天然气水合物模型中,由于水合物为固相,气、水两相是在除固相以外的孔隙中流动,在水合物分解过程中,水合物相不断减少,可流动空间和渗透率不断增大,渗透率随天然气

水合物饱和度变化呈指数变化,计算公式为:

$$K_H = K_{D0}(1 - S_H)^N \tag{8-9-75}$$

$N = 7$ 时,无量纲渗透率随天然气水合物饱和度变化规律如图 8-9-17 所示。

气、水相对渗透率公式为:

$$K_{rg} = K_{rg0} S_{gD}^{1/2} (1 - S_{HD}^{1/m})^{2m} \tag{8-9-76}$$

$$K_{rw} = K_{rw0} S_{wD}^{1/2} [1 - (1 - S_{wD}^{1/m})^m]^2 \tag{8-9-77}$$

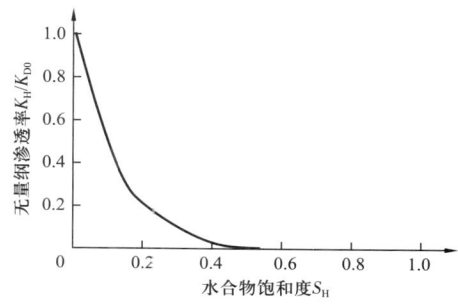

图 8-9-17 无量纲渗透率随水合物饱和度变化关系曲线

其中归一化饱和度分别为:

$$S_{wD} = \frac{S_w - S_{wc}}{1 - S_{wc} - S_{gr}}, S_{HD} = \frac{S_w + S_H - S_{wc}}{1 - S_{wc} - S_{gr}}, S_{gD} = \frac{1 - S_w - S_H - S_{gr}}{1 - S_{wc} - S_{gr}} \tag{8-9-78}$$

$$m = 0.45, S_{wc} = 0.3, S_{gr} = 0.05, K_{rw0} = 0.5, K_{rg0} = 1 \tag{8-9-79}$$

式中 K_{rw0}, K_{rg0}——分别为水、气两相相对渗透率端点值。

相对渗透率与 K_H 的乘积则得到各相的相渗透率。

天然气水合物渗流是一个非常复杂的过程,涉及固、液、气三相和水合物、水、轻烃、重烃、抑制剂等多个组分,以及渗流过程中地层温度的变化。此外,水合物的生成存在"记忆效应",即由水合物分解产生的水比自由水更易生成水合物,因此水合物再生对渗流过程也会产生重要影响。

3) 注入流体(能量)的渗流(传导)过程

天然气水合物的分解为吸热过程,并且部分水合物开发需要注入一定的流体,为储层输送热量或抑制剂,这一过程是注入流体渗流与水合物分解的双重过程,涉及许多物理、化学变化。可依据物质能量守恒,通过数值模拟方法,得到注入流体在储层的推进前缘分布、温度和压力传播速度等参数的变化规律。

2. 渗流数学模型的建立

应用多相多组分模型进行质量守恒方程和能量守恒方程的建立。

4 相:气相、水相、固体水合物相、固态冰相。

9 组分:水合物、水、甲烷、分解产生的甲烷、非甲烷烃类气体、分解产生的非甲烷烃类气体、盐、水溶性抑制剂和热焓拟组分。

1) 控制方程

非等温水合物系统可以用质量平衡方程和能量平衡方程来描述,组分 k 质量守恒和能量守恒可表示为同一形式的控制方程,即:

$$\frac{d}{dt}\int_{V_n} M^k dV = \int_{\Gamma_n} F^k n d\Gamma + \int_{V_n} q^k dV \tag{8-9-80}$$

式中 M^k——单位体积内组分 k 的质量或能量的增量；

F^k——组分 k 物质和能量的流动项；

q^k——组分 k 源汇项，$k=1,2,\cdots,8,N_{K+1}$，代表有 N_{K+1} 个组分；

V_n——体积元；

Γ_n——边界。

2）累积项

当 $k=1,2,\cdots,8$ 时，控制方程为质量守恒方程，其左端表示单元体单位时间内 k 组分的质量增量，其表达式为：

$$M^k = \sum_{\beta=A,G,I,H} \phi_H S_\beta \rho_\beta X_\beta^k \tag{8-9-81}$$

式中 M^k——单位岩石体积内的 k 组分的质量增量，g/cm^3；

β——模型中存在的 4 相，包括：水相（$\beta=A$），气相（$\beta=G$），固态水合物相（$\beta=H$）、固态冰相（$\beta=I$）；

ϕ_H——孔隙度；

S_β——相饱和度；

ρ_β——相密度，g/cm^3；

X_β^k——k 组分在 β 相中的质量分数。

显然，各相饱和度之和等于 1，各个组分在各相中质量分数之和等于 1，即：

$$\sum_{\beta=A,G,I,H} S_\beta = 1, \sum_k X_\beta^k = 1 \tag{8-9-82}$$

当 $k=N_{K+1}$ 时，即为能量守恒方程，左端表示热量增量，包括岩石和所有相的贡献，可表示为：

$$M^{N_{K+1}} = (1-\phi_H)\rho_R c_R T + \sum_{\beta=A,G,I,H} \phi S_\beta \rho_\beta u_\beta \tag{8-9-83}$$

式中 $M^{N_{K+1}}$——单位体积岩石的能量增量，J/cm^3；

ρ_R——岩石固相密度，g/cm^3；

c_R——岩石比热容，$J/(g\cdot K)$；

u_β——β 相的内能，J。

3）流动相

在质量守恒方程中，两个固相（$\beta=H,I$）对流动的贡献为零。水相和气相流动项为：

$$F = \sum_{\beta=A,G}(F_\beta^k + J_\beta^k) \tag{8-9-84}$$

其中：

$$J_\beta^k = -\phi S \tau_G D_\beta^k \rho_\beta \nabla X_\beta^k$$

$$\tau_G = \phi^{\frac{1}{3}} S_G^{\frac{7}{3}}$$

式中 τ_G——迂曲度；

D_β^k——水动力扩散张量。

对于水相,有：

$$F_A^k = -K_H \frac{K_{rA}\rho_A}{\mu_A}(\nabla p_A - \rho_A g)X_A^k \qquad (8-9-85)$$

对于气相,考虑渗流和扩散的质量流量表达为：

$$F_G^k = -K_H\left(1 + \frac{b}{p_G}\right)\frac{K_{rG}\rho_G}{\mu_G}(\nabla p_G - \rho_G g)X_G^k + J_G^k \qquad (8-9-86)$$

在能量守恒方程中包括传导和对流的热流量为：

$$F^{N_K+1} = -\left[(1-\phi_H)K_{tR} + \phi_H(S_H K_{tH} + S_I K_{tI} + S_A K_{tA} + S_G K_G)\right]\nabla T + \sum_{\beta=A,G} h_\beta F_\beta$$

$$(8-9-87)$$

式中 h_β——热焓,J。

相的热焓为：

$$h_A = \sum_k X_A^k h_A^k, \quad h_G = \sum_k X_G^k h_G^k$$

式中 $K_{t\beta}$——组分的导热系数,J/(cm·s·K)；

K_{tR}——岩石的导热系数,J/(cm·s·K)。

4）源汇项

在质量守恒方程中,各组分的注入速度表示为：

$$q^k = \sum_{\beta=A,G} X_\beta^k q_\beta \qquad (8-9-88)$$

在动力模型中,因水合物分解、烃类气体和水的释放引起的附加源汇项必须考虑。因此,源汇项变为 $q^k + m^k$,其中各相 m^k 计算方法在水合物渗流特征部分已讲过,k 代表水、甲烷和非甲烷烃类。

在能量平衡方程中,应考虑分解的热量,因此热流速度为：

$$q^{N_K+1} = q_d + \sum_{\beta=A,G} h_\beta q_\beta + m_H \Delta H^0 \qquad (8-9-89)$$

式中 q_d——单位体积岩石吸收或释放的热流速,J/(cm³·s)；

ΔH^0——单位质量水合物分解热,J/g。

5）相平衡和热物理性质

平衡压力与温度之间的关系根据 Kamath 的回归方程计算得到：

$$p_E = \exp\left(e_1 + \frac{e_2}{T}\right) \qquad (8-9-90)$$

其中：

$$\begin{cases} e_1 = 37.980, e_2 = -8533.80, & 0℃ < T \leqslant 25℃ \\ e_1 = 14.717, e_2 = -1886.79, & -25℃ \leqslant T \leqslant 0℃ \end{cases} \quad (8-9-91)$$

对建立的数学模型可应用数值求解方法。

六、地热储层渗流

传统的化石能源之外,储层的地热能的应用越来越抢眼,其热源来自地球内部物质中所含的放射性元素衰变产生的热量,即地球自身为热源,就某个热储来讲,热能是可再生的新能源。

按热储形式,地热分为浅层地热、水热型地热和干热岩型地热。后两者为本部分渗流力学研究的对象。中国水热型地热折合标准煤 1.24×10^{12}t,地下 3000~10000m 范围内干热岩热能折合标准煤 860×10^{12}t,利用其中 2%,即相当于全国能源总消耗量的几千倍。

按热储温度,中国一般把高于 150℃ 的称为高温地热,主要用于发电。低于此温度的叫中低温地热,通常直接用于采暖、工农业加温、水产养殖、医疗和洗浴等。

在地热利用领域,主要包括中低温地热水的开采、高温地热田的发电、增强型地热能系统的激发,裂隙岩体的渗流与传热过程对其生命周期和经济效益均有重要影响。前两者开采方式与常规油气储层相似,增强型地热能系统(Enhanced Geothermal System,EGS)是针对干热岩储层的人工热储构造进行的开采,与非常规储层的体积压裂相似。

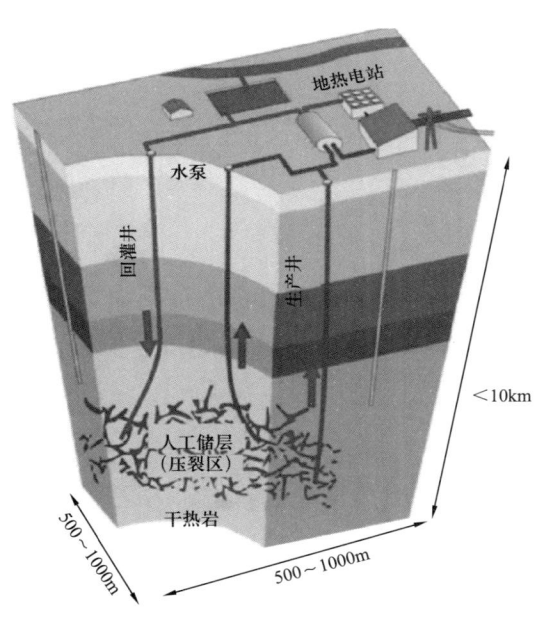

图 8-9-18 干热岩人工热储开采方式示意图

如图 8-9-18 所示,EGS 方式主要是针对干热岩热能的开采,干热岩的人工热储是通过体积压裂构造出大量裂缝网络,由此,形成了外边界为稳定热源供给、内边界注入冷水、热储中的渗流和热交换、生产井采出高温蒸汽或热水、再进入发电厂、尾水通过注入井注入储层的循环系统。

打造人工热储时,低温冷水高压注入干热岩中,引起高温岩体冷却收缩,产生的热应力变化使压裂过程中岩石发生剪切破坏,生成的裂缝当压力降低时不会闭合,这和油气非常规储层压裂具有机理上的差别。

无论天然热储,还是人工热储,裂隙成为水的流动和热交换的主要介质。但水的相态在不同温度和压力下会发生变化,或单相液体水,或气液两相,或气相。这与水的相态平衡有关。图 8-9-19 为水的相态图。

由图 8-9-19 可知,深 3000m 地热储层,压力约 30MPa,温度梯度按 5℃/100m,温度约为 150℃,渗流过程压力保持原始地层压力,则储层中的流动为单一液相,即使温度达到 300℃,流动仍为单一液相。

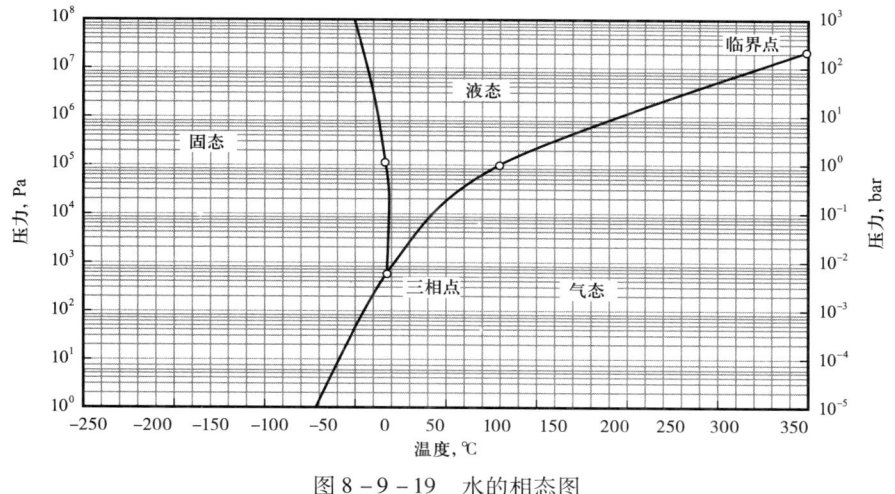

图 8-9-19 水的相态图

因此,地热渗流按单一裂缝介质和单一液体水相建立数学模型。

以下是相关概念:

热应力:温度改变时,物体由于外在约束及内部各部分之间的相互约束,使其不能完全自由胀缩而产生的应力。又称变温应力。

地热资源:指能够经济地被人类所利用的地球内部的地热能、地热流体及其有用组分。按热储形式分为浅层地热、水热型地热和干热型地热;按温度以150℃为分界点分为中低温地热和高温地热;按深度,200~2000m 为中深层,大于2000m 为深层。

地热田:地下有利地质构造部位,具有一定的物理特性和特殊化学组分的地下热水和蒸汽。一般包括热储、盖层、热流体通道和热源四大要素,其具有共同的热源。

热储:是指埋藏于地下、具有有效孔隙和渗透性的地层、岩体或构造带,其中储存的地热流体可供开发利用。

干热岩:是一般温度大于200℃,2000m 以上的深层地热,内部不存在流体或仅有少量地下流体的高温岩体,热能储存于岩石中,并有沉积岩隔热层。

地热流体:地热流体是地下热水、地热蒸汽,以及载热气体等储存于地下,温度高于正常值的各种热流体的总称。它包括地热蒸汽、地热水和含有多种成分且浓度很大的热液。常见的载热气体有二氧化碳、硫化氢、氢、氧、氮、甲烷等气体。地热流体通常以地下热水和地热蒸汽为主。

储水系数:含水层中,下降单位压力时,单位体积岩石中排出的热水量,符号为 C_s,计算公式为:

$$C_s = \frac{1}{V_f} \frac{dV_{hw}}{dp} \quad (8-9-92)$$

式中 C_s——储水系数,MPa^{-1};

V_f——岩石体积,m^3;

V_{hw}——岩石中热水体积,m^3。

对井系统：在地热开采过程中，由一个或几个注入冷水的回灌井及若干采出热流体的采出井构成的系统。

增强型地热系统：简称 EGS。干热岩中，采用人工形成地热储层的方法，通过对井系统，从岩体中经济地采出深层热能的人工地热系统。

陈必光等在《二维裂隙岩体渗流传热的离散裂隙网络模型数值计算方法》一文中针对单一裂隙和离散裂隙网络建立了地热开采过程中的渗流模型，现摘录部分内容以供参阅。

1. 单裂缝模型

如图 8-9-20 所示，假设对井系统中仅有一口注入井与一口采出井，可以近似把两井之间的流动看成是一条垂直裂缝中的平面单向流动，其他假设条件为：

(1) 裂隙中水温沿 y 轴保持相同，即裂隙水的温度只与 x 坐标相关；
(2) 裂隙宽度为 $2d_f$，裂隙内孔隙度为 1，渗透率为 K_f，为稳定渗流；
(3) 裂隙及基岩初始温度为 T_0，注入水的温度为 T_{in}；
(4) 基岩为无限大，无限大处的温度为 T_0，基岩仅储热，不储存水；
(5) 忽略基岩中平行于裂隙方向的热传导及裂隙中的热传导。

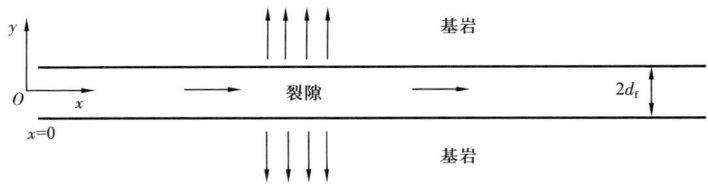

图 8-9-20 对井系统单裂缝渗流示意图

裂隙中水的渗流方程为：

$$\frac{d^2 p_f}{dx^2} = 0 \tag{8-9-93}$$

可知其压力 p_f 分布是均匀的，渗流速度 v_w 是常数。

裂缝内的能量方程为：

$$d_f \rho_w C_{hw} \frac{\partial T_w}{\partial t} + d_f \rho_w C_{hw} v_w \frac{\partial T_w}{\partial x} - J_h = 0 \tag{8-9-94}$$

基岩内的能量方程为：

$$\rho_m c_{hm} \frac{\partial T_m}{\partial t} + \lambda_{hm} \frac{\partial^2 T_m}{\partial y^2} + J_h = 0 \tag{8-9-95}$$

式中　m, w——分别代表基岩、水；
　　　c_h——比热容，$J/(kg \cdot K)$；
　　　λ_h——导热系数，$J/(m \cdot s \cdot K)$；
　　　J_h——基岩和裂隙间的热流速，$J/(m^2 \cdot s)$。

J_h 其表达式为牛顿热传导定律,即:

$$J_h = \lambda_{hm} \frac{\partial T_m}{\partial y}\bigg|_{y=d_f} \qquad (8-9-96)$$

初始条件为:

$$\begin{cases} T_w(x,t=0) = T_0 \\ T_m(x,y,t=0) = T_0 \end{cases} \qquad (8-9-97)$$

外边界条件为:

$$T_m(x \to \infty, y \to \infty) = T_0 \qquad (8-9-98)$$

内边界条件为:

$$T_m(x=0, t>0) = T_{in} \qquad (8-9-99)$$

由此,可以得到裂隙中沿 x 轴的温度分布,为:

$$T_w = T_0 + (T_{in} - T_0)\,\text{erfc}\left[\frac{\lambda_{hm} x}{2\rho_w c_{hw} d_f \sqrt{E_{hm} v_w (v_w t - x)}}\right] \cdot U\left(t - \frac{x}{v_w}\right)$$

$$(8-9-100)$$

式中 erfc(X)——误差函数;

$U(X)$——单位阶跃函数,$X>0$ 时,$U(X)=1$,$X<0$ 时,$U(X)=0$,$X=0$ 时,其值不同;

E_{hm}——岩石的热扩散系数。

E_{hm} 的计算公式为:

$$E_{hm} = \frac{\lambda_{hm}}{\rho_m c_{hm}} \qquad (8-9-101)$$

2. 离散网络模型

离散网络模型认为系统由基岩和裂隙 2 个部分组成,然后建立渗流数学模型,用数值模拟的方法进行离散网络模型求解。本部分仅介绍渗流模型。

基岩的渗流方程为:

$$c_{tm} \frac{\partial p_m}{\partial t} + \nabla \cdot \left(-\frac{K_m}{\mu} \nabla p_m\right) - Q_c = 0 \qquad (8-9-102)$$

基岩的能量方程为:

$$c_{htm} \frac{\partial T_m}{\partial t} - c_{hw}\left(\frac{K_m}{\mu} \nabla p_m\right) \nabla T_m - \nabla \cdot (\lambda_{htm} \nabla T_m) + J_h = 0 \qquad (8-9-103)$$

裂隙的渗流平衡方程为：

$$d_f C_{tf} \frac{\partial p_f}{\partial t} + \nabla \cdot \left(-\frac{K_f}{\mu} d_f \nabla p_f \right) + Q_c = 0 \quad (8-9-104)$$

裂隙的能量守恒方程为：

$$d_f c_{htf} \frac{\partial T_w}{\partial t} - d_f \rho_w c_{hw} \left(\frac{K_f}{\mu} \nabla p_f \right) \nabla T_w - d_f \nabla \cdot (\lambda_{htf} \nabla T_w) - J_h = 0 \quad (8-9-105)$$

式中　　C_t——综合压缩系数，Pa^{-1}；

　　　　c_{ht}——综合比热容，$J/(kg \cdot K)$；

　　　　λ_{ht}——综合导热系数，$J/(m \cdot s \cdot K)$；

　　　　Q_c——窜流量，m^3/s。

对以上各式建立差分方程，然后应用数值解法进行求解。

七、练习题

1、多选题：以下属于非常规油气藏的是(　　　)。
　A、页岩油或页岩气　　B、致密油或致密气　　C、煤层气　　　　D、天然气水合物

2、多选题：以下属于煤层气渗流突出特征的是(　　　)。
　A、解吸附　　　　　B、排水采气　　　　　C、扩散　　　　　D、启动压力梯度

3、多选题：相比于常规压裂，以下是体积压裂特有参数的是(　　　)。
　A、裂缝半长　　　　B、分支缝　　　　　　C、簇数　　　　　D、裂缝密度

4、多选题：以下属于致密油渗流突出特征的是(　　　)。
　A、水平井缝网压裂　B、启动压力梯度　　　C、应力敏感　　　D、解吸附

5、多选题：以下属于页岩气渗流突出特征的是(　　　)。
　A、体积压裂　　　　B、扩散　　　　　　　C、解吸附　　　　D、应力敏感

6、多选题：以下属于页岩油气储层特征的是(　　　)。
　A、自生自储　　　　B、纳米孔隙　　　　　C、解吸附　　　　D、渗吸作用强

7、多选题：以下属于天然气水合物渗流特征的是(　　　)。
　A、自生自储　　　　B、温度敏感　　　　　C、解吸附　　　　D、固相流动

8、多选题：以下属于地热渗流特征的是(　　　)。
　A、非等温渗流　　　B、体积压裂　　　　　C、单一水相　　　D、解吸附

9、多选题：以下非常规油气生产时伴随大量地层水产出的有(　　　)。
　A、煤层气　　　　　B、页岩气　　　　　　C、天然气水合物　D、页岩油

10、多选题：以下非常规储层必须用压裂缝网模式开发的有(　　　)。
　A、致密油　　　　　B、页岩气　　　　　　C、天然气水合物　D、页岩油

第九章　渗流力学的应用

渗流力学是研究油气田开发规律的基础理论,涉及多个方面,具体解决的实际问题罗列如下,但不限于以下方面:
(1)能够反映流体流动过程中的力学作用,以便确定油藏驱动类型;
(2)能够用数学语言建立渗流模型,为地层压力、饱和度、温度等的分布计算提供思路;
(3)能够从渗流机理角度研究提高开发效果的方法和手段;
(4)能够进行单井或多井的产量、井底压力变化预测;
(5)能够利用渗流力学建立的关键参数理论关系,推算地层参数、边界、储量;
(6)能够依据渗流力学建立的理论进行油井措施及措施效果评价;
(7)能够协助制定合理的开采制度及开发方式;
(8)能够为解决诸如水锥、热采、体积压裂、凝析等特殊机理问题提供机理分析;
(9)能够为其他学科提供理论基础,如现代试井、油藏数值模拟、油藏工程等。

为了强调和突出渗流力学是其他课程的理论基础,简要介绍一下关系紧密的几个课程中渗流力学的应用。

一、油藏数值模拟

渗流力学中所建立的数学模型求解方法有解析法和数值法,其中的解析法已经认识很多,油藏数值模拟就是典型的数值法的应用。

油藏数值模拟核心是把储层离散为有限网格,用差商代替微分,把渗流的基本微分方程变成网格上的差分方程,并联立求解所有网格的差分方程组,由此求得各网格的压力和饱和度的分布。

数值模拟的优点在于能够有效解决解析法面临的非均质、不等厚、非等温、多相多组分、物理化学渗流等复杂条件下的渗流问题。因为求解方程组时计算量很大,所以数值模拟一般需要借助计算机编程实现。

以二维单相液体弹性不稳定渗流为例进行隐式差分方程的建立。已知基本微分方程为:

$$\frac{\partial^2 p}{\partial x^2} + \frac{\partial^2 p}{\partial y^2} = \frac{1}{\eta}\frac{\partial p}{\partial t} \quad (9-0-1)$$

对网格节点(x_i, y_j, t_{n+1}),空间差商用$n+1$时刻值,时间差商用向后差商,则差分方程为:

$$\frac{\partial^2 p}{\partial x^2}\bigg|_{x_i,y_j,t_{n+1}} + \frac{\partial^2 p}{\partial y^2}\bigg|_{x_i,y_j,t_{n+1}} = \frac{1}{\eta}\frac{\partial p}{\partial t}\bigg|_{x_i,t_{n+1}} \quad (9-0-2)$$

$$\frac{p_{i+1,j}^n - 2p_{i,j}^n + p_{i-1,j}^n}{(\Delta x)^2} + \frac{p_{i,j+1}^n - 2p_{i,j}^n + p_{i,j-1}^n}{(\Delta y)^2} = \frac{1}{\eta}\frac{p_{i,j}^{n+1} - p_{i,j}^n}{\Delta t} \quad (9-0-3)$$

整理为任意点差分格式为：

$$-\beta p_{i,j-1}^{n+1} - \alpha p_{i-1,j}^{n+1} + (2\alpha + 2\beta + 1)p_{i,j}^{n+1} - \alpha p_{i+1,j}^{n+1} - \beta p_{i,j+1}^{n+1} = p_{i,j}^{n} \quad (9-0-4)$$

$$\alpha = \frac{\eta \Delta t}{(\Delta x)^2}, \beta = \frac{\eta \Delta t}{(\Delta y)^2} \quad (9-0-5)$$

一个方程含有 5 个未知数，此时需要把所有网格的差分方程联立起来，构成方程组，再求方程组的解才能得到 $n+1$ 时刻的压力值。

油藏数值模拟通过渗流基本微分方程建立差分方程组，然后求解，涉及许多问题，简要总结如下：

(1) 隐式差分为无条件稳定，显式差分为有条件稳定，隐式差分为常用格式；
(2) 差分方程组的系数矩阵一般为带状稀疏矩阵，网格数增多，矩阵会很大；
(3) 大量方程构成的方程组采用直接解法或迭代解法会占用内存和耗费时间；
(4) 差分方程中的系数需要进行线性化处理，增加了方程组的复杂程度；
(5) 内边界和外边界的处理，会影响方程组的计算速度，甚至收敛性；
(6) 涉及复杂渗流的多个方程的处理，计算难度增加；
(7) 数值模拟一般都需要计算机软件辅助。

以上问题可带着渗流力学的基础知识再进行深入学习。

二、现代试井

稳定试井测试压差与产量的关系，用于确定产能方程、地层参数和合理工作制度等。

不稳定试井测试井底压力和时间的关系，用于推算地层参数、增产措施效果、井间连通性等。

现场中，新井钻成后一般都要进行稳定试井和不稳定试井的测试，以便确定产油能力及获取地层初始参数；当井进入正常生产后，一个区块的地层压力测试及井的生产状态则需要压力恢复试井，不稳定试井则较为常用。

现代试井则是在不稳定试井理论的基础之上发展起来的，是在渗流数学模型的基础上，通过无量纲变换并求解，从而建立起油藏模型通用的试井解释图版，再把实测曲线进行拟合求取地层参数。现代试井解释图版如图 9-0-1 所示。

图 9-0-1 为识别均质无限大油藏的典型双对数特征图。它的形状像一把"两齿叉子"，可以分成三段来分析。

(1) 第 I 段是"叉把"部分，这一段双对数压力和导数曲线合二为一，呈 45°的直线，表明是纯井筒储集效应的影响期段。

(2) 第 II 段为过渡段，导数出现峰值后向下倾斜。峰的高低，取决于参数 $C_{\mathrm{D}}\mathrm{e}^{2S}$ 值的大小。由于 S 值处于指数位置，所以受表皮系数 S 值的影响更大一些。$C_{\mathrm{D}}\mathrm{e}^{2S}$ 越大，则峰值越高，下倾越陡，而且峰值出现时间较迟。

(3) 第 III 段出现水平段，这是地层中产生径向流的典型特征。用它来确认半对数图中的直线段。

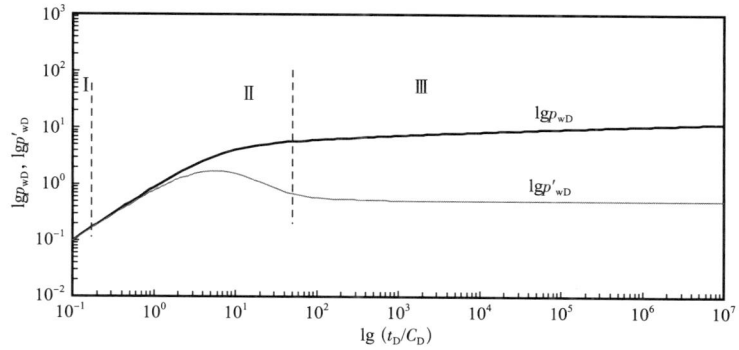

图 9-0-1　均质无限大地层具有表皮系数和井筒储集影响的压力及压力导数双对数特征图

进行拟合时,选择好油藏模型,输入相关参数及测试数据,绘制在双对数模板上,与样板曲线进行拟合,可应用"压力导数特征点拟合解释方法"求得地层参数。

三、采油工程

单相液体稳定渗流时,若流动符合达西定律,则产量和压差成直线关系,继而井底压力和产量也成直线关系;当多相渗流或者涉及多个油层渗流时,井底压力与产量的关系将不再保持直线关系。井底压力与产量的关系正是采油工程中举升方式设计的基础理论。

油气从储层流入井底,再由井底通过井筒流出井口,两个基本流动是渗流力学与采油工程的重要衔接。

油气从储层流入井底,由储层渗流规律可得到压力分布规律和产量变化规律,这是渗流力学的核心问题;井底压力随着流量产出的变化规律,可以分析油井动态,进而设计举升方式,这是采油工程的初始基础问题。采油工程的 IPR 曲线(流入动态曲线)可称为对油井产能的另一种实用分析方法。

IPR 曲线也叫流入动态曲线(Inflow Performance Relationship Curve)、指示曲线,是指油井产量与井底压力的关系曲线,反映油藏向该井的供油能力,如图 9-0-2 所示。

绘制 IPR 曲线时需要建立井底压力与流量的关系,这部分是延续了渗流理论。

圆形供给边界中心一口井的产量公式为:

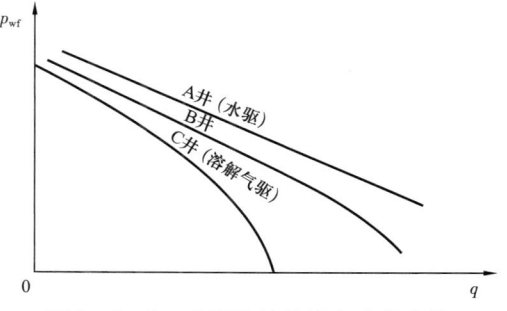

图 9-0-2　典型的油井流入动态曲线

$$Q_o = \frac{2\pi K_o h(p_R - p_w)}{\mu_o B_o \left(\ln \dfrac{R_e}{R_w} - \dfrac{1}{2} + S \right)} \quad (9-0-6)$$

圆形封闭边界中心一口井的产量公式为:

$$Q_o = \frac{2\pi K_o h(p_R - p_w)}{\mu_o B_o \left(\ln \dfrac{R_e}{R_w} - \dfrac{3}{4} + S \right)} \quad (9-0-7)$$

对于非圆形封闭泄油面积的油井产量公式,可根据泄油面积和油井位置进行校正,其方法是令公式中 $\dfrac{R_e}{R_w}=X$,见表 9-0-1。

表 9-0-1 泄油面积形状与油井的位置系数

形状与位置	X	形状与位置	X
圆形（井居中）	$\dfrac{R_e}{R_w}$	矩形2:1（井居中）	$\dfrac{0.966A^{1/2}}{R_w}$
正方形（井居中）	$\dfrac{0.571A^{1/2}}{R_w}$	矩形2:1（井偏右）	$\dfrac{1.44A^{1/2}}{R_w}$
正六边形（井居中）	$\dfrac{0.565A^{1/2}}{R_w}$	矩形2:1（井偏更右）	$\dfrac{2.206A^{1/2}}{R_w}$
正三角形（井居中）	$\dfrac{0.604A^{1/2}}{R_w}$	矩形4:1（井居中）	$\dfrac{1.925A^{1/2}}{R_w}$
平行四边形60°（井居中）	$\dfrac{0.61A^{1/2}}{R_w}$	矩形4:1（井偏右）	$\dfrac{6.59A^{1/2}}{R_w}$
直角三角形（井居中）	$\dfrac{0.678A^{1/2}}{R_w}$	矩形4:1（井偏更右）	$\dfrac{9.36A^{1/2}}{R_w}$
矩形2:1（井居中）	$\dfrac{0.668A^{1/2}}{R_w}$	方形（井偏上）	$\dfrac{1.724A^{1/2}}{R_w}$
矩形4:1（井居中）	$\dfrac{1.368A^{1/2}}{R_w}$	矩形2:1（井偏上中）	$\dfrac{1.794A^{1/2}}{R_w}$
矩形5:1（井居中）	$\dfrac{2.066A^{1/2}}{R_w}$	矩形2:1（井偏右中）	$\dfrac{4.072A^{1/2}}{R_w}$
方形（井偏上）	$\dfrac{0.884A^{1/2}}{R_w}$	矩形2:1（井偏更右）	$\dfrac{9.523A^{1/2}}{R_w}$
方形（井偏上中）	$\dfrac{1.485A^{1/2}}{R_w}$	三角形（井偏上）	$\dfrac{10.135A^{1/2}}{R_w}$

四、油藏工程

渗流力学是研究油气在地下储层中的渗流规律,是基础理论;油藏工程是把渗流理论应用于如何高效开发油气藏,是实践指导。除了渗流理论外,油藏工程还协同了地质、采油、化学、经济等多科学知识,构成了复杂的经营管理系统。

渗流力学中的理论在油藏工程中应用很多,比如一维水驱油的渗流特征、多井工作时油井产量的计算、不同储层的不稳定试井模型、基于井的产量和压差的物质平衡方程等。

本部分简要介绍渗流力学理论在油藏工程中的拓展和应用,以便加深对渗流力学应用的进一步了解。

渗流力学中已知含水率公式为:

$$f_w = \frac{Q_w}{Q_w + Q_o} \quad \text{或} \quad f_w = \frac{v_w}{v_w + v_o} \qquad (9-0-8)$$

油藏工程中,含水率与流度的关系式为:

$$f_w = \frac{\lambda_w}{\lambda_w + \lambda_o} = \frac{1}{1 + \frac{\lambda_{or}}{\lambda_{wr}}}$$

$$\lambda_o = \frac{KK_{ro}}{\mu_o}$$

$$\lambda_w = \frac{KK_{rw}}{\mu_w} \qquad (9-0-9)$$

$$\lambda_{or} = \frac{K_{ro}}{\mu_o}$$

$$\lambda_{wr} = \frac{K_{rw}}{\mu_w}$$

式中 λ_o——油的流度,m²/(Pa·s);
λ_w——水的流度,m²/(Pa·s);
λ_{or}——油的相对流度;
λ_{wr}——水的相对流度。

如图 9-0-3 所示,对不同的油水黏度比 μ_r 作了含水率曲线,从前缘含水饱和度的值可以看出,油水黏度比越大,前缘含水饱和度越小,驱替效果越差。对 3 种情况进行说明如下:

(1)当油水黏度比在 100 时,油水差异很大,水的流动能力大于油的流动能力,水绕过油向前快速突破,井过早见水,为了驱出更多的油,则需要注入很多孔隙体积倍数的水,此情况

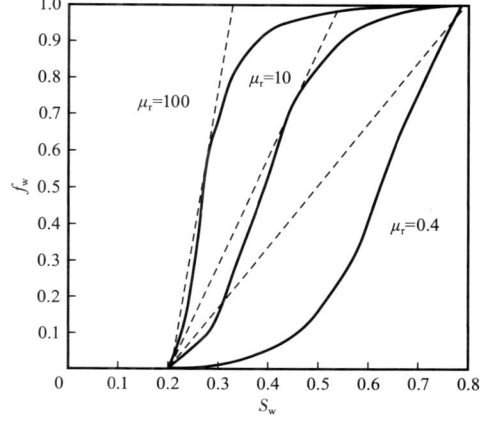

图 9-0-3 不同油水黏度比下的分流量曲线和切线

驱替效果较差；

（2）当油水黏度比在 10 时，油水差异相对上一种情况变好，驱替效果较好；

（3）当油水黏度比为 0.4 时，水的黏度大于油的黏度，前缘含水饱和度一般都能接近 1，驱替趋向于活塞式水驱油，驱替效果好。

在水驱油渗流理论中，渗流力学中的 B－L 方程的建立者贝克莱—列维尔特（Buckley - Leverett），还有一著名学者麦斯凯特（Muskat）在水驱油理论方面也做了很大贡献，其中之一就是在不同的注水方式下，应用渗流力学理论得出了主要开发指标的解析解公式，比如注水量方程、见水时间、渗流阻力等。

如图 9－0－4 所示，不同注水方式下的注水量方程与渗流力学中的裘比公式形式相近，摘录如下。

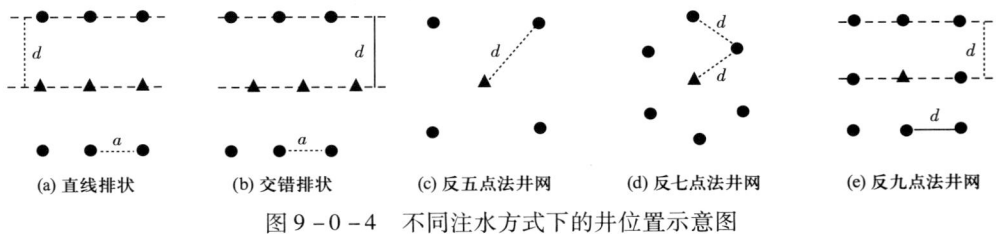

图 9－0－4　不同注水方式下的井位置示意图

（1）直线排状注水（$d \geq a$）：

$$Q_{in} = \frac{0.1178 K K_{rw}(S_{or}) h \Delta p}{\mu_w \left(\lg \frac{a}{R_w} + 0.682 \frac{d}{a} - 0.798 \right)} \tag{9-0-10}$$

（2）交错排状注水（$d \geq a$）：

$$Q_{in} = \frac{0.1178 K K_{ro}(S_{wc}) h \Delta p}{\mu_o \left(\lg \frac{a}{R_w} + 0.682 \frac{d}{a} - 0.798 \right)} \tag{9-0-11}$$

（3）反五点法面积注水：

$$Q_{in} = \frac{0.1178 K K_{ro}(S_{wc}) h \Delta p}{\mu_o \left(\lg \frac{d}{R_w} - 0.2688 \right)} \tag{9-0-12}$$

（4）反七点法面积注水：

$$Q_{in} = \frac{0.1571 K K_{ro}(S_{wc}) h \Delta p}{\mu_o \left(\lg \frac{d}{R_w} - 0.2472 \right)} \tag{9-0-13}$$

（5）反九点法面积注水：

$$Q_{in} = \frac{0.1178 K K_{ro}(S_{wc}) h \Delta p_{ic}}{\mu_o \left(\frac{1+R}{2+R} \right) \left(\lg \frac{d}{R_w} - 0.1183 \right)} \tag{9-0-14}$$

或

$$Q_{\text{in}} = \frac{0.1178KK_{\text{ro}}(S_{\text{wc}})h\Delta p_{\text{is}}}{\mu_{\text{o}}\left[\left(\dfrac{3+R}{2+R}\right)\left(\lg\dfrac{d}{R_{\text{w}}} - 0.1183\right) - \dfrac{0.301}{2+R}\right]} \quad (9-0-15)$$

式中　R——角井和边井的流量比；

$\Delta p_{\text{ic}}, \Delta p_{\text{is}}$——分别为注水井与角井、边井的流压差，Pa。

以上产量方程中都是假设油水流度比为1且流体不可压缩时推导出来的，当流度比不为1或者油井水淹后，其计算方法也要随之改变。

五、提高采收率

能够经济高效地从储层中获得尽可能多的石油是油气开发的目的，提高采收率是重要手段。

提高采收率就是在常规开采技术的基础上，通过改善油藏和油藏流体的物理化学特性、调整油藏流体流动特性，提高宏观波及效率和微观驱油效率的采油方法的统称。囊括了除利用天然能量开采和以补充地层能量、保持地层压力为目的的注水（或注气）开采之外的所有采油方法。简称EOR(Enhanced Oil Recovery)，也称三次采油。

渗流力学的理论为提高采收率提出了方向，并得到快速发展而形成了一门意义重大的学科。

渗流力学中的基本定律为达西定律，其公式为：

$$Q = \frac{KA\Delta p}{\mu L} \quad (9-0-16)$$

从式(9-0-16)出发，以提高产量或稳定产量为目的，其方法有：

（1）对于Δp，增大或保持压差，油藏能量是有限的，人工补充能量是长期稳定生产的关键，注水或注气成为重要手段；

（2）对于μ，降低黏度可降低渗流阻力，热力采油是最直接的方式；

（3）对于K，增加渗透率降低渗流阻力，压裂酸化等储层改造是常用的措施；

（4）对于A，增加渗流面积降低渗流阻力，水平井可以大大增加渗流面积，具有很好示范作用；

（5）对于L，减小渗流距离降低渗流阻力，压裂或酸化等减小了油气在基质中的流动距离，提高了生产效果。

实际油田生产中，以人工补充能量为目的的注水开发成为提高采收率的主要方式，水驱油过程中含水率f_{w}、前缘驱油效率E_{Df}、水驱采收率E_{w}是重要参数，计算公式为：

$$f_{\text{w}} = \frac{1}{1+\dfrac{\mu_{\text{w}}}{\mu_{\text{o}}}\dfrac{K_{\text{ro}}}{K_{\text{rw}}}} = \frac{1}{1+\dfrac{\lambda_{\text{or}}}{\lambda_{\text{wr}}}} \quad (9-0-17)$$

$$E_{\text{Df}} = \frac{S_{\text{wf}} - S_{\text{wc}}}{1 - S_{\text{wc}}} \quad (9-0-18)$$

$$E_w = 1 - \frac{S_{or}}{1 - S_{wc}} \qquad (9-0-19)$$

从以上公式分析，水驱油过程提高采收率的方法主要有：

(1) 增加水的黏度，降低油水黏度比，可降低含水率，增大前缘含水饱和度，增大前缘驱油效率；

(2) 调整相渗曲线，增加油水相对渗透率的比，增大油水流度比，降低含水率；

(3) 降低残余油饱和度，可直接提高水驱油采收率；

(4) 防止指进或舌进，保持前缘含水饱和度的稳定推进。

总结以上方法，提高采收率原理归结为四个方面：补充地层能量、改善渗流空间、控制驱替过程、降低残余油饱和度。实际油田多采用综合方法。

目前，世界原油70%来源于中老型油田，高含水、产能递减、难开发储量越来越多是大多数老油田的共性。传统的难开发储量为低渗透、稠油、薄层、复杂断块等，再加上致密储层、页岩油气、天然气水合物等，提高采收率更加重要。

随着低渗透、稠油、高含水、复杂断块等难开发储层的比例越来越大，以及页岩气、致密油、天然气水合物、深层等非常规储层快速开发与利用，水平井、压裂和完井成为传统提高采收率技术外的新成员。

(1) 水平井扩大了与油藏的接触面积，特别是对薄层、储层孔渗物性较差、稠油等储层来讲，渗流面积的大幅增加意味着原油流动阻力降低，可实现工业规模的高效开发。此外，对非均质严重的高含水油藏，针对剩余油集中区域和层位，水平井开采也具有较好效果。

(2) 压裂沟通了井与储层内部的连接通道，加大了流体在储层中的渗透性，降低了渗流阻力，对于许多非常规储层的开发，压裂可谓是有效开发的唯一手段，体积压裂、工厂化压裂、重复压裂等逐渐成为提高采收率的首选。

(3) 完井是连通储层和井的桥梁，是钻井和采油的交接口，层位的连通选择及施工质量的保证是后续开采的关键，小井眼完井、智能完井、水平井完井、完井储层保护、酸化、小型压裂等关系着油井寿命，完井与油藏在诸多油公司处于同等重要位置，是提高采收率的重要保障。

六、练习题

1、多选题：以下属于渗流力学的主要应用的是（　　　）。
A、研究渗流规律　　　B、建立数学模型　　　C、理解渗流机理　　　D、奠定理论基础

2、单选题：渗流力学中应用的求解渗流数学模型的方法为（　　　）。
A、数值解　　　　　B、解析解　　　　　C、半解析解　　　　D、经验法

3、油藏数值模拟的基础理论是把渗流力学中建立的微分方程通过离散后建立_____方程，从而求解大型方程组得到生产动态变化规律。

4、采油工程中用于描述储层与井筒连接关系的曲线称为_____。

5、油藏工程中，不同边界或不同井网条件下的产量关系式中特别表达了渗流力学中_____、_____和_____三者的关系。

6、多选题:由达西定律能够启发的提高采收率方向有(　　)。
A、降低原油黏度　　B、酸化压裂　　C、水平井　　D、增加水的黏度

7、多选题:以下可能描述的是现代试井的有(　　)。
A、无量纲参数　　B、半解析解　　C、解释图版　　D、动态分析方法

8、多选题:渗流力学还是以下哪些有关油田现场应用的理论基础(　　)。
A、认识油藏　　B、研究生产规律　　C、产能计算　　D、方案设计

9、多选题:以下哪些是提高采收率的方法(　　)。
A、水驱　　B、压裂　　C、降低井底压力　　D、CO_2吞吐

10、多选题:油藏数值模拟与渗流力学中的解析解相比具有的优势有(　　)。
A、能够解决非均质问题　　B、实际进行油气藏开发过程的整体模拟
C、能够进行复杂渗流力学研究　　D、能够提供更为全面和系统的计算分析平台

参 考 文 献

[1] 翟云芳. 渗流力学[M]. 3版. 北京:石油工程出版社,2009.
[2] 程林松. 渗流力学[M]. 北京:石油工业出版社,2011.
[3] 葛家理,宁正福,刘月田,等. 现代油藏渗流力学原理[M]. 北京:石油工业出版社,2001.
[4] 刘慧卿. 油气渗流力学基础[M]. 东营:中国石油大学出版社,2013.
[5] 杨胜来,魏俊之. 油层物理[M]. 北京:石油工业出版社,2004.
[6] 黎文清,李世安. 油气田开发地质基础[M]. 北京:石油工业出版社,1993.
[7] 张建国,雷光伦,张艳玉. 油气层渗流力学[M]. 东营:中国石油大学出版社,1998.
[8] 李春兰. 石油工程实验指导书[M]. 东营:中国石油大学出版社,2009.
[9] 张琪. 采油工程原理与设计[M]. 东营:中国石油大学出版社,2006.
[10] 廖新维,沈平平. 现代试井分析[M]. 北京:石油工业出版社,2002.
[11] 刘鹏程. 油藏数值模拟基础[M]. 北京:石油工业出版社,2014.
[12] 姜汉桥,姚军,姜瑞忠. 油藏工程原理与方法[M]. 东营:中国石油大学出版社,2006.
[13] 岳湘安,王尤富,王克亮. 提高石油采收率基础[M]. 北京:石油工业出版社,2007.
[14] 程林松. 高等渗流力学[M]. 北京:石油工业出版社,2011.
[15] 李玉喜,乔德武,姜文利,等. 页岩气含气量和页岩气地质评价综述[J]. 地质通报,2011,30(2-3):308-317.
[16] 郑浩,苏彦春,张迎春,等. 聚合物—表面活性剂驱数值模拟技术理论与实践[J]. 科技导报,2013,31(16):30-34.
[17] 张金川,林腊梅,李玉喜,等. 页岩油分类与评价[J]. 地学前缘,2012,19(5):322-331.
[18] 高英,朱维耀,岳明,等. 体积压裂页岩油储层渗流规律及产能模型[J]. 东北石油大学学报,2015,39(1):80-87.
[19] 邹才能,张国生,杨智,等. 非常规油气概念、特征、潜力及技术[J]. 石油勘探与开发,2013,40(4):385-400.
[20] John Seidle. 煤层气藏工程原理[M]. 石晓燕,译. 北京:石油工业出版社,2017.
[21] 陈月明,张新军,杜庆军. 天然气水合物渗流特征及其描述[J]. 中国石油大学学报(自然科学版),2007,31(4):51-55.
[22] 陈必光,宋二祥,程晓辉. 二维裂隙岩体渗流传热的离散裂隙网络模型数值计算方法[J]. 岩石力学与工程学报,2014,33(1):43-51.
[23] 张所邦,宋鸿,陈兵,等. 中国干热岩开发与钻井关键技术[J]. 资源环境与工程,2017,31(2):202-207.

附　　录

附录一　弹性驱不稳定渗流无限大地层定产条件下的数学模型求解过程

建立该问题的数学模型为：

$$\begin{cases} \dfrac{\partial^2 p}{\partial r^2} + \dfrac{1}{r}\dfrac{\partial p}{\partial r} = \dfrac{1}{\eta}\dfrac{\partial p}{\partial t} \\ p_{t=0} = p_i \\ p\big|_{r\to\infty} = p_i \\ r\dfrac{\partial p}{\partial r}\bigg|_{r=R_w\to 0} = \dfrac{Q\mu}{2\pi Kh} \end{cases}$$

数学模型中，求解的变量是 p，它是 (r,t) 的函数，方程很难求得通解。
在给定的初始条件和边界条件下，可以得到该模型的特解。其方法和步骤为：
（1）引入一个新变量 ζ 为中间变量，函数关系为 $p=p(\zeta)$ 和 $\zeta=\zeta(r,t)$；
（2）应用新变量 ζ 把偏微分方程变为常微分方程；
（3）对常微分方程进行求解；
（4）代入定解条件得到特解或基本解。
以下是求解过程。
引入新的变量 ζ：

$$\zeta = \zeta(r,t)$$

并定义：

$$p = p(\zeta)$$

按复合函数的微分法则，有：

$$\frac{\partial p}{\partial t} = \frac{\mathrm{d}p}{\mathrm{d}\xi}\frac{\partial \xi}{\partial t}$$

$$\frac{\partial p}{\partial r} = \frac{\mathrm{d}p}{\mathrm{d}\xi}\frac{\partial \xi}{\partial r}$$

$$\frac{\partial^2 p}{\partial r^2} = \frac{\partial}{\partial r}\left(\frac{\partial p}{\partial r}\right) = \frac{\partial}{\partial r}\left(\frac{dp}{d\xi}\frac{\partial \xi}{\partial r}\right) = \frac{\partial}{\partial r}\left(\frac{dp}{d\xi}\right)\frac{\partial \xi}{\partial r} + \frac{dp}{d\xi}\frac{\partial^2 \xi}{\partial r^2}$$

又有

$$\frac{\partial}{\partial r}\left(\frac{dp}{d\xi}\right) = \frac{d}{d\xi}\left(\frac{dp}{d\xi}\right)\frac{\partial \xi}{\partial r} = \frac{d^2 p}{d\xi^2}\frac{\partial \xi}{\partial r}$$

则有

$$\frac{\partial^2 p}{\partial r^2} = \frac{d^2 p}{d\xi^2}\left(\frac{\partial \xi}{\partial r}\right)^2 + \frac{dp}{d\xi}\frac{\partial^2 \xi}{\partial r^2}$$

把以上一次和二次偏微分代入到基本微分方程得到：

$$\frac{d^2 p}{d\xi^2}\left(\frac{\partial \xi}{\partial r}\right)^2 + \frac{dp}{d\xi}\frac{\partial^2 \xi}{\partial r^2} + \frac{1}{r}\frac{dp}{d\xi}\frac{\partial \xi}{\partial r} = \frac{1}{\eta}\frac{dp}{d\xi}\frac{\partial \xi}{\partial t}$$

构造 $\zeta = \zeta(r,t) = R(r)T(t)$ 函数关系，即 ζ 是 R 函数和 T 函数的乘积，R 仅是 r 的函数，T 也仅是 t 的函数。

则有：

$$\frac{\partial \xi}{\partial t} = R(r)\frac{dT(t)}{dt} = RT'$$

$$\frac{\partial \xi}{\partial r} = T(t)\frac{dR(r)}{dr} = TR'$$

$$\frac{\partial^2 \xi}{\partial r^2} = T(t)\frac{d^2 R(r)}{dr^2} = TR''$$

代入到整理后的微分方程中，得到：

$$\frac{d^2 p}{d\xi^2}(TR')^2 + \frac{dp}{d\xi}TR'' + \frac{1}{r}\frac{dp}{d\xi}TR' = \frac{1}{\eta}\frac{dp}{d\xi}RT'$$

把上式合并同类项得：

$$\frac{d^2 p}{d\xi^2}(TR')^2 + \frac{dp}{d\xi}\left(TR'' + \frac{1}{r}TR'\right) = \frac{1}{\eta}\frac{dp}{d\xi}RT'$$

上式同除以 T^2，得到：

$$\frac{d^2 p}{d\xi^2}(R')^2 + \frac{dp}{d\xi}\frac{1}{T}\left(R'' + \frac{1}{r}R'\right) = \frac{1}{\eta}\frac{dp}{d\xi}\frac{T'}{T^3}$$

为了使上式变为只含有一个自变量的常微分方程，导数前的系数都要等于常数。则令：

$$R' = a$$

$$\frac{T'}{T^3} = b$$

其中，a,b 都是常数。

很容易得到：

$$R = ar + c_1$$

而

$$\frac{1}{T^3}\frac{\mathrm{d}T}{\mathrm{d}t} = b$$

$$b\mathrm{d}t = \frac{\mathrm{d}T}{T^3}$$

$$bt = -\frac{1}{2T^2} + c_2$$

$$T = \frac{1}{\sqrt{c_2 - bt}}$$

设 $a = 1, b = -1/2, c_1 = 0, c_2 = 0$，于是：

$$R = r$$

$$T = \frac{1}{\sqrt{t}}$$

则

$$\xi = \frac{r}{\sqrt{t}}$$

所以，微分方程变形为：

$$\frac{\mathrm{d}^2 p}{\mathrm{d}\xi^2} + \frac{1}{TR}\frac{\mathrm{d}p}{\mathrm{d}\xi} = -\frac{1}{2}\frac{\xi}{\eta}\frac{\mathrm{d}p}{\mathrm{d}\xi}$$

$$\frac{\mathrm{d}^2 p}{\mathrm{d}\xi^2} + \frac{1}{\xi}\frac{\mathrm{d}p}{\mathrm{d}\xi} = -\frac{1}{2}\frac{\xi}{\eta}\frac{\mathrm{d}p}{\mathrm{d}\xi}$$

上式为二阶常微分方程，可以进行求解。

令

$$\frac{\mathrm{d}p}{\mathrm{d}\xi} = u$$

则有

$$\frac{\mathrm{d}u}{\mathrm{d}\xi} + \frac{u}{\xi} = -\frac{1}{2}\frac{\xi}{\eta}u$$

$$\frac{\mathrm{d}u}{\mathrm{d}\xi} = -\left(\frac{\xi}{2\eta} + \frac{1}{\xi}\right)u$$

对上式分离变量为：

$$\frac{\mathrm{d}u}{u} = -\left(\frac{\xi}{2\eta} + \frac{1}{\xi}\right)\mathrm{d}\xi$$

$$\ln u = -\frac{\xi^2}{4\eta} - \ln\xi + \ln c_3$$

$$\ln\frac{u\xi}{c_3} = -\frac{\xi^2}{4\eta}$$

$$u = c_3 \frac{1}{\xi}\mathrm{e}^{-\frac{\xi^2}{4\eta}}$$

所以

$$\frac{\mathrm{d}p}{\mathrm{d}\xi} = c_3 \frac{1}{\xi}\mathrm{e}^{-\frac{\xi^2}{4\eta}}$$

$$p = c_3 \int_\xi \frac{1}{\xi}\mathrm{e}^{-\frac{\xi^2}{4\eta}}\mathrm{d}\xi + c_4$$

该式为模型的通解，c_3 和 c_4 都是常数。

由初始条件，$t=0$ 时，$p=p_\mathrm{i}$，此时

$$\xi = \frac{r}{\sqrt{t}} = \infty$$

$$p_\mathrm{i} = c_3 \int_\infty \frac{1}{\xi}\mathrm{e}^{-\frac{\xi^2}{4\eta}}\mathrm{d}\xi + c_4$$

消掉常数 c_4，得到：

$$p_\mathrm{i} - p = c_3 \int_\xi^\infty \frac{1}{\xi}\mathrm{e}^{-\frac{\xi^2}{4\eta}}\mathrm{d}\xi$$

接下来是利用井的定产量生产内边界条件确定常数 c_3。

对上式在 r 上求偏导，有

$$\frac{\partial p}{\partial r} = \frac{\mathrm{d}p}{\mathrm{d}\xi}\frac{\partial \xi}{\partial r}$$

$$\frac{\partial p}{\partial r} = c_3 \frac{1}{\xi}\mathrm{e}^{-\frac{\xi^2}{4\eta}}\frac{\partial \xi}{\partial r}$$

已知

$$\xi = \frac{r}{\sqrt{t}}$$

则

$$\frac{\partial p}{\partial r} = c_3 \frac{\sqrt{t}}{r} e^{-\frac{r^2}{4\eta t}} \frac{1}{\sqrt{t}}$$

$$\frac{\partial p}{\partial r} = c_3 \frac{e^{-\frac{r^2}{4\eta t}}}{r}$$

由定产条件:

$$r \frac{\partial p}{\partial r} \bigg|_{r=R_w \to 0} = \frac{Q\mu}{2\pi Kh}$$

有

$$r \frac{\partial p}{\partial r} \bigg|_{r=R_w \to 0} = \left(r \cdot c_3 \frac{e^{-\frac{r^2}{4\eta t}}}{r} \right)_{r \to 0} = \frac{Q\mu}{2\pi Kh}$$

$$c_3 = \frac{Q\mu}{2\pi Kh}$$

由此得到压力的分布公式,

$$p_i - p = \frac{Q\mu}{2\pi Kh} \int_\xi^\infty \frac{1}{\xi} e^{-\frac{\xi^2}{4\eta}} d\xi$$

令

$$v = \frac{\xi^2}{4\eta}$$

则

$$\xi = 2\sqrt{\eta v}$$

$$d\xi = \frac{\sqrt{\eta}}{\sqrt{v}} dv$$

代入压力分布公式并整理得到:

$$p_i - p = \frac{Q\mu}{4\pi Kh} \int_{\frac{r^2}{4\eta t}}^\infty \frac{e^{-v}}{v} dv$$

式中的积分称为幂积分函数,即:

$$-\text{Ei}(-x) = \int_{x=\frac{r^2}{4\eta t}}^\infty \frac{e^{-v}}{v} dv$$

该幂积分函数的值可以由数学手册查表得到。

最后,得到弹性不稳定渗流无限大地层中一口定产量井的压力基本解公式为:

$$p(r,t) = p_i - \frac{Q\mu}{4\pi Kh} \left[-\text{Ei}\left(-\frac{r^2}{4\eta t} \right) \right]$$

附录二　幂积分函数表

x	$-\mathrm{Ei}(-x)$	x	$-\mathrm{Ei}(-x)$	x	$-\mathrm{Ei}(-x)$	x	$-\mathrm{Ei}(-x)$	x	$-\mathrm{Ei}(-x)$
0	∞	0.16	1.4092	0.32	0.8583	0.48	0.5848	0.64	0.4197
0.01	4.0379	0.17	1.3578	0.33	0.8361	0.49	0.5721	0.65	0.4115
0.02	3.3547	0.18	1.3098	0.34	0.8147	0.50	0.5589	0.66	0.4036
0.03	2.9591	0.19	1.2649	0.35	0.7941	0.51	0.5478	0.67	0.3959
0.04	2.6813	0.20	1.2227	0.36	0.7745	0.52	0.5362	0.68	0.3883
0.05	2.4679	0.21	1.1829	0.37	0.7554	0.53	0.5250	0.69	0.3810
0.06	2.2953	0.22	1.1454	0.38	0.7371	0.54	0.5140	0.70	0.3738
0.07	2.1508	0.23	1.1099	0.39	0.7194	0.55	0.5034	0.71	0.3668
0.08	2.0268	0.24	1.0762	0.40	0.7024	0.56	0.4930	0.72	0.3599
0.09	1.9187	0.25	1.0443	0.41	0.6859	0.57	0.4830	0.73	0.3532
0.10	1.8229	0.26	1.0139	0.42	0.6700	0.58	0.4732	0.74	0.3467
0.11	1.7371	0.27	0.9849	0.43	0.6546	0.59	0.4636		
0.12	1.6595	0.28	0.9573	0.44	0.6397	0.60	0.4544		
0.13	1.5889	0.29	0.9309	0.45	0.6253	0.61	0.4454		
0.14	1.5241	0.30	0.9057	0.46	0.6114	0.62	0.4306		
0.15	1.4665	0.31	0.8815	0.47	0.5979	0.63	0.4280		

附录三　符号说明

变量的符号说明：

a——到边界距离、井距的一半

A——渗流面积

b——滑脱系数

B——体积系数、宽度

c——比热容

C——压缩系数、井筒储存系数、浓度、相似系数、常数

d——孔隙直径

D——深度、管道直径

D_s——分形维数

E——采收率、效率、期望值

f_w——含水率

F——力

g——重力加速度度

G——重力、启动压力梯度

GOR——生产气油比

GWR——生产气水比

h——油层厚度

H——热焓、油气两相渗流油相拟压力函数、稠度系数

I——电流

J——采油指数、热流速

K——渗透率

K_r——相对渗透率

L——长度

m——斜率

m^*——气体拟压力函数

M——分子量

n——渗流指数、物质的量

N——储量、累计产量

p——压力

p_z——折算压力

p_R——目前地层压力

p_c——毛细管力

p_b——饱和压力

$\bar{p}$——平均地层压力

q——单位储层厚度流量、窜流量

q_{AOF}——气井绝对无阻流量

Q——流量

R——半径、溶解气油比

S——饱和度、表皮因子

S_{wf}——前缘含水饱和度

$\bar{S}_w$——平均含水饱和度

S_{wc}——束缚水饱和度

S_{or}——残余油饱和度

t——时间

T——温度、时间

U——内能、电压

v——速度

V——体积

Z——压缩因子

α——形状因子

ε——误差、粗糙度

γ——相对密度、重度

η——导压系数

θ——角度

λ——流度、导热系数、窜流系数

μ——黏度

ρ——密度

σ——应力、均方差

τ——切应力

ϕ——孔隙度

Δt——关井时间

ω——弹性储容比

div( )——散度

grad( )——梯度

$\nabla \cdot (\ )$——哈密顿矢量算符

$\nabla (\ )$——哈密顿标量算符

$\nabla^2 \cdot (\ )$——拉普拉斯算符

下角标的符号说明：

o——油

g——气

w——水、井

e——供给源、有效值

i——原始状态

0——初始状态

t——综合值

L——液体

l——流体相

f——岩石、裂缝

m——基岩

a——大气条件下

sc——标准状态下

D——无量纲

in——注入、内阻

ou——外阻

附录四 常用参数单位及相互关系

渗流力学常用参数单位表

名称	符号	国际单位	常用单位	例子
长度	L	m	m	300m
时间	t	s	d	60d
质量	M	kg	kg	20kg
压力	p	Pa	MPa	20MPa
温度	T	K	℃	50℃
产量	q	m^3/s	m^3/d	$20m^3/d$
渗透率	K	m^2	mD	10mD
黏度	μ	Pa·s	mPa·s	10mPa·s
压缩系数	C_t	Pa^{-1}	MPa^{-1}	$0.00036MPa^{-1}$
密度	ρ	kg/m^3	g/cm^3	$1\times10^3 kg/m^3$

单位换算关系

$1m = 1000mm = 3.28ft = 39.7in = 0.00062mi$

$1d = 24h = 1440min = 86400s$

$1kg = 0.001t = 2.2lb = 35.27oz$

$1MPa = 1\times10^6 Pa = 9.9atm = 10bar = 102mH_2O = 7.5mHg = 145psi$

$50℃ = 323.15K = 122℉, 0℃ = 273.15K = 32℉$

$20m^3/d = 0.000231481 m^3/s$

$1mD = 1\times10^{-3}D = 1\times10^{-3}\mu m^2 = 1\times10^{-15}m^2$

$1mPa·s = 1\times10^{-3}Pa·s = 1cP$

$1m^3 = 6.29bbl = 264gal(US) = 1000L = 10^6 mL$

$1kg/m^3 = 1\times10^{-3}g/cm^3$

附录五 关键词中英俄文对照

地层	Stratum	Слой
储层	Reservoir	Резервуар
多孔介质	Porous media	Пористая среда
地质构造	Geological structure	Геологическая структура
圈闭	Trap	Ловушка

续表

油气藏	Oil and gas reservoir	Нефтегазовый резервуар
油气田	Oil and gas field	Нефтегазовое месторождение
孔隙度	Porosity	Пористость
渗透率	Permeability	Проницаемость
有效厚度	Effective thickness	Эффективная толщина
孔隙	Pore	Пора
裂缝	Fracture	Трещина
溶洞	Karst cave	Каверна
封闭边界	Closed boundary	Замкнутый предел
供给边界	Drainage boundary	Снабжательный край
单纯介质	Single medium	Чистая среда
双重介质	Double medium	Двухслойная среда
三重介质	Triple medium	Трехслойная среда
黏度	Viscosity	Вязкость
牛顿液体	Newtonian liquid	Ньютональная жидкость
密度	Density	Плотность
原油相对密度	Crude oil relative density	Относительная плотность сырой нефти
API 度	API degree	Api мера
天然气的相对密度	The relative density of natural gas	Относительная плотность природного газа
原油体积系数	Crude oil volume factor	Объемный коэффициент сырой нефти
水体积系数	Water volume factor	Объемный коэффициент воды
天然气体积系数	Natural gas volume factor	Объемный коэффициентприродного газа
液体弹性压缩系数	Liquid elastic compression factor	Коэффициент упругого сжатия жидкости
天然气的压缩因子	Natural gas compression factor	Фактор сжимаемости природного газа
天然气等温压缩率	Natural gas isothermal compression rate	Изотермическая сжимаемость природного газа
溶解气油比	Dissolved gas oil ratio	Растворенный газовый фактор нефти
原油凝固点	Crude oil freezing point	Точка замерзания сырой нефти
饱和压力	Saturation pressure	Давление насыщения
未饱和油藏	Unsaturated reservoir	Ненасыщенная нефтяная залежь
地层水总矿化度	Formation water total salinity	Валовая минерализованность пластовой воды
地层水硬度	Formation water hardness	Жёсткость пластовой воды
相态特征	Phase character	Характеристикафазы
凝析气藏	Condensate gas reservoir	Газоконденсатная залежь
岩石	Rock	Горная порода
砂岩	Sandstone	Песчаник
碳酸盐岩	Carbonate rock	Карбонатная порода

续表

粒度	Granularity	Крупность частиц
粒度中值	Median size	Медианное значение крупности частиц
分选系数	Sorting coefficient	Коэффициент сепараций
比表面	Specific surface	Удельная поверхность
孔隙半径中值	Median pore radius	Медианное значение радиусов пор
岩石弹性压缩系数	Rock elastic compression coefficient	Коэффициент упругого сжатия горной породы
流体饱和度	Fluid saturation	Насыщенность флюидов
原始含水饱和度	Original water saturation	Первоначальная водонасыщенность
束缚水饱和度	Irreducible water saturation	Остаточная водонасыщенность
残余油饱和度	Residual oil saturation	Остаточная нефтенасыщенность
剩余油饱和度	Remaining oil saturation	Насыщенность избыточной нефти
组分	Component	Составная часть
润湿现象	Wetting phenomenon	Явление смачиваемости
毛细管力	Capillary force	Сила капиллярных сосуд
相渗透率	Phase permeability	Фазовая проницаемость
相对渗透率	Relative permeability	Относительная проницаемость
等渗点	Isotopic point	Капля изотония
驱油效率	Displacement efficiency	Эффективность полноты вытеснения
采收率	Oil recovery	Коэффициент извлечения нефти
采出程度	Produced degree	Степень извлечения
地质储量	Geological reserve	Геологические запасы
储量丰度	Abundance of reserves	Изобилие запасов
力	Force	Сила
压力	Pressure	Давление
地层压力	Formation pressure	Пластовое давление
静水压力	Hydrostatic pressure	Гидростатическое давление
压力系数	Pressure coefficient	Коэффициент давления
地层压力梯度	Formation pressure gradient	Градиент пластового давления
温度	Temperature	Температура
地温梯度	Geothermal gradient	Геотермический градиент
水动力	Hydrodynamic force	Гидродинамическая сила
弹性力	Elastic force	Сила упругости
惯性力	Force of inertia	Сила инерции
水压驱	Water pressure drive	Привод давления воды
弹性驱	Elastic drive	Эластичный привод
溶解气驱	Dissolved gas drive	Привод растворенного газа

续表

气压驱	Gas pressure drive	Привод давления газа
重力驱	Gravity drive	Привод силы тяжести
刚性	Rigidity	Жёсткость
弹性	Elasticity	Упругость
渗流	Permeability	Пористое течение
渗流力学	Fluid mechanics in porous media	Механика жидкости в пористых средах
流体力学	Fluid mechanics	Гидромеханика
原始地层压力	Original formation pressure	Начальное пластовое давление
目前地层压力	Current formation pressure	Текущее пластовое давление
供给压力	Supply pressure	Подводимое давление
井底压力	Bottom hole pressure	Забойное давление
折算压力	Convert pressure	Приведённое давление
平面单向流	Flat unit to flow	Плоский односторонний поток
平面径向流	Flat radial flow	Плоская радиальная подача
均质储层	Homogeneous reservoir	Однородныйрезервуар
油压	Tubing pressure	Трубное давление
套压	Casing pressure	Межколонное давление
流量	Flow	Поток
达西定律	Darcy's law	Закон дарси
线性关系	Linear relationship	Линейное соотношение
非线性关系	Nonlinear relationship	Не линейное соотношение
线性渗流	Linear seepage	Линейная подземная циркуляция
非线性渗流	Nonlinear seepage	Не линейная подземная циркуляция
渗流面积	Seepage area	Площадьподземной циркуляции
重度	Specific gravity	Весовая плотность
采油指数	Oil production index	Индекс добычи нефти
渗流速度	Seepage velocity	Скорость просачивания
真实渗流速度	Real seepage velocity	Подлинная скорость просачивания
渗流阻力	Seepage resistance	Фильтрационное сопротивление
雷诺数	Reynolds number	Число рейнольдса
层流	Laminar flow	Ламинарное течение
渗流数学模型	Seepage mathematical model	Математическая модель подземной циркуляции
状态方程	Equation of state	Уравнение состояния
运动方程	Equation of motion	Уравнение движения
连续性方程	Continuity equation	Уравнение непрерывности
特征方程	Characteristic equation	Характеристическое уравнение

续表

基本微分方程	Basic differential equation	Основное дифференциальное уравнение
边界条件	Boundary condition	Краевое условие
初始条件	Initial condition	Начальное условие
质量渗流速度	Mass flow rate	Массавая скорость просачивания
质量守恒定律	Conservation of mass	Закон сохранения массы
分离变量积分法	Separated variable integration method	Разделенный метод интеграции переменных
通解	General solution	Общее решение
稳定渗流	Stable flow	Стабильная подземная циркуляция
不稳定渗流	Unstable flow	Не стабильная подземная циркуляция
渗流阻力	Flow resistance	Фильтрационное сопротивление
渗流场图	Seepage field diagram	Полеподземной циркуляции
等压线	Isobar	Изобара
流线	Streamline	Линия потока
压力梯度	Pressure gradient	Градиент давления
压降漏斗	Depressurization cone	Воронкападение давления
完井	Well completion	Заканчивание скважины
射孔完井	Perforating completion	Заканчивание скважины перфорацией
增产措施	Increase yield measures	Мероприятия по увеличению производства
不完善井	Imperfect well	Несовершеннаяскважина
表皮系数	Skin factor	Скин – фактор
井折算半径	Effective radius of well	Конверсияскважина радиус
试井	Well test	Испытание скважины
稳定试井	Steady well testing	Стабильноеиспытание скважины
井指示曲线	Indicate curve of well	Индикаторная кривая скажины
流动系数	Flow coefficient	Коэффициент текучести
流度	Fluidity	Текучесть
地层系数	Formation capacity	Пластовыйкоэффициент слоистости
多井干扰	Multi – well interference	Интерференциямногочисленных скважин
压降叠加原理	Pressure drop superposition principle	Принцип суперпозициипадение давления
势函数	Potential functions	Потенциальная функция
势叠加原理	Potential superposition principle	Потенциальный принцип суперпозиции
渗流速度叠加原理	Seepage velocity superposition principle	Принцип суперпозициискорости просачивания
点源	Point source	Точечный источник
点汇	Point converge	Точечная конверсия
平衡点	Balance point	Точка равновесия
死油区	Bypassed oil zone	Целик нефти

续表

分流线	Shunt lines	Шунтирующая перемычка
主流线	Mainstream line	Главная линия тока
舌进现象	Tongue phenomenon	Феномен языка
镜像反映	Mirror imaging	Зеркальное отражение
汇源反映	Mirror reflection of sources and sinks	Явление точечного источника
汇点反映	Meeting Point reflects	Явление точечной конверсий
哑铃形	Dumbbell shape	Гиревой тип
纺锤形	Spindle shape	Типверетена
断层	Fault	Разрыв
虚拟井	Virtual well	Предполагаемая скважина
等值渗流阻力法	Equivalent seepage resistance method	Метод эквивалентных фильтрационных сопротивлений
电路图	Circuit diagram	Электрическая схема
不可压缩流体	Incompressible fluid	Несжимаемая жидкость
微可压缩流体	Micro – compressible fluid	Микро – сжимаемая житкость
可压缩流体	Compressible fluid	Сжимаемая житкость
拟稳定渗流	Pseudo – steady state fluid	Псевдо – номинальная жидкость
压力波	Pressure wave	Волна давления
无限大地层	Infinite formation	Бесконечная формация
岩石综合弹性压缩系数	Rock composite elastic compression factor	Общий коэффициент упругого сжатия скала
导压系数	Pressure transmitting coefficient	Коэффициент направления довления
幂积分函数	Power integral function	Силовой интегральный функция
弹性采出程度	Elastic recovery	Процент извлечения упругости
弹性储量	Flexible reserves	Упругие запасы
不稳定试井	Unstable well test	Испытание скважины в неустановившемся режиме
开井压力降落试井	Open well pressure down well test	Испытание скважины при понижении давление при открытии скважин
关井压力恢复试井	Shut – in pressure recovery well test	Исследование закрытой скважины методом восстановления давления
井筒储存效应	Wellbore storage effect	Эффект хранения скважины
井筒储存系数	Wellbore storage coefficient	Коэффициент запасов ствол скважин
续流	Freewheeling	Сопровождающий ток
水驱油	Water flooding	Вытеснение нефти водой
相渗曲线	Relative permeability curve	Кривые относительных фазовых проницаемостей
活塞式水驱油	Piston water flooding oil	Поршневое вытеснение нефти водой
非活塞式水驱油	Non – piston water flooding oil	Не поршневое вытеснение нефти водой
油水黏度比	Oil water viscosity ratio	Отношение нефтегазовой вязкости

续表

含水率	Water cut	Обводненность
分流量方程	Split flow equation	Уравнение потока
隐函数	Implicit function	Неявная функция
前缘含水饱和度	Water front edge saturation	Водонасыщенностьпередней кромкий
平均含水饱和度	Average water saturation	Средний водонасыщенность
无水采油期	Anhydrous oil recovery period	Безводный период добычи нефти
无水采收率	Dry recovery	Безводный коэффициентизвлечения
无水产油量	Waterless oil production	Безводный добыча нефти
见水时间	Water breakthrough time	Время прорыва воды
理想气体	Ideal gas	Идеальный газ
天然气拟压力函数	Natural gas pseudo – pressure function	Функция псевдодавлениеприродного газа
气井绝对无阻流量	Gas wells absolutely unobstructed flow	Абсолютно свободный дебит газовой скважины
气井的二项式产能公式	Binomial deliverability equation	Биномиальное уравнение достижимости
水锁效应	Water lock effect	Эффект "водного замка"
贾敏效应	Jiamin effect	Эффект жамена
气水两相的气相拟压力函数	Gas and water two – phase gas phase pseudo – pressure function	Функция псевдо давления участка газа и воды
生产水气比	Water – gas production ratio	Продукция коэффициента газа воды??
生产气油比	Gas – oil production ratio	Газовый фактор нефти при добычи
油气两相渗流中的油相拟压力函数	Oil and gas two – phase oil phase pseudo – pressure function	Функция давления участка нефти и газ двухфазовая псевдо
窜流	Fluid channeling	Жидкость каналирования
弹性储容比	Elastic storability ratio	Эластичный коэффициент запаса
窜流系数	Channeling coefficient	Коэффициент каналирования
应力敏感	Stress sensitive	Стресс – чувствительные
水平井	Horizontal well	Горизонтальная скважина
大位移井	Extended reach well	Скважина с большим отходом от вертикали
穿透比	Penetration ratio	Коэффициент проникания
垂向渗透率	Vertical permeability	Вертикальная проницаемость
水平渗透率	Horizontal permeability	Горизонтальная проницаемость
无限导流能力	Infinite conductivity capacity	Бесконечная емкость проводимости
有限导流能力	Finite conductivity capacity	Конечная емкость проводимости
瞬变流	Transient flow	Переходное течение
摩擦阻力系数	Friction factor	Коэффициент сопротивления трения
管壁相对粗糙度	Relative roughness of borehole	Относительная шероховатость скважины
液相雷诺数	Liquid phase Reynolds number	Жидкофазное число рейнольдса

续表

非牛顿液体	Non-Newtonian liquid	Неньютоновская жидкость
内摩擦定律	Internal friction law	Закон внутреннего трения
液体的流变性	Fluid rheological property	Жидкое реологическое свойство
本构方程	Constitutive equation	Определяющее уравнение
切应力	Shear stress	Касательное напряжение
剪切速率	Shear rate	Скорость сдвига
流变曲线	Rheological curve	Реологическая кривая
幂律液体	Power law liquid	Жидкость силы закона
广义达西定律	Generalized Darcy's Law	Обобщенный закон дарси
表观黏度	Apparent viscosity	Кажущаяся вязкость
有效黏度	Effective viscosity	Эффективная вязкость
视黏度	Apparent viscosity	Кажущаяся вязкость
黏弹性液体	Viscoelastic liquid	Вязкоупругая жидкость
导热基本定律	Law of heat conduct theory	Основной закон теплопроводности
能量守恒定律	Energy conservation law	Закон сохранения энергии
比热容	Specific heat capacity	Удельная теплоёмкость
内能	Internal energy	Внутренняя энергия
导热系数	Thermal Conductivity	Коэффициент теплопроводности
热交换系数	Heat exchange coefficient	Коэффициент теплообмена
热扩散系数	Thermal diffusivity coefficient	Температуропроводность
热焓	Enthalpy	Энтальпия
布朗运动	Brownian motion	Броуновское движение
水力弥散现象	Hydraulic dispersion phenomenon	Гидравлическое явление рассеивания
分子扩散	Molecular proliferation	Молекулярная диффузия
对流扩散	Convective diffusion	Конвективная диффузия
沿程扩散	Spread along the way	Распространение по пути
横向扩散	Horizontal diffusion	Горизонтальное распространение
Fick扩散定律	Fick's law of diffusion	Закон диффузии фика
吸附	Adsorption	Адсорбция
黑油模型	Black oil model	Черная модель нефти
相	Phase	Фаза
相态	Phase state	Фазовое состояние
相图	Phase diagrams	Фазовая диаграмма
相平衡	Phase equilibrium	Фазовое равновесие
相平衡常数	Phase equilibrium constant	Константа фазового равновесия
质量分数	Mass ratio	Массовая доля

续表

页岩	Shale	Сланец
页岩气	Shale gas	Сланцевый газ
页岩气含量	Shale gas content	Содержание сланцевого газа
滑脱	Slipping	Соскользнуть
体积压裂	Volume fracturing	Объемныйгидроразрывпласта
体积压裂水平井	Volume fracturing horizontal wells	Объемный грп горизонтальных скважин
致密油	Tight oil	Нефть в плотных породах
启动压力梯度	Starting pressure gradient	Начальный градиент давления
围压	Confining pressure	Ограничивающее давление
有效围压	Effective confining pressure	Эффективноеограничивающеедавление
应力	Stress	Напряжение
有效应力	Effective stress	Эффективное напряжение
应力敏感系数	Stress sensitivity coefficient	Коэффициент чувствительности напряжения
页岩油	Shale oil	Сланцевая нефть
油页岩	Oil shale	Битуминозный сланец
有机质丰度	Organic abundance	Органическое изобилие
含油饱和度指数	Oil-bearing saturation index	Индекс нефтенасыщенностти
含油率	Oil content	Нефтенасыщенность
可采油指数	Oil recovery index	Индекс нефтеотдачи
原位开采	In-situ exploration	Первоначальная разработка
岩石脆性系数	Rock brittleness factor	Коэффициент хрупкости пород
微观尺度	Micro-scale	Микро-масштаб
介观尺度	Mesoscopic scale	Мезоскопический масштаб
宏观尺度	Macro-scale	Макромасштаб
煤化作用	Coalification	Обугливание
煤阶	Coal rank	Угля
镜质组反射率	Vitrinite reflectance	Отражение витринита
割理	Cleavage	Расщепление
煤裂隙	Coal crack	Трещина угля
天然气水合物	Gas hydrate	Газовый гидрат
天然气水合物孔隙度	Gas hydrate porosity	Пористость газогидрата
天然气水合物渗透率	Gas hydrate permeability	Проницаемость газогидрата
天然气水合物饱和度	Gas hydrate saturation	Гидратесатурация газа
内能	Internal energy	Внутренняя энергия
导热系数	Thermal conductivity	Теплопроводность
热应力	Thermal stress	Термическое напряжение

续表

地热资源	Geothermal resources	Геотермальные ресурсы
地热田	Geothermal field	Геотермальное месторождение
热储	Thermal storage	Термальное хранение
干热岩	Dry-hot-rock	Сухие горячие породы
地热流体	Geothermal fluid	Геотермальная жидкость
储水系数	Storage coefficient	Коэффициент хранения
对井系统	Doublet system	Система дуплетов
增强型地热系统	Enhanced geothermal system	Улучшенная геотермальная система
油藏数值模拟	Reservoir numerical simulation	Цифровоемоделированиерезервуара
有限差分方法	Finite difference method	Метод конечных разностей
差分方程	Difference equation	Разностное уравнение
现代试井	Modern testing	Модернизированное испытание скважины
试井解释图版	Well test interpretation plate	Карта интерпретации испытаний скважин
无量纲化	Nondimensionalization	Обезразмеривание
量纲	Dimension	Размерность
采油工程	Production engineering	Технология нефтеотдачи
IPR 曲线	Inflow performance relationship curve	Кривая зависимости производительности притока
油藏工程	Reservoir engineering	Разработка месторождений
相对流度	Relative fluidity	Относительная текучесть
物质平衡方程	Material balance equation	Уравнение материального баланса
面积注水	Pattern water-flooding	Дисперсный впрыск воды
采收率	Oil recovery	Коэффициент извлечения
提高采收率	Enhanced oil recovery	Повышение коэффициента извлечения
强化采油技术	Enhanced oil recovery technology	Технология интенсификации добычи нефти
驱油效率	Displacement efficiency	Коэффициент полноты вытеснения
波及系数	Sweep coefficient	Коэффициент охвата
指进现象	Fingering moving phenomenon	Образование языков обводнения
舌进现象	Tongue moving phenomenon	Языкобводнения

附录六　练习题参考答案

第一章

1、ABD；2、√；3、达西定律；4、ABCD；5、ABCD；6、ABC；7、√；
8、页岩气、致密油、页岩油、煤层气、致密气、天然气水合物（选二）

9、CO_2埋存、地热、地下储能(选二);10、ABCD

第二章

第一节

1、储存空间,流动通道;2、粒间孔隙,裂缝,溶洞;3、封闭边界,供给边界;
4、ABCD;5、√;6、B;7、BCD;8、孔隙的表面积、岩石体积;9、喉道;
10、孔隙度、渗透率

第二节

1、高温,高压;2、ABD;3、地下原油体积,地面脱气原油体积;4、AB;5、√;
6、ABC;7、B;8、√;9、BCD;10、D;11、×

第三节

1、D;2、ABD;
3、束缚水饱和度、残余油饱和度、共渗点、残余油饱和度对应水相相对渗透率;
4、C;5、×;6、√;7、AB;8、岩石骨架体积、孔隙体积;
9、液体体积、液体密度;10、BCD;11、√;12、√

第四节

1、B;2、C;3、供给、井底;4、AC;5、BD;6、×;7、C;8、压力、温度;
9、ABC;10、ABCD

第五节

1、C;2、AB;3、平面单向、平面径向;4、ABD;5、ABC;6、×;7、ABC;
8、一维径向;9、×;10、ABC

第六节

1、BD;2、ABCD;3、BCD;4、C;5、B;6、√;7、×;8、形变 或者 变形 或者 体积变化;
9、ABCD;10、CD;11、AB;12、岩石骨架、孔隙;13、流体体积、密度;14、ABD;
15、A;16、D;17、B;18、B;19、B;20、供给边界、人工注水

第七节

1、BCD;2、D;3、BC;4、AD;5、√;6、衰竭式、弹性开采;7、D;8、ABD;
9、×;10、B;11、×;12、ABD;13、ABC;14、×;15、水压驱动

第三章

第一节

1、C;2、ACD;3、A;4、B;5、C;6、√;7、×;8、×;9、AD;10、D;
11、Bh、$2\pi rh$;12、流量、压差、渗流阻力;13、B;14、ABCD;

15、

$$Q = \frac{K}{\mu}A\frac{\Delta p}{L} = \frac{250 \times 10^{-15}}{5 \times 10^{-3}} \times 3.14 \times (25 \div 2 \times 10^{-3})^2 \times \frac{3 \times 10^5}{40 \times 10^{-2}} \times 60 \times 10^6$$

$$= 1.104 \text{ cm}^3/\text{min}$$

$$v = \frac{K}{\mu}\frac{\Delta p}{L} = \frac{250 \times 10^{-15}}{5 \times 10^{-3}} \times \frac{3 \times 10^5}{40 \times 10^{-2}} \times 10^6$$

$$= 37.5 \mu\text{m/s}$$

或

$$v = \frac{Q}{A} = \frac{1.104 \times 10^{-6}/60}{3.14 \times (25 \div 2 \times 10^{-3})^2} \times 10^6 = 37.5 \mu\text{m/s}$$

流量为 1.104cm³/min,渗流速度为 37.5μm/s(0.135m/h),可见流体在岩石中的渗流过程是很缓慢的(蜗牛全速疾爬的速度约为 8.5m/h)。

第二节

1、C；2、ABD；3、渗流基本微分方程、定解条件；4、ABCD；5、ABCD；6、BCD；7、×；8、×；9、√；10、ABCD

第三节

1、C；2、ABC；3、流入流出微元六面体的质量差、微元六面体中流体质量的变化量；4、单位时间单位体积岩石内的流体质量变化量；5、渗流速度、流体密度；6、C；7、×；8、单位时间单位体积岩石内流入流出流体质量的变化量；9、√；10、ABCD

第四节

1、√；2、√；3、压力和温度等、流体、岩石、密度、孔隙度；4、×；5、控制、连续性；6、CD；7、BCD；8、ABCD；9、√；10、BCD

第五节

1、

$$\begin{cases} \dfrac{d^2 p}{dr^2} + \dfrac{1}{r}\dfrac{dp}{dr} = 0 & \text{基本微分方程} \\ p\big|_{r=R_e} = p_e & \text{定压供给边界} \\ r\dfrac{\partial p}{\partial r}\bigg|_{r=R_w} = \dfrac{Q\mu}{2\pi Kh} & \text{定产量内边界} \end{cases}$$

由于稳定渗流(与时间无关),因此,渗流数学模型中没有初始条件。

2、

$$\begin{cases} \dfrac{\partial^2 p}{\partial r^2} + \dfrac{1}{r}\dfrac{\partial p}{\partial r} = \dfrac{\mu C_t}{K}\dfrac{\partial p}{\partial t} & \text{基本微分方程} \\ \left.\dfrac{\partial p}{\partial r}\right|_{r=R_e} = 0 & \text{圆形封闭边界} \\ \left.r\dfrac{\partial p}{\partial r}\right|_{r=R_w} = \dfrac{-Q\mu}{2\pi Kh} & \text{定产量内边界} \\ \left.p\right|_{t=0} = p_i & \text{初始条件} \end{cases}$$

对于注入井定产量问题,渗流数学模型中的内边界条件中 Q 要用负号。

3、

$$\begin{cases} \dfrac{\partial^2 p}{\partial r^2} + \dfrac{1}{r}\dfrac{\partial p}{\partial r} = \dfrac{\mu C_t}{K}\dfrac{\partial p}{\partial t} & \text{基本微分方程} \\ \left.p\right|_{r=R_e} = p_e(t) & \text{变压力外边界} \\ \left.r\dfrac{\partial p}{\partial r}\right|_{r=R_w,t} = \dfrac{Q(t)\mu}{2\pi Kh} & \text{变产量内边界} \\ \left.p\right|_{t=0} = p_i & \text{初始条件} \end{cases}$$

对于边界条件发生变化的情况,在渗流数学模型中也要体现。

4、CD；5、AB；6、×；7、BC；8、AC；9、D；10、×

第六节

1、√；2、压力、饱和度；3、ABC；4、ABCD；5、BCD；6、ABD；7、AD；
8、油井产量、井底压力；9、√；10、ABCD

第四章

第一节

1、ABCD；2、A；3、AB；4、×；5、√；6、ABD；7、岩石孔隙度、液体密度；
8、ABCD；9、×；10、拉普拉斯、椭圆

第二节

1、ABCD；2、BCD；3、B；4、AB；5、×；6、ACD；
7、压力分布、压力梯度、渗流速度、流量、渗流阻力；8、ABC；9、BD；
10、压差、流量；
11、解；地层压力变化为：

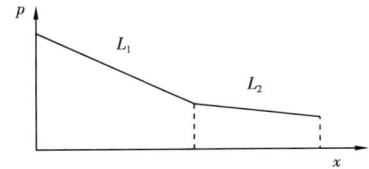

渗流场图为：

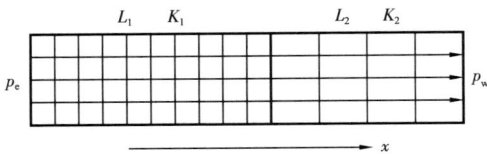

L_1 段的 K_1 小于 L_2 段的 K_2，由压力梯度公式，两段都是直线；

单位长度上的渗流阻力 $R_L = \dfrac{\mu}{KBh}$，用流量表示的压力梯度 $\dfrac{dp}{dx} = \dfrac{Q\mu}{KBh}$，则 $R_{L_1} > R_{L_2}$，$\dfrac{dp}{dx}\big|_{L_1} > \dfrac{dp}{dx}\big|_{L_2}$，所以与 L_2 段相比，L_1 段液体经过单位长度消耗的压差多，压力梯度大，压力分布斜率大，渗流场图中等压线密集。

第三节

1、B；2、√；3、√；4、×；5、ABD；6、压降漏斗、倒扣的压降漏斗；7、ACD；8、AB

9、B；10、ABC；11、BC；12、C；13、ACD；

14、解：

$$Q = \frac{2\pi Kh}{\mu} \frac{(p_e - p_w)}{\ln \dfrac{R_e}{R_w}} = \frac{2 \times 3.14 \times 50 \times 10^{-15} \times 5}{5 \times 10^{-3}} \times \frac{(20-15) \times 10^6}{\ln \dfrac{300}{0.1}} \times 86400$$

$$= 16.95 \, \text{m}^3/\text{d}$$

$$v_{wh} = \frac{Q}{2\pi R_w h \phi} = \frac{16.95}{2 \times 3.14 \times 0.1 \times 5 \times 0.2} \div 86400 \times 10^6$$

$$= 312.4 \, \mu\text{m/s}$$

井壁处渗流速度是最大的，因此，储层中渗流速度是微米每秒级。

15、解：

先求 $r = 1\text{m}、10\text{m}、100\text{m}$ 处的压力：

$$p(r=1) = p_e - \frac{p_e - p_w}{\ln \dfrac{R_e}{R_w}} \ln \frac{R_e}{r} = 20 - \frac{20-15}{\ln \dfrac{300}{0.1}} \ln \frac{300}{1} = 16.44 \, \text{MPa}$$

$$p(r=10) = p_e - \frac{p_e - p_w}{\ln\frac{R_e}{R_w}}\ln\frac{R_e}{r} = 20 - \frac{20-15}{\ln\frac{300}{0.1}}\ln\frac{300}{10} = 17.88\,\text{MPa}$$

$$p(r=100) = p_e - \frac{p_e - p_w}{\ln\frac{R_e}{R_w}}\ln\frac{R_e}{r} = 20 - \frac{20-15}{\ln\frac{300}{0.1}}\ln\frac{300}{100} = 19.31\,\text{MPa}$$

则四段分别消耗的压差为:

$$\Delta p(100\sim300\text{m}) = p_e - p(r=100) = 20 - 19.31 = 0.69\,\text{MPa}$$

$$\Delta p(10\sim100\text{m}) = p(r=100) - p(r=10) = 19.31 - 17.88 = 1.43\,\text{MPa}$$

$$\Delta p(1\sim10\text{m}) = p(r=10) - p(r=1) = 17.88 - 16.44 = 1.44\,\text{MPa}$$

$$\Delta p(0.1\sim1\text{m}) = p(r=1) - p_w = 16.44 - 15 = 1.44\,\text{MPa}$$

则四段消耗总压差比例为:

$$R_{\Delta p(100\sim300\text{m})} = \frac{\Delta p(100\sim300\text{m})}{p_e - p_w} = \frac{0.69}{20-15} = 0.138,$$

$$R_{\Delta p(10\sim100\text{m})} = \frac{\Delta p(10\sim100\text{m})}{p_e - p_w} = \frac{1.43}{20-15} = 0.286,$$

$$R_{\Delta p(1\sim10\text{m})} = \frac{\Delta p(1\sim10\text{m})}{p_e - p_w} = \frac{1.44}{20-15} = 0.288,$$

$$R_{\Delta p(0.1\sim1\text{m})} = \frac{\Delta p(0.1\sim1\text{m})}{p_e - p_w} = \frac{1.44}{20-15} = 0.288$$

1m 以内的能量损失占总损失的 28.8%,10m 以内占 57.6%,100m 以外大片区域仅占 13.8%,因此,近井能量损失要占很大比例,近井的措施改造成为提高开发效果的重要手段。

16、解:

已知产量 Q,求井底压力的数学模型为:

$$\begin{cases} \dfrac{\text{d}^2 p}{\text{d}r^2} + \dfrac{1}{r}\dfrac{\text{d}p}{\text{d}r} = 0 & \text{基本微分方程} \\ p\big|_{r=R_e} = p_e & \text{外边界} \\ r\dfrac{\text{d}p}{\text{d}r}\bigg|_{r=R_w} = \dfrac{Q\mu}{2\pi Kh} & \text{内边界} \end{cases}$$

应用分离变量积分法,同理可求通解: $p(r) = A + B\ln r$,代入内、外边界条件得到井底压力公式及压力分布公式。

$$p_w = p_e - \frac{Q\mu}{2\pi Kh}\ln\frac{R_e}{R_w}$$

$$p(r) = p_e - \frac{Q\mu}{2\pi Kh}\ln\frac{R_e}{r} \quad 或 \quad p(r) = p_w + \frac{Q\mu}{2\pi Kh}\ln\frac{r}{R_w}$$

第四节

1、ACD；2、BD；3、×；4、B；5、×；6、小于0，附加渗流阻力；7、AB；8、ABC；9、√；10、ABCD

第五节

1、产量、压差；2、B；3、ABC；4、C；5、√；6、ABD；7、ABCD；8、ABCD；9、√；

10、解：

首先需要把井口的油产量换算到井底体积流量，即 $Q_v = \dfrac{Q_m B_o}{\gamma_o}$，再用原始地层压力与井底压力求出压差，去掉不用数据，得到表1。

表1　措施前后的稳定试井数据

措施前	生产压差 Δp, MPa	2.40	1.80	1.00		
	井底流量 Q_v, m³/d	128.08	105.41	52.71		
措施后	生产压差 Δp, MPa	0.80	1.30	1.50	2.20	2.45
	井底流量 Q_v, m³/d	72.60	118.59	152.45	197.91	213.59

（1）同一直角坐标上画出两次稳定试井指示曲线：

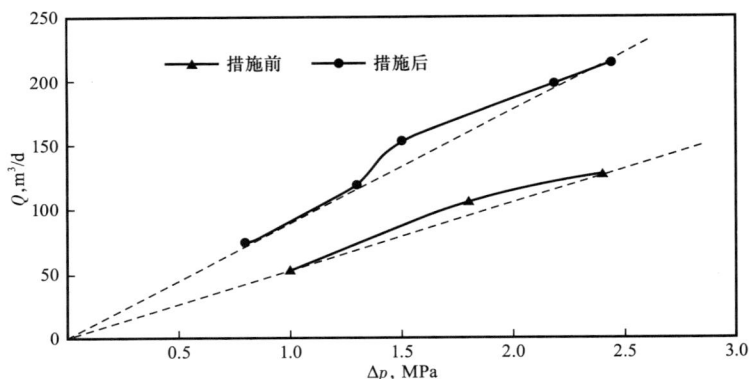

两条线接近过原点直线，斜率分别为 $m_{措施前} = 54.48$，$m_{措施后} = 84.88$。

（2）求酸化前后地层流动系数：

由

$$J = \frac{2\pi Kh}{\mu\ln\dfrac{R_e}{R_w}} = m$$

可得酸化前后流动系数分别为：

$$\frac{Kh}{\mu}\Big|_{措施前} = \frac{\ln\frac{R_e}{R_w}}{2\pi}m_{措施前} = \frac{\ln\frac{300}{0.1}}{2\times 3.14}\times 54.48 = 69.46 \text{m}^3/(\text{d}\cdot\text{MPa})$$

$$\frac{Kh}{\mu}\Big|_{措施后} = \frac{\ln\frac{R_e}{R_w}}{2\pi}m_{措施后} = \frac{\ln\frac{300}{0.1}}{2\times 3.14}\times 84.88 = 108.21 \text{m}^3/(\text{d}\cdot\text{MPa})$$

（3）分析增产措施是否有效：

$m_{措施前}=54.48<m_{措施后}=84.88$，增产措施有效，流动系数增加1.56倍。

第六节

1、BC；2、√；3、D；4、BC；5、采出指数、渗流指数；6、ABC；7、×；8、AD；

9、解：Ⅰ：开始生产就达到高速非线性渗流；Ⅱ：线性渗流；Ⅲ：有其他驱动能量加入；Ⅳ：高速非线性渗流；Ⅴ：低速非线性渗流；

10、解：

孔隙中真实渗流速度为：

$$v = \frac{k}{\mu}A\frac{\Delta P}{L} = \frac{250\times 10^{-15}}{5\times 10^{-3}}\times \frac{3\times 10^5}{40\times 10^{-2}}\times 10^6 = 37.5 \mu\text{m/s}$$

$$v_\phi = \frac{v}{\phi} = \frac{37.5}{0.2} = 187.5 \mu\text{m/s}$$

$$Re = \frac{v_\phi\sqrt{K\rho}}{17.5\mu\phi^{\frac{3}{2}}} = \frac{187.5\times 10^{-4}\times\sqrt{250\times 10^{-3}}\times 0.9\times 1}{17.5\times 5\times 0.2^{1.5}} = 1.08\times 10^{-3}$$

$Re<0.1$，流动为层流，符合达西定律。

第五章

第一节

1、ABC；2、×；3、AC；4、ABCD；5、×；6、×；7、ABC；8、ABCD；9、ABC；10、×

第二节

1、ABCD；2、AB；3、√；4、渗流速度、速度势；5、$\Phi=\frac{K}{\mu}p+C$，$\Phi=\frac{q}{2\pi}\ln r+C$；

6、√；7、×；8、供给边界的势、井底的势

第三节

1、√；2、ABC；3、√；4、压降叠加、压力函数叠加、势的叠加；5、ABCD；6、B

第四节

1、BCD；2、D；3、渗流速度、平行四边形；4、0；5、ABC；6、AC；7、√；8、×；

9、多井干扰、渗流速度叠加原理；10、ABD

第五节

1、ABC；2、√；3、平衡点、死油区、分流线；4、AC；5、×；6、BC；7、C；
8、$r_1 \cdot r_2 = C_1$、哑铃形；9、供给边界、任意一口井；10、越小、井间干扰；
11、

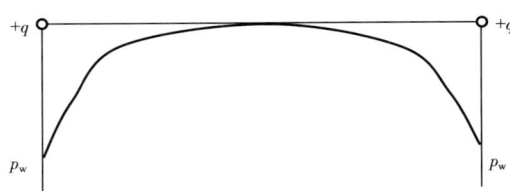

12、

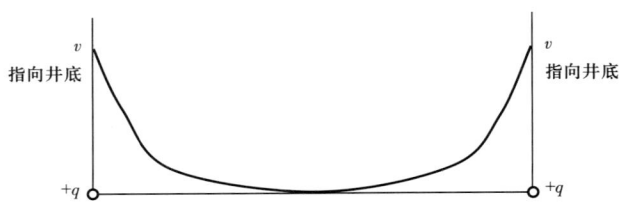

第六节

1、BD；2、×；3、ABCD；4、ABC；5、√；6、$\dfrac{r_1}{r_2} = C_2$、纺锤形；
7、注入井井底、采油井井底；8、主流线、等压线(或等势线)；9、ABD；10、ABD；
11、

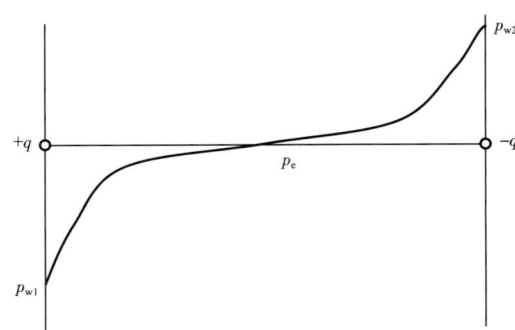

12、

第七节

1、C；2、×；3、AD；4、√；5、BCD；6、ABC

第八节

1、ABCD；2、×；3、AB；4、√；5、ACD；6、B

第九节

1、镜像反映、汇点反映、汇源反映；2、ABC；3、√；4、C；5、√；6、√；

7、解：

圆形供给边界：

$$q = \frac{2\pi K}{\mu} \frac{(p_e - p_w)}{\ln \frac{R_e}{R_w}} = \frac{2 \times 3.14 \times 50 \times 10^{-15}}{5 \times 10^{-3}} \times \frac{(20-15) \times 10^{-6}}{\ln \frac{300}{0.1}} \times 86400$$

$$= 3.39 \text{m}^3/(\text{d} \cdot \text{m})$$

直线供给边界：

$$q = \frac{2\pi K}{\mu} \frac{(p_e - p_w)}{\ln \frac{2a}{R_w}} = \frac{2 \times 3.14 \times 50 \times 10^{-15}}{5 \times 10^{-3}} \times \frac{(20-15) \times 10^{-6}}{\ln \frac{2 \times 300}{0.1}} \times 86400$$

$$= 3.12 \text{m}^3/(\text{d} \cdot \text{m})$$

直线断层边界：

$$q = \frac{2\pi K}{\mu} \frac{(p_e - p_w)}{\ln \frac{R_e^2}{R_w \cdot 2a}} = \frac{2 \times 3.14 \times 50 \times 10^{-15}}{5 \times 10^{-3}} \times \frac{(20-15) \times 10^{-6}}{\ln \frac{300^2}{0.1 \times 2 \times 50}} \times 86400$$

$$= 2.98 \text{m}^3/(\text{d} \cdot \text{m})$$

第十节

1、C；2、达西定律、欧姆定律；3、电流与流量、电阻与渗流阻力、电压与压差；
4、C；5、√；6、ABD；7、×；8、ABCD；9、B；10、BC

第十一节

1、$R_{in} = \frac{1}{n} \cdot \frac{\mu}{2\pi Kh} \ln \frac{a}{\pi R_w}$、$R_{ou} = \frac{\mu L}{n \cdot 2a \cdot Kh}$；2、平面径向流、平面单向流；3、×；
4、√；5、B；6、AC；7、×；

8、解：

设第3排生产井为分流井排，即第3排井接受两端的共同注入，画电路图为：

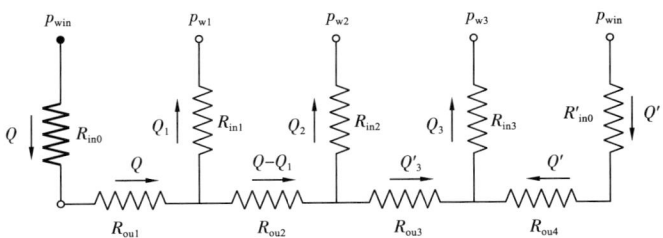

列方程为:

$$p_{\text{win}} - p_{w1} = QR_{\text{in0}} + QR_{\text{ou1}} + Q_1 R_{\text{in1}}$$
$$p_{w1} - p_{w2} = -Q_1 R_{\text{in1}} + (Q - Q_1) R_{\text{ou2}} + Q_2 R_{\text{in2}}$$
$$p_{w2} - p_{w3} = -Q_2 R_{\text{in2}} + Q_3' R_{\text{ou3}} + Q_3 R_{\text{in3}}$$
$$p_{w3} - p_{\text{win}}' = -Q_3 R_{\text{in3}} - Q' R_{\text{ou4}} - Q' R_{\text{in0}}'$$
$$Q = Q_1 + Q_2 + Q_3'$$
$$Q_3 = Q_3' + Q'$$

方程组中有六个未知数: $Q, Q_1, Q_2, Q_3, Q_3', Q'$,六个方程,可以求解。

对上式求解,若求得仅 Q_3' 为负值,则需要改变电路图中的分流井排为第 2 排,使得所有产量都为正值。

对双面供给源的情况,若两端对称,如果生产井排为奇数,则分流井排在中间井排(此题为第 2 排);如果生产井数为偶数,则中间部分的油就不能采出了。因此,实际生产中两排注水井中间一般都是奇数井排。

第十二节

1、$R_{\text{in}} = \dfrac{1}{n} \cdot \dfrac{\mu}{2\pi Kh} \ln \dfrac{a}{\pi R_w}$、$R_{\text{ou}} = \dfrac{\mu}{2\pi Kh} \ln \dfrac{R_e}{R}$; 2、平面径向流、平面径向流;3、×;
4、AC;5、√

第六章

第一节

1、AB;2、×;3、AC;4、BCD;5、AB;6、饱和压力、溶解气驱;7、×;
8、压力降低、弹性压缩系数;9、C;10、ABC

第二节

1、ABC;2、ACD;3、ABC;4、BD;5、ABD;6、×;7、×

第三节

1、√;2、×;3、√;4、降低、变小;5、$Q = \dfrac{2\pi Kh}{\mu} \dfrac{(p_e - p_w)}{\ln \dfrac{R_e}{R_w}}$;6、0、拟稳定渗流;

7、ABCD；8、ABD；9、CD；10、B

第四节

1、B；2、空间、时间；3、初始条件；4、ABC；

5、导压系数、单位时间内压力降传播的面积；6、岩石、液体

第五节

1、B；2、C；3、√；4、×；5、AD；6、ABCD；7、ABCD；8、AB；9、ACD；10、×；

11、解：

若井底压力定为 p_b，当地层压力都降到该值时，可得弹性储量，则根据岩石综合弹性压缩系数概念可求弹性累计采出油量 V_e 和弹性采出程度 E_e。

$$C_t = \phi C_L + C_f = (0.2 \times 10 + 2) \times 10^{-4} = 4 \times 10^{-4} \text{ MPa}^{-1}$$

$$V_e = \pi R_e^2 h C_t (p_i - p_b)/B_o = 3.14 \times 150^2 \times 5 \times 4 \times 10^{-4} \times (20 - 10) \div 1.12$$

$$= 1261.6 \text{m}^3$$

$$E_e = \frac{\pi R_e^2 h C_t (p_i - p_b)}{\pi R_e^2 h \phi} = \frac{C_t (p_i - p_b)}{\phi} = 4 \times 10^{-4} \times (20 - 10) \div 0.2 \times 100\% = 2\%$$

可见依靠弹性开采的采出程度是很低的。

计算导压系数为：

$$\eta = \frac{K}{\mu C_t} = \frac{500 \times 10^{-15}}{5 \times 10^{-3} \times 4 \times 10^{-4} \times 10^{-6}} = 0.25 \text{m}^2/\text{s}$$

由导压系数的物理意义知 $\eta t = \pi r^2$，则得压力降传到边界的时间为：

$$t_{边界} = \frac{\pi R_e^2}{\eta} = \frac{3.14 \times 150^2}{0.25 \times 86400} = 3.27 \text{d}$$

12、解：

液体的弹性压缩系数：

$$C_L = C_o \times S_o + C_w \times S_w = (10 \times 0.7 + 5 \times 0.3) \times 10^{-4} = 8.5 \times 10^{-4} \text{ MPa}^{-1}$$

岩石的综合弹性压缩系数：

$$C_t = \phi C_L + C_f = (0.2 \times 8.5 + 2) \times 10^{-4} = 3.7 \times 10^{-4} \text{ MPa}^{-1}$$

油藏岩石的总体积：

$$V_f = \pi R_e^2 h = 3.14 \times 150^2 \times 5 = 353250 \text{m}^3$$

油藏总产出液：

$$Q_t = C_t V_f (p_i - p_b) = 3.7 \times 10^{-4} \times 353250 \times (20 - 8) = 1568.43 \text{m}^3$$

设产出液含水率与原始含水饱和度一致（实际上不是一样的，油水两相渗流理论可根据

含水饱和度求含水率),则:

油藏总产出油地面体积:

$$Q_{\text{tos}} = \frac{Q_t S_o}{B_o} = \frac{1568.43 \times 0.7}{1.12} = 980.27 \text{m}^3$$

设该井的产油量平均为20m³/d(实际产量刚开始高,但后期会较低),则:
生产时间:

$$t = \frac{Q_{\text{tos}}}{Q_{\text{os}}} = \frac{980.27}{20} = 49.01 \text{d}$$

生产时间很短。

第六节

1、×;2、越快、越慢;3、BC;4、BC;5、CD;6、√;7、变大、增加;
8、压力降、渗流速度;9、CD;10、ABCD;
11、解:

$$\eta = \frac{K}{\mu C_t} = \frac{50 \times 10^{-15}}{5 \times 10^{-3} \times 4 \times 10^{-4} \times 10^{-6}} = 0.025 \text{m}^2/\text{s}$$

若Q为井口产量,应用国际单位,公式为:

$$p_w(t) = p_i - 0.183 \frac{QB_o}{86400 \gamma_o \rho_w} \frac{\mu}{Kh} \lg \frac{2.25\eta t}{R_w^2}$$

则有

$$p_w(1\text{s}) = 20 - 0.183 \times \frac{50 \times 1.12}{86400 \times 0.89} \times \frac{5 \times 10^{-3}}{50 \times 10^{-15} \times 4.5} \lg \frac{2.25 \times 0.025 \times 1}{0.1^2} \times 10^{-6}$$

$$= 17.78 \text{MPa}$$

$$p_w(1\text{min}) = 20 - 0.183 \times \frac{50 \times 1.12}{86400 \times 0.89} \times \frac{5 \times 10^{-3}}{50 \times 10^{-15} \times 4.5} \lg \frac{2.25 \times 0.025 \times 60}{0.1^2} \times 10^{-6}$$

$$= 12.51 \text{MPa}$$

$$p_w(1\text{h}) = 20 - 0.183 \times \frac{50 \times 1.12}{86400 \times 0.89} \times \frac{5 \times 10^{-3}}{50 \times 10^{-15} \times 4.5} \lg \frac{2.25 \times 0.025 \times 3600}{0.1^2} \times 10^{-6}$$

$$= 7.25 \text{MPa}$$

生产1h后,井底压力已经低于饱和压力,若为了更好地保持地层溶解气能量,则产量设计过大,应该减产或者注水增压。

12、解:
无限大地层定产量生产时,数学模型为:

$$\begin{cases} \dfrac{\partial^2 p}{\partial r^2} + \dfrac{1}{r}\dfrac{\partial p}{\partial r} = \dfrac{1}{\eta}\dfrac{\partial p}{\partial t} & \text{基本微分方程} \\ p\big|_{t=0} = p_i & \text{初始条件} \\ p\big|_{r\to\infty} = p_i & \text{外边界条件} \\ r\dfrac{\partial p}{\partial r}\bigg|_{r=R_w} = \dfrac{Q\mu}{2\pi Kh} & \text{内边界条件} \end{cases}$$

其中内边界条件中的 Q 是体积流量,它是固定值,但在生产过程中,井底压力变化较大,不同压力下的流体体积也会发生变化。如第 11 题中各参数所示,产量为 $50\text{m}^3/\text{d}$ 的不同井底压力下的差别为:

$$Q_{p=20\text{MPa}} = 50\text{m}^3/\text{d}$$

$$Q_{p=10\text{MPa}} = Q_{p=20\text{MPa}}[1 + C_L(p_i - p_w)] = 50 \times [1 + 10 \times 10^{-4} \times (20-10)] = 50.5\text{m}^3/\text{d}$$

由此,井口若定流量生产,实际井产出的量是越来越小,反算的井底压力偏小。

13、解:

$$\eta_{K=500} = \frac{K}{\mu C_t} = \frac{500 \times 10^{-15}}{5 \times 10^{-3} \times 4 \times 10^{-4} \times 10^{-6}} = 0.25\text{m}^2/\text{s},$$

$$t_{K=500} = \frac{\pi R_e^2}{\eta} = \frac{3.14 \times 150^2}{0.25 \times 86400} = 3.27\text{d}$$

$$\eta_{K=50} = \frac{K}{\mu C_t} = \frac{50 \times 10^{-15}}{3 \times 10^{-3} \times 4 \times 10^{-4} \times 10^{-6}} = 0.0417\text{m}^2/\text{s},$$

$$t_{K=50} = \frac{\pi R_e^2}{\eta} = \frac{3.14 \times 150^2}{0.0417 \times 86400} = 19.61\text{d}$$

$$\eta_{K=5} = \frac{K}{\mu C_t} = \frac{5 \times 10^{-15}}{1 \times 10^{-3} \times 4 \times 10^{-4} \times 10^{-6}} = 0.0125\text{m}^2/\text{s},$$

$$t_{K=50} = \frac{\pi R_e^2}{\eta} = \frac{3.14 \times 150^2}{0.0125 \times 86400} = 65.42\text{d}$$

$$\eta_{K=0.5} = \frac{K}{\mu C_t} = \frac{0.5 \times 10^{-15}}{0.5 \times 10^{-3} \times 4 \times 10^{-4} \times 10^{-6}} = 0.0025\text{m}^2/\text{s},$$

$$t_{K=50} = \frac{\pi R_e^2}{\eta} = \frac{3.14 \times 150^2}{0.0025 \times 86400} = 327.08\text{d}$$

由以上计算可知,渗透率越低,导压系数越小,压降在地层的传播越慢,压力波到达边界的时间越长,因此,进行不稳定试井时低渗透储层需要的时间往往更长。

14、解：

$$\eta = \frac{K}{\mu C_t} = \frac{50 \times 10^{-15}}{5 \times 10^{-3} \times 4 \times 10^{-4} \times 10^{-6}} = 0.025 \text{m}^2/\text{s}$$

(1) 动用储层采出程度 $E_d = \frac{QB_o}{86400\gamma_o} \frac{T}{\eta Th\phi} = \frac{QB_o}{86400\gamma_o} \frac{1}{\eta h\phi}$，其值与时间无关。

则有：

$$E_{d_{20}} = \frac{20 \times 1.12}{86400 \times 0.89} \times \frac{1}{0.025 \times 4.5 \times 0.2} \times 100\% = 1.29\%$$

$$E_{d_{30}} = \frac{30 \times 1.12}{86400 \times 0.89} \times \frac{1}{0.025 \times 4.5 \times 0.2} \times 100\% = 1.94\%$$

$$E_{d_{40}} = \frac{40 \times 1.12}{86400 \times 0.89} \times \frac{1}{0.025 \times 4.5 \times 0.2} \times 100\% = 2.59\%$$

$$E_{d_{50}} = \frac{50 \times 1.12}{86400 \times 0.89} \times \frac{1}{0.025 \times 4.5 \times 0.2} \times 100\% = 3.24\%$$

压力波传播速度一定，产量越大，动用储层的采出程度越高。

(2) 完全弹性生产，即井底压力为 p_b 以前为弹性生产，计算井底达到 p_b 的时间 T_{p_b}。

由公式：

$$p_w(t) = p_i - 0.183 \frac{QB_o}{86400\gamma_o} \frac{\mu}{Kh} \lg \frac{2.25\eta t}{R_w^2}$$

则有：

$$p_b = p_i - 0.183 \frac{QB_o}{86400\gamma_o} \frac{\mu}{Kh} \lg \frac{2.25\eta T_{p_b}}{R_w^2} \Rightarrow T_{p_b} = \frac{R_w^2}{2.25\eta} 10^{\frac{p_i - p_b}{0.183 \frac{QB_o}{86400\gamma_o} \frac{\mu}{Kh}}}$$

$$T_{p_b}(Q = 20\text{t/d}) = \frac{1}{86400} \times \frac{0.1^2}{2.25 \times 0.025} \times 10^{\frac{(20-10) \times 10^6}{0.183 \times \frac{20 \times 1.12}{86400 \times 0.89} \times \frac{5 \times 10^{-3}}{50 \times 10^{-15} \times 4.5}}} = 568.61\text{d}$$

$$T_{p_b}(Q = 30\text{t/d}) = \frac{1}{3600} \times \frac{0.1^2}{2.25 \times 0.025} \times 10^{\frac{(20-10) \times 10^6}{0.183 \times \frac{30 \times 1.12}{86400 \times 0.89} \times \frac{5 \times 10^{-3}}{50 \times 10^{-15} \times 4.5}}} = 20.95\text{h}$$

$$T_{p_b}(Q = 40\text{t/d}) = \frac{1}{60} \times \frac{0.1^2}{2.25 \times 0.025} \times 10^{\frac{(20-10) \times 10^6}{0.183 \times \frac{40 \times 1.12}{86400 \times 0.89} \times \frac{5 \times 10^{-3}}{50 \times 10^{-15} \times 4.5}}} = 49.26\text{min}$$

$$T_{p_b}(Q = 50\text{t/d}) = \frac{1}{60} \times \frac{0.1^2}{2.25 \times 0.025} \times 10^{\frac{(20-10) \times 10^6}{0.183 \times \frac{50 \times 1.12}{86400 \times 0.89} \times \frac{5 \times 10^{-3}}{50 \times 10^{-15} \times 4.5}}} = 7.05\text{min}$$

油藏开发时若完全依靠弹性驱，则完全弹性生产时间随着产量的增大而减小，过大的产量生产时间很短就达到了溶解驱。

15、解：

$$\eta = \frac{K}{\mu C_t} = \frac{50 \times 10^{-15}}{5 \times 10^{-3} \times 4 \times 10^{-4} \times 10^{-6}} = 0.025 \text{m}^2/\text{s}$$

$$\left.\frac{r^2}{4\eta t}\right|_{r=10,t=1\text{s}} = \frac{10^2}{4\times0.025\times1} = 1000, \left.\frac{r^2}{4\eta t}\right|_{r=10,t=1\text{min}} = \frac{10^2}{4\times0.025\times60} = 16.67$$

$$\left.\frac{r^2}{4\eta t}\right|_{r=10,t=1\text{h}} = \frac{10^2}{4\times0.025\times3600} = 0.278, \left.\frac{r^2}{4\eta t}\right|_{r=10,t=1\text{d}} = \frac{10^2}{4\times0.025\times86400} = 0.0116$$

$$\left.\frac{r^2}{4\eta t}\right|_{r=10,t=1\text{月}} = \frac{10^2}{4\times0.025\times86400\times30} = 0.00039, \left.\frac{r^2}{4\eta t}\right|_{r=10,t=1\text{a}} = \frac{10^2}{4\times0.025\times86400\times360}$$
$$= 0.000032$$

当计算 1s、1min、1h、1d 时,应用公式 $p(r,t) = p_\text{i} - \frac{QB_\text{o}}{86400\gamma_\text{o}}\frac{\mu}{4\pi Kh}\left[-\text{Ei}\left(-\frac{r^2}{4\eta t}\right)\right]$

当计算 1月、1a 时,应用公式 $p_\text{w}(t) = p_\text{i} - 0.183\frac{QB_\text{o}}{86400\gamma_\text{o}}\frac{\mu}{Kh}\lg\frac{2.25\eta t}{R_\text{w}^2}$

求幂积分函数时,查得实值前后两个值,利用线性插值求得幂积分函数,如 $x = \left.\frac{r^2}{4\eta t}\right|_{r=10,t=1\text{h}} = 0.278$,查得前后两个值分别为(0.27,0.9849)和(0.28,0.9573),则 x 对应的幂积分函数值为:

$$\frac{0.9849 - 0.9573}{0.27 - 0.28}\times(0.278 - 0.28) + 0.9573 = 0.9628_\circ$$

计算 10m 处各时间的压力为:

$$p(10,1\text{s}) = 20 - 10^{-6}\times\frac{20\times1.12}{86400\times0.89}\times\frac{5\times10^{-3}}{4\times3.14\times50\times10^{-15}\times4.5}\times0 = 20\text{MPa}$$

$$p(10,1\text{min}) = 20 - 10^{-6}\times\frac{20\times1.12}{86400\times0.89}\times\frac{5\times10^{-3}}{4\times3.14\times50\times10^{-15}\times4.5}\times0 = 20\text{MPa}$$

$$p(10,1\text{h}) = 20 - 10^{-6}\times\frac{20\times1.12}{86400\times0.89}\times\frac{5\times10^{-3}}{4\times3.14\times50\times10^{-15}\times4.5}\times0.9628$$
$$= 19.50\text{MPa}$$

$$p(10,1\text{d}) = 20 - 10^{-6}\times\frac{20\times1.12}{86400\times0.89}\times\frac{5\times10^{-3}}{4\times3.14\times50\times10^{-15}\times4.5}\times3.929$$
$$= 17.98\text{MPa}$$

$$p(10,1\text{月}) = 20 - 10^{-6}\times0.183\times\frac{20\times1.12}{86400\times0.89}\times\frac{5\times10^{-3}}{50\times10^{-15}\times4.5}\lg\frac{2.25\times0.025\times86400\times30}{0.1^2}$$
$$= 11.5\text{MPa}$$

$$p(10,1\text{a}) = 20 - 10^{-6}\times0.183\times\frac{20\times1.12}{86400\times0.89}\times\frac{5\times10^{-3}}{50\times10^{-15}\times4.5}\lg\frac{2.25\times0.025\times86400\times360}{0.1^2}$$
$$= 10.24\text{MPa}$$

当生产 1min 时,压力波未传到 10m 处,没有压力降;当生产一个月时,幂积分函数中变量很小,可以用近似公式计算;与生产一年时的压力降相比,一个月内的压降幅度很大,之后缓慢下降。

第七节

1、×；2、ABCD；3、ACD；4、ABCD；5、√；6、BD；7、ABCD；8、ABCD；9、ABD；
10、ABC

第八节

1、变产量问题、原井位；2、AB；3、BD；4、B；5、×；
6、分成 n 等份、镜像反映、压降叠加；7、压力降传播、镜像反映；8、ABD；9、ABCD；
10、C

第九节

1、D；2、√；3、原产量、等产量注入；4、D；5、ABC；6、ABC；7、BCD；8、C；9、×；
10、解：
画映像井如图中 A′和 B′所示。

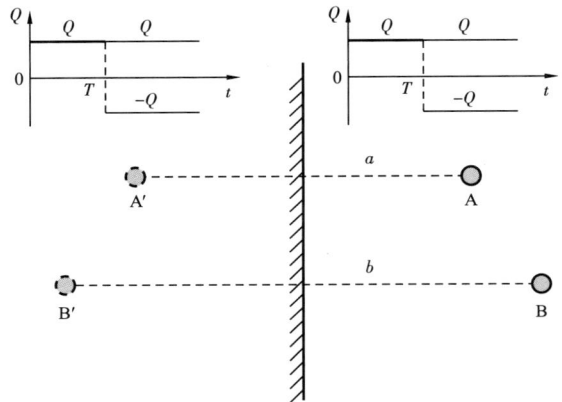

$t \leqslant T$ 时,4 口井生产,根据压降叠加原理,有:

$$p_B(t) = p_i - \frac{Q\mu}{4\pi Kh}\left\{\ln\frac{2.25\eta t}{R_w^2} + \left[-\text{Ei}\left(-\frac{|AB|^2}{4\eta t}\right)\right] + \left[-\text{Ei}\left(-\frac{|A'B|^2}{4\eta t}\right)\right] + \left[-\text{Ei}\left(-\frac{|B'B|^2}{4\eta t}\right)\right]\right\}$$

$t > T$ 时,6 口井生产,根据压降叠加原理,有:

$$p_B(t) = p_i - \frac{Q\mu}{4\pi Kh}\left\{\begin{array}{l}\ln\frac{2.25\eta t}{R_w^2} + \left[-\text{Ei}\left(-\frac{|B'B|^2}{4\eta t}\right)\right] + \left[-\text{Ei}\left(-\frac{|AB|^2}{4\eta t}\right)\right] + \left[-\text{Ei}\left(-\frac{|A'B|^2}{4\eta t}\right)\right] \\ - \left[-\text{Ei}\left(-\frac{|AB|^2}{4\eta(t-T)}\right)\right] - \left[-\text{Ei}\left(-\frac{|A'B|^2}{4\eta(t-T)}\right)\right]\end{array}\right\}$$

第十节

1、不稳定早期、不稳定晚期、拟稳定期；2、ABCD；3、×；4、A；5、ABCD

第十一节

1、BC；2、√；3、×；4、×；5、流量和压差、井底压力和时间；

6、开井压力降落、关井压力恢复；7、ABCD；8、BD；9、CD；10、B；

11、斜率陡增、平缓上升至稳定；12、×；13、续流、井筒储存效应；

14、生产时长、为0；15、√

第七章

第一节

1、√；2、×；3、BCD；4、ABCD；5、BD；6、BC；7、×；8、ABCD

第二节

1、BCD；2、CD；3、ABD；4、油水重率差、毛细管力、油水黏度比、油水黏度比；5、×；

6、残余油饱和度、前缘含水饱和度、束缚水饱和度；7、BC；8、ABC；9、CD；10、ABCD

第三节

1、$S_o + S_w = 1$，$p_c = p_o - p_w$；2、$-\dfrac{\partial v_{ox}}{\partial x} = \phi \dfrac{\partial S_o}{\partial t}$，$-\dfrac{\partial v_{wx}}{\partial x} = \phi \dfrac{\partial S_w}{\partial t}$；3、ABCD；4、√；

5、BCD

第四节

1、AC；2、ABCD；3、AB；4、油水相对渗透率、分流量；5、×；6、×；7、ABC；8、BD；

9、ACD；10、×

第五节

1、ABCD；2、×；3、BC；4、含水饱和度、位置、时间；5、×；6、×；7、ABC；

8、√；9、√；10、BC

第六节

1、C；2、√；3、ACD；4、√；5、√；6、AB；7、ABD；

8、束缚水饱和度、残余油饱和度、前缘含水饱和度、平均含水饱和度；9、ABCD；10、×

第七节

1、ABCD；2、×；3、√；4、ABCD；5、ABC；6、×；7、√；

8、前缘含水饱和度、出口端含水饱和度；9、不变、变大；10、ABC

第八节

1、ABCD；2、越快、越快；3、油水相对渗透率曲线、含水率曲线；4、√；5、AB；

6、×；

7、解：

由含水率曲线可求得前缘含水饱和度 $S_{wf}=0.5$，对应的 $f'_w(S_{wf})=3.8$，由 B-L 方程得前缘位置推进速度为：

$$v_{S_{wf}} = \frac{dx}{dt}\Big|_{S_{wf}} = \frac{Q(t)}{\phi A}f'_w(S_{wf}) = \frac{50}{0.2 \times 50 \times 8} \times 3.8 = 2.375 \text{m/d}$$

得到油井见水时间为：

$$T_{见水} = \frac{L}{v_{S_{wf}}} = \frac{100}{2.375} = 42.1 \text{d}$$

8、解：

由含水率曲线查到，含水率为 0.95 时所对应的含水饱和度约为 0.65，其所对应含水率的导数约为 0.7，则该含水饱和度面向前推进的速度为：

$$v_{S_w=0.65} = \frac{dx}{dt}\Big|_{S_w=0.65} = \frac{Q(t)}{\phi A}f'_w(S_w=0.65) = \frac{50}{0.2 \times 50 \times 8} \times 0.7 = 0.4375 \text{m/d}$$

得到油井含水率达到 0.95 的时间为：

$$T_{f_w=0.95} = \frac{L}{v_{S_w=0.65}} = \frac{100}{0.4375} = 228.57 \text{d}$$

9、解：

由含水率曲线可求得前缘含水饱和度 $S_{wf}=0.5$，对应的 $f'_w(S_{wf})=3.8$，由平面径向流的 B-L 方程：

$$r_0^2 - r^2 = \frac{f'_w}{\pi h \phi}W(t)$$

得到：

$$150^2 - 0.1^2 = \frac{3.8}{3.14 \times 5 \times 0.2} \times 100 T_{见水}$$

油井见水时间为 $T_{见水}=185.92 \text{d}$。

由含水率曲线查到，含水率为 0.95 所对应的含水饱和度约为 0.65，其所对应含水率的导数约为 0.7，由平面径向流的 B-L 方程得到：

$$150^2 - 0.1^2 = \frac{0.7}{3.14 \times 5 \times 0.2} \times 100 T_{f_w=0.95}$$

油井含水率达到 0.95 的时间 $T_{f_w=0.95}=1009 \text{d}$。

10、解：

由孔隙体积倍数公式：

$$Q_i = \frac{W(t)}{\pi(R_e^2 - R_w^2)h\phi}$$

得到：

$$Q_i(100\text{d}) = \frac{100 \times 100}{3.14 \times (150^2 - 0.1^2) \times 5 \times 0.2} = 0.1415\text{PV}$$

同理：

$$Q_i(200\text{d}) = 0.2831\text{PV}, Q_i(500\text{d}) = 0.7077\text{PV}, Q_i(800\text{d}) = 1.1323\text{PV}$$

由含水率曲线可求得前缘含水饱和度 $S_{wf}=0.5$，对应的 $f'_w(S_{wf})=3.8$，由平面径向流的 B-L 方程：

$$r_0^2 - r^2 = \frac{f'_w}{\pi h \phi} W(t)$$

得到：

$$150^2 - 0.1^2 = \frac{3.8}{3.14 \times 5 \times 0.2} \times 100 T_{见水}$$

油井见水时间为 $T_{见水}=185.92\text{d}$。

设生产时间 t 时井壁处的含水饱和度为 S_{w2}。

当生产时间 $t \leq T_{见水}$ 时，$S_{w2} = S_{wc}$，产出液都是油，则累计产油量为 $Q_{tp} = W(t)$，所以有：

$$Q_{tp}(t=100\text{d}) = 100 \times 100 = 10000\text{m}^3$$

当生产时间 $t > T_{见水}$ 时，需要利用 B-L 方程 $r_0^2 - r^2 = \frac{f'_w}{\pi h \phi} W(t)$ 求出 $f'_w(S_{w2})$，再结合含水率导数曲线求得 S_{w2}，进而得到储层平均含水饱和度 $\overline{S_w} = S_{w2} + Q_i f_o(S_{w2})$，再求累计产油量 $Q_{tp} = \pi(R_e^2 - R_w^2) h \phi (\overline{S_w} - S_{wc})$。则有：

$t=200\text{d}$ 时：

$$150^2 - 0.1^2 = \frac{f'_w(S_{w2,t=200\text{d}})}{3.14 \times 5 \times 0.2} \times 200 \times 100, f'_w(S_{w2,t=200\text{d}}) = 3.53, S_{w2,t=200\text{d}} = 0.51,$$

$$f_o(S_{w2,t=200\text{d}}) = 1 - 0.88 = 0.12, \overline{S_w}(t=200\text{d}) = 0.51 + 0.2831 \times 0.12 = 0.544,$$

$$Q_{tp}(t=200\text{d}) = 3.14 \times (150^2 - 0.1^2) \times 5 \times 0.2 \times (0.544 - 0.2) = 24303.6\text{m}^3$$

$t=500\text{d}$ 时：

$$150^2 - 0.1^2 = \frac{f'_w(S_{w2,t=500\text{d}})}{3.14 \times 5 \times 0.2} \times 500 \times 100, f'_w(S_{w2,t=500\text{d}}) = 1.41, S_{w2,t=500\text{d}} = 0.59,$$

$$f_o(S_{w2,t=500\text{d}}) = 1 - 0.92 = 0.08, \overline{S_w}(t=500\text{d}) = 0.59 + 0.7077 \times 0.08 = 0.647,$$

$$Q_{tp}(t=500\text{d}) = 3.14 \times (150^2 - 0.1^2) \times 5 \times 0.2 \times (0.647 - 0.2) = 31580.6\text{m}^3$$

$t=800\text{d}$ 时：

$$150^2 - 0.1^2 = \frac{f'_w(S_{w2,t=800\text{d}})}{3.14 \times 5 \times 0.2} \times 800 \times 100, f'_w(S_{w2,t=800\text{d}}) = 0.88, S_{w2,t=800\text{d}} = 0.62,$$

$f_o(S_{w2,t=800d}) = 1 - 0.94 = 0.06$, $\overline{S}_w(t=800d) = 0.62 + 1.1323 \times 0.06 = 0.688$,

$Q_{tp}(t=800d) = 3.14 \times (150^2 - 0.1^2) \times 5 \times 0.2 \times (0.688 - 0.2) = 34477.2 \mathrm{m}^3$

采出程度公式为 $E = \dfrac{Q_{tp}}{\pi(R_e^2 - R_w^2)h\phi(1-S_{wc})} \times 100\%$。

累计采出油量占可采出油量的百分比为 $E_p = \dfrac{Q_{tp}}{\pi(R_e^2 - R_w^2)h\phi(1-S_{wc}-S_{or})} \times 100\%$。

则有：

$$E(t=100d) = \frac{10000}{3.14 \times (150^2 - 0.1^2) \times 5 \times 0.2 \times (1-0.2)} \times 100\% = 17.69\%$$

$$E_p(t=100d) = \frac{10000}{3.14 \times (150^2 - 0.1^2) \times 5 \times 0.2 \times (1-0.2-0.2)} \times 100\% = 23.59\%$$

同理：

$$E(t=200d) = 43.00\%, E_p(t=200d) = 57.33\%$$

$$E(t=500d) = 55.87\%, E_p(t=200d) = 74.50\%$$

$$E(t=800d) = 61.00\%, E_p(t=800d) = 81.33\%$$

采出程度很高，主要在于前缘含水饱和度较大，水驱效果很好，实际油藏中一般要低于该题中的效果。

第八章

第一节

1、BD；2、压缩因子、10^{-2}；3、$m^* = 2\int_{p_0}^{p} \dfrac{p}{\mu_g(p)Z(p)}dp$，$C_g(p) = \dfrac{1}{p} - \dfrac{1}{Z}\dfrac{dZ}{dp}$；

4、气井绝对无阻流量，1个大气压；5、二项式、指数式、$\dfrac{p_e^2 - p_w^2}{Q_{sc}}$；6、×；7、ABC；

8、ABCD；9、AD；

10、解：

$$Q_{sc} = \frac{\pi K h T_{sc} Z_{sc}}{p_{sc} T \mu_g(\bar{p}) Z(\bar{p})} \cdot \frac{p_e^2 - p_w^2}{\ln \dfrac{R_e}{R_w}}$$

$$= \frac{3.14 \times 5 \times 10^{-15} \times 5 \times 293.15 \times 1}{0.1 \times 10^6 \times 323 \times 0.022 \times 10^{-3} \times 0.81} \times \frac{(20^2 - 17^2) \times 10^{12}}{\ln \dfrac{150}{0.1}} \times 86400 = 5.24 \times 10^4 \mathrm{m^3/d}$$

$$v_{w\phi} = \frac{Q_{sc} B_g}{2\pi R_w h \phi} = \frac{5.24 \times 10^4 \times 0.0045}{86400} \times \frac{1}{2 \times 3.14 \times 0.1 \times 5 \times 0.2} = 4345.8 \mathrm{\mu m/s}$$

$$Re = \frac{v_{w\phi}\sqrt{K\rho}}{17.5\mu\phi^{\frac{3}{2}}} = \frac{4345.8 \times 10^{-4} \times \sqrt{5 \times 10^{-3}} \times 0.15}{17.5 \times 0.022 \times 0.2^{1.5}} = 1.34$$

天然气的黏度是油的黏度的千分之一,$(p_e^2 - p_w^2) > (p_e - p_w)$,因此,天然气在较低的孔隙中流动的速度可达油的速度的上百倍。

该题中的雷诺数计算仍在达西渗流范围内,当井产量较高时,气体的流动不再完全符合达西定律。

第二节

1、C；2、$H_o(p) = \int_0^p \frac{K_{ro}}{B_o(p)\mu_o(p)}dp$；3、BC；4、油相、气相；5、√；6、√；7、AB；

8、BC；9、×；10、析出的溶解气以小气泡形式分散在油相中,弹性能主要用于驱替

第三节

1、AB；2、窜流现象；3、基质、裂缝；4、ABD；5、A；6、ABCD；7、每米的裂缝条数；

8、C；

9、解：

裂缝开度 $b = 2\ln D_0 + 5 = 2 \times \ln 0.3 + 5 = 2.59 \mu m$

裂缝密度 $D_{lf} = \frac{1}{D_0} = \frac{1}{0.3} = 3.33$(条/m)

裂缝渗透率 $K_f = 0.0837 b^2 = 0.0837 \times 2.59^2 = 0.56 D$

裂缝导流能力 $E_f = 10^{-4} K_f b = 10^{-4} \times 0.56 \times 2.59 = 0.000146 D \cdot cm$

裂缝长度 $L_f = D_{lf}^{-\frac{1}{D_s}} = 3.33^{-\frac{1}{1.68}} = 0.5 m$

裂缝孔隙度 $\phi_f = \frac{bD_{lf}}{L_f^2} = \frac{2.59 \times 10^{-6} \times 3.33}{0.5^2} = 3.45 \times 10^{-5}$

天然裂缝的导流能力较小,孔隙度也很小。

10、解：

设基质孔隙中,孔隙半径为 $0.1\mu m$、$1\mu m$、$10\mu m$ 时,对应孔隙度分别为 0.05、0.1、0.2。

根据公式：

$$K = 30.625 \phi r^2 (K 单位 mD, r 单位 \mu m)$$

得到：

$K(r=0.1\mu m) = 0.015 mD$；$K(r=1\mu m) = 3.06 mD$；$K(r=10\mu m) = 612 mD$

在裂缝系统中,根据公式：

$$K_f = 83.7 b^2 (K 单位 mD, b 单位 \mu m)$$

得到：

$K_f(r=0.1\mu m) = 0.837 mD$；$K_f(r=1\mu m) = 83.7 mD$；$K_f(r=10\mu m) = 8370 mD$

可见相同孔隙大小时,裂缝的渗透率要比基质孔隙的大得多。

第四节

1、ABC;2、无限导流能力;3、椭圆、橄榄球;4、A;5、×;6、×;7、ABCD;8、C;9、侧钻水平井、分支水平井、压裂水平井;10、×

第五节

1、B;2、内摩擦定律、线性;3、AB;4、$\tau = H\dot{\gamma}^n$,$\tau = \tau_0 + \mu\dot{\gamma}$;5、BCD;6、BD;7、×;8、ABD;9、黏弹性、黏性、弹性;10、有效黏度

第六节

1、C;2、热流速、温度梯度;3、ABC;4、AD;5、BC;6、ABCD;7、ABD;8、液体的能量方程、岩石的能量方程;9、J/(m·s·K)或W/(m·K)、单位温度梯度下通过单位面积的热流速度;10、√

第七节

1、费克定律、扩散速度、浓度梯度;2、扩散、吸附;3、ABC;4、ACD;5、B;6、ABCD;7、√;8、√;9、浓度梯度、渗流速度;10、朗格缪尔(Langmuir)等温吸附

第八节

1、C;2、A;3、ABCD;4、ABC;5、BC;6、√;7、√;8、√;9、三、三;10、ABC

第九节

1、ABCD;2、ABC;3、BCD;4、ABC;5、ABCD;6、ABCD;7、BD;8、ABC;9、AC;10、ABD

第九章

1、ABCD;2、B;3、差分方程;4、IPR曲线;5、流量、压差、渗流阻力;6、ABC;7、ABCD;8、ABCD;9、ABD;10、ABCD